新工科电子信息类
新形态教材精品系列

光纤通信技术

第5版

刘勇 孙学康◎编著

人民邮电出版社
北京

图书在版编目（CIP）数据

光纤通信技术 / 刘勇，孙学康编著. -- 5版. -- 北京 : 人民邮电出版社，2024.6
新工科电子信息类新形态教材精品系列
ISBN 978-7-115-61189-5

Ⅰ. ①光… Ⅱ. ①刘… ②孙… Ⅲ. ①光纤通信－高等学校－教材 Ⅳ. ①TN929.11

中国国家版本馆CIP数据核字(2023)第025034号

内 容 提 要

本书全面介绍了光纤通信技术的概念、原理及实用系统。全书共9章，主要内容包括概述、光导纤维、光纤通信器件、光纤通信系统、SDH及MSTP、WDM与OTN、PTN/IPRAN、城域光网络、全光网络。此外，书后还有标量场方程解的推导。

本书内容全面、循序渐进，讲解深入浅出，实践内容丰富，可作为高等院校通信工程、电子信息等专业全日制或继续教育本科生教材，也可作为研究生学习相关内容的参考书，还可供从事通信工程的技术人员学习与参考。

◆ 编　　著　刘　勇　孙学康
责任编辑　李　召
责任印制　王　郁　陈　犇
◆ 人民邮电出版社出版发行　　北京市丰台区成寿寺路11号
邮编　100164　　电子邮件　315@ptpress.com.cn
网址　https://www.ptpress.com.cn
固安县铭成印刷有限公司印刷
◆ 开本：787×1092　1/16
印张：15.75　　2024年6月第5版
字数：382千字　　2025年1月河北第2次印刷

定价：69.80元

读者服务热线：(010)81055256　印装质量热线：(010)81055316
反盗版热线：(010)81055315
广告经营许可证：京东市监广登字20170147号

前言

随着 IP 业务的迅速增长，特别是各种多媒体应用的实用化，用户对网络服务质量的要求越来越高。由于光纤通信系统具有低传输损耗和大传输带宽的特点，因此它是高速数据业务的理想传输通道。本书在介绍光纤通信基本概念和工作原理的基础上，重点介绍光纤通信的最新技术。

本书在取材和编写上具有以下特点。

（1）内容全面。本书首先介绍光纤的导光原理、主要光器件的工作原理及性能、光纤通信系统的结构及特性，然后从应用的角度，详细介绍了几种常用的光纤通信网络，如 SDH、基于 SDH 的多业务传送平台、波分复用系统、光传送网、分组传送网、IPRAN、城域光网络等。

（2）循序渐进。部分内容理论性较强，如光纤的导光原理、光器件的工作原理、光纤的非线性分析等，因此本书加入了射线光学基础、电磁场基础、半导体发光原理等内容，使知识讲解由浅至深。为了便于学习，章后还提供了小结和复习题。

（3）内容先进。本书介绍了光纤通信新技术及实用先进技术，如光传送网的概念及结构、分组传送网、IPRAN、基于 SDN 的网络智能技术应用、SPN、相干光通信技术、量子通信技术、ASON 的体系结构及其路径选择策略、认知光网络和全光网络技术等。

（4）适用范围广。本书充分考虑到高等院校通信工程、电子信息等专业，以及接受继续教育的不同读者的需求，有针对性地从理论到实践提供丰富的内容，适合各类相关人员学习与参考。

需要说明的是，本次修订过程中，编者主要通过梳理知识点之间的衔接关系，进一步精简了分析过程，使理论部分更为紧凑；同时根据光通信的最新进展，重点补充了 POTN、IPRAN、基于 SDN 的网络智能技术应用、SPN、基于人工智能的新一代智能光网络——认知光网络技术等；重新组织了 SDH 及 MSTP 相关内容；重新编写了光导纤维和光纤通信器件两章，力求在精简理论分析的基础上做到思路清晰，以适应技术和市场的需求。

本书的第 1～3 章由刘勇编写，第 4～9 章由孙学康编写。

在本书的编写过程中，编者得到了北京邮电大学张金菊、高炜烈等教授的热心指导，在此表示衷心的感谢。

编 者

2024 年 1 月

目　　录

第 1 章 概述

光纤通信作为现代通信的主要手段，在现代电信网络中起到重要作用。光纤通信系统具有信息传输容量巨大、损耗低、传输距离长、保密性能强等特点。

本章介绍了光纤通信的基本概念及光网络的基本概念，并对光纤通信网络的发展现状及发展趋势做了概况介绍。

1.1 光纤通信概述

1.1.1 光纤通信的概念及优点

1. 光纤通信的概念

利用光导纤维传输光波信号的通信方式称为光纤通信。

光波属于电磁波。按照波长（或频率）的不同，电磁波分为不同种类，具体名称如图 1-1 所示。其中，光波主要包括紫外线、可见光和红外线。目前，光纤通信的实用工作波长在近红外区，即 0.8～1.8μm 的波长区，对应的频率为 167～375THz。

光导纤维（简称为光纤）本身是一种介质波导。目前，实用通信光纤的基础材料是 SiO_2。对于 SiO_2 光纤，上述波长区内的 3 个低损耗窗口是光纤通信的实用工作波长，即 0.85μm、1.31μm 及 1.55μm。

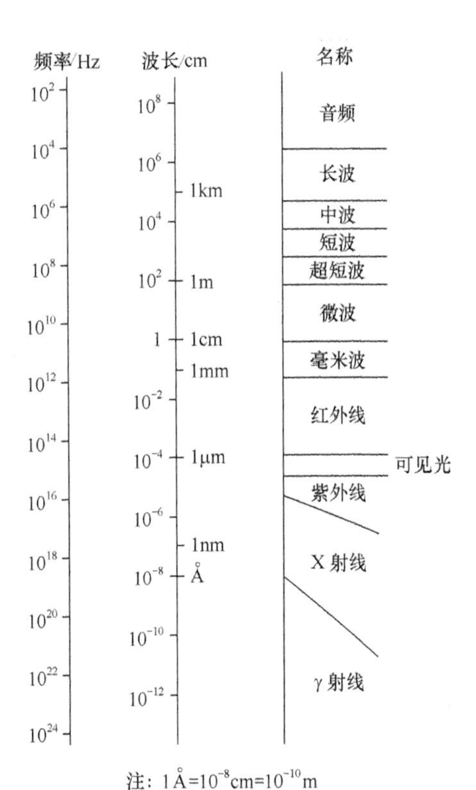

图 1-1 电磁波的种类和名称

2. 光纤通信的优点

光纤通信技术从 20 世纪 70 年代初到现在能够得到迅速的发展，主要是由其优越的特性决定的，具体包括以下几点。

（1）传输频带宽，通信容量大

通信容量和载波频率成正比，通过提高载波频率可以达到扩大通信容量的目的。光波的频率要比无线通信的频率高很多，因此其通信容量也增大了很多。光纤通信的工作频率为 10^{12}～10^{16}Hz，如设一个话路的频带为 4kHz，则在一对光纤上可传输 10 亿路以上的电话。目前采用的单模光纤（Single Mode Fiber，SMF）的带宽极宽，因此用单模光纤传输光载频信号可获得极大的通信容量。

（2）传输损耗小，中继距离长

传输距离和线路上的传输损耗成反比，即传输损耗越小，中继距离就越长。目前，SiO_2 光纤线路如工作在 1.55μm 波长，则传输损耗可低于 0.2dB/km，系统最大中继距离可达 200km；在采用光放大器实现中继放大的系统中，无电再生最大中继距离在 600km 及以上。在保证传输质量的条件下，长途干线上无电中继距离越长，中继站就可以越少，这对于提高通信的可靠性和稳定性具有特别重要的意义。

（3）抗电磁干扰能力强

由于光纤通信采用介质波导来传输信号，而且光信号又是集中在纤芯中传输的，因此光纤通信具有很强的抗干扰能力，而且保密性也好。

另外，光纤线径小、质量小，而且制作光纤的资源丰富。

光纤通信由于具有以上优越性，因此发展速度非常快，在 21 世纪的信息社会中占有非常重要的地位。

1.1.2 光纤通信系统的基本组成

根据不同的用户要求、不同的业务种类及不同阶段的技术水平，光纤通信系统的形式多种多样。

目前，采用比较多的系统形式是强度调制—直接检波的光纤数字通信系统。该系统主要采用点到点的光纤通信形式，由光发射机、光纤、光接收机及长途干线上必须设置的光中继器组成，如图 1-2 所示。

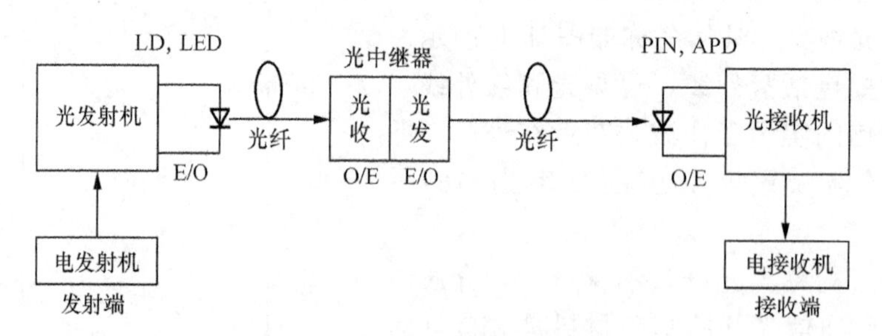

图 1-2 光纤数字通信系统示意图

图 1-2 中信号的传输过程如下。

由电发射机输出的脉冲调制信号送入光发射机，光发射机的主要作用是将电信号转换成光信号耦合进光纤，因此光发射机中的重要器件是能够完成电—光转换的半导体光源，目前主要采用单色性、方向性和相干性极强的半导体激光器（Laser Diode，LD）。

在通信系统线路上，目前主要采用由单模光纤制成的不同结构形式的光缆，这是因为光纤具有较好的传输特性。为了保证通信质量，在收发端机之间适当距离上必须设有光中继器。

光纤通信中光中继器的主要形式有两种：一种是采用光—电—光转换形式的中继器，其可提供电层面上的信号放大、波形整形和定时信号提取功能；另一种是可在光层面上直接进行光信号放大的光放大器，但其并不具备波形整形和定时信号提取功能。

光接收机的主要作用是将通过光纤传送过来的光信号转换成电信号，然后经过对电信号的处理，将其恢复为原来的脉冲调制信号送入电接收机。在光接收机中的重要器件是能够完成光—电转换功能的光电检测器，目前主要采用光电二极管（Photojunction Diode，PIN）和雪崩光电二极管（Avalanche Photo Diode，APD）。

以上介绍的是目前采用比较多的一种系统构建形式，随着光通信技术的不断发展，一些新的光通信系统不断涌现，如波分复用系统、光孤子通信系统等。

1.2 光网络的基本概念及组网技术

1.2.1 光网络的概念

光网络是光纤通信网络的简称，是指以光纤为基础传输链路的一种通信体系结构。换句话说，光网络就是一种基于光纤的电信网。它兼具“光”和“网络”两层含义：可通过光纤提供大容量、长距离、高可靠的链路传输手段；可利用先进的电子或光子交换技术，引入控制和管理机制，实现多节点联网，以及基于资源和业务需求的灵活配置。

一般来说，光网络由光传输系统和在光域内进行交换/选路的光节点构成。网络中的光电转换和电子处理器件主要集中在边缘节点，用于业务上路和下路操作。

1.2.2 光网络的组网技术

从光网络的发展历程来看，光网络可以分为三代。第一代以同步数字体系（Synchronous Digital Hierarchy，SDH）为代表，仅在光层面实现大容量的传输，而所有的交叉连接、选路和其他智能化的操作都在电层面来完成。第二代以光传送网（Optical Transport Network，OTN）为代表，OTN在子网内实现透明的光传输，而在子网边界处采用光/电/光（O/E/O）的3R再生（包括光放大、时钟恢复和光判决等）技术。第三代是以自动交换光网络（Automatic Switched Optical Network，ASON）为代表的智能光网络。智能化的ASON能够构建在OTN或SDH之上，实现动态的、基于信令和策略驱动的控制。下面对几种光网络的组网技术进行简要介绍。

SDH技术：第一代光网络的应用技术。SDH是由一系列SDH网元（Network Element，NE）构成的，可通过光纤链路实现同步信息的大容量、长距离、高可靠的业务传送、复用、分插、交叉连接，但其中所有的交叉连接和选路功能都是在电层完成的。目前，单波长SDH传输系统的最高传输速率可达40Gbit/s。SDH最初是一个专门针对语音通信而设计并在国际上得到广泛认可的传送网络标准，因此，在此框架基础上可以构建出灵活、可靠、易管理的新型电信传送网络，这不仅为各种新业务的传输提供了可靠的解决方案，还使不同厂商的设备之间互通成为可能。

波分复用（Wavelength Division Multiplexing，WDM）技术：在WDM系统中，可使多种波长的信号同时在一根光纤中实现长距离的传送。这种技术极大地提高了光纤的通信容量，目前已广泛应用于长途通信网和本地通信网中。WDM单通路传输速率小于40Gbit/s时采用强度调制—直接检波的方案，高于40Gbit/s时采用多阶组合调制、相干接收检测的方案。WDM在不断提升单通路传输速率的同时，还通过尽可能扩展可用传输波段来提高通信容量。目前，密集波分复用（Dense Wavelength-Division Multiplexing，DWDM）系统已完成包括C波段和L波段的1529～1611nm范围波段的商用。

多业务传送平台（Multi-Service Transmission Platform，MSTP）技术：随着IP业务和以太网的迅速发展，如何利用现有的网络资源，实现多业务接入以适应城域网的多业务需求成为人们研究的重点。基于SDH的MSTP，利用已敷设的大量SDH运营网络，能够同时实现时分复用（Time Division Multiplex，TDM）、异步转移模式（Asynchronous Transfer Mode，ATM）、以太网等业务的接入、处理和传送功能，并能提供统一的网管运营平台。由此可见，MSTP除了具有SDH功能外，还能够实现以太网和ATM功能，从而有效地支持分组数据业务，实现从电路交换网到分组网的过渡。

OTN技术：以波分复用技术为基础、在光层完成业务信号的传送、复用、选路、交换和监控等，并保证其性能指标和生存性。从功能上看，OTN能够在子网内实现透明的光传输，在子网边界处采用光/电/光（O/E/O）的3R再生技术，从而构建起一个完整的光传送网。这使OTN技术成为光核心层主流传输技术。相信随着技术和器件的进步，人们所期望的光透明子网的范围将会逐步扩大至接入网，以实现真正意义上的全光网络，即传送、复用、选路、监控和相关智能操作都能在光层实现。可见，要建立起真正的全光网络，必须解决的问题是消除电光瓶颈，这也是未来信息网络的核心。

ASON技术：一种智能化的第三代光网络技术。这种技术是通过能够提供自动发现和动态连接功能的分布式（或部分分布式）控制平面，基于OTN或SDH网络实现的、基于信令和策略动态控制的一种网络技术。

分组传送技术：随着互联网业务迅猛发展，光网络从以语音为主的业务传输向以网际互连协议（Internet Protocol，IP）数据业务为主的业务传输转变。分组传送网（Packet Transport Network，PTN）、IP化无线接入网（IP Radio Access Network，IPRAN）技术是以分组交换为核心，以分组作为传送单位的综合传送技术，以承载电信级以太网业务为主，同时兼容传统TDM、ATM等业务。分组传送技术在秉承光传输的传统优势的基础上，同时可实现高可用性和可靠性、高有效的带宽管理机制和流量工程、便捷的网管和操作、管理与维护（Operation Administration and Maintenance，OAM）、可扩展、较高的安全性、全面的服务质量（Quality of Service，QoS）保障等。

无源光网络（Passive Optical Network，PON）技术：以光纤为传输介质，具有高接入带宽、全程无源分光传输的特点，在管理运维、带宽性能、综合业务提供、带宽分配策略、组网灵活性等方面，较其他接入技术具有明显的优势。目前，常使用的主要有以太网无源光网络（Ethernet Passive Optical Network，EPON）技术和吉比特无源光网络（Gigabit Passive Optical Network，GPON）技术。EPON利用PON技术与以太网技术的有效结合，将信息封装成以太网帧进行传输，从而实现基于PON拓扑结构的以太网接入，利于兼容现有以太网。GPON技术是新一代光接入技术，在抗干扰性、带宽性能、接入距离、维护管理等方面均具有较大的优势，可更好地支持语音、数据、视频等多业务流的接入。

分组光传送网（Packet Optical Transport Network，POTN）技术：POTN是深度融合分组传送和光传送技术的一种传送网，主要定位于汇聚层和核心层。POTN基于统一分组交换平台，能够按任意比例对分组功能和光功能进行组合，并可同时支持L2交换[Ethernet/多协议标签交换（Multi-Protocol Label Switching，MPLS）]和L1交换（OTN/SDH），使得在不同的应用和网络部署场景下，POTN功能可被灵活地裁减和增添。

1.3 光纤通信网络的发展趋势

1.3.1 发展趋势

在用户带宽持续增长、业务IP化转型升级、网络资源按需调整分配等需求驱动下，光网络呈现出高效、简洁、智能化的发展趋势，具体体现在以下几个发展方向。

1．向超高速、大容量、长距离方向发展

在光纤通信领域，追求更高速率、更大容量、更长传输距离一直是光纤通信网络发展的基本方向。

研究资料显示，2019年通过单根光纤传输数据速率已达到130Tbit/s，到2020年，这一纪录为178Tbit/s。但这一传输速率仍处于实验室研究阶段，若要商用，光纤还应具有成本低、可工程化的特点。满足这些特点的空芯光纤和空分复用（Space Division Multiplexing，SDM）光纤可能是未来光纤的发展方向。空芯光纤具有低损耗、低色散的传输特性，同时还具有低时延、环境不敏感、耐辐照等特点，可以通过频谱扩展、高频谱效率的调制码型等技术来实现单根光纤的网络容量增加。SDM光纤可分为按纤芯复用的多芯光纤（Multi Core Fiber，MCF）和按模式复用的少模光纤（Few Mode Fiber，FMF）。将二者结合可实现多芯少模光纤（FM-MCF），能够使单纤容量成倍提升，达到Pbit/s量级的单纤传输容量和超高频谱效率。但目前这两种光纤在可制造性、成本、可量产性等方面仍存在问题，需进一步研究解决。

对于长途干线传输，当前正处于200Gbit/s相干光系统（200Gbit/s×80波）阶段，波长通道间隔为50GHz或25GHz的倍数；传输距离不低于1200km。未来长途光网络将走向400Gbit/s时代，单纤容量从16Tbit/s（200Gbit/s×80波）倍增到32Tbit/s（400Gbit/s×80波），预计2024年迎来规模商用。

2．向网络结构扁平化方向发展

传统光网络在承载IP业务时，主要通过ATM/SDH/DWDM三层结构进行传送，其中ATM层提供多业务集成及服务质量保障；SDH层提供细粒度的带宽分配及可靠的保护机制；DWDM层则提供大容量的传输带宽。这种重叠型网络结构配置复杂，难于管理。随着业务向IP层汇聚，为优化网络性能，实现各种业务的高效传送，光网络结构将向IP业务层和光传送层（OTN+PTN/IPRAN）的扁平化结构方向发展。OTN主要应用于核心层/汇聚层，为接入层提供宽带传送通道；PTN/IPRAN则定位于接入层，可以提供细粒度业务交叉连接，以适应不同分组长度的业务调度，并具有统计复用和弹性带宽的优点，能够实现对多业务承载的灵活性和可扩展性。

3．向软件定义光网络方向发展

随着用户带宽的持续增长，新型业务的不断涌现，光网络需要灵活提供适配带宽，并实现网络资源的统一调度与管控，这就需要智能化的网络资源管理。通过在现有OTN中引入软件定义网络（Software Defined Network，SDN）技术，将控制平面与转发平面分离、将网管和SDN控制器融合，实现集中管控和统一调度，可使光网络更加高效、灵活和智能，因此，软件定义光网络（Software Defined Optical Network，SDON）将成为光网络发展方向。SDON可根据用户需求，利用软件编程方式对网络结构和功能进行动态定制，并可实现带宽按需分配及带宽自动调整、动态路径保护、性能分析与预测、流量均衡与预测等功能。目前，SDON相关标准化工作已经展开，国外阿朗、思科等电信设备供应商已开始在试验网中部署应用；国内企业华为、中兴、烽火开展了相关技术研究，并已进行SDON解决方案的测试，其商用化运行取得了重要进展。SDON的不断成熟和演进，将带给用户更智能、更简捷、更高效的光网络。

1.3.2 关键技术

1．大容量、超长距离传输技术

随着单信道传输速率的提升，光纤本身的损耗、非线性、色散等因素会使光信号在传输过程中发生畸变，制约系统性能，因此在技术上给网络传输与交换带来了很多要求。

从调制格式和复用方式来看，可采用基于偏振复用结合多相位调制的调制方式，如偏振复用四相相移键控（PDM-QPSK）、8/16相相移键控（8PSK/16PSK）和基于低速子波复用的正交频分复用（Orthogonal Frequency Division Multiplexing，OFDM），也可采用光时分复用（Optical Time Division Multiplexing，OTDM）技术。

从调制编码解调来看，目前主要可采用直接解调和相干解调两种方式，其中相干解调主要采用数字信号处理（Digital Signal Processing，DSP）技术来实现，显著降低了相干通信中对激光器特性的要求。但由于目前受到模-数转换器和DSP芯片处理能力的限制，基于100Gbit/s信号的实时相干接收处理是亟待解决的技术难题，将直接影响其商用步伐。

（1）正交频分复用：鉴于OFDM的技术优势，将其引入光纤通信系统是近年的一个研究热点。实验表明，在不采用任何补偿的情况下，采用OFDM技术的单模光纤通信系统可以将10Gbit/s信号传输1000km以上，可见OFDM技术的引入可明显改善光纤通信系统的性能。

（2）光时分复用：OTDM能够克服放大器级联带来的增益不平坦和光纤非线性的限制，在未来采用全光交换和全光路由的网络中，OTDM技术的一些特点使其作为全光网络关键技术更具吸引力，如上下话路方便、可适用于本地网和骨干网。目前，基于OTDM的传输速率已经可以达到Tbit/s。但由于OTDM必须采用归零码超短脉冲，因此占用频带宽，而且色散和色散斜率影响较为显著。OTDM传输系统的关键技术包括超短光脉冲发生技术、全光时分复用/解复用技术和超高速定时提取技术等，因此，人们在研制全光控制的各种超高速逻辑单元，例如工作速度在皮秒（ps）级的超高速全光开关等。

（3）偏振复用：利用光在单模光纤中传输的偏振特性，将传输波长的两个独立且相互正交的偏振状态作为独立信道分别用于传输两路信号，可成倍提高系统容量和频谱利用率。两束偏振光信号偏振复用后，经过长距离的光纤传输，会受到光纤应力、偏振模色散（Polarization Mode Dispersion，PMD）、偏振相关损耗（Polarization Dependent Loss，PDL）等因素的影响，偏振状态会发生变化，使得到达接收端的光信号的偏振状态随时间而快速变化。这就要求解复用器具有自动调整功能，进而能够分辨出彼此正交的两个偏振通道。目前，偏振复用技术所面临的关键挑战正是如何进行信号的解复用，这是一直困扰和阻碍偏振复用技术进入实际应用的难题。

2．光孤子通信

光孤子是一种特殊的ps级的超短光脉冲。由于它在光纤反常色散区，群速度色散和非线性效应相互平衡，因此经过光纤长距离传输后，波形和速度都保持不变。光孤子通信就是利用光孤子作为载体的长距无畸变的通信，在零误码的条件下，信息传输距离可达上万千米。尽管光孤子通信仍然有许多技术难题，但目前的技术突破使人们坚信在不久的将来可以实现超长距离、高速、大容量的全光通信。

3．量子通信

光量子通信主要基于量子纠缠理论。与经典通信相比，光量子通信具有高效率和绝对安全的特点，这是由于光量子通信所使用的加密密钥是随机获得的，且利用量子隐形传态（传输）来进行信息传递。根据量子纠缠理论，具有纠缠态的两个粒子，其中一个粒子的量子态发生变化，另外一个粒子的量子态就会随之立刻变化，此时宏观的任何观察和干扰，都会立刻改变量子态，引起其坍缩，因此窃取者得到的信息已非原有信息，从而确保信息传递的安全。高效，是指被传输的未知量子态在被测量之前会处于纠缠态，即同时具有 n 个状态，每个量子态又可以同时表示 0 和 1 两个数字，这样，光量子通信的传输就相当于经典通信方式的 $2n$ 次，可见其传输效率惊人。但量子存储的实现一直存在很大的困难。相信随着量子通信技术的发展，其在网络密钥和大容量通信方面将会带来重大突破。

4．相干光通信

相干光通信系统在发射端采用外调制方式将信号调制到光载波上送入光纤传输。在接收端，相干光通信系统增加了光混频器和本振光源，具有混频增益特性，使得系统的接收灵敏度提高，并且具有极强的波长选择能力，因此相干光通信可以在波分复用系统及光频分复用系统中发挥巨大的作用。可以想象，未来人们可以像调节无线电接收机一样，通过调节接收机本振波长，根据需要从众多信道中接收所需的信息。

5．全光缓存器

光子具有一定的能量，如果没有将其转换成其他形式的能量，理论上讲光子是不可能停下来的。因此能够在光域内实现对数据包缓存的全光缓存器，是全光包交换网络中的关键器件。目前“光缓存”可以分为两类：一类是通过减慢光的传播速度制作的慢光型全光缓存器；另一类是通过延长光传输路径构建的，包括光纤延迟线（Fiber Delay Line，FDL）、全光缓存器和光纤环型全光缓存器。随着光器件研究进展，近年来出现了基于复合调制长周期光栅的新型缓存器，其在降低成本、提高器件集成度方面具有明显的优势，可应用于存储单元和脉冲重新定时，但目前仅限于实验室研究。

6．光层调度技术

作为实现 OTN 光层调度的核心设备，与传统的非可重构光分插复用器（Reconfigurable Optical Add Drop Multiplexer，ROADM）相比，可重构光分插复用器采用可配置的光器件，实现了 OTN 节点中任意波长、波长组的上下、阻断和直通配置。通过引入 ROADM 设备，可组建大规模的光子交叉网络，以实现 OTN 光层波长交叉调度功能。由于交叉过程全部是在光层完成的，无须经过 O/E/O 转换，因此设备成本较低。目前，实现光层调度的主要器件包括波长阻断器（Wavelength Blocker，WB）、平面光回路（Planar Lightwave Circuit，PLC）和波长选择开关（Wavelength Selection Switch，WSS）。WSS 能够支持多个方向间的波长调度，这是 WB 与 PLC 所无法实现的功能，即便 WSS 不支持广播组播，且成本较高，它也是 ROADM 的主流技术，用于实现波长业务的重路由，以提高业务的保护能力和网络的可靠性。

第2章 光导纤维

光纤通信是利用光导纤维来传输光波信号的，光纤的结构和光纤的导光原理是光纤通信理论的重要部分。

本章首先介绍光纤的结构与分类，对光纤的导光原理将采用射线理论和标量近似解法进行重点分析，然后在此基础上对单模光纤特点、单模传输条件进行讨论；最后介绍光纤的传输特性及光纤的非线性效应。

2.1 光纤的结构与分类

2.1.1 光纤的结构

光纤是一种由纯石英材料经复杂的工艺拉制而成的横截面很小的双层同心圆柱体，其结构如图 2-1 所示。通常，外层的折射率必须比内层的折射率低。内层折射率较高，称为纤芯，其折射率为 n_1，直径为 $2a$；折射率较低的外层部分称为包层，其折射率为 n_2，直径为 $2b$。

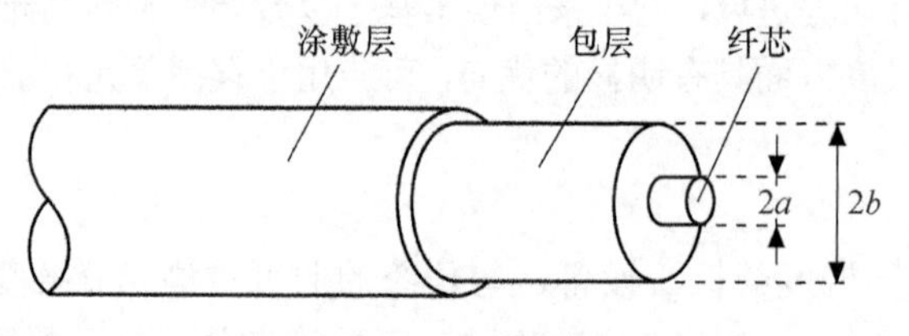

图 2-1 光纤的结构

光纤的最外层是由丙烯酸酯、硅树脂和尼龙组成的涂敷层，其作用是增加光纤的机械强度与柔韧性，以及便于识别等。绝大多数光纤的涂敷层外径控制在 250μm，但是也有一些光纤涂敷层直径达 1mm。通常，采用双涂敷层结构，软的内涂敷层能阻止纤芯受外部压力而产生微变，而外涂敷层能防磨损及提高机械硬度。

2.1.2 光纤的分类

光纤的分类方法有多种，可以按照横截面上折射率的分布来分类，也可以按照所使用的材料来分类。按照制造光纤的材料来划分，可分为玻璃光纤、全塑料光纤和石英光纤等。在光纤通信中，目前主要采用石英材料制成的光纤。在此，主要对石英光纤按横截面折射率分布和传输模式数量进行划分。

1．按光纤横截面折射率分布划分

按光纤横截面折射率分布，光纤一般可分为阶跃型光纤和渐变型光纤两种。

在阶跃型光纤中，纤芯折射率为 n_1，并沿半径方向保持一定，包层折射率为 n_2，同样也沿半径方向保持一定。可见纤芯和包层的折射率在半径 $r=a$ 处呈现阶跃型变化，如图 2-2（a）所示。

渐变型光纤纤芯的折射率不是均匀的，如图 2-2（b）所示。可见纤芯的折射率 n_1 随着纤芯半径 a 的增大逐渐减小，而包层中折射率 n_2 是均匀的。

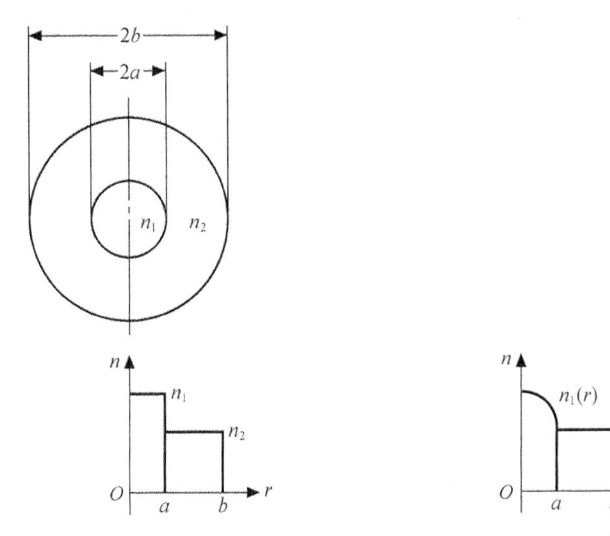

（a）阶跃型光纤的横截面折射率分布　　（b）渐变型光纤的横截面折射率分布

图 2-2　光纤的横截面折射率分布

渐变型光纤折射率分布表达式为

$$n(r)=\begin{cases} n_1\left[1-2\Delta\left(\dfrac{r}{a}\right)^{\alpha}\right]^{\frac{1}{2}} & (r\leqslant a) \\ n_2 & (a\leqslant r\leqslant b) \end{cases} \tag{2-1}$$

式中，n_1 为光纤纤芯 $r=0$ 处的折射率；n_2 为包层的折射率；a 为纤芯半径；b 为包层半径；$\Delta\approx\dfrac{n_1-n_2}{n_1}$ 为相对折射率差；α 为横截面折射指数参量，取值范围为 0～+∞，当 $\alpha=2$ 时，该光纤称为平方律折射率分布光纤，其色散影响最小（色散概念将在 2.5.2 节介绍）；当 $\alpha\to+\infty$ 时，该光纤相当于阶跃型光纤。

2．按传输模式数量划分

根据传输模式数量的不同，光纤可分为单模光纤和多模光纤。

单模光纤，是指只有一种传输模式的光纤。其纤芯直径比较小，为 4～10μm，通常纤芯折射率均匀分布。而在特定工作波长下，多模光纤中可以同时存在多种传输模式。多模光纤可以采用阶跃型折射率分布，也可以采用渐变型折射率分布。一般纤芯直径约为 50μm。由于单模光纤中仅存在一种传输模式，因而其色散小，适合高速率、大容量、长距离通信；而多模光纤因可同时传输多种模式的光波，其色散较大，从而限制了信号传送速率和传输距离，因此仅适用于短距离、低速率的传输场合。

2.2 阶跃型光纤的导光原理

光波是一种频率极高的电磁波，光在光纤中的传输理论是十分复杂的。通常，可用射线理论和波动理论进行分析。当纤芯直径远大于光波波长（$2a>>\lambda$）时，基于几何光学的射线理论可以很好地、直观地、形象地解释光纤中光波的导光原理和特性，而当 $2a$ 与 λ 可比时，需用波动理论进行分析，这是一种基于电磁场理论的较为严格的分析方法。

2.2.1 射线理论分析

1．两介质平面之间光波的折射和反射

如图 2-3 所示，有两个半径无限大的介质，其介质参数分别为 ε_1、μ_1 和 ε_2、μ_2。$x=0$ 的水平面为其交界面，介质交界面的法线为 x 方向。这两种物质都是均匀的、各向同性的。

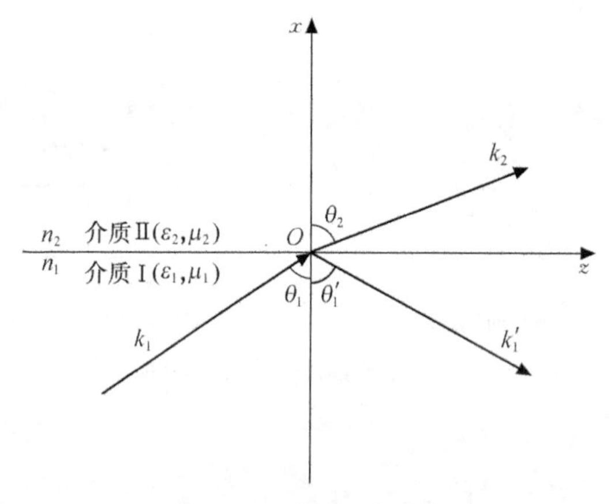

图 2-3　光的反射与折射

入射光波沿 k_1 方向由介质Ⅰ入射到两介质的交界面上时，将产生反射和折射。其中一部分光波能量沿 k_1' 方向反射回原来的介质，这部分光波称为反射波；另一部分光波能量沿 k_2 方向进入介质Ⅱ，称为折射波。通常，人们将沿 k_1、k_1' 和 k_2 方向的射线分别称为入射线、反射线和折射线，θ_1、θ_1' 和 θ_2 为入射线、反射线、折射线与法线之间的夹角，分别称为入射角、反射角和折射角。反射和折射的基本规律是由斯奈耳定律表示的。

（1）斯奈耳定律

斯奈耳定律反映了反射波、折射波与入射波传播方向之间的关系。由图 2-3 可看出，入射线、反射线和折射线处于同一平面内，而且 θ_1、θ_1' 和 θ_2 之间的关系为

$$\theta_1 = \theta_1' \tag{2-2}$$

$$n_1 \sin\theta_1 = n_2 \sin\theta_2 \tag{2-3}$$

式（2-2）称为反射定律，表示入射角与反射角之间的关系。

式（2-3）称为折射定律，表示入射角与折射角之间的关系。

（2）全反射的概念

由式（2-2）和式（2-3）可知，当 $n_1>n_2$ 时，$\theta_2>\theta_1$。如果逐渐增大入射角 θ_1，则折射角 θ_2 也随之增大。当 θ_1 增大到某一数值 θ_c 时，$\theta_2=90°$。也就是说，这时折射光将沿交界面传播。若入射角 θ_1 继续增大，光就不再进入介质Ⅱ了，入射光全部被反射回来，这种现象称为全反射。我们把折射角刚好达到 90°时的入射角称为临界角，用 θ_c 表示，即

$$n_1 \sin\theta_c = n_2 \sin 90°$$

$$\theta_c = \arcsin\frac{n_2}{n_1} \tag{2-4}$$

阶跃型光纤所采用的结构使光波能够被束缚在纤芯中，反复地以上述全反射的形式向前传播。由此可得出产生全反射的条件为

$$n_1 > n_2$$

$$\theta_c \leqslant \theta_1 < 90°$$

2．阶跃型光纤中的子午线

（1）子午线

根据几何光学射线理论，阶跃型光纤中的光射线主要分为子午线和斜射线，但能量多由子午线携带，因而这里主要介绍光纤的子午线。

理论上光纤纤芯是一个理想的圆柱体，如图 2-4 所示。若以其横截面上的任意一条直径为边，过纤芯的轴线 OO'（光轴）可形成许多平面，这些平面便是子午面。由于阶跃型光纤纤芯的折射率为 n_1，呈现均匀分布，因此子午面上的光射线在一个周期内和轴线相交两次，形成锯齿形波沿光轴前进。这种射线称为子午线。可以看出，子午线是子午面上的平面折线，它在端面上的投影是一条直线。

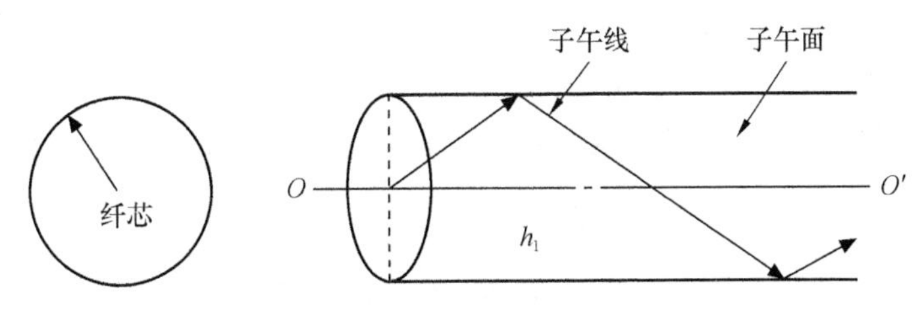

图 2–4　阶跃型光纤中的子午线

（2）子午线分析

由于阶跃型光纤中纤芯的折射率大于包层的折射率，因此在纤芯与包层交界面上那些入射角大于临界角的光射线会产生全反射，使得携带信息的光波在光纤纤芯中由纤芯和包层的界面引导前进，这种波称为导波。

图 2-5 画出了光纤的一个横截面，一条光线入射到光纤横截面的中心，它和法线之间的夹角即是入射角 ϕ；此时光线是从空气射向光纤横截面的，并遇到了两种不同介质的交界面。由于 $n_0<n_1$，在横截面处光线由光疏介质射向光密介质，折射线应靠近法线，这时光线在纤芯内前进的方向与法线的夹角为 θ_2。当光线射到纤芯与包层交界面时，入射角为 θ_1。只有当 $\theta_1>\theta_c$ 时，才可能发生全反射。

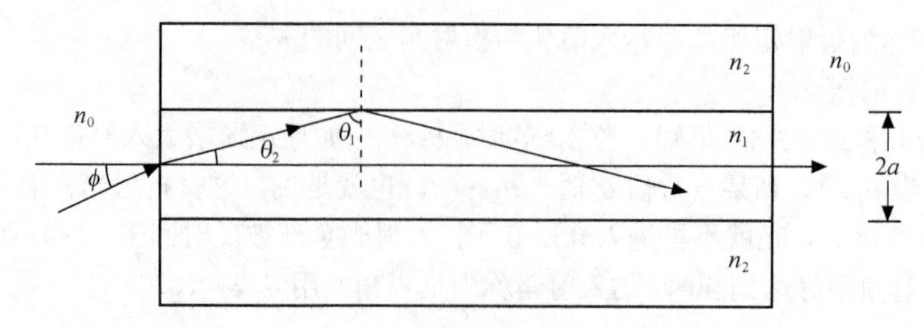

图2-5 光纤横截面上的子午线

根据折射定律

$$n_0 \sin\phi = n_1 \sin\theta_2 = n_1 \sin(90° - \theta_1) = n_1 \cos\theta_1$$

则

$$\sin\phi = \frac{n_1}{n_0}\cos\theta_1 = \frac{n_1}{n_0}\sqrt{1-\sin^2\theta_1}$$

为了使光射线能够在纤芯与包层的交界面上产生全反射，要求θ_1大于等于θ_c，即$\sin\theta_1 \geqslant \sin\theta_c$，则当外来的光射线入射到光纤横截面上时，其入射角$\phi$必减小，这样上式可改写为

$$\sin\phi \leqslant \frac{n_1}{n_0}\sqrt{1-\left(\frac{n_2}{n_1}\right)^2}$$

由于空气中的折射率$n_0 \approx 1$，则

$$\sin\phi \leqslant \sqrt{n_1^2 - n_2^2} \qquad (2\text{-}5)$$

因此，只有能满足式（2-5）的光射线，才可以在纤芯中形成导波（即在纤芯与包层交界面处满足了全反射条件）。

3．阶跃型光纤的数值孔径

由上面的分析可知，并不是由光源射出的全部光射线都能在纤芯中形成导波，只有满足式（2-5）的子午线才可在纤芯中形成导波。

表示光纤捕捉光射线能力的物理量被定义为光纤的数值孔径，用NA表示。

$$NA = \sin\phi_{\max} = \sqrt{n_1^2 - n_2^2} = n_1\sqrt{2\Delta} \qquad (2\text{-}6)$$

其中，相对折射率差$\Delta \approx \frac{n_1 - n_2}{n_1}$。由于光纤的纤芯和包层采用相同的基础材料$SiO_2$，然后各掺入不同的杂质，使得纤芯中的折射率$n_1$略高于包层中的折射率$n_2$，但通常它们之间的差值极小，这种光纤称为弱导波光纤。

$\phi_{\max}$是光纤纤芯所能捕捉的光射线最大入射角。换句话说，就是只有入射角小于$\phi_{\max}$的光射线才能被光纤捕捉，并在光纤中形成导波。数值孔径越大，光纤捕捉光射线的能力越强。由于弱导波光纤的相对折射率差Δ很小，因此其数值孔径也不大。

2.2.2 波动理论分析

1．波动方程与标量近似解法

（1）波动方程

波动理论的理论基础是波动方程，波动方程是根据麦克斯韦方程组推导出的用矢量电场

强度 $\boldsymbol{E}$ 或矢量磁场强度 $\boldsymbol{H}$ 表示的方程式。

当所研究的电磁场随时间做简谐变化时，所获得的波动方程就称为亥姆霍兹（Helmholtz）方程式。由于光纤纤芯采用的是石英材料，当光强较弱时，无须考虑光纤的非线性，同时其中也不存在传导电流和自由电荷（为无源空间），因此光纤介质是理想、均匀、各向同性的，而且因为电磁场是简谐变化的，根据麦克斯韦方程组可导出矢量亥姆霍兹方程式，即

$$\nabla^2 \boldsymbol{E} + k^2 \boldsymbol{E} = 0 \tag{2-7}$$

$$\nabla^2 \boldsymbol{H} + k^2 \boldsymbol{H} = 0 \tag{2-8}$$

其中，k 为相位常数或波常数，表示电磁波传播单位距离所产生的相位变化，其表达式为

$$k=\omega\sqrt{\mu\varepsilon} = \frac{\omega}{v} = \frac{2\pi f}{f\lambda} = \frac{2\pi}{\lambda} = k_0 n \tag{2-9}$$

式（2-9）中 k_0 为真空中的波常数；λ 为工作波长；n 为介质折射率。

∇^2 称为拉普拉斯算子，在不同坐标系中，∇^2 的展开式不同。

在直角坐标系中，∇^2 是一个三维、二阶、偏微分运算符号，展开式为

$$\nabla^2 = \frac{\partial^2}{\partial x^2} + \frac{\partial^2}{\partial y^2} + \frac{\partial^2}{\partial z^2}$$

解麦克斯韦方程组的方法可分为矢量分析法和标量近似法。顾名思义，前者是一种根据波动方程和边界条件严格地推导出电磁场分布的传统解法，而后者则是根据边界条件和弱导波等基本物理概念进行近似的、简化的推理求解，当然最后的结果是殊途同归。本节仅以阶跃型光纤为例进行波动理论分析。

（2）标量近似解法

标量近似解法是一种传统解法，即根据弱导波的基本物理概念，对满足光纤边界条件的标量亥姆霍兹方程求解。由于光纤通常被制成圆柱形，且光射线沿光轴方向传播，为了求解时便于应用边界条件，一般采用 z 轴与光纤光轴一致的圆柱坐标系(r, θ, z)，如图 2-6 所示。

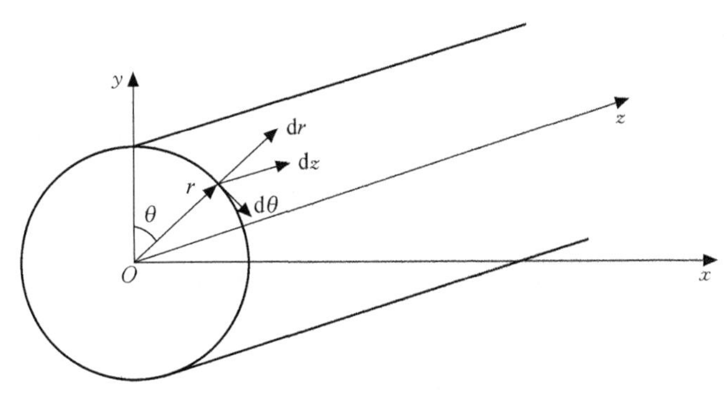

图 2-6　光纤中的圆柱坐标

当光纤纤芯与包层的折射率差别极小时，该光纤为弱导波光纤，此时 $n_1/n_2 \to 1$，故

$$\theta_c = \arcsin\frac{n_2}{n_1} \to \arcsin 1 \to 90°$$

当光纤中形成导波时，θ_1 必须满足全反射条件，即 $90° > \theta_1 \geqslant \theta_c$。

将上述两个条件综合起来，可得 $\theta_1 \to 90°$。因此光纤中传输的波非常接近平面波。理想平

面波的传播方向通常与其 $\boldsymbol{E}$ 和 $\boldsymbol{H}$ 垂直。而在弱导波光纤中的光波，由于其射线方向与光轴几乎平行，因此 $\boldsymbol{E}$ 和 $\boldsymbol{H}$ 几乎与光轴垂直。又由于 $\boldsymbol{E}$ 和 $\boldsymbol{H}$ 是处在与传播方向垂直的横截面上的，这种场分布又称为横电磁波，即 TEM 波，因此弱导波光纤中的 $\boldsymbol{E}$ 和 $\boldsymbol{H}$ 分布是一种近似的 TEM 波。

这种具有横向场的、极化方向（即电场的空间指向）在传播过程中保持不变的横电磁波，可以看成线极化波（或称线偏振波）。由于 $\boldsymbol{E}$ 近似在横截面上，而且空间指向基本不变，这样就可把一个大小和方向都沿传播方向变化的空间矢量 $\boldsymbol{E}$ 近似为沿传播方向传输的标量 E，换句话说就是其方向不变，仅大小变化。因此，它将满足标量的亥姆霍兹方程，通过解该方程，可求出弱导波光纤的近似解。这种方法称为标量近似解法。

2．阶跃型光纤的标量近似解法

（1）推导思路

若假设弱导波光纤中横向电场偏振方向与 y 轴一致，且在传播过程中保持不变，则可用一个标量来描述，即横向电场 E_y 满足标量亥姆霍兹方程

$$\nabla^2 E_y + k_0^2 n^2 E_y = 0 \tag{2-10}$$

在圆柱坐标系下展开，得到横向电场 E_y 的亥姆霍兹方程

$$\frac{\partial^2 E_y}{\partial r^2} + \frac{1}{r}\frac{\partial E_y}{\partial r} + \frac{1}{r^2}\frac{\partial^2 E_y}{\partial \theta^2} + \frac{\partial^2 E_y}{\partial Z^2} + k_0^2 n^2 E_y = 0 \tag{2-11}$$

接下来，利用变量分离法求 E_y。

① 将 E_y 写成三个变量乘积的形式，即设试探函数

$$E_y = AR(r)\Theta(\theta)Z(z) \tag{2-12}$$

其中，A 是常数；$R(r)$、$\Theta(\theta)$和 $Z(z)$分别是 r、θ 和 z 的函数，表示横向电场 E_y 沿这三个方向的变化规律。常规解法应是将式（2-12）代入式（2-11），设法求出含有 R、Θ、Z 的解，从而得到 E_y。但是这种求法比较复杂。下面仅根据物理概念，确定 $Z(z)$和 $\Theta(\theta)$的形式，再通过方程求 $R(r)$。

② 根据物理概念写出 $Z(z)$和 $\Theta(\theta)$的表达式。$Z(z)$表示导波沿光轴 z 轴的变化规律。因其是以波状态沿 z 轴方向传输的，故可用 β 表示其轴向相位常数，则可写出

$$Z(z) = \mathrm{e}^{-\mathrm{j}\beta z} \tag{2-13}$$

$\Theta(\theta)$表示 E_y 沿圆周方向的变化规律，它是以 2π 为周期沿圆周方向的正弦或余弦函数。可写出

$$\Theta(\theta) = \begin{cases} \sin m\theta \\ \cos m\theta \end{cases} \quad m = 0,1,2,\cdots \tag{2-14}$$

③ 求出 $R(r)$的表达式。$R(r)$表示场沿半径方向的变化规律。将式（2-13）和式（2-14）代入式（2-12），E_y 可写成

$$E_y = AR(r)\cos m\theta \mathrm{e}^{-\mathrm{j}\beta z} \tag{2-15}$$

将式（2-15）代入式（2-11），可得

$$r^2\frac{\mathrm{d}^2R(r)}{\mathrm{d}r^2}+r\frac{\mathrm{d}R(r)}{\mathrm{d}r}+\left[r^2(k_0^2n^2-\beta^2)-m^2\right]R(r)=0 \tag{2-16}$$

式（2-16）为含有 $R(r)$的二阶常微分方程。

由于纤芯和包层的折射率不同，分别为 n_1 和 n_2，且 $n_1>n_2$，因此纤芯和包层中的场分布有一定的差别。由于导波 $k_0n_2<\beta<k_0n_1$ 关系成立，这样在纤芯中，$k_0^2n_1^2-\beta^2>0$，而在包层中 $k_0^2n_2^2-\beta^2<0$，因此方程在纤芯与包层中有不同形式的解。又由于导波在纤芯中应符合简谐解的形式，故取贝塞尔函数；在包层中应是衰减解的形式，故取第二类修正贝塞尔函数，于是

$$R(r)=\begin{cases}\mathrm{J}_m\left(\sqrt{k_0^2n_1^2-\beta^2}\,r\right) & r\leqslant a\\ \mathrm{K}_m\left(\sqrt{\beta^2-k_0^2n_2^2}\,r\right) & r\geqslant a\end{cases} \tag{2-17}$$

式中，J_m 表示 m 阶贝塞尔函数，K_m 表示 m 阶修正贝塞尔函数。

④ 得出 E_y 的表达式。将式（2-17）代入式（2-15），得出

$$E_y=\mathrm{e}^{-\mathrm{j}\beta_z}\cos m\theta\begin{cases}A_1\mathrm{J}_m\left(\sqrt{k_0^2n_1^2\quad\beta^2}\,r\right) & r\leqslant a\\ A_2\mathrm{K}_m\left(\sqrt{\beta^2-k_0^2n_2^2}\,r\right) & r\geqslant a\end{cases} \tag{2-18}$$

如令

$$\begin{aligned}U&=\sqrt{k_0^2n_1^2-\beta^2}\,a\\ W&=\sqrt{\beta^2-k_0^2n_2^2}\,a\end{aligned} \tag{2-19}$$

式（2-19）中，U 是导波径向归一化相位常数，表示在纤芯中导波沿径向场的分布规律；W 是导波径向归一化衰减常数，表示在包层中导波沿径向场的衰减规律。由 U 和 W 可引出光纤的另一个重要参数：

$$V=(U^2+W^2)^{\frac{1}{2}}=n_1k_0a\sqrt{2\Delta}=\frac{2\pi n_1a\sqrt{2\Delta}}{\lambda_0} \tag{2-20}$$

由式（2-20）可知，V 是与光纤的结构参数（n_1，a，Δ）和工作波长相关的无量纲参数。V 称为光纤的归一化频率，它与光纤特性相关。

可根据边界条件求出常数 A_1、A_2，代入式（2-18），得出

$$E_y=A\cos m\theta\mathrm{e}^{-\mathrm{j}\beta_z}\begin{cases}\dfrac{\mathrm{J}_m\left(\dfrac{U}{a}r\right)}{\mathrm{J}_m(U)} & r\leqslant a\\[2ex] \dfrac{\mathrm{K}_m\left(\dfrac{W}{a}r\right)}{\mathrm{K}_m(W)} & r\geqslant a\end{cases} \tag{2-21}$$

从式（2-21）可以看出，E_y 沿 z 轴方向传播，其相位常数为 β，沿圆周方向按 $\cos m\theta$（或 $\sin m\theta$）规律变化；沿半径方向，在纤芯中按贝塞尔函数规律振荡，在包层中按第二类修正贝塞尔函数规律衰减。

根据 TEM 波的特性，自由空间波阻抗 $Z_0=\sqrt{\mu_0/\varepsilon}$，波阻抗 $Z=Z_0/n=-E_y/H_x$。因光纤中的导波为近似 TEM 波，故

$$H_x=\begin{cases}-A\dfrac{n_1}{Z_0}\ \dfrac{\mathrm{J}_m\left(\dfrac{U}{a}r\right)}{\mathrm{J}_m(U)}\cos m\theta & r\leqslant a\\[2ex] -A\dfrac{n_2}{Z_0}\ \dfrac{\mathrm{K}_m\left(\dfrac{W}{a}r\right)}{\mathrm{K}_m(W)}\cos m\theta & r\geqslant a\end{cases}\tag{2-22}$$

需要说明的是，式（2-22）中省略了 $\mathrm{e}^{-\mathrm{j}\beta z}$ 因子。

⑤ 求出轴向场分量表达式。根据麦克斯韦方程组中 E_z 和 H_z 与横向场分量之间的关系式，可获得下列关系。

纤芯中轴向场分量 E_{z1} 和 H_{z1} 的表达式分别为

$$E_{z1}=\frac{\mathrm{j}AU}{2k_0n_1a\mathrm{J}_m(U)}\left[\mathrm{J}_{m+1}\left(\frac{U}{a}r\right)\sin(m+1)\theta+\mathrm{J}_{m-1}\left(\frac{U}{a}r\right)\sin(m-1)\theta\right]\quad r\leqslant a\tag{2-23}$$

$$H_{z1}=\frac{-\mathrm{j}AU}{2k_0aZ_0\mathrm{J}_m(U)}\left[\mathrm{J}_{m+1}\left(\frac{U}{a}r\right)\cos(m+1)\theta-\mathrm{J}_{m-1}\left(\frac{U}{a}r\right)\cos(m-1)\theta\right]\quad r\leqslant a\tag{2-24}$$

包层中轴向场分量 E_{z2} 和 H_{z2} 的表达式分别为

$$E_{z2}=\frac{\mathrm{j}AW}{2k_0n_2a\mathrm{K}_m(W)}\left[\mathrm{K}_{m+1}\left(\frac{W}{a}r\right)\sin(m+1)\theta-\mathrm{K}_{m-1}\left(\frac{W}{a}r\right)\sin(m-1)\theta\right]\quad r\geqslant a\tag{2-25}$$

$$H_{z2}=\frac{-\mathrm{j}AW}{2k_0aZ_0\mathrm{K}_m(W)}\left[\mathrm{K}_{m+1}\left(\frac{W}{a}r\right)\cos(m+1)\theta+\mathrm{K}_{m-1}\left(\frac{W}{a}r\right)\cos(m-1)\theta\right]\quad r\geqslant a\tag{2-26}$$

以上为标量解的场方程的推导思路和最后结果，推导过程见附录 A。

（2）标量解的特征方程

欲确定光纤中的导波特性，其一是需要确定 U、W 和 β 之间的关系，如式（2-19）所示，其二是需要找出 U 和 W 的另一个关系式，这就是特征方程。

特征方程利用的是边界条件，即在纤芯与包层的交界面 $r=a$ 处，电场轴向分量连续，即 $E_{z1}=E_{z2}$；加之上述关系要在任意 θ 值上成立，因此必须使 $\sin(m+1)\theta$ 项和 $\sin(m-1)\theta$ 项系数分别相等，由此可得

$$U\frac{\mathrm{J}_{m+1}(U)}{\mathrm{J}_m(U)}=W\frac{\mathrm{K}_{m+1}(W)}{\mathrm{K}_m(W)}\tag{2-27}$$

$$U\frac{\mathrm{J}_{m-1}(U)}{\mathrm{J}_m(U)}=-W\frac{\mathrm{K}_{m-1}(W)}{\mathrm{K}_m(W)}\tag{2-28}$$

这就是弱导波光纤标量解的特征方程。利用第一类贝塞尔函数与第二类修正贝塞尔函数的递推公式，可证明这两个式子是相等的，可任选其中之一，通常取式（2-28）作为标量解的特征方程。

3. 阶跃型光纤的标量模 LP_{mn} 及其特性分析

在弱导波光纤中的光波是一种近似的 TEM 波，具有横向场的极化方向始终保持不变（线极化）的特性。极化是指电场（或磁场）的空间方位随时间的变化关系。因此，弱导波光纤中所传播的波可认为是线性偏振模，用 LP_{mn} 表示。下标 m 和 n 的值，分别代表各模式的场型特性。一般说来，模式的下标 m 表示该模式的场分量沿光纤圆周方向的最大值的对数，而下标 n 则表示该模式的场分量沿光纤直径的最大值的对数。可见不同的 m、n 值对应着不同的场结构。

（1）LP_{mn} 模的截止条件

① 截止的概念

通常导波应被限制在纤芯中，以纤芯和包层的界面来导行，沿轴线方向传输，这时在包层内的电磁场按指数规律迅速衰减。但当某一个模式在包层中出现辐射模时，即认为该导波模式截止。如果导波的传输常数为 β，由全反射条件可知，导波传输常数的变化范围为

$$k_0 n_1 > \beta > k_0 n_2$$

由上式可知，当 $\beta = k_0 n_2$（即 $W=0$）时，对应于 $\theta_1 = \theta_c$，显然这时电磁场能量已不能完全有效地封闭在纤芯内，开始向包层辐射。这种状态称为导波截止的临界状态。而当 $\beta < k_0 n_2$ 时，辐射损耗将进一步增大，使光波能量不再有效地沿光纤轴向传输，这时在光纤包层中出现了辐射模，即导波处于截止状态。

② 截止时的特征方程

在光纤中是以径向归一化衰减常数 W 来衡量某一模式是否截止的。对于导波远离截止情况的传输模，光纤外包层的场衰减很大，电磁能量被束缚在纤芯中，此时 $W>0$ 或 $W\to\infty$；当场穿过包层形成辐射模时，该传输模式截止，即在包层中的径向归一化衰减常数 $W=0$，表示导波截止，此时将 W 记为 W_c（$W_c=0$）。

在 $W\to 0$ 的情况下，根据数学知识，特征方程中的 $\mathrm{K}_m(W)$ 有近似关系：

$$\text{当} m=0 \text{时，} \mathrm{K}_0(W) = \ln\frac{2}{W} \to \infty$$

$$\text{当} m>0 \text{时，} \mathrm{K}_m(W) = \frac{1}{2}(m-1)!\left(\frac{2}{W}\right)^m \to \infty$$

由上面的近似式可以看出，无论 m 为何值，特征方程式（2-27）的右端均为零，则在截止情况下，以及当 $U\neq 0$ 时，可写出截止时的特征方程：

$$\mathrm{J}_{m-1}(U) = 0$$

③ 截止情况下 LP_{mn} 模的归一化截止频率 V_c

导波截止时，即 $W_c=0$ 时，所对应的径向归一化相位常数和归一化频率，分别用 U_c 和归一化截止频率 V_c 表示。根据截止时的 $V_c^2 = U_c^2 + W_c^2$ 关系式，可得

$$V_c = U_c$$

即导波在截止状态下的径向归一化相位常数 U_c 与光纤归一化截止频率 V_c 相等。这样如果求出了 U_c 的值，即可知 V_c，从而决定了各模式的截止条件。

由前面的分析可知，当 $U\neq 0$ 时，截止时的特征方程

$$\mathrm{J}_{m-1}(U_c = \mu_{mn}) = 0$$

可见，满足此关系的 U_c 值就是 $m-1$ 阶贝塞尔函数的根值，这个根值一般用 μ_{mn} 表示。μ_{mn} 是

m 阶贝塞尔函数的第 n 个根值。m 是贝塞尔函数的阶数；n 是 $J_{m-1}(U_c)=0$ 根的序号，即第几个根。需要说明的是，LP_{mn} 模的 m、n 不同，所对应的场分布也不同。

例如，当 $m=0$ 时，LP_{0n} 模的特征方程为 $J_{-1}(U_c)=0$，则由贝塞尔函数知识可知：

$$U_c=\mu_{0n}=0, 3.83171, 7.01559\ldots$$

当 $m=1$ 时，LP_{1n} 模的特征方程为 $J_0(U_c)=0$，则

$$U_c=\mu_{1n}=2.40483, 5.52008, 8.65373\ldots$$

当 $m=2$ 时，LP_{2n} 模的特征方程为 $J_1(U_c)=0$，则

$$U_c=\mu_{2n}=3.83171, 7.01559, 10.17347\ldots$$

将以上各值列于表 2-1 中，即为截止情况下 LP_{mn} 模的 U_c 值。

表 2-1　截止情况下 LP_{mn} 模的 U_c 值

n	m		
	0	1	2
1	0	2.40483	3.83171
2	3.83171	5.52008	7.01559
3	7.01559	8.65373	10.17347

由以上分析可知，光纤中的每一个模式都对应一个归一化截止频率 V_c。通过 V_c 可以判断出哪些模式能够在光纤中传输。若 $V>V_c$，则该模式可传输；若 $V<V_c$，则此模式截止。同理，光纤中每个模式都对应一个截止波长 λ_c。当工作波长 $\lambda<\lambda_c$ 时，该模式可以传输，而当 $\lambda>\lambda_c$ 时，此模式截止。根据归一化截止频率 V_c，可以计算出该模式的归一化截止波长 λ_c。

$$\lambda_c=2\pi n_1(2\Delta)^{\frac{1}{2}}a/V_c$$

由表 2-1 可看出，当 $m=0$，$n=1$ 时，LP_{01} 模的 $U_c=V_c=0$，说明此模式在任何频率都可以传输，而且 LP_{01} 模的截止波长最长。在导波系统中，截止波长最长的模是最低模，称为基模，其余所有模均为高次模。

在阶跃型光纤中，LP_{01} 模是最低工作模式，LP_{11} 模是第一个高次模。因此，要保证均匀光纤中只传输单模，就必须抑制第一个高次模，即

$$0<V<2.40483 \tag{2-29}$$

此条件即为阶跃型光纤的单模传输条件。

（2）阶跃型光纤中传输模式数量的估算

在光纤中，当不能满足单模传输条件（$0<V<2.40483$）时，将有多个传输模式同时传输，称为多模光纤。传输模式的数量用 M 表示。估算光纤中的传输模式数量可用近似方法。首先根据截止时的特征方程，求出恰处于截止状态的模式，则比该模式低的所有模式都处于导行状态，因此便可计算出

$$M=\frac{V^2}{2} \tag{2-30}$$

可以看出，传输模式数量是由光纤的归一化频率决定的。纤芯半径 a 越大，工作频率越高，传输模式的数量就越多。

2.3 渐变型光纤的导光原理

渐变型光纤的导光原理仍然可用射线理论和波动理论进行分析。

2.3.1 射线理论分析

渐变型光纤的横截面折射率分布如图 2-2（b）所示。从图中可看出，渐变型光纤纤芯中的折射率沿半径 r 方向随 r 的增加按一定规律逐渐减小，可见纤芯折射率是 r 的函数，即 $n_1(r)$；包层中的折射率为 n_2，一般均匀分布。

1．渐变型光纤中的子午线

渐变型光纤中的光射线也分为子午线和斜射线，同样，其主要入射能量由子午线携带，因此这里主要介绍渐变型光纤中的子午线。

由于渐变型光纤纤芯中的折射率是随半径 r 变化的，因此可将纤芯看作若干层折射率不同的介质。图 2-7 所示为渐变型光纤中的一个子午面，各层的折射率为 $n(r_0)$，$n(r_1)$，$n(r_2)$，…，而且 $n(r_0)>n(r_1)>n(r_2)>\cdots$。

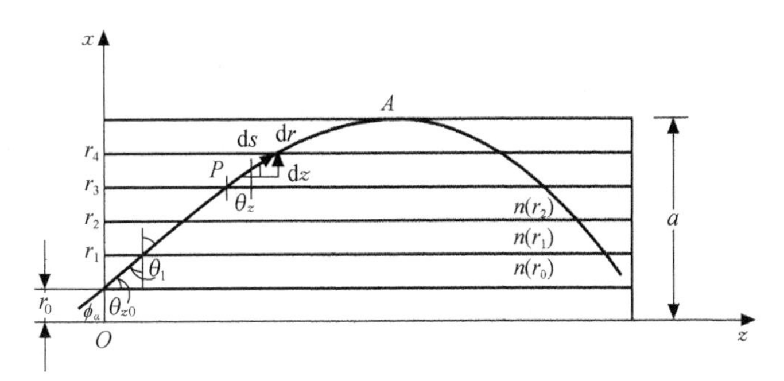

图 2-7 渐变型光纤中子午线的行进轨迹

如图 2-7 所示，一光射线在光纤横截面 r_0 点射入纤芯，其折射线的轴向角为 θ_{z0}，入射点的折射率为 $n(r_0)$。当光射线射到 $n(r_0)$ 层与 $n(r_1)$ 层介质交界面时，入射角为 θ_1，则 $\theta_1=90°-\theta_{z0}$。由折射定律可知：

$$n(r_0)\sin\theta_1=n(r_1)\sin\theta_2=\cdots=n(r)\sin\theta$$

同理可得

$$n(r_0)\sin(90°-\theta_{z0})=n(r_1)\sin(90°-\theta_{z1})=\cdots=n(r)\sin(90°-\theta_z)=\cdots=n(r_A)$$

$$n(r_0)\cos\theta_{z0}=n(r_1)\cos\theta_{z1}=\cdots=n(r)\cos\theta_z=\cdots=n(r_A)$$

其中，θ_{z1} 为光射线由 $n(r_0)$层入射到 $n(r_1)$层时的轴向角，可见，随着 $n(r)$的减小，轴向角将逐渐减小，而相应的向各层介质入射光线的入射角将逐渐增大。当射线到达转折点 A（纤芯与包层交界面 $n(r_A)=n(a)$）时，$\theta_{zA}\to0°$，这时 $\theta_1\to90°$。在这一点，射线和轴线几乎平行（满足全反射条件）。随后射线将从光密介质射向光疏介质，根据折射定律光线折回，并逐层接近光轴。

若光射线是由光纤横截面 r_0 点入射到光纤中，则根据折射定律可得

$$n(r_0)\cos\theta_{z0}=n(r)\cos\theta_z$$

设 $\cos\theta_{z0}=N_0$，$n(r_0)=n_0$，则光射线的起始条件为

$$n(r)\cos\theta_z = n_0 N_0 \tag{2-31}$$

在图 2-7 所表示的射线上，任取一点 P，其轴向角为 θ_z，$\mathrm{d}s$ 为该点射线的切线。当 $\mathrm{d}s \to 0$ 时，有

$$\cos\theta_z = \frac{\mathrm{d}z}{\mathrm{d}s} = \frac{\mathrm{d}z}{\sqrt{\mathrm{d}z^2 + \mathrm{d}r^2}}$$

利用式（2-31），并经过整理得到

$$\frac{\mathrm{d}z}{\mathrm{d}r} = \frac{n_0 N_0}{\sqrt{n^2(r) - n_0^2 N_0^2}}$$

渐变型光纤的子午线轨迹方程为

$$Z = \int \frac{n_0 N_0}{\sqrt{n^2(r) - n_0^2 N_0^2}} \mathrm{d}r + c \tag{2-32}$$

划分的层数趋于无限多时，每层的厚度将趋于 0，相邻层之间的折射率则趋于连续变化，此时图 2-7 中的轨迹将是一条斜率连续变化的曲线。而且射线轨迹与纤芯中折射率分布 $n(r)$ 有关，也和射线的入射条件（n_0，r_0，θ_{z0}）有关。

2．渐变型光纤的本地数值孔径

在阶跃型光纤中，由于纤芯中的折射率 n_1 呈现均匀分布，因此纤芯中各点的数值孔径相同；而在渐变型光纤纤芯中折射率随半径 r 变化，因此其数值孔径与光射线入射到纤芯横截面上的位置有关。所以把射入纤芯某点 r 处的光线的数值孔径称为该点的本地数值孔径，记作 $NA(r)$。只有横截面入射角 $\phi < \phi_{\max}$ 的射线，才能在光纤中形成导波。

由图 2-7 可知，θ_{z0} 所对应的入射角 ϕ_0 最大。又由于

$$n(r_0)\cos\theta_{z0} = n(a)，r_A = a$$

因此

$$n_0 \sin\phi_0 = n(r_0)\sin\theta_{z0} = n(r_0)\sqrt{1-\cos^2\theta_{z0}} = n(r_0)\sqrt{1-\frac{n^2(a)}{n^2(r_0)}}。$$

渐变型光纤纤芯中某一点的数值孔径：

$$NA(r) = n(r)\sqrt{2\Delta} = n(r)\sqrt{\frac{n^2(r)-n^2(a)}{n^2(r)}} = \sqrt{n^2(r)-n^2(a)} \tag{2-33}$$

从式（2-33）可看出，渐变型光纤的本地数值孔径与光射线入射到横截面处的折射率有关。$n(r)$越大，本地数值孔径也越大，代表光纤捕捉光射线的能力越强。而纤芯中的折射率是随 r 的增大而减小的，因此轴线处的折射率最大，即轴线处捕捉射线的能力最强。

2.3.2 波动理论分析

渐变型光纤的波动理论分析同样针对弱导波光纤，同样采用标量近似解法，且其分析思路与阶跃型光纤中的标量近似解法相同，但由于渐变型光纤中纤芯的折射率是随观察点到光轴距离的增加而下降的，因此其推导过程将更为复杂。平方律型光纤是一种典型的渐变型光纤，由于其色散特性优于其他折射率分布光纤，因此人们通常以平方律型光纤为例进行分析推导。具体推导思路如下。

（1）确定渐变型光纤中的某点平面波电场、磁场与空间位置 r 之间的关系。

（2）推导平方律型光纤的亥姆霍兹方程。

（3）采用分离变量法求解。

（4）推导出平方律型光纤的基模场表达式、导波相位常数 β 的表达式。

（5）获得平方律型光纤中总的传输模式数量

$$M_{\max}=\frac{V^2}{4} \tag{2-34}$$

需要说明的是，式（2-34）中归一化频率的使用范围是 $V>2.40483$，并且与式（2-29）中含义一样。计算出的 $M_{\max}$ 取整数值。

2.4 单模光纤

单模光纤是在给定的工作波长上只传输单一基模的光纤。当采用阶跃型折射率分布时，基模为 LP_{01} 模，单模传输条件见式（2-29）。

2.4.1 单模光纤的特性参数

单模光纤的主要特性参数有衰减、色散、截止波长、模场直径、折射率分布等，其中衰减、色散将在 2.5 节介绍，这里主要介绍截止波长和模场直径。

1．截止波长 λ_c

光纤截止波长是单模光纤的一个重要参数，从前面的分析可知，光纤的单模传输条件是以第一高次模（LP_{11} 模）的截止给出的，即归一化截止频率为

$$V_c=n_1 a\frac{2\pi}{\lambda}\sqrt{2\Delta}$$

对应着归一化截止频率的波长为截止波长，用 λ_c 表示，由前面的分析可知，当 $\lambda<\lambda_c(LP_{11})$ 时，光纤处于单模传输状态，即仅传输 LP_{01} 模。由于次高模 LP_{11} 模的归一化截止频率 V_c=2.40483，因此

$$\lambda_c=\frac{2\pi a n_1\sqrt{2\Delta}}{2.40483}$$

2．模场直径

模场直径（Mode Field Diameter，MFD）用于表示在单模光纤的纤芯区域基模的分布状态。基模在纤芯区域轴线处场强最大，并随着偏离轴线的距离增大而逐渐减弱。

从理论上讲，单模光纤中只有基模（LP_{01}）传输，场强分布应局限在纤芯中，但实际上包层中仍存在一定的场强分布。由前面的分析可知，纤芯中的场强分布规律为标准的贝塞尔函数，包层中的场强分布可用第二类修正贝塞尔函数来描述。因此，在光纤中，光能量不完全集中在纤芯中传输，还有部分能量在靠近纤芯附近的包层中传输。可见纤芯直径不能反映光纤中的能量分布，于是有效面积的概念被提出。若有效面积小，则通过光纤横截面的能量密度大，能量密度过大会引起非线性效应，所以对于传输光纤而言，有效面积应大，即模场直径越大越好。

对于阶跃型单模光纤，基模在光纤横截面上的场强分布近似为高斯型分布，通常在实验中可以观察到，光纤横截面上轴心处的场强最大，因此把纤芯直径方向上相对于该场强最大

点功率下降了 1/e 的两点之间的距离，称为单模光纤的模场直径。

2.4.2 单模光纤的双折射

理论上单模光纤中只传输一个模式，但实际上，单模光纤的基模有两个模式，即横向电场沿 y 轴方向极化（偏振）和沿 x 轴方向极化的两个偏振模式。它们的极化方向彼此垂直，人们通常将这两个模式分别记为 $LP^y{}_{01}$ 和 $LP^x{}_{01}$。

在理想的轴对称的光纤中，这两个模式有相同的相位常数 β，它们是相互简并的。但在实际光纤中，由于光纤纤芯椭圆变形、折射率和应力分布不均匀及光纤弯曲等因素的影响，两个模式的 β 值不同，从而形成相位差 $\Delta\beta$，因此简并被破坏，这种现象称为双折射现象。双折射现象的存在会引起偏振状态沿光纤轴线变化，使得两个彼此正交的偏振模的传播速度不相同，从而产生时延差，导致脉冲展宽，引起偏振模色散，使光纤带宽变窄。

1．线偏振、椭圆偏振和圆偏振

偏振即极化，指场矢量的空间方位。一般选用电场强度 $\boldsymbol{E}$ 来定义偏振状态。

如果矢量端点能够描绘出一条与 x 轴成 ϕ 角的直线，则称其为线偏振，如图 2-8（a）①所示。

如果电场的水平分量与垂直分量振幅相等、相位相差 $\pi/2$，则合成的电场矢量将随着时间 t 的变化而围绕着传播方向旋转，其端点的轨迹是一个圆，故称为圆偏振，如图 2-8（a）②所示。

若电场强度的两个分量空间方向相互垂直，且振幅和相位都不相等，则随着时间 t 的变化，合成矢量端点的轨迹是一个椭圆，称为椭圆偏振，如图 2-8（a）③所示。

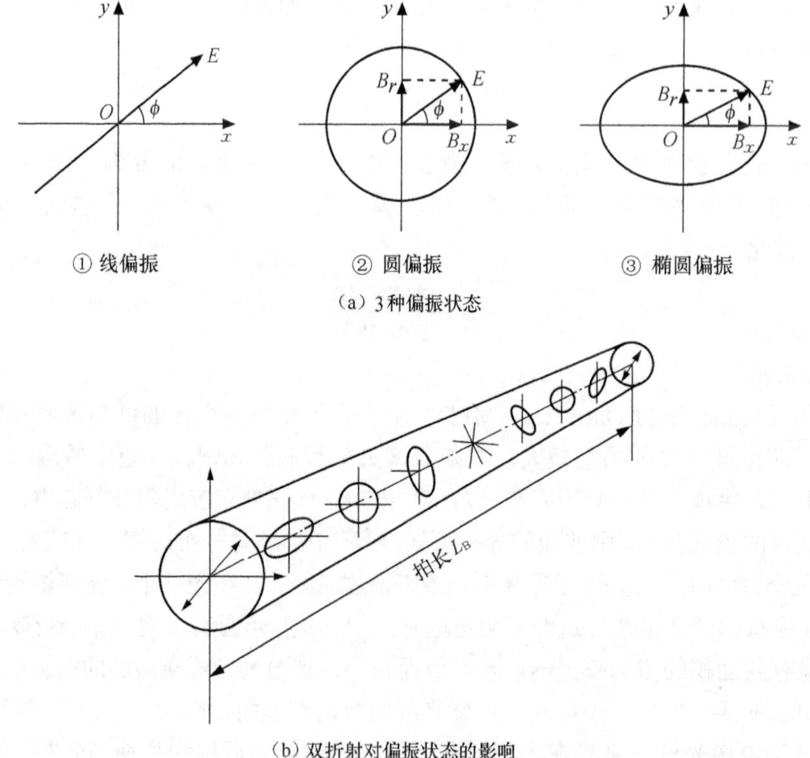

图 2-8 双折射

2．单模光纤的双折射

在单模光纤中，电场沿 x 轴方向和 y 轴方向的偏振模分别为 LP^x 及 LP^y，某种内在的原因可能使它们的传输常数不相等（即 $\beta_x \neq \beta_y$），这种现象称为模式的双折射。这是单模光纤所特有的问题。双折射可分为线双折射、圆双折射和椭圆双折射。

（1）线双折射

在单模光纤中，如果两正交方向上的线偏振光的相位常数 β 不相等，引起的双折射称为线双折射。引起单模光纤线双折射的原因很多，光纤纤芯的椭圆变形、光纤的弯曲或光纤横向应力不均匀等均可使得折射率分布不对称，从而引起双折射。

（2）圆双折射

在传输介质中，当左旋圆偏振波和右旋圆偏振波有不同的相位常数时，会引起该两圆偏振光不同的相位变化，称为圆双折射。引起单模光纤圆双折射的主要原因有法拉第磁光效应、光纤的扭转等。

（3）椭圆双折射

当线双折射和圆双折射同时存在于单模光纤中时，形成的双折射称为椭圆双折射。

需要说明的是，单模光纤中，光波的偏振状态是沿传播方向（z 轴方向）做周期性变化的，如图 2-8（b）所示。这主要是由于双折射的影响，因此 LP_{01}^x 与 LP_{01}^y 的传播速度不相等，从而形成了相位差 $\Delta\beta=\beta_x-\beta_y$，使得偏振状态沿光纤轴线变化。以线双折射为例，沿光纤 z 轴方向偏振状态由线偏振变为椭圆偏振，再变为圆偏振，呈周期性变化。人们将偏振状态变化一个周期的长度 L_B 称为单模光纤的拍长。

2.4.3 单模光纤的种类

制定光纤标准的国际组织主要有国际电信联盟电信标准分局（International Telecommunication Union-Telecommunication Standardization Sector，ITU-T）和国际电工委员会（International Electrotechnical Commission，IEC）。光纤类别按 ITU-T 的规定分为 G.652、G.653、G.654 和 G.655 等；按 IEC 的规定分为 A（Als、Alb、Alc）、B1.1、B1.2、Bl.3、B2、B3、B4。需要说明的是，IEC 60793-2:2001《光纤 第 2 部分：产品规范》和国家标准 GB/T 9771.1～GB/T 9771.5—2000《通信用单模光纤》对单模光纤的规定基本上与 ITU-T 建议的 G.652、G.653、G.654 和 G.655 一致，因此下面仅介绍 ITU-T 规定的常用单模光纤。

1．G.652 单模光纤

标准单模光纤是零色散波长为 1.31μm 的单模光纤，国际电信联盟把符合这种规范的光纤称为 G.652 单模光纤。其特点是工作波长在 1.31μm 时光纤色散最小，系统的传输距离只受光纤衰减的限制。这种光纤在 1.31μm 波段的损耗较大，为 0.3～0.4dB/km，而在 1.55μm 波段的损耗较小，只有 0.2～0.25dB/km；在 1.31μm 波段的色散为 3.5ps/(nm·km)，在 1.55μm 波段的色散较大，约为 20ps/(nm·km)。因此这种光纤可用于 1.55μm 波段的 2.5Gbit/s 的光通信系统，但由于该波段的色散较大，若传输 10Gbit/s 的信号，传输距离超过 50km 时，需要采用价格较高的色散补偿模块。

2．G.653 色散位移光纤

由于单模光纤中只存在一种传播模式，因而光纤中仅存在材料色散和波导色散。常规的石英单模光纤在 1.55μm 处损耗最小；在 1.31μm 处色散系数趋于零，称为单模光纤材料零色散波长。为了获得最小损耗和最小色散，人们研制了一种新型光纤。色散位移光纤（Dispersion-Shifted Fiber，DSF）就是将零色散点移到 1.55μm 处的单模光纤。

人们通过改变光纤的结构参数、加大波导色散值，使单模光纤的材料色散和波导色散在 1.55μm 处达到相互补偿，从而在波长衰减最小的基础上，使得单模光纤的总色散为零，如图 2-9 所示。然而色散位移光纤在 1.55μm 波段的色散系数为零，从而不利于多信道的 WDM 传输，这是因为 WDM 系统中的波道数越多、波道间距越小，引起的四波混频效应越明显，从而会在各波道之间产生串扰。在色散系数为零的光纤中，这种影响更为严重。为了解决这一问题，人们设计出另一种新型的光纤，即非零色散光纤（Non-Zero Dispersion Fiber，NZDF）。

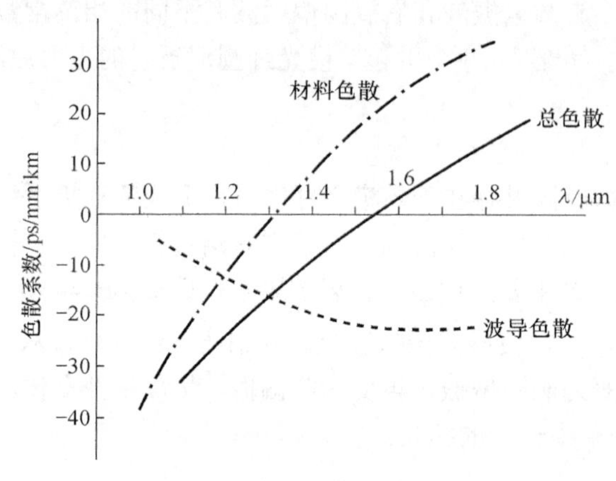

图 2-9　色散位移光纤的色散

3．G.654 衰减最小光纤

为了满足海底光缆的长距离、大容量传输需要，人们开发了这种应用于 1.55μm 波长的纯石英芯单模光纤——G.654。G.654 光纤主要做了两方面的改进。

（1）降低光纤的损耗：它在该波段区域的衰减最小，仅 0.19dB/km（标准值）。

（2）增大光纤的模场直径：光纤的模场直径越大，通过光纤横截面的能量密度就越小，从而能改善光纤的非线性效应，提升光纤通信系统的信噪比（Signal to Noise Ratio，SNR）。

4．G.655 非零色散位移光纤

色散位移光纤在 1.55μm 波段色散系数为零，会造成多波道系统波道之间的串扰，从而导致 WDM 系统性能的下降，而根据实验数据分析人们发现，如果光纤在该波段存在微量的色散，反而能够减小四波混频的干扰。针对这一特点，人们研制出了非零色散位移光纤（Non-Zero Dispersion-Shifted Fiber，NZDSF）。非零色散位移光纤实际上是一种改进的色散位移光纤，其零色散波长不是 1.55μm，而是在 1.525～1.585μm 范围内，其色散较小，为 1.0～4.0ps/(nm·km)，故满足 WDM 多波长光纤通信系统的传输性能要求。

5．色散补偿光纤

色散补偿光纤（Dispersion Compensating Fiber，DCF）是一种具有大的负色散的光纤。它是针对现有已敷设的 1.31μm 标准单模光纤而设计的一种单模光纤。众所周知，工作在 1.31μm 波长下的标准单模光纤的色散系数为零，但当将其工作于 1.55μm 波段 WDM 环境下时，衰减最小，而色散系数较大。为了使已敷设的 1.31μm 光纤系统能够采用 WDM/EDFA 技

术，在将系统工作波长调整到 1.55μm 的同时，在光纤中需要加接具有负色散的色散补偿光纤来进行色散补偿，以保证整条光纤线路的总色散需求。

2.5 光纤的传输特性

光纤的传输特性，是指光信号在光纤中传输时所表现出来的特性，主要包括损耗特性、色散特性和非线性效应等。

2.5.1 光纤的损耗特性

1．损耗的概念

光信号在传输时，随着传输距离的增加，其信号能量会减弱，其中一部分能量在光纤中被吸收，另一部分则可能摆脱光纤纤芯的束缚，进入光纤包层，从而构成光纤的传输损耗。通常采用衰减系数来描述光纤的这种特性，它是光纤传输系统中限制光信号中继距离的重要因素。

光纤损耗与波长有密切的关系，损耗与波长的关系曲线称为光纤的损耗谱，在谱线上有的地方损耗较高，有的地方损耗较低，光纤的工作波长（工作窗口）往往选自损耗较低的波段。光纤通信中常采用的三个工作窗口分别是 λ_1=0.85μm，λ_2=1.31μm，λ_3=1.55μm。

光纤的损耗可以用衰减系数的大小来衡量。光纤衰减系数（也称衰耗系数）是多模光纤和单模光纤较重要的特性参数，在很大程度上决定了光信号在单模光纤或多模光纤中的传输中继距离。

衰减系数的定义为每千米光纤对光信号功率的衰减值，用符号 α 表示，其单位是 dB/km。

$$\alpha = \frac{10}{L}\log\frac{P_\mathrm{i}}{P_\mathrm{o}} \tag{2-35}$$

其中，L 为光纤长度；P_i 为光纤输入的光功率；P_o 为光纤输出的光功率。

2．光纤的损耗

光纤损耗的产生原因有很多，主要有吸收损耗、散射损耗与光纤的结构缺陷等。吸收损耗和散射损耗属于光纤的本征损耗，而散射损耗还与光纤几何形状波动有关。

（1）吸收损耗

吸收损耗，是指组成光纤的材料及其中的杂质对光的吸收作用引起的损耗。光被吸收后，其能量大部分转化为分子振动，并以热能的形式发散出去。材料对光的吸收量与材料本身的结构、光波长和掺杂等因素有关。光纤的吸收损耗主要包括紫外吸收、红外吸收和杂质吸收等。

紫外区的波长范围是 6×10^{-3}～0.39μm，它的吸收峰值在 0.16μm 附近，在目前所使用的光通信频段之外。但此吸收带的尾部可延伸到 1μm 左右，影响到 0.7～1μm 的波段范围。随着波长的增加，吸收的能量按指数规律减少。

红外区的波长范围是 0.76～300μm，纯 SiO_2 的吸收峰值在 9.1μm、12.5μm 和 21μm 处。此吸收带的尾部可延伸到 1.5～1.7μm，已影响到目前使用的石英光纤工作波长的上限，这也是波段扩展困难的主要原因。

杂质吸收是材料不纯净和工艺不完善造成的附加吸收损耗。影响最严重的是过渡金属离子吸收和水的氢氧根离子吸收。

过渡金属离子主要包括铁、铬、钴、铜等，它们在光纤工作波段都有自己的吸收峰值，如铁离子的吸收峰值在1.1μm处，铜离子的吸收峰值在0.8μm处。杂质含量越高，损耗就越严重。为了降低损耗，需要严格控制这些金属离子的含量。

熔融的石英玻璃含水时，由水分子中的氢氧根离子（OH^-）振动造成的吸收为氢氧根离子吸收。它的吸收峰值在2.7μm附近，振动损耗的二次谐波在0.9μm处、三次谐波在0.72μm处。近年来人们在生产工艺上使用了许多方法来降低OH^-的含量，目前在1.39μm处氢氧根离子的损耗已低于0.5dB/km。

（2）散射损耗

散射损耗，是指光信号在光纤中传输，遇到微小颗粒或不均匀结构时发生散射所造成的损耗。

散射损耗包括线性散射损耗和非线性散射损耗。线性或非线性主要是指散射损耗所引起的损耗功率与传输模式的功率是否呈线性关系。线性散射损耗主要包括瑞利散射损耗和材料不均匀引起的散射损耗。非线性散射损耗主要包括受激拉曼散射损耗和受激布里渊散射损耗等。这里只介绍两种线性散射损耗。

瑞利散射损耗也是光纤的本征损耗。这种散射是由光纤材料的折射率随机性变化而引起的。材料的折射率变化缘自密度不均匀或者内部应力不均匀。当折射率变化很小时，引起的瑞利散射是光纤散射损耗的最低限度，这种瑞利散射是固有的，不能消除。瑞利散射损耗与$1/\lambda^4$成正比，它随波长的增加而急剧减小，所以当光纤工作于长波长时，瑞利散射会大幅度减小。

任何材料的内部分子结构都不可能是完全均匀的。这种结构不均匀性及在制作光纤的过程中产生的缺陷也可能使光纤产生散射，造成光能的损耗。这些缺陷可能是光纤中的气泡、未发生反应的原材料、纤芯和包层交界处粗糙等。

2.5.2 光纤的色散特性

1．色散的概念

色散，是指光信号在沿光纤传输的过程中，由于不同成分的光波的传输时延不同而产生的一种物理效应。由于光源所发出的光波并不是纯粹的单色光，而是包含了不同波长成分，不同波长的光脉冲在光纤中传播时具有不同的速度，因此色散反映了光脉冲沿光纤传播时的展宽量。光纤色散严重时会造成码间干扰，增加误码率，从而限制通信容量，因此制造优质的、色散小的光纤，对增加通信系统的通信容量和加大传输距离是非常重要的。

色散的大小用色散系数表示，单位为ps/(nm·km)，即单位波长间隔内各波长成分通过单位长度光纤时产生的延时。

2．光纤的色散

光纤的色散主要有模式色散、材料色散和波导色散。

模式色散：即使是同一波长的光波，若其模式不同，它们各自沿光纤的传播速度也不同，从而引起色散。光纤的模式色散只存在于多模光纤中，每个模式到达终端的时间先后不同，产生脉冲展宽，此时出现的色散现象称为模式色散。

材料色散：由于光纤材料本身的折射率n与波长λ呈非线性关系，这样含有不同波长的光脉冲通过光纤传输时，纤芯材料的折射率将随波长而变化，就目前的技术水平，光源尚不能做到单频发射的程度，所以无论光源器件的谱线宽度（简称谱宽）有多窄，其发出的光都包含多条谱线（多种频率成分），每条谱线都会受到光纤色散的作用，使得不同波长的谱线沿光纤传输时的传播速度不同，从而引起脉冲展宽，导致色散。这种色散是由纤芯材料的折射率随波长不同而引起的，因此称为材料色散。材料色散所引起的脉冲展宽与光源的谱线宽度和材料色散系数成正比，这就要求尽量选择谱线宽度窄的光源和材料色散系数小的光纤。

波导色散：由于同一模式的相位常数β随波长λ而变化，因此即使不同波长的信号由同一种模式携带，它们各自的传播速度也不相同，从而出现脉冲展宽现象，导致色散。这种色散是由光纤中同一模式在不同频率（波长）下传输速度不同造成的，因此称为波导色散。需要说明的是，一个模式在光纤中传输时的相位常数β的大小与光纤的几何结构、性能参数和工作波长有关。

2.5.3 光纤的非线性效应

一般而言，所有物质都存在非线性效应，只是在常规情况下难以显现出来。在强电场作用下，任何物质都会呈现出非线性，光纤同样如此。随着损耗较低的单模光纤应用和系统中所使用的激光器的输出光功率越来越大，光纤呈现出非线性，光纤的各种特征参量随光场呈非线性变化。

光纤的非线性效应，是指在强光场的作用下，光波信号和光纤介质相互作用的一种物理效应。目前，在使用掺铒光纤放大器（Erbium-Doped Fiber Amplifier，EDFA）的大容量、高速的密集波分复用光纤通信系统中，由于同时使用的工作波长多、功率大（大于10mW），可能引起光信号与光纤的相互作用而产生各种非线性效应。如果不加以适当抑制，这些非线性效应将会引起附加衰减、色散、相邻信道串扰等，严重时将影响系统通信质量。

光纤非线性效应可分为两类：受激辐射效应和折射率扰动。

1. 受激辐射效应

光通过光纤介质时，有一部分能量偏离预定的传播方向，且光波的频率发生变化，在此过程中，光场把部分能量转移给非线性介质，即在这种非线性散射中，光波与介质相互作用，彼此交换能量，使得光子能量减少，这种现象称为受激辐射效应。受激辐射效应有两种形式：受激拉曼散射（Stimulated Raman Scattering，SRS）和受激布里渊散射（Stimulated Brillouin Scattering，SBS）。

受激拉曼散射是光纤介质中分子振动对入射光（称为泵浦光）的作用使入射光产生的散射。例如，设入射光的频率为f_0，介质分子振动频率为f_v，则散射光的频率为$f_s=f_0-f_v$和$f_{as}=f_0+f_v$，这种现象称为受激拉曼散射。频率为f_s的散射光称为斯托克斯（Stokes）波，频率为f_{as}的散射光称为反斯托克斯波。斯托克斯波可用物理概念来描述：一个入射的光子消失，将产生一个频率下移的光子（即Stokes波）和一个有适当能量和动量的声子，使能量和动量达到守恒。需要说明的是，斯托克斯波的光强与泵浦功率及光纤长度有关，利用这一特征，可制成可调式光纤拉曼激光器。

受激布里渊散射和受激拉曼散射的物理过程很相似，入射频率为f_p的泵浦光将一部分能量转移给频率为f_s的斯托克斯波，并发出频率为$\omega=f_p-f_s$的声波。可见受激布里渊散射和受激拉曼散射在本质上是有差别的。受激拉曼散射所产生的斯托克斯波属于光频范畴，其波的方向和泵浦光波方向一致。而受激布里渊散射所产生的斯托克斯波属于声频范畴，其波的方向和泵浦光波方向相反，即在光纤中只要达到受激布里渊散射的阈值，就会产生大量的后向传输的斯托克斯波。显而易见，这将使信号功率减小，反馈回的斯托克斯波也会使激光器的工作不稳定，这些将对系统产生不良影响。但是，由于受激布里渊散射的阈值要比受激拉曼散射的阈值低很多，因此可以利用它的低阈值功率实现布里渊放大。

2．折射率扰动

在光场较弱的情况下，可以认为光纤的各种特征参量随光场强弱做线性变化，这时光纤对光场来说是一种线性介质，可以认为石英光纤的折射率与光功率无关，但在较强光场的作用下，应考虑光强度引起的光纤折射率的变化，它们的关系为

$$n=n_0+n_2P/A_{\mathrm{eff}}$$

式中，n_0 为线性折射率；n_2 为非线性折射率；P 为入射光功率；A_{eff} 为光纤的有效面积。

光纤折射率随入射光的变化主要会引起四种非线性效应：自相位调制、交叉相位调制、四波混频和光孤子形成。下面先简单介绍前三种非线性效应。

自相位调制（Self Phase Modulation，SPM），是指光在光纤内传输时光信号强度随时间的变化对自身相位的作用。换句话说就是，在强光场的作用下，光纤的折射率出现非线性，这个非线性的折射率使得光纤中所传光脉冲的前、后沿的相位发生相对漂移。这种相位的变化，促使所传光脉冲的频谱发生变化。由信号分析理论可知，频谱的变化必然使波形出现变化，从而使传输脉冲在波形上被压缩或被展宽，从而影响系统的性能。

交叉相位调制（Cross Phase Modulation，CPM）是在任意波长信号的相位受其他信号强度起伏的影响时产生的。当光纤中有两个或两个以上不同波长的光波同时传输时，由于自相位调制的存在，一个光波的幅度调制将会引起其他光波的相位调制，从而引起同时传输的另一不同波长的光强发生非线性相移。这种光波的相位调制不仅与自身光强有关，还与同时传输的其他光波的光强有关，并且交叉相位调制与自相位调制总是相伴而生。需要说明的是，光纤中的交叉相位调制可由不同频率的光波引起，也可由不同偏振方向的光波引起。

四波混频（Four-Wave Mixing，FWM），是指两个或三个不同波长的光波混合后产生新的光波的现象。在光纤中之所以存在这种现象，是因为光纤中存在非线性效应，光波之间会产生能量交换。例如，设频率分别为 ω_1、ω_2、ω_3 的光波同时在光纤中传输，三阶电极化率会引起频率为 ω_4 的光波出现，$\omega_4=\omega_1\pm\omega_2\pm\omega_3$。因此，第四个光波的频率可以是三个入射光波频率的各种组合。非线性介质引发多个光波之间出现能量交换的一种现象。需要说明的是，四波混频现象对 WDM 系统的传输性能影响非常大。这是因为当信道间隔非常小时，可能有相当大的信道功率通过四波混频的参量过程转换到新的光场中去。这种能量的转换不仅导致信道功率的衰减，而且会引起信道之间的干扰，从而降低系统的传输性能。

2.5.4 光孤子的产生及通信机理

光纤损耗和色散是限制传输系统中继距离的主要因素，特别是对于 1Gbit/s 以上的光纤传输系统而言。由于光纤色散的影响使得终端所接收的光信号中存在脉冲展宽现象，为了保证光信号传输质量，只能限制系统传输中继距离的大小，因此人们设想能否采取某种新技术，使得光纤中所传输的光信号能够保持其脉冲波形的稳定，从而提高系统的传输距离。这种技术是通过光孤子来实现的。

1．光孤子的基本概念

孤子（Soliton）又称孤立波，是一种特殊形式的超短脉冲，换句话说，是一种在传播过程中形态、幅度和速度都保持不变的脉冲状行波。

孤子的概念首先是1834年英国科学家约翰·斯科特·罗素（John Scott Russell）在观察流体力学的一种现象时提出来的。他观察到在一条窄河道中，快速行进的一艘小船突然停下时，船头前会形成一个孤立的水波。水波会以14～15km/h的速度迅速离开船头前进，同时波的形状保持不变，前进2～3km后才消失。他称这个波为孤立波。其后，1895年，考特威格（Korteweg）等人对此进行了进一步研究，先后发现了声孤子、电孤子和光孤子等现象。从物理学的观点来看，孤子是物质非线性效应的一种特殊产物。孤立波在互相碰撞后，仍能保持各自的形状和速度不变，像粒子一样，故人们又把孤立波称为孤立子，简称孤子。

1973年，孤立波的概念被引入光纤传输。由于折射率的非线性变化与群色散效应相平衡，因此光脉冲会形成一种基本孤子。此后，逐渐产生了新的电磁理论——光孤子理论，从而把通信引向非线性光纤孤子传输系统这一新领域。光孤子就是能在光纤中传播，并长时间保持形态、幅度和速度不变的光脉冲。利用光孤子的特性可以实现超长距离、超大容量的光通信。

光孤子的特点决定了它在通信领域的应用前景。光孤子通信具有以下特点。

（1）容量大：传输速率一般可达20Gbit/s，最高可达100Gbit/s以上。

（2）误码率低、抗干扰能力强：基阶光孤子在传输过程中保持不变及光孤子的绝热特性决定了光孤子传输的误码率大大低于常规光纤通信，甚至可实现误码率低于10^{-12}的无差错光纤通信。

（3）可以不用中继站：只要能够对光纤损耗进行增益补偿，即可将光信号无畸变地传输极远距离，从而免去了光电转换、重新整形放大、检查误码、电光转换、再重新发送等复杂过程。

2．光孤子的产生机理

通常一束光脉冲包含许多不同的频率成分，由于不同频率在介质中的传播速度不同，因此光脉冲在光纤中将发生色散，使得信号的脉宽变宽。但当具有高强度的极窄单色光脉冲入射到光纤中时，将产生克尔效应，即介质的折射率随光强度而变化，从而在光脉冲中产生自相位调制，脉冲前沿产生的相位变化引起频率降低，脉冲后沿产生的相位变化引起频率升高，于是脉冲前沿比脉冲后沿传播得慢，从而使脉宽变窄。当脉冲具有适当的幅度时，以上两种作用可以恰好抵消，这样脉冲可以保持波形稳定不变地在光纤中传输，即形成了光孤子，也称为基阶光孤子。当脉冲幅度继续增大时，变窄效应将超过变宽效应，形成高阶光孤子，它在光纤中传输的脉冲形状将发生连续变化，即光脉冲首先被压缩变窄，然后分裂，进而在特定距离处周期性地复原。通常将基阶光孤子用于通信。

3．光孤子通信系统的基本组成

图2-10所示为光孤子通信系统的基本组成框图，该系统由光孤子源、外调制器、光放大器、光检测器等主要部件构成。光孤子源所产生的光孤子是一种超短光脉冲序列，作为信息载体进入外调制器。由脉冲信号发生器输出的信号脉冲经外调制器加载在光孤子流上，经过EDFA放大后送入光孤子传输系统。在接收端，具有高速响应能力的光检测器经过光电转换进行光孤子波的接收。为了补偿光纤的损耗，一般隔一段距离使用一个光放大器。

（1）光孤子源

可供光孤子源采用的激光器有多种，如增益法布里-珀罗腔激光器、分布反馈式激光器、色心激光器、锁模激光器等。由光孤子传输原理可知，光孤子是一种理想的光脉冲，其脉冲宽度极窄，处于皮秒数量级，即 10^{-12}s，因而产生光孤子需要较高的功率。可见要求光孤子源能够提供大功率输出，而且脉冲极窄。对标准光纤而言，实现孤子传输（一阶）所需的实际功率约几百毫瓦或更大，而常见的激光器难以达到如此高的输出功率。现在较为流行的光孤子源主要有锁模外腔半导体激光器（ML-EC-LD）、增益开关分布反馈式半导体激光器（GS-DFB-LD）等。其中，ML-EC-LD 产生的脉冲波形较好，且频率啁啾成分较低，但其结构复杂，稳定性差；GS-DFB-LD 结合了去啁啾技术，结构简单，但仍有一定的残余频率啁啾。只要光脉冲的频率啁啾足够小，脉冲便可在光纤中演化为光孤子。

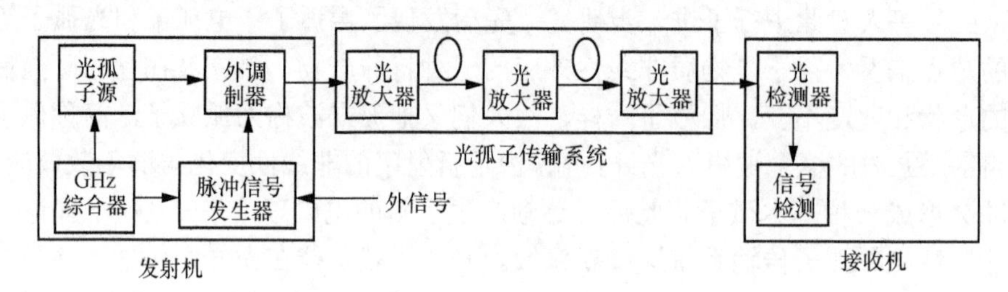

图 2-10　光孤子通信系统的基本组成框图

（2）外调制器

在超高速、长距离的光纤通信系统中，光纤的损耗已经基本降低到接近理论水平，而色散则成为限制中继距离的主要因素。为了克服光源直接调制所带来的啁啾影响，一般采用外调制技术。目前，多采用 $LiNbO_3$ 光调制器，其调制速率可达几十吉比特每秒。

（3）传输光纤

用于光孤子传输的光纤主要有两种：常规单模光纤和色散位移单模光纤。传输光纤的工作窗口通常选择在低损耗窗口，且处于负色散区。这样具有正啁啾的光脉冲通过光纤时，光纤非线性引起的光脉冲压缩与光纤色散引起的光脉冲展宽恰好抵消，因而可保持光脉冲波形不变，从而实现超高速、长距离的信息传输。

（4）光放大器

由于光纤损耗的存在，光孤子在光纤传输过程中能量逐渐减少，因此在光孤子通信系统中需要在光纤上每隔一定距离对光孤子进行放大。可实现光孤子放大的光放大器主要有掺铒光纤放大器（EDFA）、分布式掺铒光纤放大器（D-EDFA）和拉曼光纤放大器等。

（5）光检测器

由于光孤子通信系统适用于超高速、大容量的应用环境，因此与常规光通信系统相比，要求光检测器具有快速响应能力，即带宽足够大。

4．光纤损耗对光孤子宽度的影响

当光孤子在光纤中传输时，光纤损耗使得光孤子峰值功率减小，从而削弱了抵消群色散所引起的非线性影响，图 2-11 给出了一阶（N=1）光孤子耦合进光纤时，在有损耗光纤中的光孤子展宽与传输距离之间的关系。图中 T_0 为输入光孤子宽度，L_D 是色散长度，$\Gamma=\frac{\alpha}{2}L_D$ 是与光纤衰减系数 α 有关的参数。现观察图 2-11 中曲线 2，它表示在 Γ=0.035 的条件下，一阶光孤子耦合进光纤时，展宽系数（即相对展宽）T_1/T_0（T_1 为光孤子宽度）与归一化距离 z/L_D 之间的关系。图中还分别用曲线 1 和曲线 3 给出不考虑光纤损耗时和不存在非线性影响时的展宽系数与归一化距离之间的关系。可以看出，当光纤存在损耗时，随着传输距离的增加，脉冲相对展宽也随之加大；但由于光纤存在非线性效应，因此这种展宽并不严重。由此可见，即使光孤子存在展宽，与不存在非线性影响的展宽相比，其展宽量也要小很多，因此对于光纤通信系统而言，这是从非线性效应中获益的。

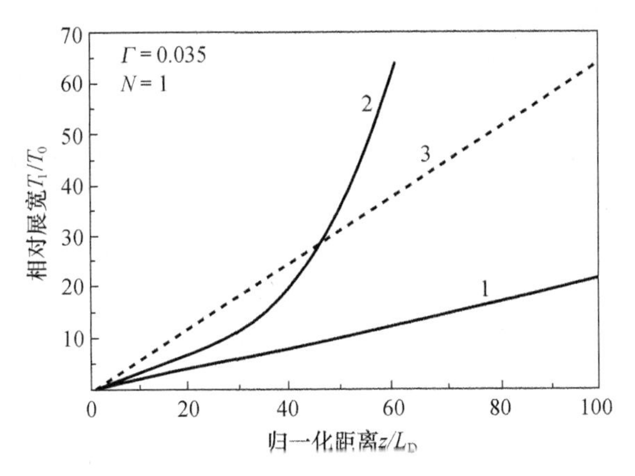

曲线 1 表示不考虑光纤损耗时的数值模拟结果；
曲线 2 表示微扰理论预见到的光纤损耗造成的脉冲展宽随距离指数的增加；
曲线 3 表示不存在非线性影响情况下的脉冲展宽

图 2-11 光孤子展宽与传输距离的关系

5．光放大器对长距离传输的影响

为了补偿光纤损耗带来的能量损失，通常要在光孤子通信系统中每隔一定距离布置光放大器，因此放大器的间距是一个非常重要的设计参数。从设计成本来说，间距越大越好，然而这与所采用的放大器类型有关。

EDFA 具有高增益、低噪声、宽频带、高输出功率、低泵浦功率等特点，适用于高速长距离通信应用。早在 1989 年，人们便首次成功地使用 EDFA 实现了 20GHz 的孤子稳定通信。但由于孤子的能量、宽度和幅度受诸多因素的影响，为了防止发生较大的变化，一般 EDFA 的间距只有几十千米。

D-EDFA 采用掺低浓度 Er^{3+}、增益系数低、截止波长长、数值孔径大、负色散区宽的掺饵光纤，并使用 1480nm 双泵浦技术，以减少损耗和降低沿线能量起伏。D-EDFA 的间距一般可达到约 100km。

分布式拉曼光纤放大技术，即沿光纤每隔一定的距离向光纤注入泵浦光。这种利用受激拉曼散射效应的放大器以光纤自身为放大介质，使孤子沿整个光纤都具有拉曼增益，以抵消光纤损耗。拉曼放大具有波动小、稳定性好的特点，但拉曼放大需要高功率的激光器作为泵浦源。人们利用此方案曾实现 4000km 的孤子稳定传输。

小　结

1．本章用射线理论分析了阶跃型光纤和渐变型光纤的导光原理。

在阶跃型光纤中，由于纤芯中折射率分布均匀，因此依据全反射原理，光射线集中在纤芯中沿一定方向传输。光射线在纤芯中的行进轨迹是一条和轴线相交的平面折线。

在渐变型光纤中，由于纤芯中折射率分布是随着半径的增加按一定规律减小的，因此依据折射原理，光射线集中在纤芯中沿一定方向传输。光射线在纤芯中行进的轨迹是一条曲线。

2．本章用波动理论分析了阶跃型光纤和渐变型光纤的导光原理。

用波动理论分析光纤的导光原理的基础是麦克斯韦方程组。本章在此基础上介绍了电磁场的基本方程及亥姆霍兹方程。对于弱导波光纤，可采用标量近似解法分析其导光原理，分析思路是利用边界条件通过场方程推导出特征方程，在此基础上分析光纤的传输特性。

3．本章分析了单模光纤的特性参数、单模传输条件及单模光纤的双折射，介绍了几种常用的单模光纤。

4．光纤的损耗特性和色散特性是影响长途光缆通信系统中继距离的两个重要传输特性。本章重点讨论了光纤色散的基本概念，分析了光纤中的色散。

5．利用光纤中的非线性效应可以开拓光纤通信的新领域。对于光纤的非线性效应，本章主要介绍了受激辐射效应、折射率随光强的变化引起的自相位调制和交叉相位调制，以及四波混频非线性效应，最后介绍了光孤子通信的基本概念。

复习题

1．阶跃型光纤和渐变型光纤的主要区别是什么？

2．什么是弱导波光纤？为什么标量近似解法只适用于弱导波光纤？

3．什么是光纤的归一化频率？如何判断某种模式能否在光纤中传输？

4．试推导渐变型光纤子午线的轨迹方程。

5．什么是单模光纤？其单模传输条件是什么？

6．什么是光纤的色散？色散的大小用什么来描述？色散的单位是什么？

7．什么是模式色散、材料色散、波导色散？

8．什么是受激拉曼散射和受激布里渊散射？

9．什么是光孤子通信？

10．弱导波阶跃型光纤纤芯和包层的折射指数分别为 $n_1=1.5$，$n_2=1.45$，试计算：

（1）纤芯和包层的相对折射指数差 Δ;

（2）光纤的数值孔径 NA。

11．已知阶跃型光纤纤芯的折射指数为 $n_1=1.5$，相对折射指数差 $\Delta=0.01$，纤芯半径 $a=25\mu m$，若 $\lambda_0=1\mu m$，计算光纤的归一化频率及其中传播的模数。

12．阶跃型光纤，已知 $n_1=1.5$，$\lambda_0=1.31\mu m$。

（1）若 $\Delta=0.25$，当保证单模传输时，纤芯半径 a 应取多大？

（2）若取纤芯半径 $a=5\mu m$，保证单模传输时，Δ 应怎样选择？

第3章 光纤通信器件

光纤通信中所使用的光器件有无源光器件和有源光器件。两者的主要区别在于器件在其实现功能的过程中是否需要提供能源。需要提供能源的光器件称为有源光器件，主要包括光源和光电检测器等；在工作过程中无须提供能源的光器件则称为无源光器件。根据器件实现的功能不同，无源光器件主要包括光耦合器、光隔离器、光滤波器和光开关等。本章主要介绍这些光器件的结构、工作原理及主要特性。

3.1 光源

光源是光纤通信系统中的重要器件，其主要作用是将电信号转换为光信号，并送入光纤中进行传输。目前普遍采用的光源有半导体激光器（Laser Diode，LD）和半导体发光二极管（Light Emitting Diode，LED）。这两种器件的发射峰值波长必须在光纤低损耗窗口内，即0.85μm、1.31μm 和 1.55μm 附近。但由于半导体发光二极管的光谱宽度比半导体激光器大得多，且发射光为荧光，发光功率较低，因此目前在高速、长距离光纤通信系统中，都是采用具有高可靠性、输出光功率足够大且稳定、光谱宽度窄的半导体激光器作为光源。

本节将主要对半导体激光器的结构及工作原理、激光器的工作特性等进行介绍。由于在高速、长距离光纤传输系统中通常采用光谱宽度极窄的分布反馈式半导体激光器（DFB-LD）和量子阱半导体激光器（MQW-LD），故最后将重点介绍这两种激光器。

3.1.1 激光器发光的物理基础

1．能级与能带

（1）原子能级

激光的产生与光源内部物质的原子结构和运动状态密切相关。由物理学知识可知，原子由原子核和围绕其无规则地不断旋转的电子构成。这些电子只能具有某些离散的能量，可以从较低的能级跃迁到较高的能级，也可以从较高的能级跃迁到较低的能级，如图 3-1（a）所示。一般情况下，电子占据各能级的概率是不相等的。通常，占据低能级的电子较多，而占据高能级的电子较少。在热平衡条件下，能量为 E 的能级被一个电子占据的概率服从费米分布函数 $f(E)$，即

$$f(E)=\frac{1}{1+e^{(E-E_F)/k_0T}} \tag{3-1}$$

式中，k_0 为玻耳兹曼常数。$k_0=1.38\times10^{-23}$J/K；T 为热力学温度；E_F 为费米能级，它只是反映电子在各能级中分布情况的一个参量。电子所处能级的能量状态又可分为基态和激发态。

基态：当原子中电子的能量最小时，原子处于稳定状态，称为基态。

激发态：当原子处于比基态高的能级时，其状态称为激发态。

一般情况下，大多数电子都处于基态，只有少数电子处于激发态，而且能级越高，处于该能级上的电子数越少。

（2）半导体的能带

半导体材料是一种单晶体，其内部原子是按一定的规律紧密排列在一起的，这使得原子的外层电子轨道相互重叠，能级重叠成能带，如图 3-1（b）所示。最外层能级组成的能带称为导带，也是半导体内部自由运动的电子所填充的能带；形成化学键价的价电子所占据的能带称为价带，它可以被占满，也可以被占据一部分；能级最低的能带称为满带。一般情况下，满带被电子占满，并且其中的电子很稳定，电子数通常不受外界激励影响，也不影响半导体器件的外部特性。导带和价带之间的空隙不允许电子填充，故称其为禁带，用 E_g 表示。

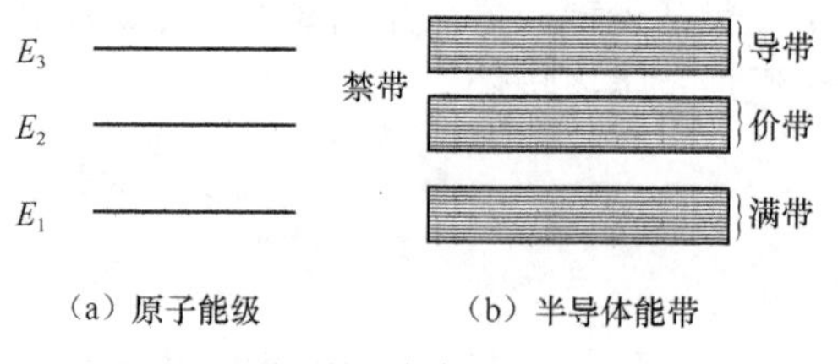

图 3-1　原子能级和半导体能带分布图

（3）半导体 PN 结的形成及其能带结构

没有任何外来掺杂和晶体缺陷的理想半导体称为本征半导体。通常，将向本征半导体材料掺入可提供电子的杂质元素所形成的半导体材料称为 N 型半导体（N 型材料）；若掺入能提供空穴的杂质元素，那么这种半导体材料为 P 型半导体（P 型材料）。单独的 N 型材料或 P 型材料仍然是中性的。但在 N 型材料和 P 型材料彼此结合后，由于它们之间存在浓度差，因此电子、空穴从浓度高的地方向浓度低的地方扩散，即 N 型材料中的电子向 P 型材料中扩散，P 型材料中的空穴向 N 型材料中扩散。

P 区中的空穴扩散到 N 区后，P 区中留下了带负电的离子；而 N 区中的电子扩散到 P 区后，N 区中则留下了带正电的离子；这样，在两种材料结合的 P 侧就出现了一个负电荷区，而在 N 侧出现了一个正电荷区，从而形成空间电荷区，如图 3-2（a）所示。正是由于这个空间电荷区的存在，从而形成了一个从 N 指向 P 的内部电场。在内部电场的作用下，P 区电子进一步向 N 区漂移，N 区空穴向 P 区漂移。这种漂移运动与扩散运动恰恰相反。直到两种运动达到动态平衡，即 P 区和 N 区的 E_F 相同，如图 3-2（b）所示，可见能带发生倾斜。需要说明的是，此时内部电场处于稳定状态，空间电荷区内没有自由移动的带电粒子，并不导电。

这时如果在 PN 结上加一个正向偏压，便产生了一个与内部电场相反的外部电场，结果是能带倾斜减小，扩散增强，使得 N 区电子和 P 区空穴不断地流向 PN 结区，从而形成一个特殊的增益区（有源区）。该有源区的导带中主要是自由运动的电子，价带中主要是空穴。

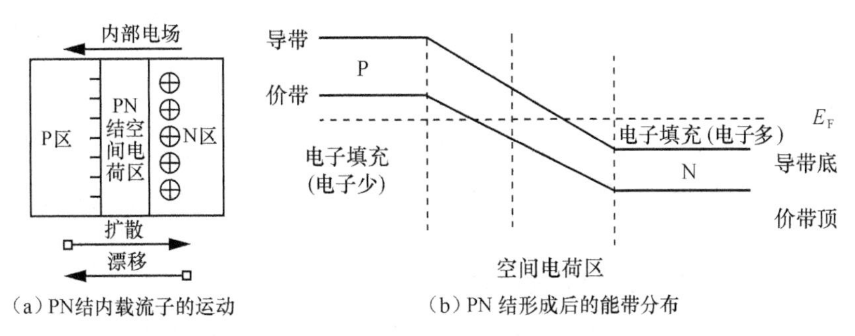

(a) PN结内载流子的运动　　(b) PN结形成后的能带分布

图3-2 PN结的能带和电子分布

2. 光与物质的相互作用

光具有二重性，即波动性和粒子性。一方面，光是一种电磁波，它以电场和磁场的形式，随时间和空间呈周期性变化，从而构成波的传播。另一方面，光是由大量的光子构成的，每一个光子具有一定的能量，这就是其粒子性。光子的能量与光波的波长之间的关系是 $E=hf$，式中 $h=6.626\times10^{-34}$J·s，称为普朗克常数，f 是光波频率。由此可见，不同频率的光子具有不同的能量，而携带信息的光波所具有的能量只能是 hf 的整数倍。当光与物质相互作用时，光子的能量作为一个整体被吸收或发射。

光可以被物质吸收，物质也可以发光。光的吸收与发射同物质内部能量状态的变化有关。研究发现，光与物质的相互作用存在三种不同的基本过程，即自发辐射、受激吸收和受激辐射。

（1）自发辐射

在无外界影响的情况下，处于高能级 E_2 的电子自发地向低能级 E_1 跃迁，同时发射出一个能量为 hf 的光子，$hf=E_2-E_1$，如图 3-3（a）所示，其中 $Z\rightarrow$ 代表光子。

自发辐射的特点：发光过程是自发的。由于自发辐射能够发生在一系列能级之间，因此，辐射出的光子的频率也不同，频率范围很宽。即使跃迁过程满足相同的能级差，也只是辐射出的光子的频率相同，但由于它们是独立地、自发地进行辐射，因此它们的发射方向和相位也是各不相同的，换句话说，所发出的光是一种非相干光。

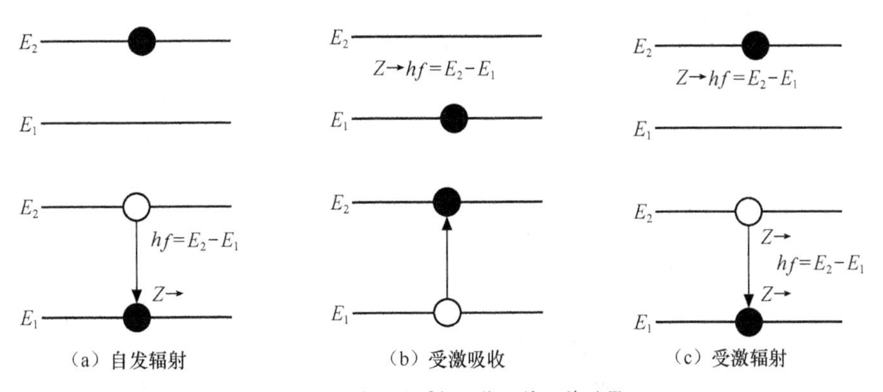

(a) 自发辐射　　(b) 受激吸收　　(c) 受激辐射

图3-3 光与物质相互作用的三种过程

（2）受激吸收

物质在外来光子的激发下，低能级 E_1 上的电子吸收了外来光子的能量，跃迁到高能级 E_2 上，这个过程称为受激吸收，如图 3-3（b）所示。受激吸收的产生需要外来光子的激励，且每个外来光子的能量 $hf \geqslant E_2-E_1$。需要说明的是，在此过程中并没有任何光子（能量）放出，而是一直在消耗能量。

（3）受激辐射

如图 3-3（c）所示，处于高能级 E_2 的电子受到外来光子的激发而跃迁到低能级 E_1 上，放出一个能量为 hf 的光子。由于这个过程是在外来光子的激发下产生的，因此称为受激辐射。其特点如下。

① 外来光子的能量等于跃迁的能级之差，即 $hf=E_2-E_1$。

② 受激过程中发射出来的光子与外来光子不仅频率相同，而且相位、偏振方向和传播方向都相同，因此称它们是全同光子。

③ 这个过程可以使光得到放大。因为受激过程中发射出来的光子与外来光子是全同光子，叠加的结果是光子成倍增加，使入射光得到放大，所以受激辐射是产生激光的一个重要基础。

3．粒子数反转分布

由前面的介绍可知，在热平衡状态下，处于高能级上的粒子数 N_2 总是低于处于低能级上的粒子数 N_1，人们称这种状态为正常分布状态。

在同一物质内，光与物质相互作用的三种过程是同时存在的，为了使物质能够发光，必须使受激辐射的概率大于受激吸收的概率，这就要求处于高能级上的电子数大于处于低能级上的电子数，与正常分布状态相反，这种现象称为粒子数反转分布状态。需要说明的是，在仅存在二能级的物质中，能级间是无法形成粒子数反转分布状态的，只有在存在三能级或三能级以上的物质中，而且是在特定条件下，才能够出现粒子数反转分布状态。

由于半导体材料内部的原子是按一定规律紧密排列而形成能带的，因此在其价带和导带之间存在电子的跃迁。这样在光与半导体材料的相互作用下，会同时存在自发辐射、受激吸收和受激辐射三种过程。若在PN结区使得处于导带（高能级）上的粒子数大于处于价带（低能级）上的粒子数，则此时该物质呈现粒子数反转分布，它是使激光器产生激光的基础。

3.1.2 激光器的结构及工作原理

1．激光器的基本组成

构成一个激光器应具备的功能部件是工作物质、泵浦源和光学谐振腔。

工作物质是能够发光的物质，也就是可以处于粒子数反转分布状态的工作物质，它是产生激光的前提。需要说明的是，这种工作物质必须有确定的原子系统，也就是可以在所需要的光波范围内辐射光子。

泵浦源是保证工作物质形成粒子数反转分布的能源。工作物质在泵浦源的作用下，受激辐射大于受激吸收，从而有光放大作用。这时的工作物质已被激活，故称为激活物质或增益物质。

光学谐振腔是一个谐振系统，提供正反馈和频率选择的功能。

半导体激光器工作开始于导带和价带之间的自发辐射，其辐射光频带较宽，方向也是杂乱无章。但在自发辐射所产生的光子中，总有一部分光子可以起到泵浦激励作用，使有源区实现粒子数反转分布，这时受激辐射才占据主导地位。为了得到单向性和方向性好的激光信号，需要采用光学谐振腔来建立光反馈，从而形成稳定的激光振荡。可见激活物质和光学谐振腔是产生激光振荡的必要条件。需要说明的是，只有在具有三能级（能带）以上的物质中，在一定的条件下，才可获得粒子数反转分布。可见工作物质、泵浦源和光学谐振腔都是产生激光的必要条件，缺一不可。

2．激光器的工作原理

最简单的光学谐振腔就是在工作物质两端的适当位置放置两个相互平行的平面反射镜 M_1 和 M_2，如图 3-4 所示，其中 M_1 是一个全反射镜，其反射系数 $r_1=1$；M_2 是部分反射镜，其反射系数 $r_2<1$，所产生的激光由此射出。

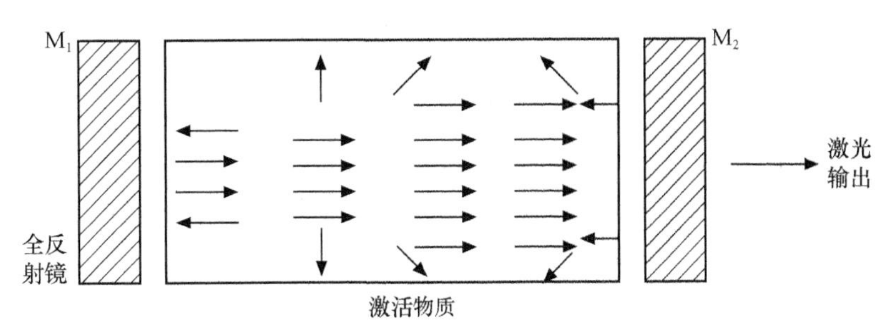

图 3-4　激光器示意图

如图 3-4 所示，在泵浦源激发下将处于粒子数反转分布状态的激活物质置于光学谐振腔内，谐振腔的轴线应该与激活物质的轴线重合。工作物质在泵浦源的激励下，实现粒子数反转分布。由于高能级上的粒子不稳定，会跃迁到低能级上，并放出一个光子，即产生自发辐射。自发辐射所放出的光子方向任意，其中那些与谐振腔轴线平行运动的光子，又会激发高能级上的电子，使之发生跃迁，从而产生受激辐射，放出与激发光子全同的光子，使光得到放大。被放大的光在谐振腔内，在两个反射镜之间来回反射，并不断地激发出新的光子，使光进一步放大。在满足一定条件后，就会从反射镜 M_2 透射出一束笔直的强光，即激光。

3．激光产生的条件

一个激光器并不是在任何情况下都可以发出激光的，需要满足一定的条件，这就是振幅平衡条件和相位平衡条件。

（1）振幅平衡条件

振幅平衡条件是光的增益与损耗之间应达到的平衡条件，也称为阈值条件。尽管激光器可利用受激辐射的光放大作用获得光波的增益，但由于工作物质的不均匀或缺陷的影响，会发生光波散射。谐振腔反射镜并不都是理想的全反射镜，对光有透射和吸收；光波偏离谐振腔轴线而辐射到腔外也会造成光波的损耗。可见，要使激光器产生自激振荡，最低限度是激光器的增益刚好能抵消它的损耗，这就是激光器的阈值条件，即

$$G_{\mathrm{t}}=\alpha=\alpha_{\mathrm{i}}+\frac{1}{2l}\ln\frac{1}{r_1r_2} \tag{3-2}$$

式中，G_{t} 称为阈值增益系数，α 是谐振腔内的平均衰减系数；α_{i} 是除反射镜损耗外的其他所有损耗所引起的衰减系数；l 是谐振腔两个反射镜之间的距离。

由式（3-2）可以看出，激光器的阈值条件只取决于光学谐振腔的固有损耗。损耗越小，阈值条件越低，激光器越容易起振。

（2）相位平衡条件

相位平衡条件，是指光在光学谐振腔内形成正反馈的相位条件。对于平行平面光学谐振腔而言，由于谐振腔的尺寸远大于工作波长，因此可以认为谐振腔内那些与谐振腔轴平行的

电磁波是一种平面波，而且在谐振腔内往返运动时是垂直于反射镜的。这样往返一次的相位差等于 2π 的整数倍的光才能形成正反馈，产生谐振，从而使光能得到增强。不满足上述关系的光波会因腔内损耗而消失。

如果设 L 为谐振腔的长度，λ_g 为谐振腔内介质中光波的波长，则按照上述相位差等于 2π 整数倍的条件，光学谐振腔的谐振条件为

$$\begin{cases} 2L\beta = 2\pi q \\ \lambda_g = \dfrac{2L}{q} \end{cases} \tag{3-3}$$

式中，β 为光波相位常数，$q=1, 2, 3\cdots$。

当工作物质的折射率为 n 时，由式（3-3）可以得出折算到真空的光学谐振腔的谐振波长 λ_{0g} 与谐振频率 f_{0g}：

$$\lambda_{0g} = n\lambda_g = \frac{2nL}{q}$$

$$f_{0g} = \frac{c}{\lambda_{0g}} = \frac{cq}{2nL}$$

从式（3-3）可知，q 可取一系列离散值，因而就有一系列不连续的谐振波长 λ_{0g} 与谐振频率 f_{0g}，可见谐振腔内可同时存在多个频率；但只有那些在谐振腔内增益大于衰减的光波才能存在。不同的 q 值代表沿谐振腔轴向存在不同的电磁场分布，换句话说就是存在不同的纵模。

4．半导体激光器

目前，激光器常用半导体材料作为工作物质，以此构成的激光器称为半导体激光器。半导体激光器通常采用外加正向电压作为激励源，并由半导体材料的天然解理面抛光形成两个反射镜，从而构成光学谐振腔。这样在给置于这两个反射镜之间的半导体 PN 结（所构成的空间电荷区）外加正向偏压（即 P 接正、N 接负）后，P 区的空穴和 N 区的电子不断地注入 PN 结，破坏原来的热平衡状态，使 PN 结出现两个费米能级，此时 PN 结能带分布，如图 3-5 所示。

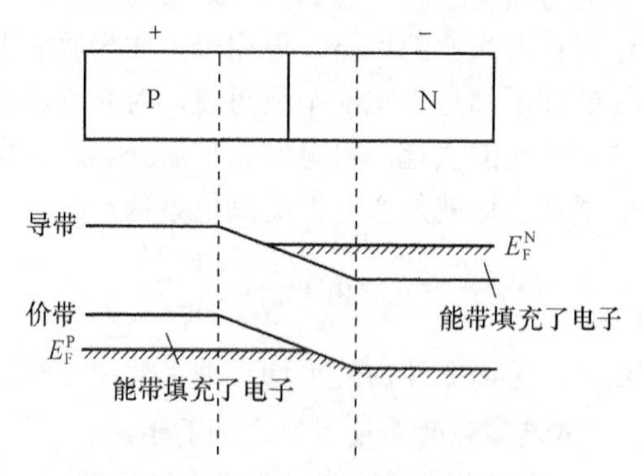

图 3-5　外加正向偏压后 PN 结的能带分布

P 区：由于 $E>E_F^P$，根据式（3-1）可知，此区域内各能带（能级）被电子占据的概率小于 1/2，表示此区域中的电子处于低能级。

N 区：由于 $E<E_F^P$，可知此区域内各能带（能级）被电子占据的概率大于 1/2，表示电子

处于高能级。

这样在外加正向偏压后，在 PN 结区将出现高能级粒子数大于低能级粒子数的现象，即粒子数反转分布状态。

当 PN 结上所外加的正向偏压足够大时，表示注入半导体 PN 结区的电流足够大，从而使 PN 结区的电子数足够多。此时在 PN 结区处于高能级上的电子会发生自发辐射，跃迁到低能级，同时，所释放出的光子中那些能够与谐振腔轴线平行运动的光子，又会激发高能级上的电子，进而引发受激辐射，产生光的放大作用。被放大的光在由 PN 结构成的光学谐振腔（谐振腔的两个反射镜是由半导体材料的天然解理面形成的）中来回反射，不断增强，在满足阈值条件后，即可形成激光振荡。可见受激辐射是产生激光的关键。

从以上原理分析可知，半导体激光器实际上是一种自激振荡的激光放大器。其工作时的初始光场来源于导带与价带之间的自发辐射，尽管其频带较宽，方向也杂乱无章，但正是由于其中那些能够与谐振腔轴线平行运动的光子的激发，在 PN 结有源区里实现了粒子数反转分布，使受激辐射占主导地位。为了获得单色性好和方向性好的激光信号，人们采用光学谐振腔来建立光反馈，形成稳定的激光振荡，从而实现对激光的频率和方向的选择。

3.1.3 半导体激光器的工作特性

1. 半导体激光器的 P-I 特性

半导体激光器的 P-I 特性曲线如图 3-6 所示，它表示半导体激光器输出光功率随注入电流 I 的变化。图中 I_t 是阈值电流。当 $I<I_t$ 时，激光器发出较弱的自发辐射光，它是非相干荧光；当 $I>I_t$ 时，激光器工作在受激辐射状态，所发射光是相干光。从图中可以看出，当注入电流超过 I_t 时，输出光功率随注入电流的增加而急剧上升，这时激光器输出的才是激光。在这一区域，输出功率和工作电流基本呈现线性关系。可见阈值电流 I_t 是激光器的重要参数。为了使光纤通信系统稳定可靠地工作，阈值电流越小越好。

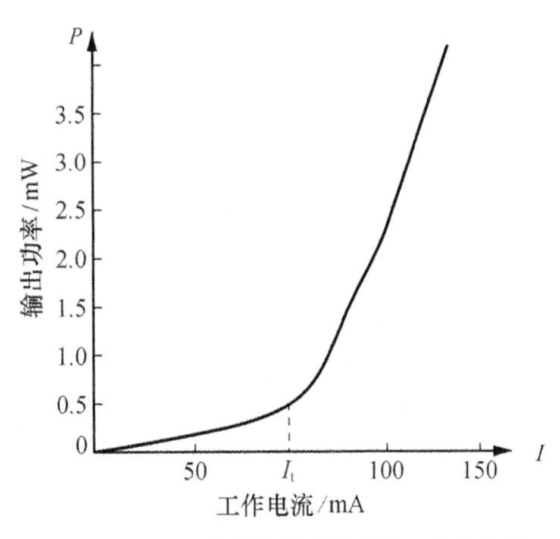

图 3-6 半导体激光器的 P-I 特性曲线

2. 光谱特性

半导体激光器的光谱特性，是指激光器输出光功率随波长的变化情况，一般用光谱宽度表示。一台激光器的光谱宽度是由其所发射激光包含的纵模数决定的，因此激光器可分为单纵模激光器和多纵模激光器（Multi-Longitudinal Model Laser，MLM）。对于单纵模激光器（Single

Longitudinal Model Laser，SLM），其谱线宽度定义为输出光功率峰值下降 20dB 时的功率点对应宽度。当激光器输出光谱包含多根谱线时，即为多纵模激光器，其谱线宽度为输出光功率峰值下降 3dB 时所对应的功率点宽度。一般多纵模激光器光谱特性会包含 3～5 个纵模，$\Delta\lambda$=3～5nm，而具有较好光谱特性的单纵模激光器的 $\Delta\lambda$ 约为 0.1nm，甚至更小。

3．温度特性

激光器的阈值电流和光输出功率随温度变化的特性称为温度特性，如图 3-7 所示。从曲线可以看出，阈值电流随温度的升高而加大，因此温度对激光器阈值电流的影响很大。为了使光纤通信系统稳定、可靠地工作，一般都要采用各种自动温度控制电路来稳定激光器的阈值电流和输出光功率。

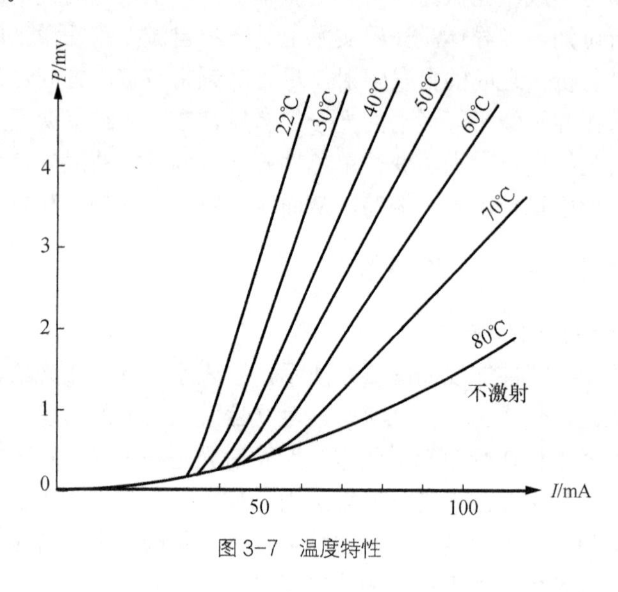

图 3-7　温度特性

4．转换效率

转换效率是用来衡量激光器的电/光转换效率的重要参数，在数值上等于激光器输出光功率与器件消耗的电功率之比，即

$$\eta_{\mathrm{P}}=\frac{R}{V}\left(1-\frac{I_{\mathrm{t}}}{I}\right) \tag{3-4}$$

式（3-4）中，R 是与激光器的内部量子效率、激光波长和模式损耗有关的常数；V 是工作电压；I_{t}是阈值电流；I 是工作电流。

需要说明的是，在光纤通信中使用的光源，除了以上介绍的半导体激光器以外，还有半导体发光二极管（LED）。它的内部没有光学谐振腔，因此它是无阈值器件，它的发光只限于自发辐射，发出的是荧光。因此 LED 的光谱较宽，与光纤的耦合效率较低，但是它的温度特性较好，寿命长，可应用于中或低速率、短距离的光纤数字通信系统和光纤模拟信号传输系统中。发光二极管的发光机理和激光器相同，在此不再赘述。

3.1.4　分布反馈式半导体激光器

由前面的分析可知，激光器分为单纵模激光器和多纵模激光器。多纵模激光器应用于光纤通信系统中时，多纵模的存在使光纤中的色散增加，导致进行直接调制时动态谱线展宽明显，不适应大容量、长距离的光纤传输和波分复用系统的需求，因此人们希望激光器能够工作在单纵模状态。

分布反馈式半导体激光器是一种可以实现动态控制的单纵模激光器，即在高速调制下仍然能处于单纵模工作状态的半导体激光器。它是由在异质结激光器有源区波导上纵向等间隔地设置波纹状的、周期性的布拉格（Bragg）光栅而构成的。该结构一方面充分发挥布拉格光栅优越的选频功能，使激发信号具有非常好的单色性；另一方面，由于避免使用晶体解理面作为反射镜，因此更容易实现器件的集成化。这种激光器又可分为分布式反馈（Distributed Feedback，DFB）激光器和分布式布拉格反射（Distributed Bragg Reflector，DBR）激光器。二者的工作原理都是基于布拉格反射。当光波入射到两种不同介质的交界面时，能够产生周期性的反射，这种反射称为布拉格反射。显然，这里要求交界面必须具有周期性反射点。

图 3-8 所示为 DFB 激光器的结构。可见在有源层介质表面使用全息光刻等工艺设置了周期性的波纹形状刻纹（布拉格光栅）。激光器向激励介质注入正向电流，使其具备增益条件。如果波纹的深度满足一定的要求，那么有源层辐射出的具有一定能量的光子将会在每一条光栅上反射，从而形成光反馈。通常，在一侧增加高反射涂层，而在另一侧增加抗反射（相对高反射涂层而言，其反射系数较低）涂层，这样可以有效地实现单方向的激光输出。

图 3-9 所示的 DBR 激光器的结构与 DFB 激光器的结构类似，区别在于 DBR 激光器根据波导功能进行了区域设计，在有源区两侧各增加了一段起衍射光栅作用的分布布拉格反射激光器，因此可以将它看成端面反射率随波长变化而变化的特殊激光器。这种结构避免了光栅制造过程中可能造成的晶格损伤。需要说明的是，有源波导的增益性能和无源周期波导的布拉格反射作用相结合，只对位于布拉格频率附近的光波有效。同时激光器在有源区和分布布拉格反射激光器之间存在耦合损耗，因此其阈值电流要比 DFB 激光器的阈值电流高。

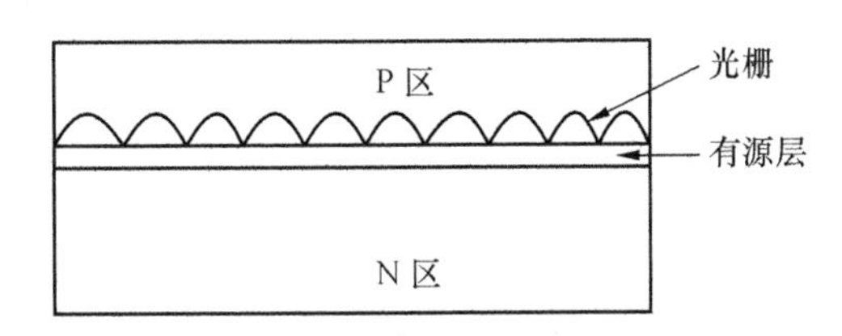

图 3-8　DFB 激光器结构示意图

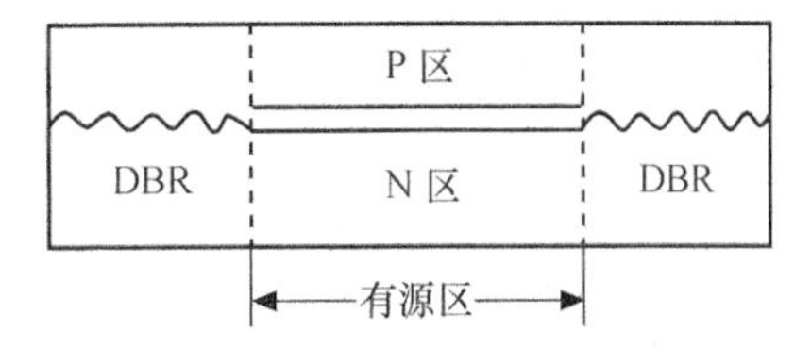

图 3-9 DBR 激光器结构示意图

3.1.5　量子阱半导体激光器

量子阱半导体激光器，是指有源区采用量子阱结构的半导体激光器，如图 3-10 所示。它与一般双异质结激光器类似，只是有源层的厚度很薄，一般只有几十埃米，很薄的 GaAs 有源层夹在两层很宽的 AlGaAs 之间，因此它属于双异质结器件。

图 3-10（a）所示为一种单量子阱（Single Quantum Well，SQW）结构，可见有源层只有一个势阱。这种“阱”的作用使得电子和空穴被限制在极薄的有源层内。势阱结构对载流子运动的量子化限制，使得落入阱中的电子（或空穴）位于一系列分离的能级上。其中，接近导带底部的能级 E_1 为基态，接近价带顶部的能级 E_1' 为激发态。根据上述能级特点，即使注入较小的电流，也能在 E_1 与 E_1' 之间形成粒子数反转分布，从而产生激光。需要说明的是，单量子阱的有源层厚度不能太薄，否则会使单个量子阱从邻近限制层收集电子，降低效率，不利于阱中运动载流子的量子化。

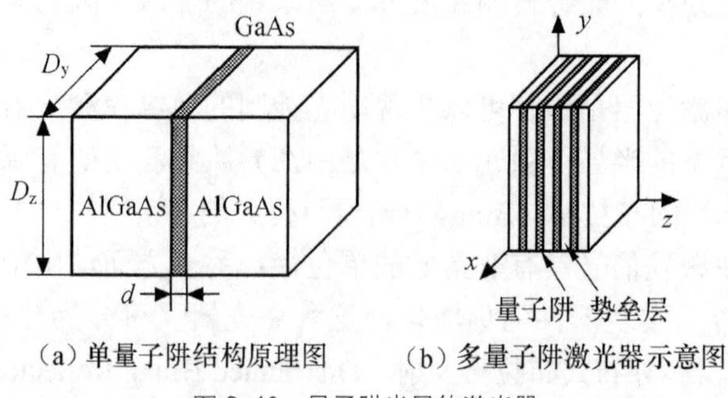

图 3-10 量子阱半导体激光器

量子阱半导体激光器还可采用多量子阱（Multiple Quantum Well，MQW）结构，如图 3-10（b）所示。这种 MQW 结构能够使光子更有效地参与电子跃迁，从而更能发挥量子阱半导体激光器的技术优势，使量子阱半导体激光器具有阈值电流低、线宽窄、微分增益高、频率啁啾小等一系列优点。

3.2 光电检测器

光电检测器是光接收机中的关键部件，它的作用是将经光纤长距离传输而来的微弱光信号转换为电信号。光电检测器主要采用半导体材料，利用半导体的光电效应实现光电变换，常用的有 PIN 光电二极管和雪崩光电二极管两种类型。

本节首先介绍半导体材料的光电效应，然后在此基础上介绍 PIN 光电二极管和雪崩光电二极管的结构、工作原理，以及光电检测器的一些特性参数。

3.2.1 半导体的光电效应

光纤通信中所用的光电检测器一般是通过半导体的光电效应来实现光电转换的。半导体的光电效应，是指一定波长的光照射到半导体 PN 结上，且光子能量大于半导体材料的禁带能量（$hf > E_g$）时，价带电子吸收光子能量跃迁到导带，这样导带中出现光电子，价带中出现光空穴，从而使 PN 结中产生光生载流子（即光电子—光空穴对），在外加负向偏压和内建电场的共同作用下形成光电流，如图 3-11（a）所示。

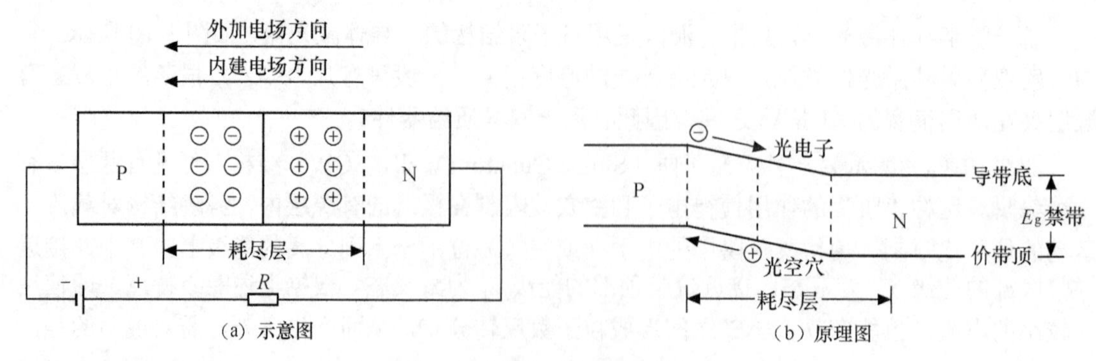

图 3-11 半导体 PN 结及能带分布图

由图 3-11（a）中可以看出，外加电场与内建电场方向一致，而且在 PN 结附近形成相当宽的耗尽层。当光束入射到 PN 结时，耗尽层内产生的光生载流子立即被高电场（外加电场和内建电场）加速，并以极高的速度向两端运动，从而在外电路中形成光生电流。可见当入射光功率出现变化时，光生电流也将随之呈线性变化。还应该指出，在 PN 结中，由于有内建电场的作用，如图 3-11（b）所示，内建电场使耗尽层的能带形成一个“斜坡”，光电子和光空穴的运动速度加快，从而使光电流能快速地跟着光信号变化，即响应速度快。然而，在耗尽层之外产生的光电子和光空穴，由于没有内建电场的加速作用，运动速度慢，响应速度低，而且容易发生复合，使光电转换效率降低，这是人们不希望看到的。

3.2.2 半导体光电检测器

1. PIN 光电二极管

为了提高光电二极管的响应速度和转换效率，需要适当加大耗尽层的宽度，使入射光能够在耗尽层被吸收，为此在重掺杂的 P^+型和 N^+型半导体之间设置一个轻掺杂的 N 型半导体层，经扩散作用可形成一个很宽的耗尽层。PIN 光电二极管能带图如图 3-12 所示。这样在外加反向偏压电场作用下，可大幅度提高 PIN 光电二极管的光电转换效率。

制造这种晶体管的本征材料可以是 Si 或 InGaAs，掺杂后形成 P 型材料和 N 型材料。PIN 光电二极管结构示意图如图 3-13 所示。一般 I 层较宽，有 5～50μm，可吸收绝大多数光子，从而提高转换效率。但随着 I 层宽度的增加，载流子穿越 I 层所需的时间也随之增加，响应速度会变慢。为了减少漂移时间，可适当增大外加电压。

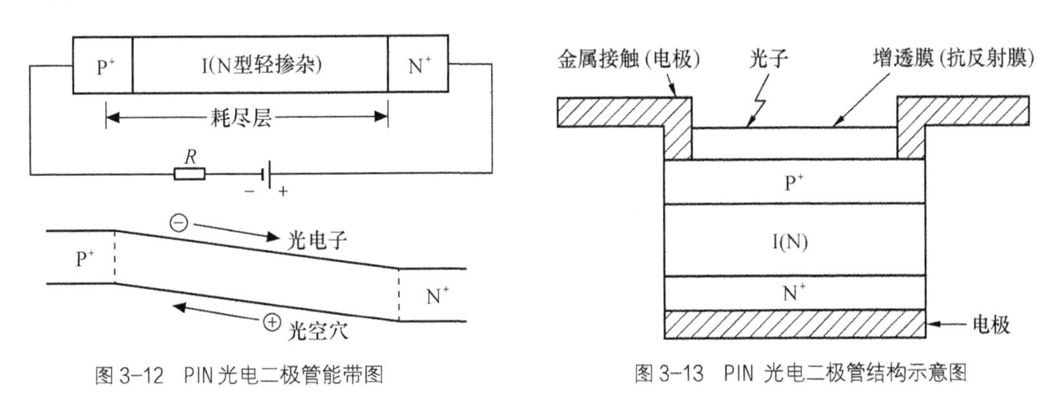

图 3-12 PIN 光电二极管能带图

图 3-13 PIN 光电二极管结构示意图

2. 雪崩光电二极管

雪崩光电二极管（Avalanche Photo Diode，APD）是具有内部电流增益的光电转换器件，可用于检测微弱光信号。APD 结构图如图 3-14（a）所示。APD 是在重掺杂的 P^+型和 N^+型之间加入较窄的 P 型半导体层和很宽的轻掺杂 P 型材料层（I 层）组成的，共四层结构。光子从 P^+层射入 I 层，在这里，材料吸收了光能并产生了初级光电子—光空穴对。这时光电子在 I 层被耗尽层的较弱电场加速，移向 PN 结。当光电子运动到高场区时，受到强电场的加速作用，出现雪崩碰撞效应。最后，获得雪崩倍增后的光电子到达 N^+层，光空穴被 P^+ 层吸收。需要说明的是，为了减小接触电阻，P^+ 层采用重掺杂结构，以利于与电极相连。

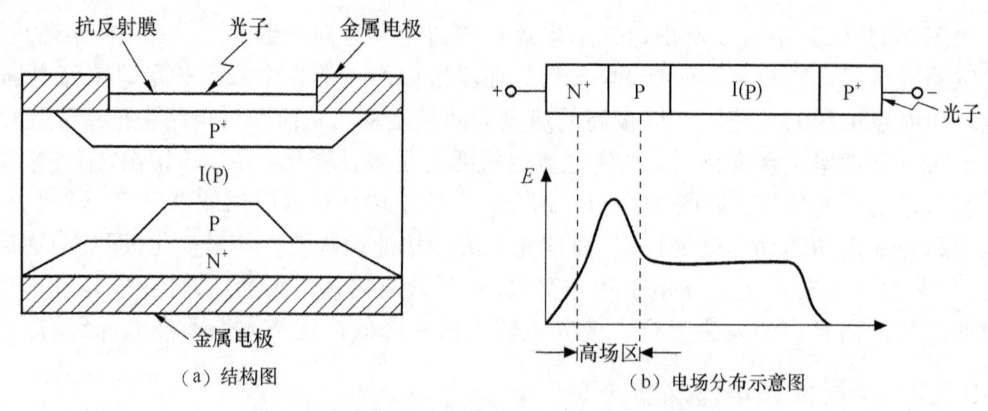

（a）结构图　　（b）电场分布示意图

图 3-14　雪崩光电二极管的结构和电场分布示意图

由图 3-14（b）可以看出，耗尽层从结区延伸到 I 层与 P^+层相接的范围内。其中，在 P^+层至 I(P)区内，电场偏压较小，这样可使光生载流子逐渐加速。而初步得到加速的光生载流子进入高电场区时，受到强电场的加速作用，以极高的速度与其晶格上的电子发生碰撞，使原子晶格上的电子发生电离，从而产生新的光生载流子。当新的光生载流子再次撞击原子晶格上的电子时，将再次发生电离……，这种连锁反应使光电流在 APD 内获得倍增，从而形成雪崩倍增效应。雪崩光电二极管具有雪崩倍增效应，这是有利的方面，但是，雪崩倍增效应的随机性也有不利的一面，就是这种随机性将引入噪声。

3.2.3　半导体光电检测器的主要特性

1．光电效应产生条件和工作波长范围

由前面的讨论可知，光子能量为 hf，半导体光电材料的禁带宽度为 E_g，那么，当光照射在某种材料制成的半导体光电二极管上时，若有光电子—光空穴对产生，则显然必须满足如下关系，即

$$hf \geqslant E_g \text{ 或 } \lambda \leqslant hc/E_g$$

采用任意一种特定材料制作光电二极管时，在耗尽层都存在截止波长 λ_c 和截止频率 f_c。

$$\lambda_c = \frac{hc}{E_g}, \quad f_c = \frac{E_g}{h} \tag{3-5}$$

可见，只有波长 $\lambda < \lambda_c$ 的入射光，才能使这种材料产生光生载流子。例如，对于采用 Si 材料制成的光电二极管，λ_c=1.06μm，因此它可使用在 0.85μm 的短波长光电检测器中。对于采用 Ge 和 InGaAs 材料制成的光电二极管，λ_c=1.6μm，因此它们可以使用在 1.31μm 和 1.55μm 的长波长光电检测器中。

2．光电转换效率

衡量光电转换效率的特性参数有响应度 R_0 和量子效率 η。

响应度 R_0 表示单位入射光功率 P_0 所产生的电流 I_P 与 P_0 之比，单位 A/W，即

$$R_0 = \frac{I_P}{P_0} \text{ A/W} \tag{3-6}$$

量子效率定义为转换成光电子—光空穴对数与入射到光敏面上的总光子数之比，用 η

表示：

$$\eta=\frac{\text{形成光电流的电子—空穴对数}}{\text{入射到光敏面上的总光子数}}\times 100\%=\frac{I_{\mathrm{P}}/\mathrm{e}_0}{P/hf}\times 100\%=\frac{I_{\mathrm{P}}hf}{P\mathrm{e}_0}\times 100\%$$

式中，e_0 为电子电荷量。

η 与 R_0 之间的关系为

$$\eta=\frac{I_{\mathrm{P}}/\mathrm{e}_0}{P/hf}=\frac{I_{\mathrm{P}}hf}{P\mathrm{e}_0}=R_0\frac{hf}{\mathrm{e}_0} \tag{3-7}$$

根据光电二极管的光电效应条件，半导体材料的光电转换效率与入射光波长有关，图3-15所示为用不同材料制成PIN光电二极管的响应度、量子效率和波长之间的关系曲线。从图3-15中可以看出，Si 光电二极管的波长响应范围为 0.5～1.0μm，Ge 光电二极管的波长响应范围为 1.1～1.6μm。

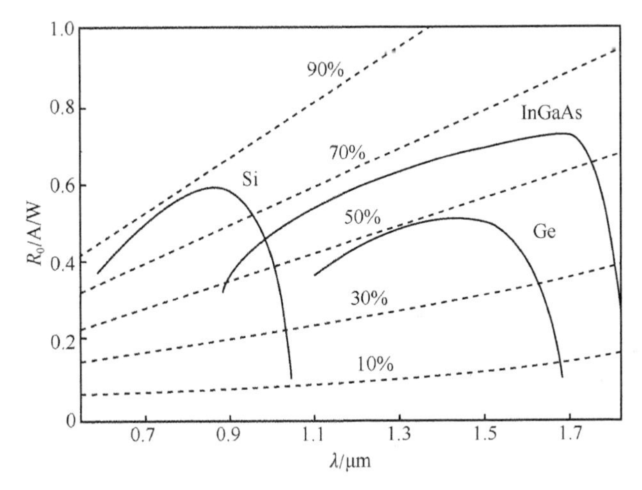

图3-15 PIN光电二极管响应度、量子效率与波长的关系

3．响应速度

响应速度，是指半导体光电二极管产生的光电流随入射光信号的变化速度，一般用响应时间（上升时间和下降时间）来表示。

通常，在光接收机中使用PIN光电二极管作为光电转换器件，为使其正常工作需要采用偏置电路，并与放大器相连接，因此PIN光电二极管的响应速度与RC电路的上升时间（由其结电容和等效电阻的大小决定）、光生载流子的产生所需时间、光生载流子在耗尽层的加速、碰撞、复合所需时间，以及耗尽层外载流子扩散时间有关。

4．暗电流

在理想条件下，当没有光照射时，光电检测器应无光电流输出。但是由于热激励、宇宙射线或放射性物质的激励，在无光情况下，光电检测器仍有电流输出，因此人们将无光照射时光电二极管的输出电流称为暗电流，用 I_{d} 表示。严格地说，暗电流还应包括器件表面的漏电流。理论研究发现，暗电流将引起光接收机噪声增大，因此器件的暗电流越小越好。

Si 材料的 PIN 光电二极管的 $I_{\mathrm{d}}>1\mathrm{nA}$，Ge 材料的 PIN 光电二极管的 I_{d} 约为几百纳安，

InGaAs 材料的 PIN 光电二极管的 I_d 约为几十纳安。由于 APD 存在雪崩倍增效应，因此其暗电流应是同材料的 PIN 光电二极管的 G 倍。

5．APD 的平均倍增因子 G 和过剩噪声

APD 与 PIN 光电二极管的不同之处在于，除了具有光电转换作用外，APD 还能够对所接收的信号在电层上实现放大。因此 APD 与 PIN 光电二极管的特性一致，如光电转换效率、响应速度、暗电流等，此外，APD 还有用来描述放大作用的倍增因子、过剩噪声等。

倍增因子定义为 APD 有倍增时的输出光生电流与无倍增时的初始光生电流之比，即

$$G=\frac{I_{\mathrm{M}}}{I_{\mathrm{P}}} \tag{3-8}$$

式（3-8）中，I_{M}是有雪崩倍增时光电流的平均值，I_{P}是无雪崩倍增时光电流的平均值。一般 APD 的倍增因子 G 为 40～100。PIN 光电二极管无雪崩倍增作用，所以 $G=1$。

过剩噪声是指 APD 中由雪崩倍增的随机性所带来的附加噪声。在工程上，过剩噪声可用过剩噪声因子 $F(G)$表示：

$$F(G)=G^{x} \tag{3-9}$$

式（3-9）中，$0<x<1$，x 为过剩噪声指数范围。Si 材料的 APD，x=0.3～0.5；Ge 材料的 APD，x=0.6～1；InGaAsP/InP 材料的 APD，x=0.5～0.7。

3.3 光放大器

3.3.1 光放大器的分类及主要应用

由于光纤损耗和色散的影响使光纤无电再生中继距离受到限制，因此必须在长距离、大容量光纤通信系统中使用具有电再生功能的中继器，即以光—电—光中继方式实现光信号的中继放大。但采用这种方式一方面增加了系统设备的复杂度，另一方面也提高了工程的投资成本，增加了日常维护的繁杂程度。为此人们开发了一种新型的、能够直接在光层面上对光传输信号进行放大的中继放大器，即光放大器。

光放大器主要有半导体光放大器和光纤放大器两类。

半导体光放大器（Semiconductor Optical Amplifier，SOA）是由半导体材料制成的，它可以被看成是一种没有反馈的半导体激光器。SOA 的主要优点是结构简单、体积小、便于集成，但其输入损耗较大，增益较小，且噪声较大，对串扰和偏振比较敏感。

光纤放大器又包括两种，即一种是非线性光纤放大器，它利用强光源对光纤进行激发，使光纤产生非线性效应而出现拉曼散射。光信号在这种受激发的一段光纤中传输时将得到放大。非线性光纤放大器又包括受激光纤放大器和受激布里渊光纤放大器。另一种是掺铒光纤放大器（EDFA），它是利用稀有金属铒（Er）离子作为工作物质的一种光放大器，在泵浦光的作用下可直接对某一波长的光信号进行放大。掺铒光纤放大器主要应用于 1.55μm 波段，与光纤最低损耗窗口一致。其应用进一步促进了光纤通信技术的发展。

光放大器的主要应用集中在以下几个方面。

（1）DWDM 系统应用

通常，DWDM 光纤通信系统工作于 1.55μm 波段，掺铒光纤放大器（EDFA）恰好适用

于此波段，可对一根光纤内该波段同时传输的多个光载波信号进行放大。可见一个光放大器能够替代许多中继设备，实现对多信道光信号的放大。

（2）损耗补偿

因为 EDFA 可用于补偿分路带来的损耗，以增加系统传输距离，所以在扩大本地网范围的同时，可以进一步增加在线用户数。

（3）光孤子通信应用

光孤子通信是利用光纤的非线性效应来补偿光纤色散影响的一种新型通信方式。当光孤子沿光纤传输时，由于光纤损耗的作用使得光功率逐步减弱，破坏了非线性与色散之间的平衡，因此需要在光纤通信系统中每隔一定距离设置一个光放大器来增强线路的非线性，使光孤子在传输中保持脉冲波形不变。

本节将主要介绍掺铒光纤放大器和拉曼光纤放大器的结构、工作原理及其主要的特性指标。

3.3.2　掺铒光纤放大器

以铒（Er）离子作为工作物质的光放大器称为掺铒光纤放大器（EDFA）。这些铒离子在光纤制作过程中被注入光纤纤芯，浓度约为 25mg/kg，从而形成 EDFA 工作物质——掺铒光纤。EDFA 在泵浦源的激励下可直接对某一波长的光信号进行放大，具有高增益、高输出、宽频带、低噪声等一系列优点，是目前应用最为广泛的光纤放大器。

EDFA 的主要优势如下。

（1）EDFA 工作波长范围为 1.53～1.56μm，与光纤最低损耗窗口一致。常使用在 DWDM 系统中，以实现多波长信号的放大。

（2）EDFA 对掺铒光纤进行激励的泵浦功率低，仅需几十毫瓦。

（3）EDFA 增益高且性能稳定，噪声低，输出功率大。它的增益可达 40dB，且与偏振无关。噪声系数可低至 3～4dB，输出功率可达 14～20dBm。

（4）EDFA 连接损耗低，耦合效率高。这是因为光纤放大器与光纤连接比较容易，连接损耗可低至 0.1dB。

（5）EDFA 对各类型、速率、格式的光信号可实现透明传输。

鉴于以上优点，在光纤通信系统中， EDFA 得到了更为广泛的应用。

1. EDFA 的工作原理

在制作光纤过程中适量地掺入铒（Er）离子，便形成 EDFA 的工作物质——掺铒光纤。铒离子能级分布示意图如图 3-16 所示。从图中可以看出，Er^{3+} 铒离子具有分立能级。在 Er^{3+} 铒离子未受泵浦光激励的情况下，掺铒光纤中的 Er^{3+} 按照费米统计分布规律处在基态（E_1）。当泵浦光入射时，处于基态的 Er^{3+} 吸收泵浦光的能量，向高能级（E_3）跃迁。由于粒子在 E_3 高能级上是不稳定的，因此它将迅速以无辐射方式落到亚稳态 E_2 上。在该能级上，相对而言粒子具有较长的寿命。泵浦源能够源源不断地提供泵浦光，使得亚稳态上的粒子不断增加，从而形成粒子数反转分布。当 1550nm 的信号光通过这段掺铒光纤时，亚稳态上的电子以受激辐射的形式跃迁到基态，并产生一个与入射光完全一样的全同光子。这将极大地增加信号光子数量，从而实现信号光在掺铒光纤中的直接放大。

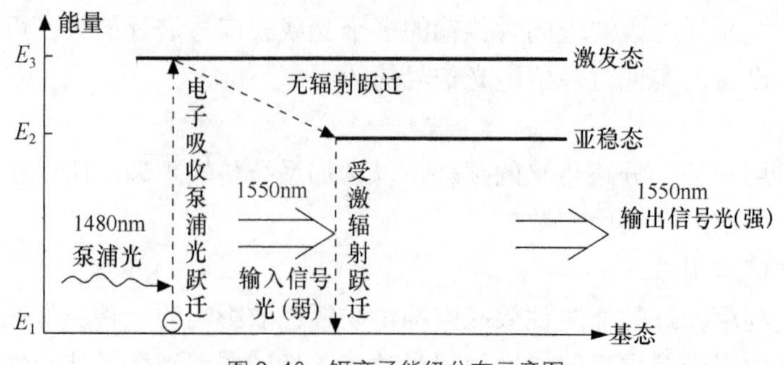

图 3-16 铒离子能级分布示意图

需要说明的是，泵浦光的波长不同，粒子所跃迁到的高能级也不同。根据铒离子吸收谱的实验分析，0.65μm、0.80μm、0.98μm、1.48μm 处都有铒离子的吸收带，它们都可以作为 EDFA 泵浦源的工作波长。经过对泵浦效率等因素的比较，0.98μm 和 1.48μm 的半导体激光器更适合作为 EDFA 的泵浦源，而 0.98μm 相对于 1.48μm 来说增益高、噪声小，因此是目前光纤放大器的首选泵浦波长。

2. EDFA 的基本结构

掺铒光纤放大器主要是由泵浦源、光耦合器、掺铒光纤、光隔离器及光滤波器等组成的，如图 3-17 所示。

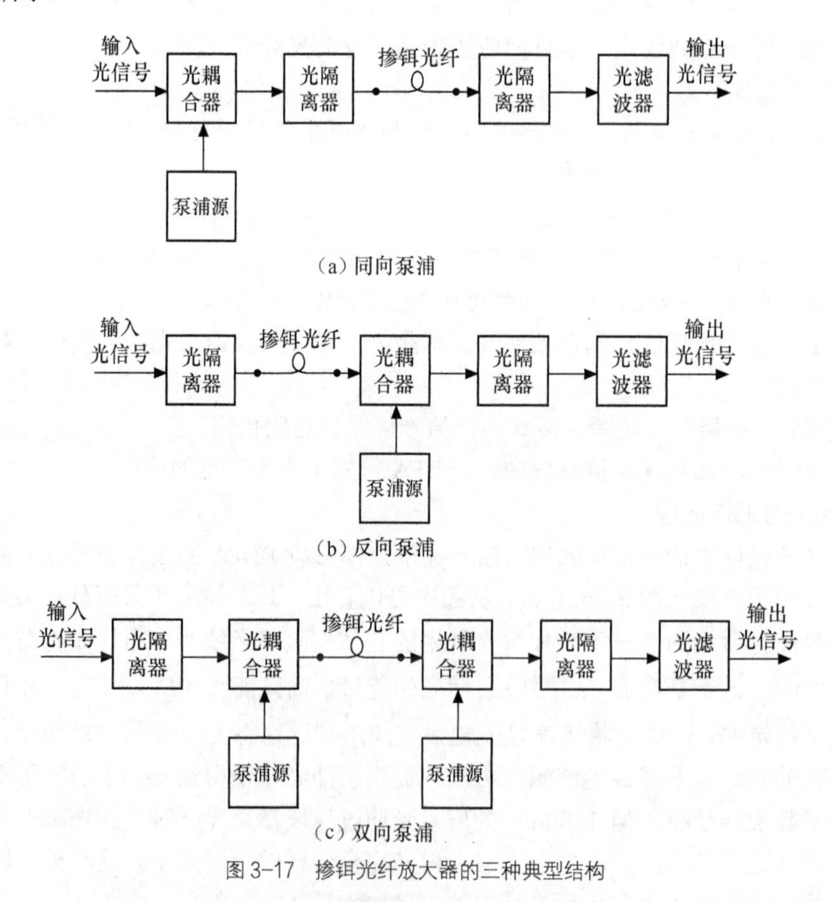

图 3-17 掺铒光纤放大器的三种典型结构

掺铒光纤是将适量稀有元素铒离子（Er^{3+}）注入光纤纤芯制成的。掺铒光纤应具有一定的长度（10～100m）和一定的增益。

泵浦源的作用是提供足够的光功率，使掺铒光纤处于粒子数反转分布状态。泵浦源采用半导体激光器，输出光功率为10～100mW，激励波长有1480nm、980nm和800nm等。

光耦合器是将输入光信号和泵浦源输出的不同波长的光波混合起来，并送入掺铒光纤的无源光器件，一般采用波分复用器。对其要求是能够有效地进行两路信号的混合，且插入损耗低。

光隔离器是抑制光反射对光放大器的影响，以保障系统稳定工作的器件，因此要求其插入损耗低、与偏振无关、隔离度大于40dB。

光滤波器负责滤除光放大器的噪声，以降低噪声对系统的影响，从而提高系统的信噪比。

3．EDFA的应用形式

EDFA的应用形式有三种，即同向泵浦、反向泵浦和双向泵浦。

同向泵浦是指泵浦光与输入的光信号以同一方向注入掺铒光纤，其优点是结构简单，噪声性能较好。反向泵浦是指泵浦光与输入的光信号以不同方向注入掺铒光纤，两者沿相反方向传输，其特点是，当光放大到一定程度时，泵浦光也需随之增强，可见其不易达到饱和，但其噪声性能不佳。为了使掺铒光纤中的铒离子Er^{3+}得到充分的激励，可采用多个激励源来激励掺铒光纤。双向泵浦结合了同向泵浦和反向泵浦的技术特点，使泵浦光在光纤中均匀分布，这样在获得高增益的同时，也能得到较好的噪声性能。

由于双向泵浦方式具有正向泵浦及反向泵浦的优点，因此这种方式不但可使泵浦光在光纤中均匀分布，而且可以获得更高、更稳定的输出功率。试验数据显示，单向泵浦的输出功率为14dBm，双向泵浦的输出功率可达17dBm。

4．EDFA的主要特性

掺铒光纤放大器的主要特性是增益性能、增益饱和性能和噪声性能。

（1）增益性能

增益性能描述光放大器的放大能力，其参数定义为

$$\text{功率增益} = 10\log\frac{\text{输出功率}}{\text{输入功率}}(\text{dB}) \qquad (3\text{-}10)$$

图3-18所示为信号功率增益与泵浦功率的关系曲线。可以看出，小信号输入时的功率增益大于大信号输入时的功率增益，并且功率增益随泵浦功率的增加而增加；但当泵浦功率达到一定值时，放大器的功率增益出现饱和，即此后泵浦功率再增加，功率增益基本保持不变。

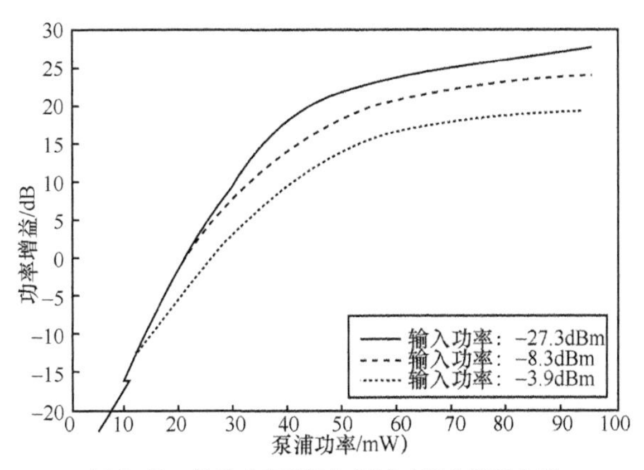

图3-18 信号功率增益与泵浦功率的关系曲线

图 3-19 所示为掺铒光纤放大器的功率增益与掺铒光纤长度的关系曲线。可见初始时功率增益随掺铒光纤长度的增加而增加，但当光纤长度达到一定值后，功率增益反而逐渐下降。这是因为此时的能量不足以支持掺铒光纤持续呈现粒子数反转分布状态，即无法保持信号光的放大，更多受到材料损耗的影响。从图 3-19 中看出，当光纤为某一长度时，可获得最大功率增益。

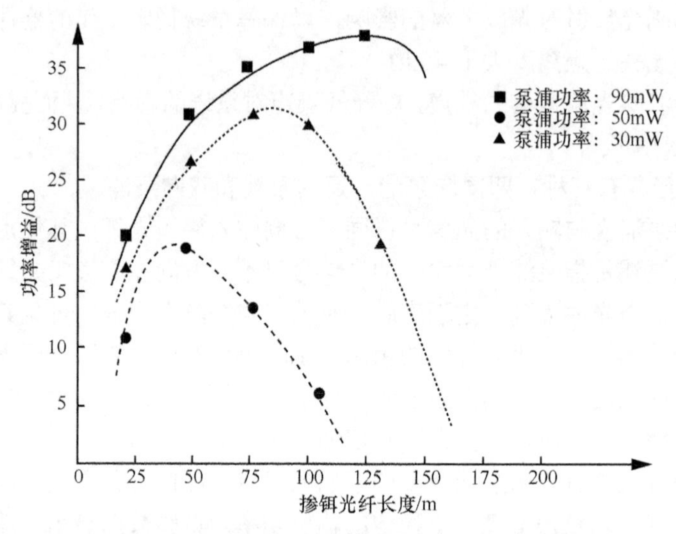

图 3-19　信号功率增益与掺铒光纤长度的关系曲线

（2）增益饱和性能

输出饱和功率是一个描述信号输入功率与信号输出功率之间关系的参量。输入功率与输出功率的关系曲线如图 3-20 所示。由图可以看出，输入功率和输出功率并不完全成正比，而是存在着饱和的趋势。这是因为当输入功率增加时，受激辐射加快，使掺铒光纤中处于粒子数反转分布状态的粒子减少，受激辐射光减弱，导致输出功率趋于平稳，即出现增益饱和现象。

在泵浦光功率一定的情况下，当信号输入功率较小时，光放大器的功率增益不随输入功率的增加而增加，而是保持稳定；但在输入功率增大到一定程度后，功率增益随输入功率的增加而下降，这是因为 EDFA 出现增益饱和现象。掺铒光纤放大器的最大输出功率常用 3dB 输出饱和功率来表示，如图 3-21 所示。

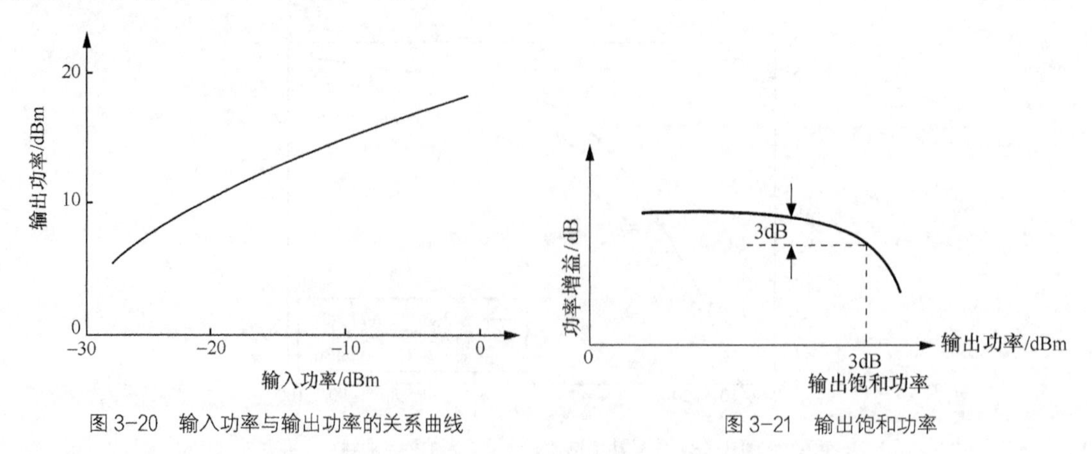

图 3-20　输入功率与输出功率的关系曲线

图 3-21　输出饱和功率

（3）噪声性能

EDFA 噪声的主要来源包括信号光的散弹噪声、信号光波与放大器自发辐射光波之间的差拍噪声、被放大的自发辐射光的散弹噪声、光放大器自发辐射的不同频率光波间的差拍噪声。噪声与被放大的信号一起在光纤中传播、放大，将对放大后的光信号构成影响，使信噪比下降，从而限制中继距离。

掺铒光纤放大器的噪声性能可用噪声系数 F 来表示：

$$F=\frac{\text{放大器的输入信噪比}}{\text{放大器的输出信噪比}} \tag{3-11}$$

对于不同泵浦波长，噪声系数略有差别。对于 0.98μm 泵浦源的 EDFA，掺铒光纤长度为 30m 时，测得的噪声系数为 3.2dB；而采用 1.48μm 泵浦源，在掺铒光纤长度为 60m 时，测得的噪声系数为 4.1dB。

3.3.3 拉曼光纤放大器

1. 拉曼光纤放大器的工作原理

拉曼光纤放大器（Raman Fiber Amplifier，RFA）利用拉曼散射效应能够向较长波长的光转移能量的特点，适当地选择泵浦光的发射波长和输出功率来实现对光信号的功率放大。其中拉曼散射效应是指当输入到光纤中的光功率达到一定程度（数值）时，如 500mW（27dBm）以上，光纤晶体晶格中的原子会发生振动，从而相互作用，产生散射现象，其结果就是将较短波长的光能量向较长波长的光转移。由此可见，由拉曼光纤放大器所放大的光信号波长与系统中采用的泵浦波长有关。适当地选择泵浦光的发射波长，便可使其放大范围落在预期的光波长区域。例如，选择 1240nm 的泵浦光发射波长，可对 1310nm 的光信号进行放大；选择 1450nm 的泵浦光发射波长，可对 1550nm C 波段的光信号进行放大；选择 1480nm 的泵浦光发射波长，可对 1550nm L 波段的光信号进行放大。通常，泵浦光所使用的工作波长比需放大的光信号波长小 70～100nm。

拉曼光纤放大器的技术优势如下。

（1）具有极宽的带宽

普通光纤的低损耗区间是 1270～1670nm，但 EDFA 仅能工作在 1525～1625nm 范围内，而 RFA 可以利用具有不同波长的多个泵浦，适当选择它们的泵浦波长和功率，使放大器的平坦增益范围达到 100nm，从而覆盖石英光纤的工作波长 C+L 波段和 S 波段（1350～1450nm），因此基本上可实现全波段光放大。

（2）降低投资成本

RFA 不像 EDFA 那样需要用特殊掺杂光纤作为放大介质，RFA 的放大介质就是传输光纤本身。毫无疑问，这在很大程度上降低了光缆投资成本。

（3）噪声指数低

RFA 与 EDFA 配合使用，可以降低系统噪声系数，从而增大系统无电再生中继距离。

（4）可降低光纤非线性影响

RFA 可以采用分布式放大方式来实现长距离传输和远程泵浦，特别适合海底、沙漠光缆通信等不方便设立中继器的场合。另外，因为 RFA 放大器是沿光纤分布的，并不是集中起作用，所以光纤各处的信号功率都比较小，从而降低了非线性效应尤其是四波混频效应的影响。

2．RFA 的结构及其应用方式

按照信号光与泵浦光传输方向的不同，RFA 有同向泵浦、反向泵浦及双向泵浦三种泵浦结构方式。在同样的泵浦条件下，反向泵浦能够减小泵浦光与信号光相互作用的长度，且噪声较低，而在采用正向泵浦结构的系统中，正向泵入光和功率信号的传输方向一致，使总光功率过大，容易产生其他非线性效应，且难以控制其增益，故通常采用反向泵浦结构方式。

从实际应用角度出发，拉曼光纤放大器有分布式和分立式两种，大多数情况下采用分布式。下面分别进行介绍。

（1）分布式拉曼光纤放大器

分布式 RFA 直接利用线路光纤本身作为拉曼放大器的增益物质，在具有适当泵浦波长和足够大光功率的泵浦源的作用下，光纤线路中产生拉曼散射效应，使光能量向线路中所传输的光信号转移，从而实现信号光的放大，长度可达几十千米。目前，光纤通信中采用硅光纤，经研究发现它具有很宽的受激拉曼散射增益谱，因此分布式 RFA 主要可用在传输系统中，实现对传输光纤损耗的分布式补偿放大，也可以作为光接收机的前置放大器。需要特别说明的是，RFA 与 EDFA 配合使用时，可以充分发挥 EDFA 高增益的优点，提高整体系统的性能。

分布式拉曼光纤放大器的结构如图 3-22 所示。从图中可以看出，具有特定波长的泵浦光通过一个光耦合器（合波器）反向泵入光纤线路，由于泵浦光功率较大（如 500mW 以上），因此在光纤线路中会产生拉曼散射效应。这样通过控制泵浦光的发射波长，可以使光能量向光纤中所传输的光信号转移，以实现光线路中光信号的放大。经拉曼光纤放大器的光信号，再经过 EDFA 的进一步放大（因 EDFA 的增益高），可使总系统增益达到相当高的预期值。

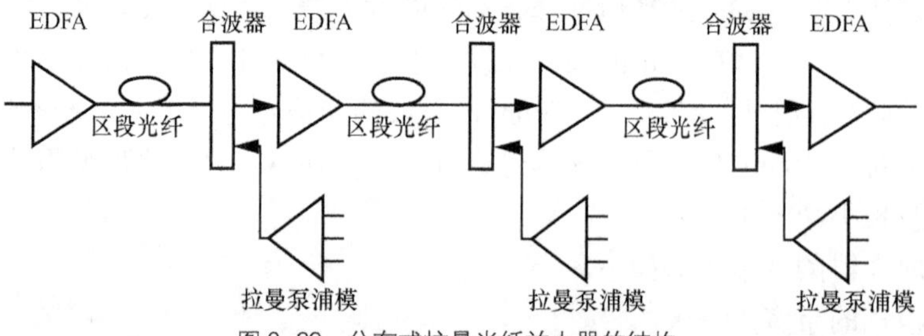

图 3-22　分布式拉曼光纤放大器的结构

（2）分立式拉曼光纤放大器

在系统中也可以单独使用拉曼光纤放大器来实现对传输光纤中光信号的放大，这种应用方式所构成的光放大器就是分立式拉曼光纤放大器，其结构如图 3-23 所示。可见其结构形式与 EDFA 非常相似。泵浦光通过光耦合器反向泵入拉曼光纤，其传播方向正好与输入的信号光的传播方向相反，即采用反向泵浦结构。由于泵浦光功率较大，使拉曼光纤产生拉曼散射效应，因此可通过控制泵浦光波长，促使光能量向信号光转移，从而达到放大信号光的目的。

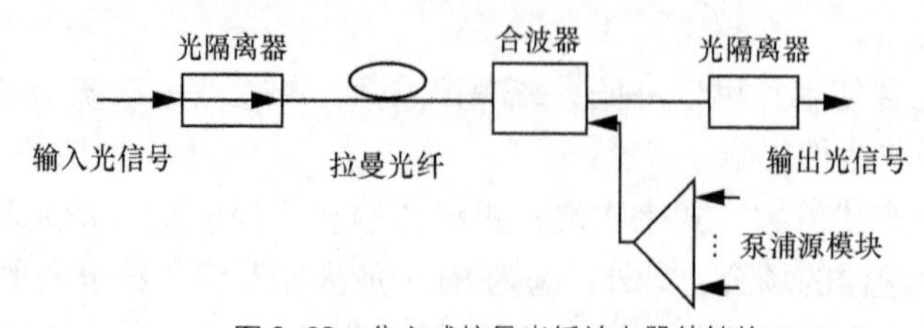

图 3-23　分立式拉曼光纤放大器的结构

需要说明的是，拉曼光纤放大器的增益物质是拉曼光纤，而且拉曼光纤放大器的增益与光信号的偏振状态有关，所以要求拉曼光纤能够提供稳定的保偏特性和很小的芯径等。RFA与EDFA采用的泵浦源在输出功率上存在很大的差别，EDFA采用较低功率的泵浦光，而拉曼光纤放大器中采用的泵浦波长决定了被放大的光信号波长，并且输出功率通常大于500mW。分立式RFA的优点是带宽很宽、噪声系数较低，但相对分布式RFA而言，增益不高，且成本较高。

3．RFA特性参数

（1）拉曼增益系数

当能量非常大的泵浦光ω_p入射到光纤时，所产生的拉曼散射光的强度也会很大。当入射光强度大于某一阈值时，拉曼散射光便会产生一个很强的辐射光，而这一辐射光再作用于分子上又将产生拉曼散射光，这种作用持续下去，就会产生一系列频率不同于ω_p的拉曼散射光，这就是拉曼散射效应。显然，拉曼增益和泵浦光强度成正比。如设拉曼增益为$g(\omega)$，I_P为泵浦光强度，则

$$g(\omega)=g_R(\omega)I_P \tag{3-12}$$

式中，$g_R(\omega)$为拉曼增益系数。

当频率为ω_p的泵浦光与频率为ω_s的信号光同时入射到光纤中时，只要斯托克斯频率差（ω_p−ω_s）位于拉曼增益谱的带宽内，信号光就会因拉曼增益而被放大。图3-24给出了拉曼增益系数$g_R(\omega)$与频率差（ω_p−ω_s）之间的关系曲线。从图中可以看出，当频率差（ω_p−ω_s）为13.2THz时，可以获得最大的拉曼增益系数，这时的增益带宽可达到8THz左右。可见不同波长的信号光与泵浦光所产生的频率差不同，所获得的增益也不同。

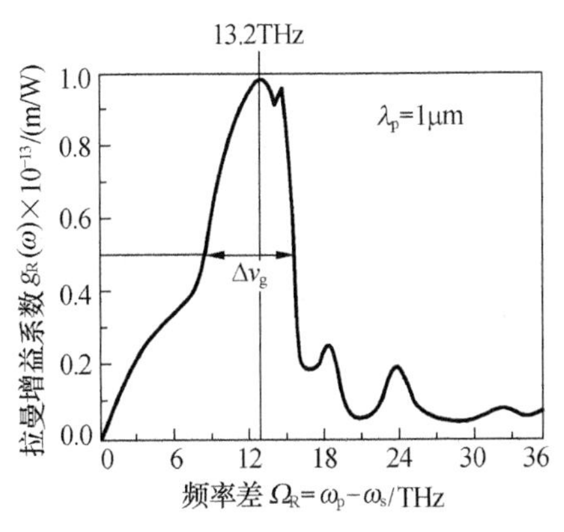

图3-24　拉曼增益系数$g_R(\omega)$频谱曲线

当RFA中强泵浦光在光纤中传输时，由于受到拉曼散射效应的作用，泵浦光会随传输距离的增加而减弱，同时也会在传输过程中将能量转移给信号光而衰减。而信号光经过RFA时，一方面光信号得到放大，另一方面也会随着传输距离的增加而减弱。

当RFA对小信号进行放大时，可近似地认为泵浦光在光纤中传输是按指数规律衰减的。经分析，当泵浦光在光纤中的衰减系数α_P与光纤有效长度L_{eff}的乘积满足$\alpha_P L_{eff}$>>1时，拉曼光纤放大器的小信号增益G_A为

$$G_A = \exp\left[\frac{g_R P_0}{A_{eff}\alpha_p}\right] \tag{3-13}$$

式中，P_0为输入信号功率；A_{eff}为泵浦光在光纤内有效作用面积；g_R为增益系数。可见，当 $\alpha_p L_{eff}$>>1 时，拉曼光纤放大器的增益与光纤长度无关。图 3-25 所示为当泵浦光波长λ_p=1.017μm，信号光波长 λ_s=1.064μm，拉曼光纤放大器的长度 L=1.3km 时，拉曼光纤放大器的增益 G_A 随泵浦功率的增加而趋于饱和的特性曲线。

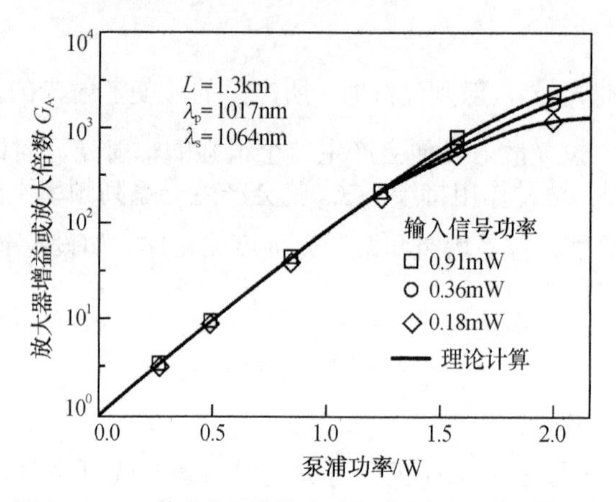

图 3-25 RFA 的小信号增益 G_A随泵浦功率变化的特性曲线

（2）噪声系数

当输入光纤的信号功率很大时，它会受到光纤非线性的影响，如果使用分布式拉曼光纤放大技术，就可以减小入射信号的光功率，降低光纤非线性的影响，从而避免四波混频效应对系统的影响。

RFA 与 EDFA 组合使用时，其等效噪声指数为

$$F = \frac{F^R + F^E}{G^R} \tag{3-14}$$

式中（3-14），F^R为分布式 RFA 的噪声系数；F^E为 EDFA 的噪声系数；G^R 为分布式 RFA 的增益系数。可见，RFA 的噪声指数 F 与拉曼增益系数 G^R 成反比。

3.4 无源光器件

3.4.1 光分路耦合器与波分复用器

在光纤通信系统中，光分路耦合器的作用是将一个输入的光信号分配给两个或多个输出端口，或者将两个或多个端口输入的光信号组合成一个输出信号。通常，光分路耦合器的使用与光波长无关，与光波长有关的耦合器则称为波分复用器。

1. 光分路耦合器的结构

通常，光分路耦合器可采用 X 状结构、Y 状结构、星状结构、树状结构等。不同结构的光耦合器，其功能与适用场合各不相同。图 3-26 所示为 X 状耦合器，其功能如表 3-1 所示。

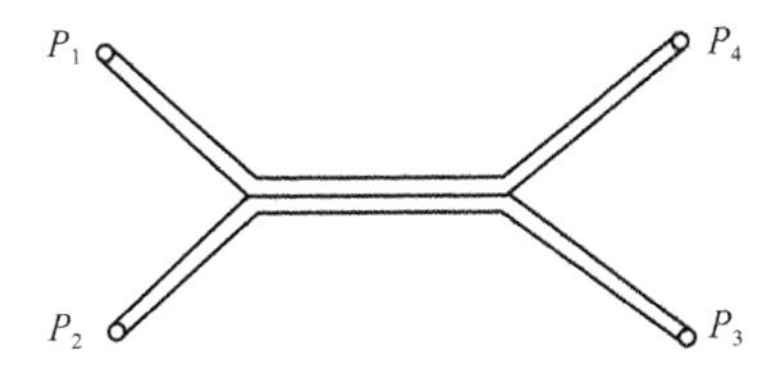

图 3-26　X 状耦合器

表 3-1　　X 状耦合器的功能

输入	按比例输出	作用
P_1	P_4，P_3	分路（P_2很小）
P_4，P_3	P_1	耦合（P_2很小）
P_2	P_4，P_3	分路（P_1很小）

星状耦合器把 N 根光纤输入的光波组合在一起，并将其功率均匀地分配到 M 根光纤中，这里 N 和 M 不一定相等。通常，这种耦合器使用在多端口功率分配场合。

树状耦合器和星状耦合器可用 2×2 耦合器拼接而成，如图 3-27 和图 3-28 所示。

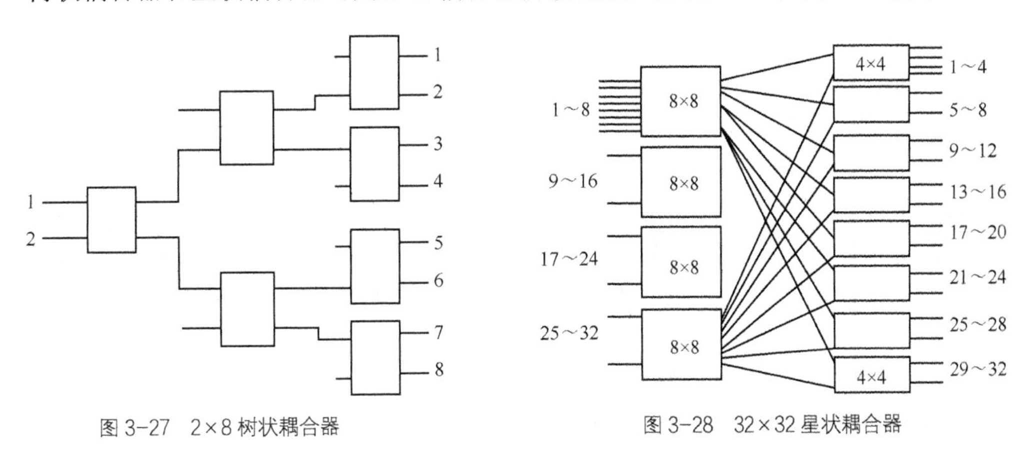

图 3-27　2×8 树状耦合器　　　　图 3-28　32×32 星状耦合器

光分路耦合器的主要性能指标有插入损耗、附加损耗、隔离度和分光比等。下面以图 3-26 所示的 X 状耦合器为例来介绍其主要性能指标。

插入损耗 L_1 是输入口的光功率 P_1 与一个指定输出端的光功率 P_3（或 P_4）的比值的 10 倍对数，以 dB 为单位，可表示为

$$L_1 = 10\lg\frac{P_1}{P_3(\text{或}P_4)}\,(\text{dB})$$

附加损耗 L 是某输入口的光功率 P_1（或 P_2）与总输出端的光功率（P_3+P_4）的比值的 10 倍对数，可表示为

$$L = 10\lg\frac{P_1}{P_3 + P_4}\,(\text{dB})$$

隔离度是一个输入端光功率 P_1 与由耦合器反射到其他输入端的光功率 P_2（或 P_r）的比值的 10 倍对数，即

$$\mathrm{DIR}=10\lg\frac{P_1}{P_2}(\mathrm{dB})$$

一般情况下，要求 DIR>20。

分光比是某一输出端的输出光功率（P_3 或 P_4）与所有输出端光功率之比，即

$$CR=\frac{P_3}{P_3+P_4}$$

在实际应用中，一般根据需要来决定光耦合器的分光比，通常在 20%～50%。

2．波分复用器

波分复用器是一种与波长有关的耦合器。运用于 WDM 发射端时，其可作为合波器，将多个波长组合在一起输入光纤进行长距离传输；当使用在接收端时，它作为分波器，可将在一根光纤中传输的多波长光信号按不同波长分开。需要说明的是，该器件是互易的，既可以作为合波器，也可作为分波器。它在 WDM 光通信系统的实用化过程中起着至关重要的作用。

WDM 系统中所使用的波分复用器主要有光栅型、多层介质膜型和熔融拉锥全光纤型。由于光纤型的波分复用器便于与光纤连接，且耦合效率高，因而这里着重介绍熔融拉锥全光纤型波分复用器。

熔融拉锥全光纤型波分复用器是将两根光纤紧靠在一起并适度熔融而成的一种表面交互式器件。它可以通过控制融合段的长度和光纤之间的靠近程度来实现不同波长的复用和解复用，其结构示意如图 3-29 所示。图中 L 表示两根单模光纤耦合段的长度，因此它属于熔融型 X 状耦合器。从图中可以看出，此耦合器共有 4 个端口，其中端口 1 和端口 3 属于同一根光纤，端口 2 和端口 4 属于另一根光纤。那么，如果把两个不同波长（$\lambda_1+\lambda_2$）的光射线由端口 1 输入，则其中波长为 λ_1 的光射线由端口 3 输出，而波长为 λ_2 的光射线则耦合到端口 4 输出，从而实现解复用。同理，由端口 3 和端口 4 输入的两个不同波长的光，由端口 1 共同输出，从而实现复用。

这种波分复用器非常便于与光纤通信系统耦合连接，而且插入损耗小（单级最大插入损耗小于 0.5dB，一般只有 0.2dB），体积小，工艺简单，适合批量生产。

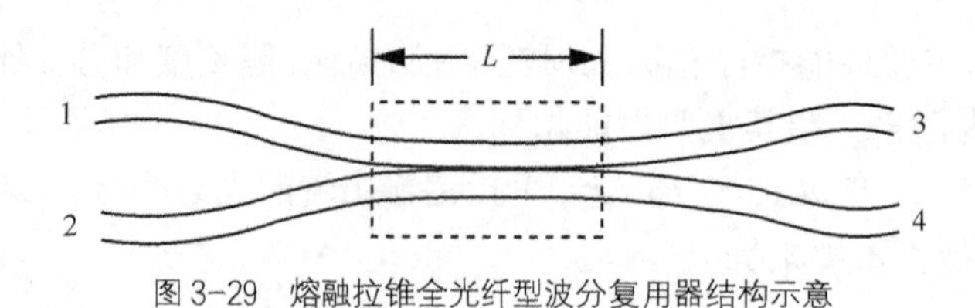

图 3-29　熔融拉锥全光纤型波分复用器结构示意

3.4.2　光隔离器与光环行器

1．光隔离器

光隔离器是一种只允许单方向传输光波的器件，以避免线路中由于各种因素产生的反射光再次进入激光器而影响激光器工作的稳定性。通常，要求光隔离器的正向插入损耗约为 1dB，对反向光的隔离度为 40～50dB。

光隔离器的工作原理是法拉第旋转效应，其工作原理如图 3-30 所示。可见，光隔离器主要由两个偏振器和一个法拉第旋转器组成。当光的偏振方向与透光轴完全一致时，则光全部

通过。例如，图 3-30 中入射光经过偏振器 1 以后为箭头方向所示的光。

法拉第旋转器由某种旋光性材料制成。根据法拉第旋转效应产生的机理可知，在线偏振光经过该法拉第旋转器后，光的偏振面按顺时针方向旋转一定的角度（如 45°），恰好与偏振器 2 的透光轴方向一致。因此，正向光入射后，经过偏振器 1、法拉第旋转器和偏振器 2，正向光功率全部射出。而反向光射入后，有一部分光经过偏振器 2 到达法拉第旋转器，并被顺时针旋转 45°，正好和偏振器 1 的透光轴方向垂直，因而被全部隔离。

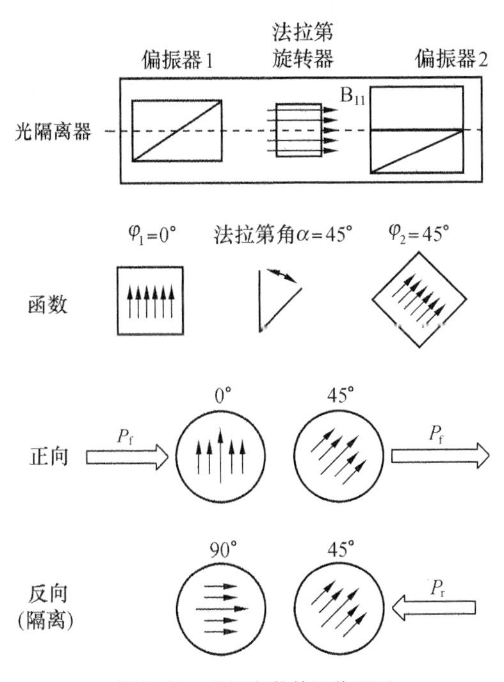

图 3-30　光隔离器的工作原理

光隔离器的主要性能指标包括插入损耗 L 和隔离度 I。

插入损耗又分为正向插入损耗和反向插入损耗。正向插入损耗是正向传输时的输入与输出功率之比的 10 倍对数。反向插入损耗是反向传输时的输入与输出功率之比的 10 倍对数。

隔离度 I 为正向插入损耗（dB）与反向插入损耗（dB）之差。

2. 光环行器

光环行器和前面介绍的光隔离器工作原理基本相同，它们的区别在于光环行器有多个端口，经典的光环行器一般有三端口或四端口。图 3-31 所示为三端口光环行器示意图，可见端口 1 输入的光波只在端口 2 输出，端口 2 输入的光波只在端口 3 输出，端口 3 输入的光波只在端口 1 输出。光环行器主要应用于光分插复用器中。

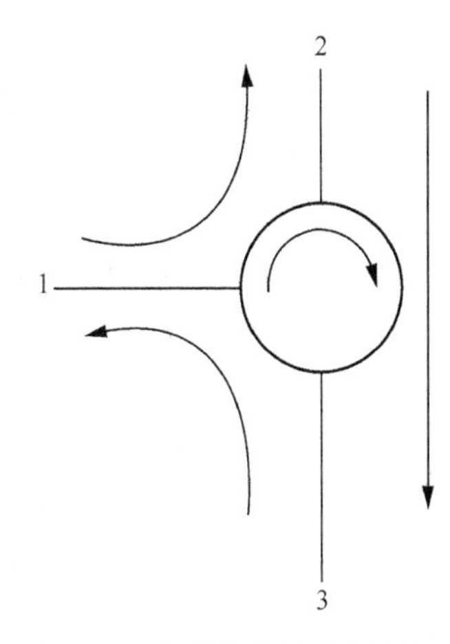

图 3-31　三端口光环行器示意图

光环行器的主要性能指标定义与光隔离器类似。光隔离器的插入损耗一般在 0.5～1.5dB，反向损耗和隔离度均大于 50dB。

3.4.3 光开关与波长转换器

1. 光开关

光开关是一种具有可选通断功能的光器件。它可作为光传输线路的监测、光传感系统或复杂网络两点之间的光信号物理连接或光交换操作的主要器件。一般光开关包括两种，即机械式光开关和电子式光开关。

机械式光开关的开关功能是通过机械方法实现的，如图3-32所示。它利用电磁铁或步进电动机来驱动光纤和棱镜等光学器件，完成光路的切换。这类光开关的优点是插入损耗小（一般为0.5～1.2dB），隔离度高（可达80dB）；但其开关时间比较长（约为15ms），体积较大。

电子式光开关是利用电光、声光和磁光效应实现光路切换的器件，如图3-33所示。这种开关一般采用铌酸锂（$LiNbO_3$）或砷化镓（GaAs）等半导体材料作为衬底，并在其上面生成两条（或多条）光波导，以此构成定向耦合器。这样就可以通过电极上的调制电压来控制光信号的通断，从而实现对光开关的控制。这类开关的优点是开关速度快，可达到纳秒量级，并易于集成化；但插入损耗比较大（可达几个dB）。

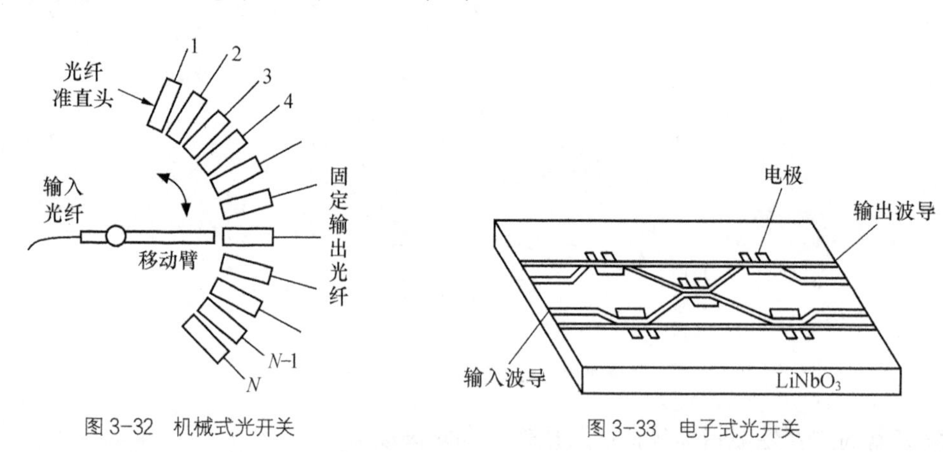

图3-32 机械式光开关　　图3-33 电子式光开关

2. 波长转换器

由以上分析可知，光开关的通断过程不涉及波长变化。波长转换器则是能够把光信号从一个波长转换为另一个波长的器件。根据波长转换原理不同，波长转换器可分为四种，即光电再生型、增益饱和型、相位调制型和四波混频型。它们的结构如图3-34所示。

光电再生型波长转换器的结构如图3-34（a）所示。首先将所接收的光信号转换成电信号，然后将该电信号加载到另一个指定波长的激光器上，从而实现波长变换。现阶段光—电—光技术非常成熟，应用很广，但其波长变换速度受电子器件的限制，对比特率和数据格式不透明，且成本较高。

增益饱和型波长转换器是利用半导体激光器SOA的交叉增益调制特性来实现波长转换的。如图3-34（b）所示，当波长为λ_1的输入信号光与波长为λ_2的连续探测光（转换目的波长）同时耦合进SOA中时，若输入信号光处于高电平，使SOA出现增益饱和，则可将输入光信号所携带的信息调制到λ_2上，实现波长转换。这种波长转换器适用于20Gbit/s的高速系统，而且几乎与偏振状态无关；但缺点是长波长与短波长变换时不对称，且消光比较低。

相位调制型波长转换器是利用SOA的交叉相位调制特性来实现波长转换的。其结构如图 3-34（c）所示，两个 SOA 分别放置于 M-Z 干涉器的两臂上。当 SOA 有源区载流子密度发生变化时，将会引起入射波的相位变化。这样在波长为 λ_1 的输入信号光与波长为 λ_2 的连续探测光同时在两臂上传输的过程中，当信号为“1”码时，会引入额外的相移，此时可按照该相移量合理地设计 M-Z 干涉器，使这两个波相干或相消干涉，从而使得波长为 λ_1 的信号光的波长变换为 λ_2。该转换器的优点是易于 SiO_2/Si 或 InGaAsP/InP 波导集成，可运用于 10Gbit/s 以上的高速通信系统，主要缺点是其输入光的动态范围较小。

四波混频型波长转换器是以 SOA 作为非线性介质，利用四波混频效应来实现波长转换的，如图 3-34（d）所示。它直接将波长为 λ_1 的信号光与波长为 λ_p 的连续探测光一起送入 SOA 的有源区，适当地选择 $\lambda_p=(\lambda_1+\lambda_2)/2$，在四波混频效应的作用下，可在 SOA 的输出端使输入光信号以波长 λ_2 输出。该转换器所适用的工作速率可高达 100Gbit/s，但其变换效率较低。

由于后三种转换器的波长转换都是在光层面上完成的，因此它们均属于全光波长转换器，并对比特率和数据格式透明。通过使用波长转换器，可以进一步节约网络资源（如光纤、节点规模、波长等），降低网络互连的复杂性，从而简化网络管理。

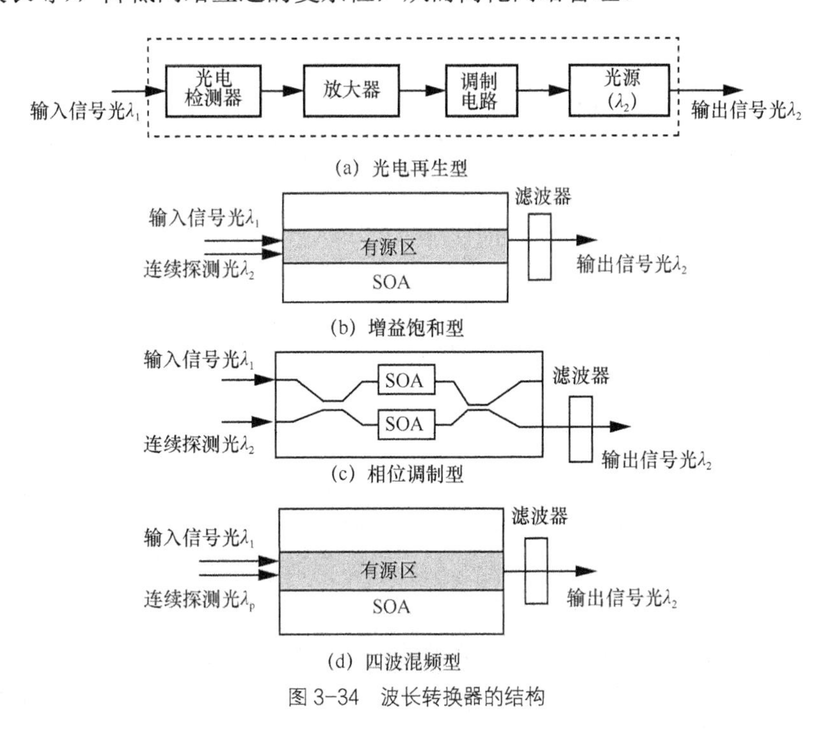

图 3-34 波长转换器的结构

3.4.4 光滤波器与光纤光栅

1. 光滤波器

在光纤通信系统中，只允许一定波长的光信号通过的器件称为光滤波器。如果所通过的光波长可以改变，则称为波长可调谐光滤波器。在这里，我们仅以结构最简单、应用最广泛的 F-P 腔型光滤波器为例，说明其结构及工作原理。

F-P 腔型光滤波器也称为法布里-珀罗干涉仪，其基本结构如图 3-35 所示。它由两个具有高反射率的平行放置的镜面 M_1 和 M_2 构成，两镜面之间的距离为腔长 l，r_1、r_2 为镜面的反射系数，两个镜面之间介质的折射指数为 n。由于两反射镜的反射系数均小于 1，因此光波在镜面处有反射光，也有透射光。光束会在两个镜面处形成反复的反射与折射，反射波和折射波都是无穷多束光波的线性叠加，而叠加的结果与相邻波束的相位有关。由前面 3.1.2 小节中分析的光学谐振腔工作原理可知，当垂直入射到反射镜 M_1 的光波只有腔长为 $\lambda/2$ 的整数倍时，才可达到谐振。由此可见，F-P 腔型光滤波器的滤波特性与界面的反射系数有关。

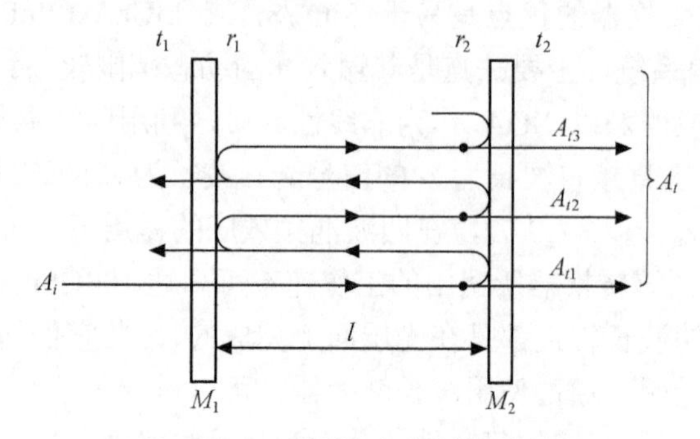

图 3-35 F-P 腔型光滤波器的基本结构

2. 光纤光栅

光纤光栅是采用紫外光曝光的方法，利用光纤中的光敏性，将入射光相干场图样写入纤芯，使纤芯内沿纤芯轴向的折射率呈现周期性变化，从而形成空间的永久性相位光栅。换句话说就是，在纤芯内形成一个窄带的（透射或反射）滤波器或反射镜。当一束宽光谱光经过光纤光栅时，满足光纤光栅布拉格条件的波长将产生反射，而其余的波长则透过光纤光栅继续传输。光纤光栅的优点是插入损耗小、结构简单、波长选择性好、不受非线性效应影响、易于与光纤系统连接、便于使用与维护、带宽范围大等。

光纤光栅在光纤通信系统中的主要应用集中于光纤通信领域（如光纤激光器、拉曼光纤放大器、光纤滤波器、光纤光栅编码器）、光纤传感器领域（位移、速度、加速度、温度的测量）和光信息处理，特别是在光纤通信中实现许多特殊功能：在半导体激光器中，利用光纤光栅作为反馈腔，以稳定 980nm 泵浦源，从而获得稳定的工作特性；在 EDFA 中，利用光纤光栅实现增益平坦和残余泵浦光反射功能，以提高 EDFA 的工作性能；在拉曼光纤放大器中，通过采用布拉格光栅谐振腔，实现稳定波长或者获得调谐辐射波长的目的。下面以光纤布拉格光栅滤波器为例来介绍光纤光栅的作用。

光纤布拉格光栅滤波器是利用布拉格光栅的基本特性制成的一种窄带光学滤波器。它是一种无源光纤器件，其结构如图 3-36 所示。紫外干涉光从掺锗光纤侧面照射，Λ 称为布拉格间距，可通过沿光纤施加压力或对光纤加热来达到光学滤波的目的。

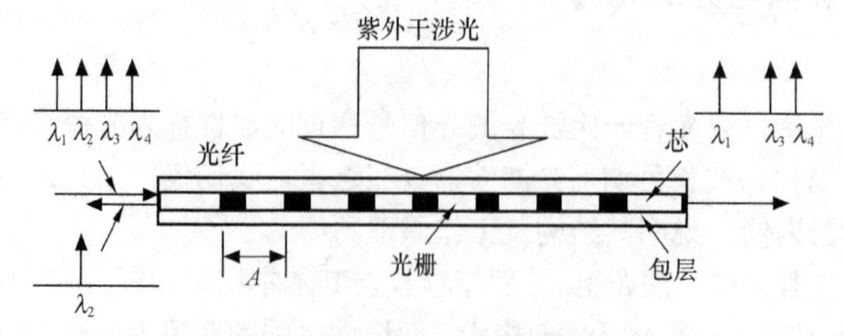

图 3-36 光纤布拉格光栅滤波器的结构

3.4.5 外调制器

光源的调制方式分为内调制和外调制。采用内调制方式的优点是电路简单，容易实现，但在高速数据码流下采用这种调制方法，将导致输出光脉冲的相位抖动，即啁啾效应，使光纤的色散增加，从而限制系统的通信容量和传输距离。采用外调制方式可以减小啁啾影响，因此在高速、单波长的光纤通信系统中或波分复用光纤通信系统中，通常采用外调制方式。

外调制器一般置于半导体激光器的输出端，调制信号加载在调制器上，通过外调制器对光源发出的光波进行调制，以控制输出光的有无，从而解决输出信号的幅度和频率随调制电流的变化而变化的问题，同时抑制啁啾效应的影响。目前，常用的外调制器有电折射调制器、M-Z 型调制器、电吸收 MQW 调制器等。下面分别对其原理进行介绍。

1．电折射调制器

电折射调制器是利用具有很强电光效应的晶体材料制成的。常用的材料有铌酸锂（$LiNbO_3$）、钽酸锂（$LiTaO_3$）和砷化镓（GaAs）。电光效应是指外加电压会引起上述某种晶体材料的非线性效应，具体地说就是使晶体的折射率发生变化。通常，晶体的电光效应是指下面的两种效应。

晶体折射率与外加电场幅度成正比变化称为线性电光效应，或普克尔效应；晶体折射率与外加电场幅度的平方成正比变化称为克尔效应。电折射调制器是一种采用普克尔效应的电光相位调制器件。它是构成其他类型调制器的基础，用以实现电光幅度、电光强度、电光频率、电光偏振等。电折射调制器的结构如图 3-37 所示。

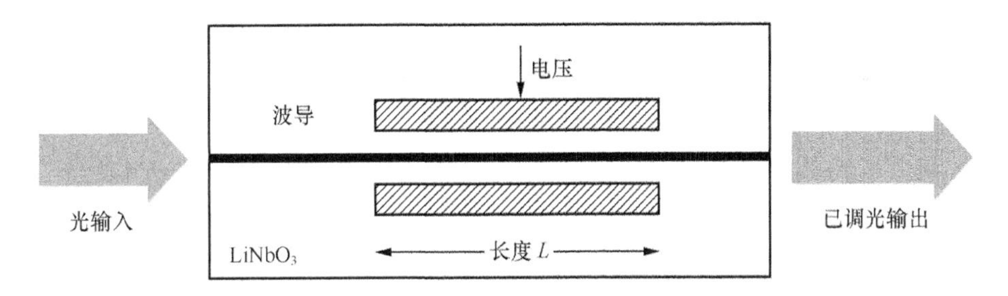

图 3-37 电折射调制器的结构

由图可见，一束正弦光波入射到调制器，经过长度 L 的外加电场区后，输出光场（已调波）的相位受外加电场的控制而变化，从而实现相位调制。

2．M-Z 型调制器

M-Z 型调制器的结构如图 3-38 所示，它是由一个 Y 形分路器、两个相位调制器和一个 Y 形合路器组成的。输入光信号首先经 Y 形分路器分成完全相同的两部分，其中一部分受到相位调制；然后通过 Y 形合路器进行耦合。由于上下两部分信号之间存在相位差，因此两路信号在 Y 形合路器的输出端会产生相消或相干干涉，从而获得通断信号。

3．电吸收 MQW 调制器

电吸收调制器是一种利用半导体中粒子吸收效应制作而成的光信号调制器件。因其具有响应速度快、功耗低、驱动电压低和啁啾影响小的特点，且可与 DFB 激光器实现单片集成，而被广泛应用于高速光纤通信中信号的调制编码。

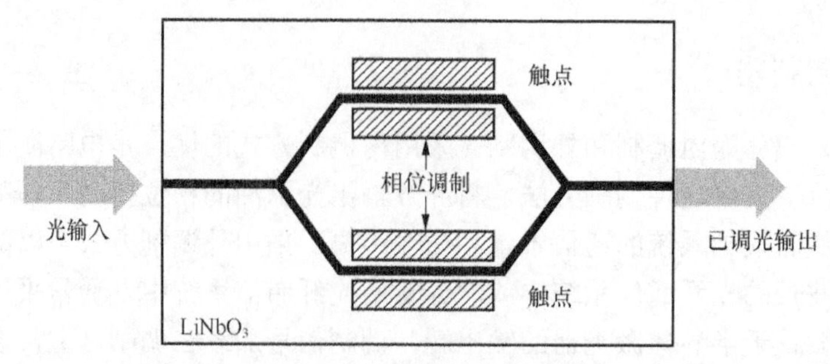

图 3-38　M-Z 型调制器的结构

图 3-39 所示为一个电吸收 MQW 调制器的结构。该调制器具有吸收作用，通常电吸收调制器对发送波长是透明的，一旦被加上反向偏压，吸收波长在向长波长移动的过程中将产生光吸收。利用这种效应，通过在调制器上加零压到负压之间的调制信号，就能够对 DFB 激光器产生的光输出进行强度调制。

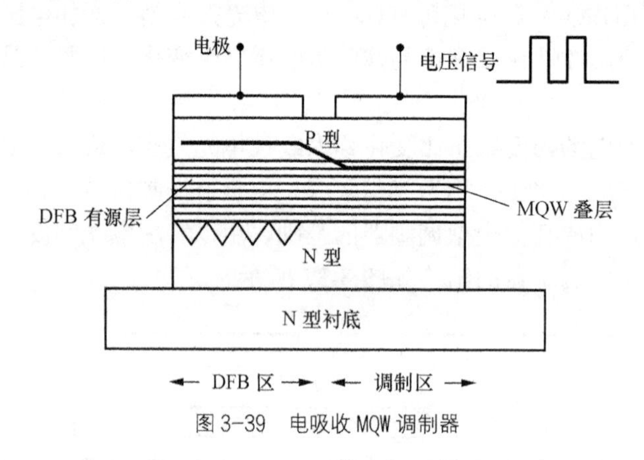

图 3-39　电吸收 MQW 调制器

小　结

1．半导体激光器：主要介绍了激光器的物理基础、激光器的工作原理、半导体激光器的结构及工作特性，并简单介绍了分布反馈式半导体激光器和量子阱半导体激光器。

2．光电检测器：重点内容包括半导体的光电效应，PIN 光电二极管和雪崩光电二极管的结构、工作原理，以及光电检测器的工作原理及特性。

3．光放大器：重点介绍了掺铒光纤放大器和拉曼光纤放大器的结构、工作原理及主要特性参数。

4．无源光器件：主要介绍了光纤通信中常使用的无源光器件，包括光耦合器、光隔离器、光滤波器、光开关、波长转换器、光纤光栅、外调制器等，要求掌握其结构及简单工作原理。

复习题

1．简述光与物质相互作用的 3 种过程，并说明它们各自的特点。

2．什么是粒子数反转分布？简述激光器的发光原理及发光条件。

3．什么是激光器的阈值条件？

4．简述半导体的光电效应。

5．与 PIN 光电二极管相比较，为什么 APD 能够具有放大作用？

6．画出 EDFA 的结构示意图，并简单说明各部分的功能。

7．简述 EDFA 的工作原理，并说明 EDFA 的主要特性参数及其含义。

8．简述光耦合器、光隔离器、光环行器、光开关在光纤通信系统中的作用。

9．简述波分复用器和波长转换器的工作原理。

10．简述 RFA 的工作原理，并说明其特点。

第4章 光纤通信系统

根据调制方式的不同，光纤通信系统可分为外调制和内调制（即强度调制）。不同的应用系统会采取不同的调制编码方式。本章将介绍强度调制-直接检波（Intensity Modulation-Direct Detection，IM-DD）光纤通信系统、超长距离光纤通信系统、相干光通信系统和量子通信系统等。

4.1 端机与光中继器

光纤通信系统中的端机包括光发射机和光接收机。它们分别负责完成信号的发送和接收。由于信号在光纤中传输时，光波能量会随传输距离的增加而降低，因此为保证系统的性能，需要采用光中继器进行衰减补偿。下面分别进行介绍。

4.1.1 光发射机

1．光源的调制

光源的调制就是将一个携带信息的信号叠加到光载波上的过程。光源所采用的调制方式包括内调制和外调制。强度调制-直接检波光通信系统采用的是内调制方式。通常，内调制适用于半导体光源，如 LD、LED，它是将所要传输的信息转换为电流信号，并将其直接注入光源，使输出的光载波信号的强度随调制信号的变化而变化。由此可见，这种内调制方式的强度调制特性主要由半导体光源 LD、LED 的 *P-I* 曲线决定，如图 4-1 所示。

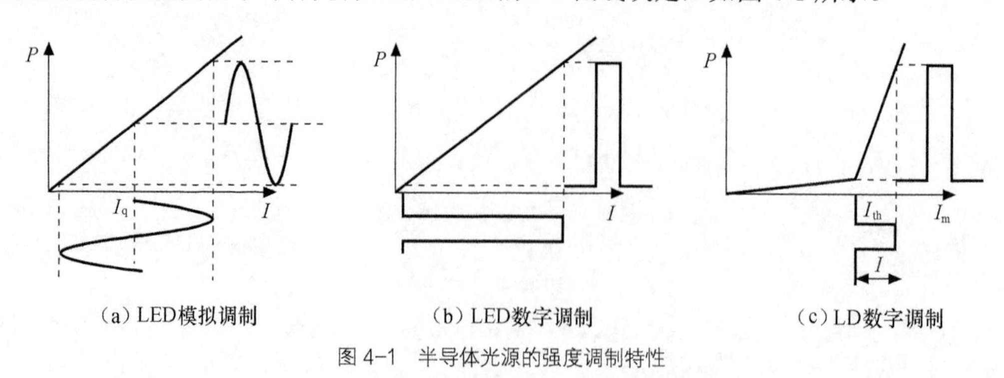

图 4-1 半导体光源的强度调制特性

根据调制信号的性质不同，内调制又可分为模拟信号的调制和数字信号的调制两种。模拟信号的调制是直接用连续的模拟信号（如视频或音频信号）对光源进行调制。如图 4-1（a）所示，调制电流被直接叠加在直流偏置电流上，这样可以通过适当地选择偏置电流的大小来减小光信号的非线性失真。数字信号的调制是将经脉冲编码调制（Pulse Code Modulation，PCM）的数字信号叠加在直流偏置电流之上，用光源的输出光载波的有光和无光来分别代表“1”码和“0”码，如图 4-1（b）和图 4-1（c）所示。

由于 LED 属于无阈值的器件，随着注入电流的增加，其输出光功率近似呈线性增加，其 *P-I* 曲线特性好于 LD 的 *P-I* 曲线特性，因而在调制时，其动态范围大，信号失真小。但 LED 属于自发辐射发光，其谱线宽度比 LD 大得多，这一点对高速信号的传输非常不利，因此在高速光通信系统中通常不使用 LED 作为通信光源。

图 4-2（a）所示为采用内调制方式的光发射机结构示意图。尽管其易于实现，但由于内调制方式受到电调制速率的限制，因此当光纤通信向大容量方向发展，并发展到一定程度时，需采用外调制方式。外调制是利用晶体的电光、磁光和声光特性对 LD 所发出的光载波进行调制，即光辐射之后再加载调制电压，使经过调制器的光载波得到调制，如图 4-2（b）所示。由于外调制是对光载波进行调制，因此通过改变其探测性质，可分别对强度、相位、偏振和波长等进行调制。通常，外调制可以采用铌酸锂调制器（L-M）、电吸收调制器（Electro Absorption Modulator，EAM）和 III-V 族马赫–曾德尔干涉型调制器（MZ-M），一般运用于高速大容量的光纤通信系统之中，如孤子系统、相干系统。

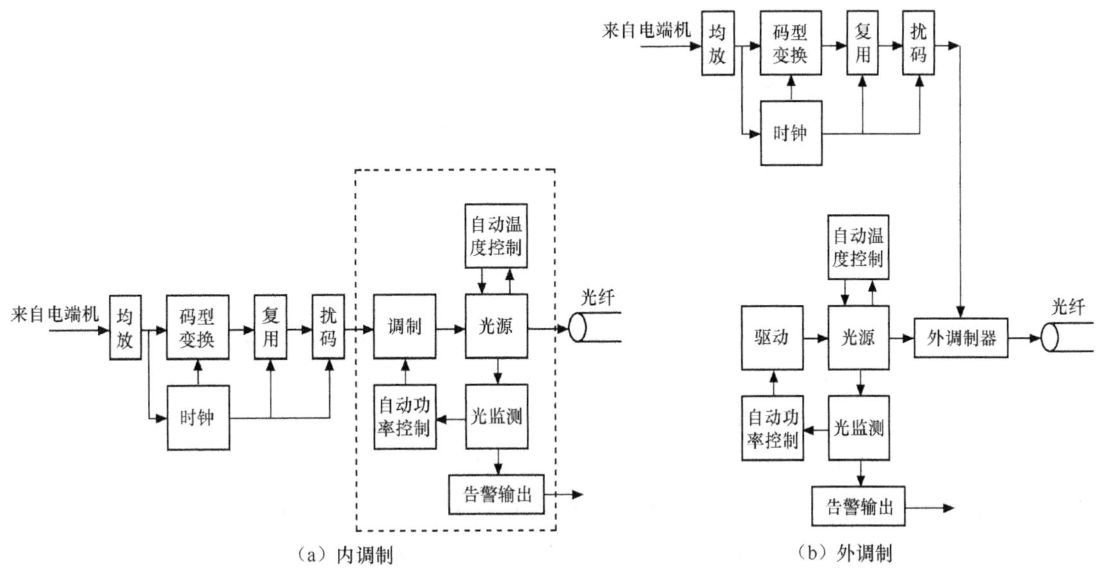

图 4-2 光发射机结构示意

2. 传输线路码型

在准同步数字系列（Plesiochronous Digital Hierarchy，PDH）通信系统中传输的信号是数字信号，而由交换机送来的电信号符合 ITU-T 所规定的 PCM 通信系统中的接口码率与接口码型，如表 4-1 所示。

表中 HDB_3 称为三阶高密度双极性码，这种码型的特点之一是具有双极性，即具有+1、−1、0 三种电平。这种双极性码由于采用了一定的措施，使码流中的+1 和−1 交错出现，因而没有直流分量。正因为如此，这种码型又可利用其正、负极性交替出现的规律进行自动误码检测等。

表 4-1 接口码率与接口码型

项目	类型			
	基群	二次群	三次群	四次群
接口码率（Mbit/s）	2.048	8.448	34.368	139.264
接口码型	HDB_3	HDB_3	HDB_3	CMI

CMI 为反转码，它是一种两电平不归零码，即将原来的二进制码的“0”编为 01，将“1”编为 00 或 11。若前一次用 00，则后一次用 11，即 00 和 11 是交替出现的，从而使“0”“1”在码流中是平衡的，并且它不出现 10，因此 10 可作为禁字使用。

以上介绍的是 PDH 通信系统与光纤通信系统接口的两种码型。然而 PDH 通信系统中的这些码型并不都适合在光纤通信系统中传输，例如，HDB_3 码有+1、−1 和 0 三种状态，而在光纤通信系统中是用发光和不发光来表示“1”和“0”两种状态的，因此在光通信系统中无法传输 HDB_3 码。为此在光端机中必须进行码型变换，将双极性码变为单极性码。但是在进行码型变换之后，HDB_3 码所具有的误码监测等功能将丧失。另外，光纤通信系统除了需要传输主信号外，还需要一些其他功能，如传输监控信号、区间通信信号、公务通信信号和数据通信信号，当然也需要不间断地进行误码监测等，为此需要提高码率以增加信息余量。因此在 PDH 通信系统中需要重新编码，通常称为线路编码，即在原有的码流中插入附加脉冲。

在 PDH 通信系统中，常用的线路编码有分组码、伪双极性码（CMI 和 DMI）、插入码。这些码都是在信息码的基础上增加附加比特，从而使光纤线路速率高于有效信息速率。而在 SDH 通信系统中广泛使用的是加扰二进码，它是利用一定的规则对信号码流进行扰码，经过扰码后，线路码流中的“0”和“1”出现的概率相等，因此该码流中将不会出现长连“0”和长连“1”的情况，从而有利于接收端进行时钟信号的提取。

3．光发射机的组成及各部分的功能

（1）对光发射机的要求

① 光源的发光波长要合适。由于目前使用的光导纤维有三个低损耗窗口 0.85μm、1.31μm 和 1.55μm，第一个称为短波长窗口，后两个称为长波长窗口，因此光发射机光源发出的光波波长应与这三个波长窗口相适应。

② 合适的输出光功率。光纤通信系统要求光源有合适的输出光功率。光源送入光纤的光功率不宜太大，因为光功率太大会使光纤工作在非线性状态。非线性是指光纤的各种特性参数随输入的光强做非线性的变化，也就是说，光纤成了一种非线性器件。这种非线性效应将会产生很强的频率转换作用和其他作用。显然这对正常工作的光纤将产生不良的影响。

③ 较好的消光比。消光比（EXT）就是全“0”码时的平均输出功率与全“1”码时的平均输出功率之比。一个好的光源最好在进行“0”码调制时没有光功率输出，否则它将使光纤通信系统产生噪声，造成接收机灵敏度降低（灵敏度的概念将在后面讨论），故一般要求 EXT≤10%。

④ 调制特性好。前面已对光源调制进行了详细的讨论，从中可知，调制特性好是指光源的 *P-I* 曲线在使用范围内线性好，否则在调制后将产生非线性失真。此外，我们还希望光发

射机的稳定性好、光源的寿命长等。

（2）光发射机的组成及各部分的功能

图 4-2（a）给出了光发射机的结构示意图，下面介绍其各部分的功能。

① 均衡放大（简称均放）。由 PCM 端机送来的 HDB_3 码流经过电缆的传输产生了衰减和畸变，所以上述信号在进入发射机时，首先要经过均衡和放大以均衡畸变的波形和补偿衰减的电平。

② 码型变换。由于 PCM 系统传输的码型是双极性的（+1，0，−1），而在光纤通信系统中，光源的输出可用有光和无光分别与“1”“0”两个码对应，一般无法与+1、0、−1 对应。信号从 PCM 端机送到光发射机后，需要将 HDB_3 这种双极性码变为单极性的“0”“1”码，这就要由码型变换电路来完成。

③ 扰码。若码流中出现长连“0”和长连“1”的情况，这将给提取时钟信号带来困难。为了避免出现这种长连“0”和长连“1”的情况，就要在码型变换之后加一个扰码电路，而在接收端则要加一个与扰码相反的解扰电路，恢复码流原来的状态。

④ 时钟。由于码型变换和扰码过程都需要以时钟信号作为依据（时间参考），故在均衡放大之后，由时钟电路提取 PCM 中的时钟信号，供码型变换、扰码电路使用。

⑤ 调制（驱动）。经过扰码的数字信号通过调制电路对光源进行调制，让光源发出的光强跟随信号码流变化，形成相应的光脉冲送入光纤。

⑥ 自动功率控制。光发射机的光源经过一段时间的使用将出现老化，使输出光功率降低。另外，激光器 PN 结的结温变化，使 *P-I* 曲线发生变化，也会使输出光功率产生变化，因此为了使光源的输出光功率稳定，在实际使用的光发射机中常采用自动功率控制（Automatic Power Control，APC）电路，其原理方框图如图 4-3 所示。其中，电容充/放电模块根据比较器输出电压的高低跳跃变化来对电容进行充/放电，最终使其电压值稳定在某预设值，从而间接控制恒流源的输入电压，进而控制输入激光器（LD）的偏置电流大小。由于激光器的输出功率与该驱动电流成正比，因此可实现自动功率控制。

⑦ 自动温度控制。半导体光源的 *P-I* 曲线对环境温度的变化反应很灵敏，从而使输出光功率出现变化。为了使激光器的输出特性稳定，在发射机盘上需安装自动温度控制（Automatic Temperature Control，ATC）电路，其原理方框图如图 4-4 所示。其中，温度传感器是一个安装在激光器热沉上的热敏电阻，同时它又是温度控制电路电桥中的一臂，通过电桥把温度变化（引起热敏电阻的阻值变化）转变为电量的变化，再通过放大器接到致冷器上，使致冷器的电压发生变化，从而使激光器的温度维持恒定。上面所说的热沉是指贴在激光器上的一个金属散热块。目前采用的致冷器是一个半导体致冷器。

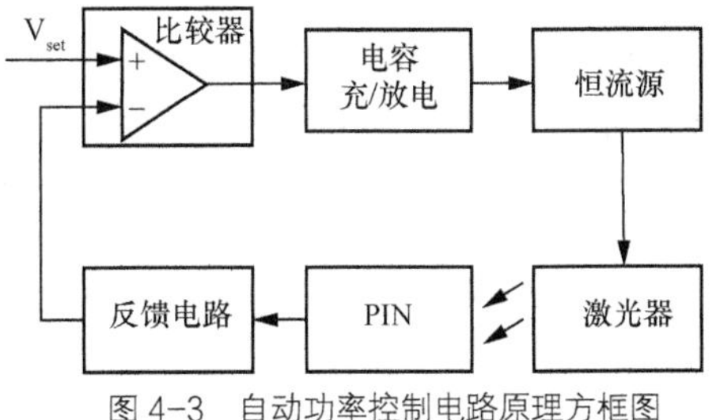

图 4-3 自动功率控制电路原理方框图

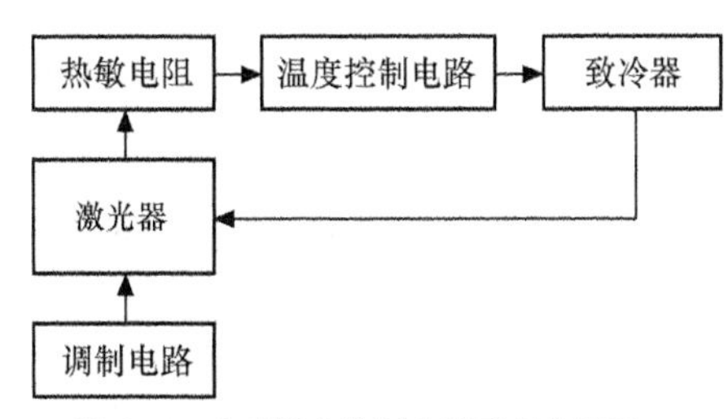

图 4-4 自动温度控制电路原理方框图

⑧ LD 保护电路。该电路使半导体激光器的偏流慢启动，以限制偏流使其不要过大。由于激光器老化以后输出的光功率将降低，因此自动功率控制电路将使激光器偏流不断增加，如果不限制偏流就可能烧毁激光器。

⑨ 无光告警电路。光发射机电路出现故障，或输入信号中断，或激光器失效，都将使激光器较长时间不发光，这时无光告警电路将发生告警。

4.1.2 光接收机

1. 光接收机的组成方框图和各部分功能

目前广泛使用的强度调制-直接检波数字光纤通信系统，其接收光端机（即光接收机）方框图如图 4-5 所示。该方框图中只示意地画出光接收机的主要部分，辅助部分没有画出。下面我们将介绍方框图中各部分的功能。

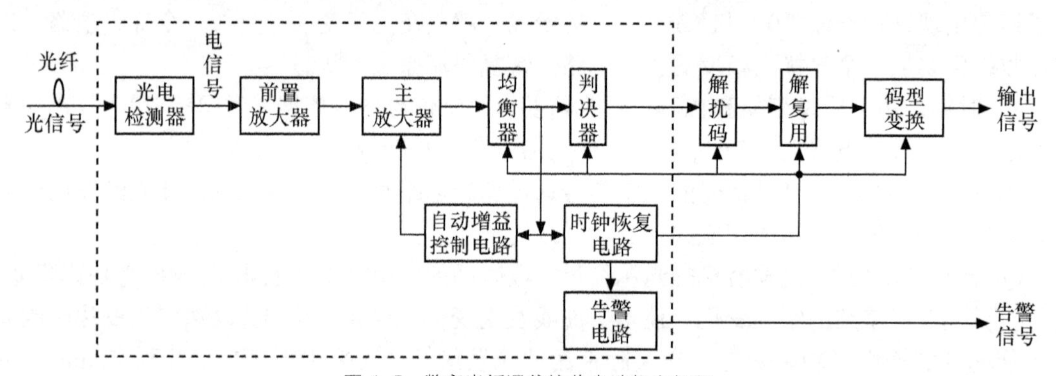

图 4-5 数字光纤通信接收光端机方框图

（1）光电检测器

光电检测器的作用是利用光电检波管，将由发送光端机经光纤传过来的光信号转变为电信号。目前广泛使用的光电检波管是半导体光电二极管，它们是 PIN 光电二极管和雪崩光电二极管。这两种检波管的工作原理和特性已在前面讨论过。

（2）前置放大器

由于这个放大器与光电检测器相连，故称前置放大器。在一般的光纤通信系统中，经光电检测器输出的光电流是十分微弱的。为了保证通信质量，显然必须将这种微弱的电信号通过多级放大器进行放大。在放大过程中，放大器本身的电阻会引入热噪声，放大器中的晶体管会引入散粒噪声。不仅如此，在多级放大器中，后一级放大器会把前一级放大器送出的信号和噪声都放大，即前一级引入的噪声也被放大。因此对多级放大器的前级有特别的要求，它应是低噪声、高增益的，这样才能得到较大的信噪比。

目前，光接收机前置放大器有多种类型，如低阻型前置放大器、PIN-FET（PIN 光电二极管与场效应管）前置放大器组件和跨阻型前置放大器。由于跨阻型前置放大器不仅具有宽频带、低噪声的优点，而且其动态范围比高阻型前置放大器改善很多，因此跨阻型前置放大器在光纤通信系统中得到了广泛的应用。

（3）主放大器

主放大器的作用有以下两方面。

① 它将前置放大器输出的信号放大到判决电路所需要的信号电平。

② 它还是一个增益可调节的放大器，当光电检测器输出的信号出现起伏时，光接收机的自动增益控制电路对主放大器的增益进行调整，以使主放大器的输出信号幅度在一定范围内不受输入信号的影响。一般主放大器的峰-峰值输出是几伏数量级。

（4）均衡器

在数字光纤通信系统中传输的信号是一系列脉冲信号，理论上讲带宽为无限大。在这种脉冲经过光纤传输，又经光电检测器、放大器等部件后，它们的带宽其实是有限的，因此矩形频谱中只有有限的频率分量可以通过。这样从光接收机主放大器输出的信号就不再是矩形信号，而是图 4-6 所示的曲线形式。我们称之为拖尾现象。此时，相邻码元的波形会重叠，从而产生码间干扰，严重时会造成判决电路的误判，而产生误码。因此采用均衡器来使本码判决时刻的瞬时值最大，而这个本码波形的拖尾在邻码判决时刻的瞬时值应为零。这样，即使经过均衡后的输出波形仍有拖尾，这个拖尾在邻码判决的关键时刻也为零，从而不干扰邻码的判决。

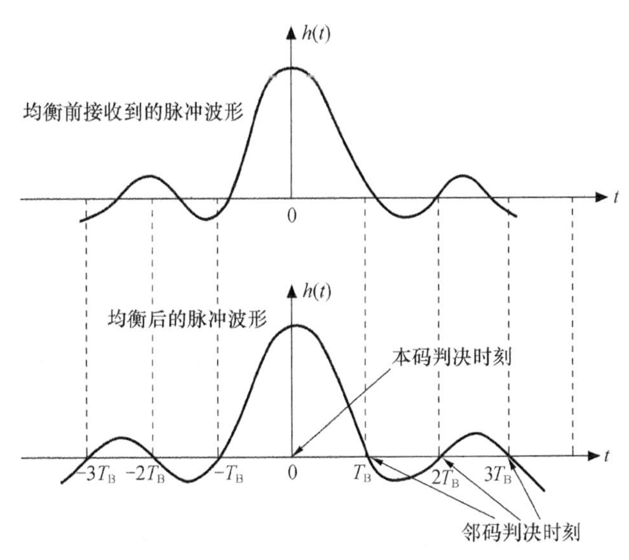

图 4-6 单个脉冲均衡前后波形的比较

（5）判决器和时钟恢复电路

判决器由判决电路和码形成电路构成。判决器和时钟恢复电路合起来构成脉冲再生电路。脉冲再生电路的作用是将均衡器输出的信号恢复成理想的数字信号。例如，将升余弦频谱脉冲恢复为“0”或“1”的数字信号。

为了能从均衡器的输出信号中判决出是“0”码，还是“1”码，首先要设法知道应在什么时刻进行判决，即应将“混合”在信号中的时钟信号（又称为定时信号）提取出来，再根据给定的判决门限电平，按照时钟信号所“指定”的瞬间来对均衡器送来的信号进行判决。如信号电平超过判决门限电平，则判为“1”码，反之则判为“0”码，从而把升余弦频谱脉冲恢复（再生）为“0”“1”码信号。

上述信号再生过程如图 4-7 所示。

实用的时钟恢复电路有多种，下面简单介绍其中一种方案的方框图，如图 4-8 所示。图中各部分的作用如下。

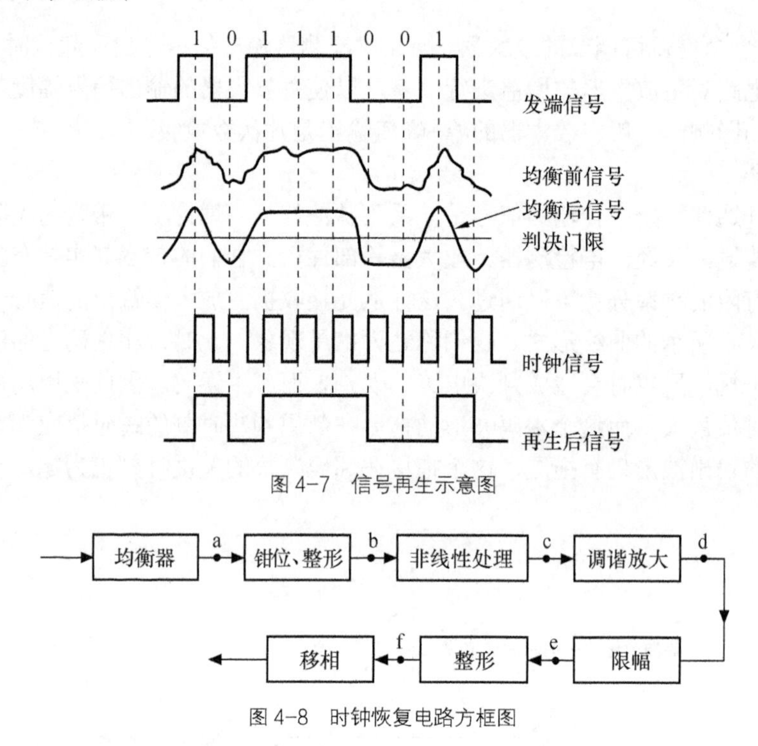

图 4-7　信号再生示意图

图 4-8　时钟恢复电路方框图

① 钳位、整形和非线性处理

经光接收机均衡后输出的是升余弦频谱脉冲，如图 4-9（a）所示。这个波形经钳位、整形后得到图 4-9（b）所示的不归零码。但是根据通信系统原理，不归零（Non Return to Zero，NRZ）码的功率谱密度分布如图 4-10 所示。由图可十分明显地看出，在时钟 f_b 的位置上功率谱密度为零。这说明 NRZ 码功率谱密度中无时钟频率成分，因此无法从中提取时钟信号。为此，需通过一套逻辑电路对 NRZ 码进行非线性处理，得到图 4-9（c）所示的波形图。这种波形是归零（Return to Zero，RZ）码，它的功率谱密度分布如图 4-11 所示。由图可以看出，在这种波形的功率谱密度分布中，时钟成分 f_b 较大，从而有可能从中提取时钟信号。

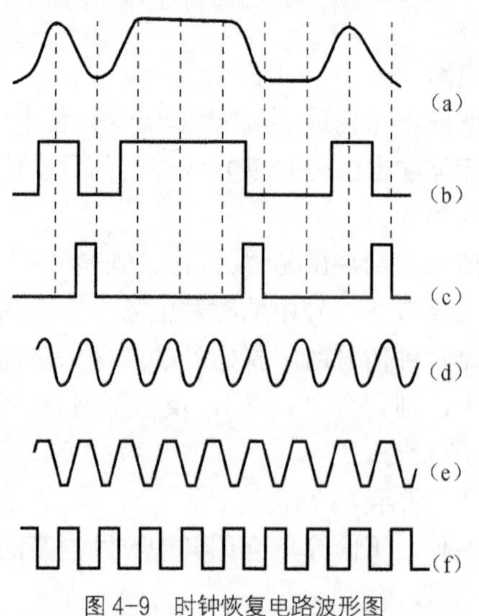

图 4-9　时钟恢复电路波形图

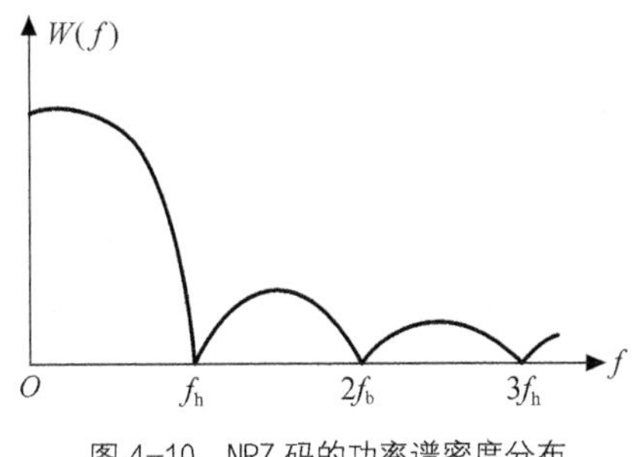

图 4-10 NRZ 码的功率谱密度分布

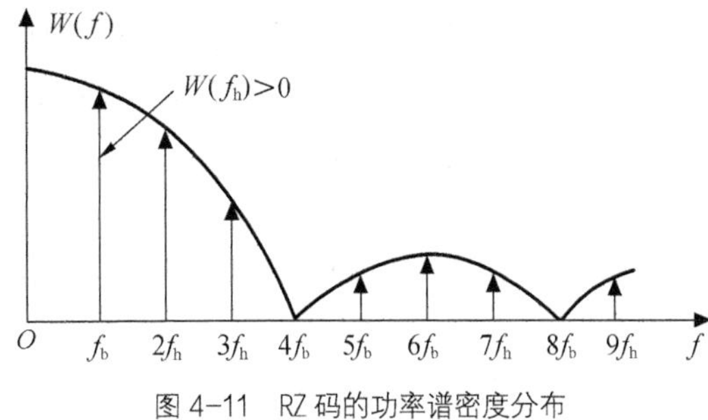

图 4-11 RZ 码的功率谱密度分布

非线性处理电路有多种类型，图 4-12 所示为一种简单的类型。将 NRZ 码通过 RC 电路进行微分，再通过一个非门产生 RZ 码，其波形如图 4-13 所示。

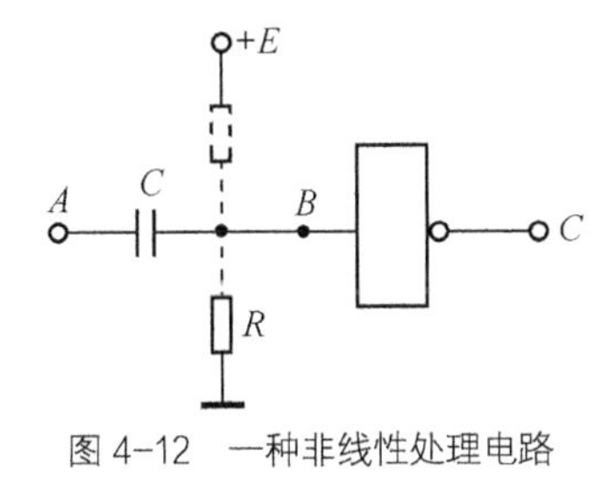

图 4-12 一种非线性处理电路

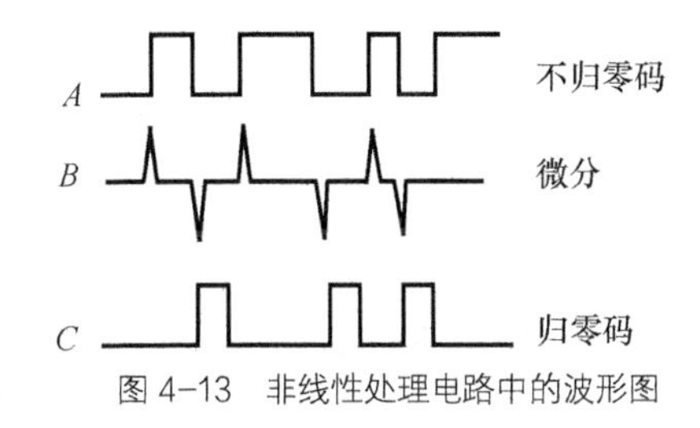

图 4-13 非线性处理电路中的波形图

② 调谐放大

它的作用是用非线性处理后的波形来激励调谐放大器，然后在它的谐振回路中选出时钟 f_b 的简谐波，经调谐放大后的波形如图 4-9（d）所示。

③ 限幅

经过限幅，可将上述简谐信号波形变为图 4-9（e）所示的波形。

④ 整形、移相

整形电路将经限幅后的波形变为矩形脉冲；移相网络再将矩形脉冲串的相位调整到最佳判决所需要的相位，最后得到图 4-9（f）所示的时钟信号。

判决电路和码形成电路可由与非门电路和 R-S（复位-位置）触发器来构成。具体电路不再详述。

由判决器和时钟恢复电路共同构成的脉冲再生电路原理方框图如图 4-14 所示。实用的光接收机中除图中所示的部分外，还有一些辅助电路。

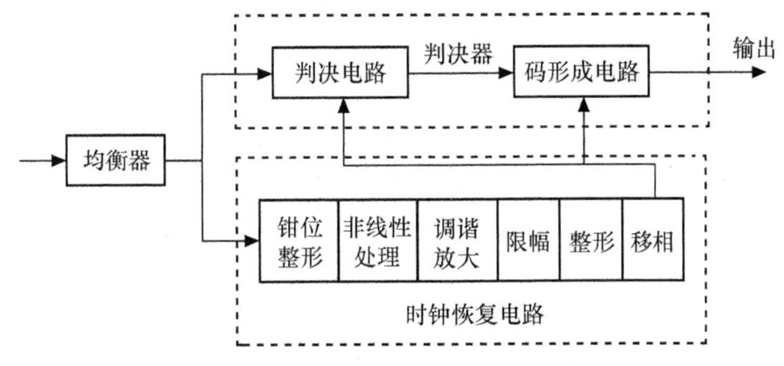

图 4-14 脉冲再生电路原理方框图

2．光接收机的动态范围和自动增益控制

光接收机的动态范围 D 是在保证系统的误码率达到指标的前提下，光接收机的最低输入光功率（单位为 dBm）和最大允许输入光功率（单位为 dBm）之差，其单位为 dB。它表示光接收机正常工作时，光信号应有一个范围，这个范围就是光接收机的动态范围。另外需要说明的是，在保证系统的误码率达到指标的前提下，光接收机的最低输入光功率就是光接收机灵敏度。

光接收机的自动增益控制（Automatic Gain Control，AGC）就是用反馈环路来控制主放大器的增益，在采用雪崩管的接收机中还通过调谐雪崩管的高压来控制雪崩管的雪崩增益。当信号强时，通过反馈环路使上述增益降低；当信号变弱时，则通过反馈环路使上述增益提高，从而使送到判决器的信号稳定，有利于判决。显然，自动增益控制的作用是增加光接收机的动态范围。图 4-15 所示的虚线部分就是自动增益控制工作原理方框图。

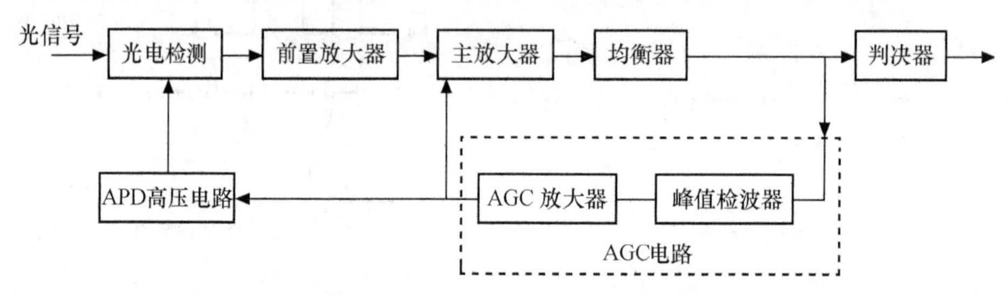

图 4-15　自动增益控制工作原理方框图

3．解扰、解复用和码型变换电路

由于送到光发射机的信号是 PCM 信号，其码型有两种，即 HDB_3 码和 CMI 码，其中 HDB_3 码为双极性码，而光纤中传输的码型为单极性码，因此在光发射机中要先进行码型变换。另外，光接收机中的各部分是在时钟信号的控制下工作的，为了保证能够在接收机中正常地提取时钟信号，在光发射机所输出的信号流中必须避免出现长连“0”和长连“1”的现象，为此在光发射机中要对数字码流进行扰码处理。为了使光接收机输出的信号能在 PCM 系统内传输，还需对判决器输出的信号进行解扰码和码型变换处理以恢复原码流。发射端根据所输入信号的性质不同，会采用不同的复用方式以提高信道的利用率，因而接收端需进行相反的操作，即解复用。

4．辅助电路

辅助电路包括钳位电路、温度补偿电路、告警电路等，这里不再介绍。

4.1.3　光中继器

在光纤通信系统中，影响最大中继距离的两个重要特性是光纤线路上的损耗和色散。为了保证长途光缆干线的传输质量，需要在线路适当位置设立中继器。光缆干线上的中继器的形式有两种：一种是光—电—光（O–E–O）形式的光中继器；另一种是在光路上直接采用光纤放大器（如 EDFA）对所传输的光信号进行放大的光中继器。下面仅介绍基于 O–E–O 形式的电再生中继器。

一个功能最简单的中继器应由未设有码型变换的光接收机和未设有均放和码型变换的光发射机相连接而成，如图 4-16 所示。

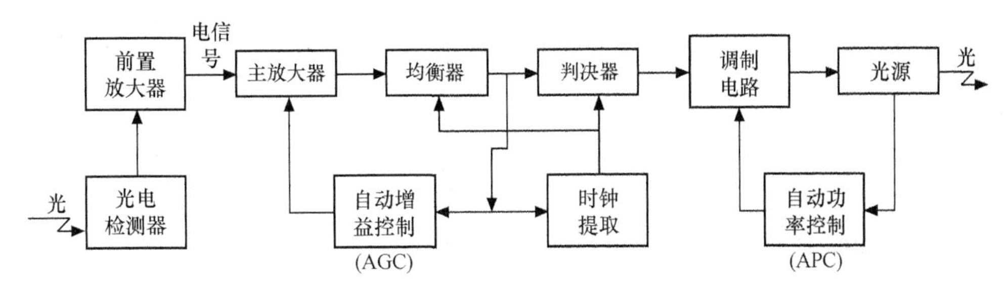

图 4-16 最简单的光中继器方框图

显然，一个幅度衰减、波形发生畸变的信号，经过中继器的放大、再生之后就可恢复原状。但是作为一个实用的光中继器，为了维护的需要，还应具有公务通信、监控、告警的功能，有的中继器还有区间通信的功能。另外，实际使用的中继器应有两套收发设备，一套用于输出，另一套用于输入，故实用的中继器方框图应如图 4-17 所示。它可以采用机架式结构，设置于机房中；而直埋在地下或架在杆上的中继器采用箱式或罐式结构，需有良好的密封性能。

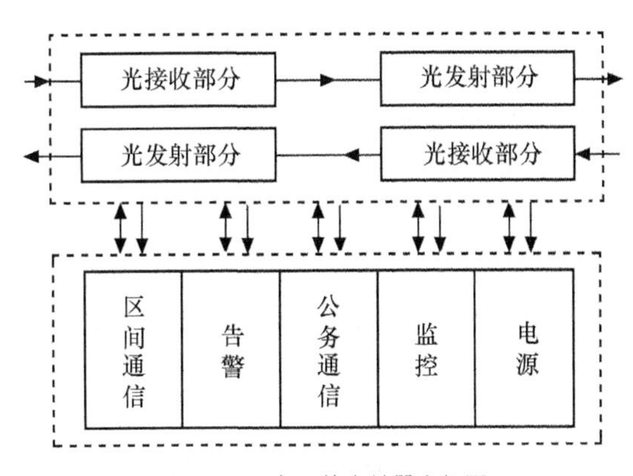

图 4-17 实用的中继器方框图

O-E-O 光中继器在对信号进行放大的同时也实现了信号再生，只是需要经过光电转换、电光转换和信号再生等复杂过程。与之相比，采用光纤放大器的光中继器可运用于光纤通信线路中，能够直接对信号进行全光放大，但无法去掉其中的噪声和干扰的影响。

4.2 光纤通信系统

4.2.1 IM-DD 光纤通信系统结构

图 4-18 所示为以光电再生的方法实现光信号中继的点到点光传输系统，即 IM-DD 光纤通信系统结构。从图中可以看出，该系统由光发射端机、光接收端机、光中继器、监控系统、备用系统和电源等组成。由于前面已经对光发射机和光接收机进行了介绍，下面仅对辅助系统加以讨论。

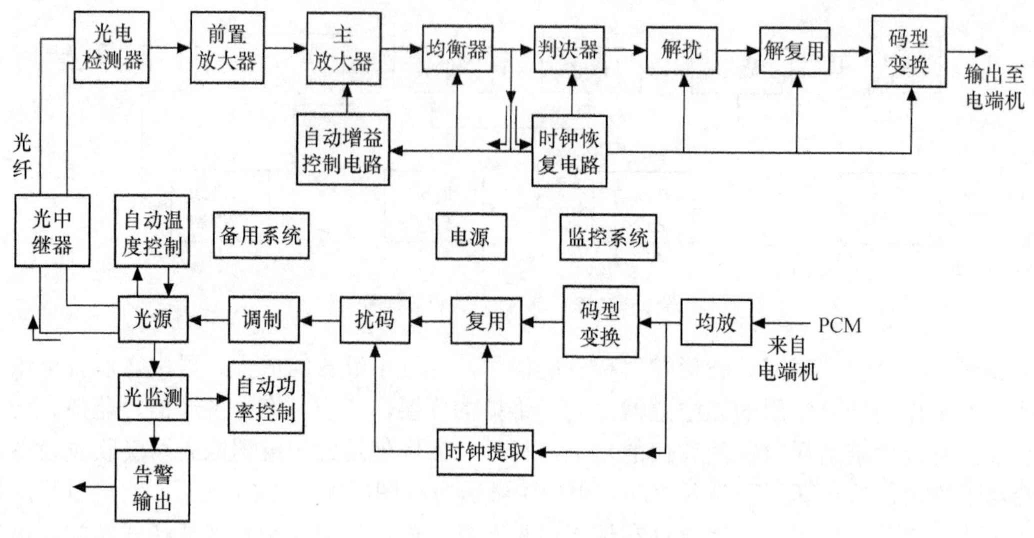

图 4-18　IM-DD 光纤通信系统结构

1. 监控系统

监控系统为监视、监测和控制系统的简称。与其他通信系统一样，在一个实用的光纤通信系统中，为保证通信可靠，监控系统是必不可少的。

随着计算机技术的发展，在光纤通信的监控系统中，通常采用的是集中监控方式。

（1）监控内容

监控内容包括监视和控制两部分。

监视的内容：在数字光纤通信系统中误码率是否满足指标要求；各个光中继器是否有故障；接收光功率是否满足指标要求；光源的寿命；电源是否有故障；环境的温度、湿度是否在要求的范围内；等等。

控制的内容：当光纤通信系统中主用系统出现故障时，监控系统由主控站发出倒换指令，遥控装置将备用系统接入，将主用系统退出；当主用系统恢复正常后，监控系统再发出指令，将备用系统倒换到主用系统；当市电中断时，监控系统要发出启动电动机的指令；当中继站温度过高时，则发出启动风扇或空调的指令。还可以根据需要设置其他控制内容。

（2）监控信号的传输

数字通信系统是采用时分复用的方式来完成监控信号的传输的，但不同的传输体系，其监控信号的传输方式有所区别。

PDH 在电的主信号码流中插入冗余（多余）比特，用这个冗余的比特来传输监控等信号。这就是说，将主信号和监控信号等的码元在时间上分开传输，从而达到复用的目的。例如，采用 mB1H 码，即在信号码流中，每 m 比特后插入一个 H 码，用它来传输监控信号及其他用于公务的通信信号。而 SDH 在其帧结构中专门安排了用于传输监控信号的字节，按时分复用的方式将其与有效传输信息一起传输。本书主要介绍 SDH，其监控信号的传输参见第 5 章相关内容。

2. 供电和保护系统

光纤本身抗干扰能力很强，但相对于铜缆而言，其机械性能要差得多。为了提高光纤的机械性能，同时又使其保持优良的抗干扰能力，实用光纤通信系统中都使用本地供电方式。

光纤最大中继距离一般可达 120km 左右，在采用光放大器级联的光通信系统中，中继距离能够达到 600km 左右，可见光纤的优良传输特性为本地供电提供了可靠的保障。此外，为了保证系统的安全性，在实用的光纤通信系统中均配有备用设备，这样当主用信道出现故障时，能够利用备用信道来传输本应在主用信道中传输的主信号。可供采用的保护方式有多种，而且不同的保护方式，其工作原理不同，这部分内容将在第 5 章做详细的阐述。

4.2.2 超长距离光纤通信系统

目前，实用的高速 SDH 光纤通信系统的传输速率已达 40Gbit/s（STM-256），正向超 100Gbit/s 光纤通信系统跨进。目前，100Gbit/s 光传输方案一般采用的是相干接收 PM-QPSK 技术，因此系统的传输特性与常规系统的特性不同。据相关资料显示，除光纤衰减和色散之外，光纤非线性限制、光纤偏振模色散（PMD）都直接对 100Gbit/s 速率以上系统的中继距离构成影响。下面着重介绍光放大技术、信道均衡与色散补偿技术在超长距离光纤通信系统中的作用。

1．超长距离光纤通信系统中的光放大技术

（1）超长距离光纤传输系统对放大器的要求

超长距离光纤传输系统对放大器有特殊的要求，即低噪声特性、高增益和大输出功率特性、宽带平坦增益特性等。

① 低噪声特性。光放大器在对某波长的光信号进行放大的同时，也为系统引入了自发辐射噪声，而且自发辐射噪声在经过光增益区时会得到进一步的放大，从而形成放大的自发辐射噪声（Amplified Spontaneous Emission，ASE），导致光信噪比降低。在长距离传输系统中，ASE 噪声的积累非常严重，限制了总的传输距离，因此必须减少光放大器的 ASE 噪声。

② 高增益和大输出功率特性。功率增益是指输出光功率与输入光功率之比，表示光放大器的放大能力。具有高增益特性的光放大器允许较低的输入光功率，这样有利于小信号功率接收，并能获得大的输出功率，使信号传输得更远，同时能够在大功率条件下完成脉冲压缩等信号处理操作。通常，用小信号增益和饱和输出功率来衡量光放大器的增益和输出功率。

小信号增益是指小信号功率条件下所对应的放大器增益，小信号功率范围通常是以放大器增益基本不随信号功率变化而变化来界定的，一般为小于−20dBm。放大器的小信号增益与放大器介质、工作机理和泵浦等条件有关，EDFA 的小信号增益可达 40dB 以上，分布式 RFA 大约 20dB，而分立式 RFA 可达 30dB 以上。

饱和输出功率是指当放大器增益随输入信号功率增加而降低到小信号增益一半时所对应的输出功率。通常，EDFA 的饱和输出功率可达 20dBm 以上，RFA 可以达到 30dBm。

③ 宽带平坦增益特性。随着传输容量需求的不断增加，实用系统通过增加信道数量来达到扩展带宽的目的，这就要求放大器有足够的带宽，而且具有平坦增益特性以保证各个信道功率等参数的一致，否则增益较大的信道输出功率较大，再经过多级放大后，会出现“强者更强”的积累现象，使小增益信道因信噪比的恶化而不能正常工作，而大增益信道由于增益过大，当达到一定程度时，会引起非线性损伤。可见放大器的平坦增益特性是影响通信质量的重要因素。

（2）使用 EDFA 的超长距离光纤通信系统

从功能应用方面，EDFA 可作为功率放大器、前置放大器和光中继器使用，如图 4-19 所示。功率放大器置于发射机的后面，起到增大发射功率的目的，这样激光器发射的光信号经过 EDFA 放大后被耦合进光纤线路进行传输，无中继传输距离可达 600km，有利于降低系统投资成本。对其噪声系数的要求通常并不高，但饱和输出功率的大小直接影响系统的通信成本，因此要求功率放大器具有输出功率大、输出稳定、增益带宽宽和易于监控的特点。前置放大器位于接收机的前端，可放大微弱的光信号，以提高光接收机的接收灵敏度，因此它要求所使用的 EDFA 具有低噪声系数的特点。光中继器位于光发射机与光接收机之间，可以通过使用多 EDFA 级联，周期性地补偿光信号在光纤线路中传输带来的传输损耗。一般要求其噪声系数比较小，而输出功率比较大。

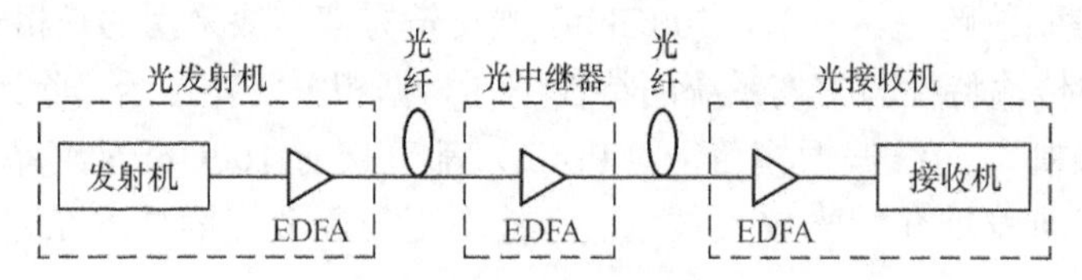

图 4-19　EDFA 在光纤通信系统中的各种应用结构

EDFA 的引入一方面使系统的中继距离加大，节省设备成本，另一方面也带来了一些新的问题，如噪声积累、非线性等，这些都会对高速光纤通信系统构成影响。下面分别进行讨论。

① 噪声积累影响。当信号通过 EDFA 时，均会产生 ASE 噪声，此时 ASE 噪声与放大信号一同沿光纤传输，会被后面的放大器同时放大，ASE 噪声在到达接收机呈现积累状态，严重时会影响系统性能。解决这一问题的方法是在线路的适当处加入光—电—光中继器，将此噪声去除。

② 非线性影响。当输入光功率较大时，光与光纤物质相互作用而产生非线性高阶极化，会导致受激拉曼散射（SRS）、受激布里渊散射（SBS）、四波混频（FWM）、自相位调制（SPM）和交叉相位调制（XPM）。这些就是光纤非线性效应。其中，SBS 的影响与光源谱线宽度成反比。当无调制光源的谱线宽度为 10MHz 时，SBS 的门限值仅几毫瓦。当采用电吸收外调制器时，光信号谱宽较宽，因而 SBS 门限很高。SRS、XPM、FWM 主要影响 WDM 系统，对于 DWDM 系统，SRS 则成为一个主要的限制因素。

为了减少非线性对系统性能的影响，通常在光纤通信系统中建议使用低色散光纤。这样可以使色散值保持非零特性，同时具有很小的数值（如 2ps/(nm·km)），以抑制四波混频和自相位调制等非线性影响。

（3）使用 RFA 的超长距离光纤通信系统

为了增加中继传输的长度，超长距离光纤通信系统中使用了 EDFA，但 EDFA 工作在 1.53～1.56nm 的 C 波段，加之 EDFA 级联带来的 ASE 噪声积累效应，使系统的光信噪比（Optical Signal to Noise Ratio，OSNR）增加，为了满足大容量 DWDM+SDH 系统的需求，需要解决 OSNR 受限和带宽放大问题。RFA 恰巧能满足相应的要求。

按照信号光与泵浦光传输的方式不同，RFA 可分为同向泵浦、反向泵浦和双向泵浦方式。由于反向泵浦可减小泵浦光与信号光相互作用的长度，从而获得较低的噪声，因此通常采用反向泵浦方式。RFA 又分为分立式 RFA 和分布式 RFA 两种。分立式 RFA 拉曼增益系数较高，一般为数瓦，光纤长度一般为几千米，可产生 40dB 以上的高增益，在 EDFA 不可用的波段上进行集中式光放大。分布式 RFA 利用系统中的传输光纤作为增益物质，长度可达几十千米，可获得很宽的受激拉曼散射增益谱。

图 4-20 所示为一个典型的分布式 RFA 辅助传输系统结构图，其中后向传输的拉曼泵浦与分立式 EDFA 混合使用。拉曼泵浦源在传输系统的末端注入光纤，并与信号传输方向相反，以传输光纤为增益介质，对信号进行分布式在线放大。需要说明的是，后向泵浦方式是在传输单元末端采用注入泵浦光的方式，此处（末端）信号光功率极小，因此不会因拉曼放大而引起附加的非线性影响，同时还能极大地改善 OSNR，并降低非线性损耗，有利于提高码速，延长中继距离。

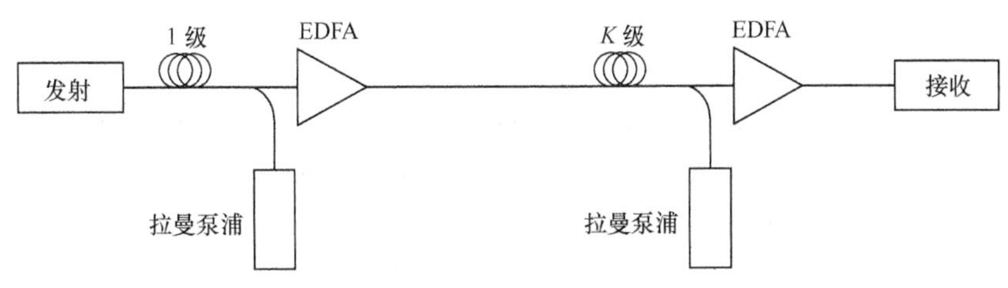

图 4-20　分布式 RFA 辅助传输系统结构图

分布式 RFA 所面临的挑战主要集中在以下两个方面。其一是在分布式 RFA 应用系统中，光纤的长度不能受限，这是因为对于非线性效应来说，光纤的有效长度是由所采用的光纤类型和泵浦光波的衰减来决定的。就普通光纤而言，对处于 1450nm 附近的泵浦波长而言，光纤的穿透能力低于 40km。其二是使用分布式 RFA 后，在传输光纤中所需要的泵浦功率很高。例如，在色散位移光纤（DSF）中要达到最优的噪声指数需要泵浦功率 580mW，在普通单模光纤中需要 1.28W。通常在此功率等级上，一些连接器很容易受损，因此在实际应用中需要综合考量。

2．信道均衡和色散补偿

信道均衡的目的是使光信号在光通道监测点处的信号属性符合既定的技术指标，使接收机能够正确地进行信号接收。针对光传输通道的特性，信道均衡的内容包括光功率均衡、色散补偿、PMD 补偿、非线性补偿等。就实现手段而言，信道均衡可以分别在时域和频域上实现。例如，利用光放大器对光传输通道所引入的衰减加以补偿，利用色散补偿光纤（DCF）进行的色散补偿，均属于信道均衡。

从理论上讲，要求色散补偿模块具有插入损耗低、非线性效应小、频带宽、体积小、成本低等特点。但目前常用的 DCF 仅满足带宽和低功耗的要求，其纤芯所引起的非线性效应对相位调制噪声影响严重。而啁啾光纤布拉格光栅（Fiber Bragg Grating，FBG）色散补偿器件损耗小，体积小，非线性效应小，但其幅频曲线不够平坦，且相频曲线呈现非线性，故目前还没有实现大规模的商用。

电域色散补偿（Electronic Dispersion Compensation，EDC）是在光电转换后利用滤波等信号处理技术来实现信号的恢复，其成本低，体积小，自适应能力强，可有效地提高各种信道损伤容限。电域色散补偿可置于发射端，也可置于接收端。发射端电域色散补偿可实现对色度色散预补偿和通道内非线性损伤补偿，但无法进行针对 PMD 的补偿。接收端电域色散补偿可用于补偿色度色散、PMD、非线性损伤，实现偏振解复用，相对而言降低了对 OSNR 的要求。

需要指出的是，在长距离高速光传输速率达到 100Gbit/s 的情况下，光纤非线性抑制和补偿是决定能否进一步提升光信道特性的关键。

4.2.3 光纤通信网络中的工程问题

数字光纤通信网络的设计涉及网络结构、路由选择、网络容量确定、业务通路组织、设备线路类型选择、最大中继距离计算等。下面将重点介绍最大中继距离的光传输设计方法。

光纤通信系统工程的基本任务有以下几项：网络拓扑和线路路由选择、网络/系统容量的确定、光纤/光缆选型、光器件选择、设备性能指标的确定。

为完成上述任务，需考虑光纤、光源和光电检测器的特性需求，以及系统所采用的传输制式等。

1．网络拓扑和线路路由的选择

网络拓扑和线路路由的选择通常与网络/系统在通信网络中的位置、功能与作用以及所承载的业务的生存性要求等因素有关。一般而言，骨干网中的网络生存性要求较高的网络适合采用网状网结构，位于城域网中的网络生存性要求较高的网络适合采用环形网结构，而位于接入网中的网络生存性要求不高且成本要求尽量廉价的网络适合采用星形网、无源树形网和链形网结构等。需要说明的是，节点之间的光缆线路路由选择应该符合通信网络发展的整体规划，并且要兼顾当前业务承载方案和未来的新业务增长的需要，同时须考虑到施工和维护的便利性。

2．网络/系统容量的确定

网络/系统容量一般分为近期、中期和远期规划设计，但考虑到技术突飞猛进的发展，通常仅考虑网络/系统运行后几年里所需承载的容量，而且网络/系统应便于系统扩容，以满足未来容量需求。目前，城域网中系统的单波长速率常为2.5Gbit/s或10Gbit/s，骨干网单波长速率通常采用 10Gbit/s，同时还可根据容量的需求采用几波到几十波的波分复用。新建的骨干网和城域网一般都应能够承载多业务设备。

3．光纤/光缆选型

光纤分为单模光纤和多模光纤，需要根据实际需求选用相应的光纤。在长距离、大容量的光纤通信系统中一般采用单模光纤。目前，常用的单模光纤有G.652、G.653、G.654、G.655等。G.652适用于1310nm波段；G.653为色散位移单模光纤，只适用于1550nm波段的单波长光纤通信系统；G.654为工作在1550nm波段衰减最小的单模光纤，多用于长距离海底光缆系统，陆地传输一般不采用；G.655是非零色散位移单模光纤，其克服了G.652光纤在1550nm波长色散大和G.653光纤在1550nm波长产生的非线性效应不支持波分复用系统的缺点。根据对PMD和色散的要求不同，G.655光缆又可分为G.655A、G.655B、G.655C三种。它们可支持速率大于 10Gbit/s、采用光放大器的单波长信道系统及光传送网系统，支持速率大于2.5Gbit/s、采用光放大器的多波长信道系统，支持 10Gbit/s 局间通信系统，以及光传送网系统。因此，对于 WDM 系统，G.655 和大有效面积光纤是最佳选择。在确定光纤之后，还需要考虑的设计参数有纤芯的尺寸、纤芯的折射率分布、光纤的带宽或色散特性、损耗特性。

4．光器件选择

光器件主要包括光源和光电检测器。

光源的参数有发射功率、发射波长、发射频谱宽度、方向图等。由于 LD 的谱线较窄，传输容量最高可达500Gbit/s（1550nm），并可实现长距离传输，因此其应用最为广泛。

系统中可以使用 PIN 光电二极管或 APD 作为光电检测器。不同器件技术参数不同，主要的器件参数有工作波长、响应度、接收灵敏度、响应时间等。此外，还要考虑检测器的可靠性、成本和复杂度。正常情况下，PIN光电二极管的偏置电压低于5V，但要检测更微弱的信号，则需要灵敏度较高的APD或PIN-FET等。

5．设备性能指标的确定

目前，ITU-T G.707已对各种速率等级的PDH和SDH设备的S-R点通道特性进行了规范。系统设计人员应根据该设计规范中所涉及的各项指标，并以我国的国标为设计依据，同时考虑当地的实际情况进行相关设计。

6．光纤链路设计

光纤通信系统的传输性能主要体现在其损耗特性和色散特性上，而这恰恰是光纤通信系统中继距离设计中所需考虑的两个因素。后者直接与传输速率有关，在高传输速率情况下甚至成为决定因素，因此在高传输速率系统的设计过程中，必须对这两个因素的影响都给予考虑。

光纤链路设计

（1）损耗对中继距离的影响

一个中继段上的传输损耗包括两部分，其一是光纤本身的固有损耗；其二就是光纤的连接损耗和微弯带来的附加损耗。

光纤的传输损耗是光纤通信系统中一个非常重要的问题，低损耗是实现远距离光纤通信的前提。造成光纤损耗的原因很复杂，归结起来主要包括两大类：吸收损耗和散射损耗。除此之外，引起光纤损耗的还有光纤弯曲产生的损耗、纤芯和包层中的损耗等。综合考虑，发现纯硅石等材料在1.3μm附近损耗较小，色散也接近零，还发现在1.55μm左右损耗可降低到0.2dB/km。如果合理设计光纤，可以使色散在1.55μm处达到最小，这给长距离、大容量通信提供了比较好的条件。

（2）色散对中继距离的影响

光纤自身存在色散，即材料色散、波导色散和模式色散。单模光纤仅存在一个传输模，故只有材料色散和波导色散。除此之外，还存在着与光纤色散有关的种种因素，会使系统性能参数出现恶化，如误码率、衰减常数变坏等。其中比较重要的有三类：码间干扰、模分配噪声、啁啾。在此，重点讨论这三类因素对系统中继距离的限制。

① 码间干扰对中继距离的影响

由于激光器所发出的光波是由许多根谱线构成的，而每根谱线所产生的相同波形在光纤中传输时传输速率不同，使得它们所经历的传输时延不同，因此，合成的波形不同于单根谱线的波形，光脉冲的宽度展宽，出现“拖尾”，这造成相邻两个光脉冲相互干扰，这种现象就是码间干扰。

分析显示，传输距离与码速、光纤的色散系数、光源的谱宽成反比，即系统的传输速率越高，光纤的色散系数越大，光源谱宽越大，为了保证一定的传输质量，系统信号所能传输的中继距离也就越短。

② 模分配噪声对中继距离的影响

当系统传输速率提高到一定程度时，在高速调制下激光器的谱线和单模光纤的色散相互作用，产生模分配噪声，限制通信距离和容量。为什么激光器的谱线和单模光纤的色散相互作用会产生模分配噪声呢?要回答这一问题，要从激光器的谱线特性谈起。

当普通激光器工作在直流或低速情况下时，它具有良好的单纵模（单频）谱线，如图4-21（a）所示。此单纵模耦合到单模光纤中之后，便会激发出传输模，从而完成信号的传输。然而在高速（如560Mbit/s）调制情况下，它具有多纵模（多频）谱线，如图4-21（b）所示。从图4-22可以看出，各谱线功率的总和是一定的，但每根谱线的功率是随机的，换句话讲，即各谱线的能量随机分配。

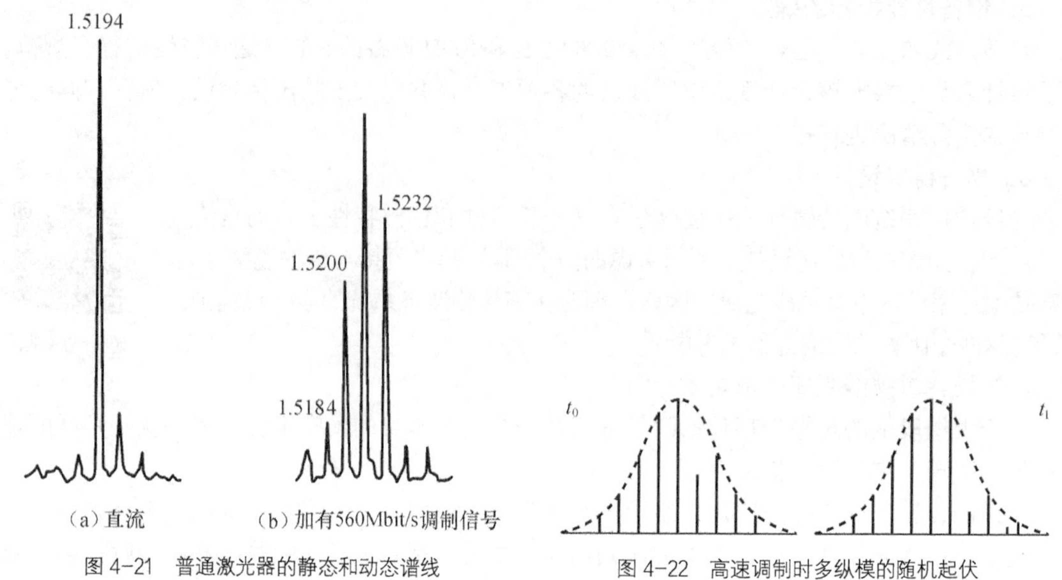

图4-21　普通激光器的静态和动态谱线

图4-22　高速调制时多纵模的随机起伏

因为单模光纤具有色散，所以激光器的各谱线（各频率分量）经过长光纤传输之后，产生不同的时延，在接收端造成了脉冲展宽。又因为各谱线的功率随机分布，因此它们在经过上述光纤传输后，在接收端取样点得到的取样信号就会有强度起伏，引入了附加噪声，这种噪声就称为模分配噪声。由此可见，模分配噪声是在发射端的光源和传输介质光纤中形成的噪声，故在接收端是无法消除或减弱的。随机变化的模分配噪声叠加在传输信号上会使之发生畸变，严重时，会使判决出现困难，造成误码，从而限制传输距离。

③ 啁啾对中继距离的影响

模分配噪声的产生是激光器的多纵模性造成的，因而人们提出使用单纵模激光器，以克服模分配噪声的影响，但随之又出现了新的问题。对于处于直接强度调制状态下的单纵模激光器，其载流子密度随注入电流的变化而变化。这使有源区的折射率指数发生变化，从而导致激光器谐振腔的光通路长度发生相应变化，致使振荡波长随时间偏移，这就是频率啁啾现象。因为这种偏移是随机的，受上述影响的光脉冲经过光纤后，在光纤色散的作用下，可以使光脉冲波形发生展宽，因此接收端取样点所接收的信号中就会存在随机成分，这就是一种噪声——啁啾。啁啾严重时会造成判决困难，给数字光纤通信系统带来损伤，从而限制传输距离。

由上述分析可知，由于啁啾的产生源于单纵模激光器在高速调制下折射率的变化，因而在高速光纤通信系统中，都采用量子阱结构的DFB半导体激光器。即使采用量子阱结构设计，也只能尽量减小啁啾的影响，若要彻底消除啁啾的影响，则只能使系统工作于外调制状态。

（3）最大中继距离的计算

在中继距离的设计中应考虑衰减和色散这两个限制因素。特别是后者，它与传输速率有关，高速传输情况下甚至成为决定因素。下面分别进行讨论。

① 衰减受限系统

在衰减受限系统中，中继距离越长，光纤系统的成本越低，获得的技术经济效益越高，因而这个问题一直受到系统设计者的重视。当前广泛采用的设计方法是 ITU-T G.956 所建议的极限值设计法，具体介绍如下。

在工程设计中，一般光纤系统的中继距离可以表示为

$$L_{\alpha}=\frac{P_{\mathrm{T}}-P_{\mathrm{R}}-A_{\mathrm{CT}}-A_{\mathrm{CR}}-P_{\mathrm{P}}-M_{\mathrm{E}}}{A_{\mathrm{f}}+A_{\mathrm{S}}/L_{\mathrm{f}}+M_{\mathrm{C}}} \tag{4-1}$$

$$A_{\mathrm{f}}=\sum_{i=1}^{n}\alpha_{\mathrm{fi}}/n \tag{4-2}$$

$$A_{\mathrm{S}}=\sum_{i=1}^{n}\alpha_{\mathrm{si}}/(n-1) \tag{4-3}$$

式（4-1）～式（4-3）中，P_{T} 表示发送光功率（dBm），P_{R} 表示接收灵敏度（dBm），A_{CT} 和 A_{CR} 分别表示线路系统发射端和接收端活动连接器的接续损耗（dB），M_{E} 是设备富余度（dB），M_{C} 是光缆富余度（dB / km），L_{f} 是单盘光缆长度（km），n 是中继段内所用光缆的盘数，α_{fi} 是单盘光缆的衰减系数（dB / km），A_{f} 则是中继段的平均光缆衰减系数（dB / km），α_{si} 是光纤各个接头的损耗（dB），A_{S} 则是中继段平均接头损耗（dB），P_{P} 是光通道功率代价（dB），包括反射功率代价 P_{r} 和色散功率代价 P_{d}，其中色散功率代价 P_{d} 是由码间干扰、模分配噪声和啁啾所引起的色散代价（dB），即功率损耗，通常应小于 1dB。

② 色散受限系统

在大多数情况下，光纤的色散是造成光波信号在传输过程中出现畸变的重要原因。我们一方面可以用脉冲波形被展宽来描述光纤的色散，这是从时域特性来分析光纤的色散效应；另一方面也可以从光纤的频域特性来进行分析。具体来说，就是把光纤看作一个有一定带宽的“网络”，由于“网络”总是有一定的带宽（不是无限宽），一个光脉冲通过这个“网络”的输出端，光脉冲会出现频率失真，这种失真反映到波形上，就是脉冲波形被展宽。因此，我们可以把光纤的色散效应用光纤的频带宽度来描述。

a. 多纵模激光器

就目前的系统速率而言，通常光缆线路的中继距离用下式确定：

$$L_{\mathrm{D}}=\frac{\varepsilon\times10^{6}}{B\times\Delta\lambda\times D} \tag{4-4}$$

式（4-4）中，L_{D} 为传输距离（km），B 为线路码率（Mbit/s），ε 为与色散代价有关的系数，D 为色散系数（ps/(nm·km)），$\Delta\lambda$ 为光源谱线宽度（nm）。其中 ε 由系统中所选用的光源类型决定，若采用多纵模激光器，系统具有码间干扰和模分配噪声两种色散机理，故取 $\varepsilon=0.115$。

b. 单纵模激光器

实际单纵模激光器的色散代价主要是由啁啾决定的，其中继距离计算公式如下：

$$L_{\mathrm{C}}=\frac{71400}{\alpha D\lambda^{2}B^{2}} \tag{4-5}$$

式（4-5）中，α 为频率啁啾系数。当采用普通 DFB 激光器作为系统光源时，α 取值范围为 4～6；当采用新型的量子阱激光器时，α 值可降低为 2～4。B 仍为线路码率，单位为 Tbit/s。

c．采用外调制器

当采用外调制器时，不存在由高速数字信号对光源的直接调制带来的模分配噪声和啁啾的影响。当然，当信号经过外调制器时，同样会给系统引入频率啁啾，但相对于纯光纤色散的影响而言，可以忽略，因而式（4-4）和式（4-5）均不适用。其中继距离计算公式如下：

$$L_C = \frac{C}{D\lambda^2 B^2} \tag{4-6}$$

式（4-6）中，C为光速。

对于某一传输速率的系统而言，在考虑上述两个因素的同时，针对不同性质的光源，可以利用式（4-1）、式（4-4）或式（4-5）分别计算出两个中继距离L_α、L_D（或L_C），然后取其较短的作为该传输速率下系统的实际可达中继距离。

例 4-1　一个622.080Mbit/s单模光缆通信系统，要求：系统中采用InGaAs隐埋异质结构多纵模激光器，其阈值电流小于50mA，标称波长λ_1=1310nm，波长变化范围为λ_{tmin}=1295nm，λ_{tmax}=1325nm。光脉冲谱线宽度$\Delta\lambda_{max}\leqslant$2nm；发送光功率$P_T$=2dBm；如用高性能的PIN-FET组件，可在BER=1×10^{-10}条件下得到接收灵敏度P_R=−30dBm，动态范围$D\geqslant$20dB。在采用直埋方式的情况下，光缆工作环境温度范围为0℃～26℃时，计算最大中继距离。

解　（1）衰减的影响

若考虑光通道功率代价P_P=1dB，光连接器衰减A_C=1dB（发射端和接收端各一个），光纤接头损耗A_S'=0.1dB/km，光纤固有损耗α=0.28dB/km，取M_E=3.2dB，M_C=0.1dB/km，则由式（4-1）得

$$L_\alpha = \frac{P_T - P_R - 2A_C - P_P - M_E}{A_f + A_S' + M_C} = \frac{2+30-2-1-3.2}{0.28+0.1+0.1} = 53.75\text{km}$$

（2）色散的影响

利用式（4-4），并取光纤色散系数$D\leqslant$2ps/(nm·km)

$$L_D = \frac{\varepsilon\times10^6}{B\times\Delta\lambda\times D} = \frac{0.115\times10^6}{622.080\times2\times2} = 46\text{km}$$

由上述计算可以看出，最大中继距离为46km，若传输距离大于46km，可采用加中继站或光放大器的方法。

4.3 相干光通信

4.3.1 相干光通信的基本概念及特点

传统的光纤通信系统主要采用的是强度调制–直接检波（IM-DD）的通信方式，其主要优点是调制、解调简单，且成本低，但它是一种噪声载波通信系统，传输容量和中继距离都受到限制。随着各种多媒体应用和互联网的普及，用户对传输系统的传输容量和灵敏度等提出了更高的要求，而相干检测可以更充分地利用光纤的传输带宽，有效提高系统的传输容量。

相干光通信采用单一频率的相干光作为光源（载波），在发射端对光载波进行幅度、频率或相位的调制，在接收端采用零差检测或外差检测，这种检测方式称为相干检测。与IM-DD系统相比，具有以下特点。

（1）接收灵敏度高。相干检测可使相干混合后的输出光电流的大小和本振光功率的乘积成正比，由于本振光功率远大于信号光功率，因此可极大地提高接收灵敏度。相干检测方法接收灵敏度通常比IM-DD方式高20dB，有利于增加光信号的传输距离。

（2）频率选择性好。目前，在采用相干光通信的系统中，可实现信道间隔小于1～10GHz的密集波分复用，这正是利用接收光信号与本振光信号之间的干涉性质来保持彼此之间的相位锁定，从而可以充分利用光纤的低损耗光谱区域，实现超高速信息传输。

（3）具有一定的色散补偿效应。例如，在采用外差检测的相干光通信系统中，若使其中的中频滤波器的传输函数正好与光纤的传输函数相反，则可降低光纤色散对系统性能的影响。

（4）提供多种调制方式。在IM-DD系统中采用的是直接强度调制，而在相干光通信中，除了可对光载波进行幅度调制外，还可以进行频率调制或相位调制，因此可提供多种系统选择方案。

4.3.2 相干光通信的基本原理

在相干光通信系统中传输的信号可以是模拟信号，也可以是数字信号。无论何种信号，其工作原理均可以用图4-23加以说明，图中的光信号是以调幅、调频或调相的方式被调制（设调制频率为ω_s）到光载波上的。该信号传输到接收端时，首先与频率为ω_L的本振光信号进行相干混合，然后由光电检测器进行检测，获得中频频率为$\omega_{IF}=\omega_s-\omega_L$的输出电信号，因为$\omega_{IF}\neq 0$，故称该检测为外差检测。而当输出信号的频率$\omega_{IF}=0$时，则称为零差检测，此时在接收端可以直接产生基带信号。

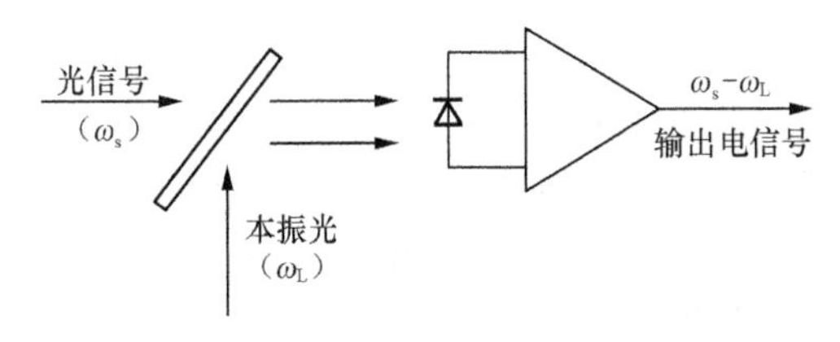

图4-23 相干光检测原理图

根据平面波的传播理论，可以写出接收光信号$E_s(t)$和本振光信号$E_L(t)$的复数电场分布表达式：

$$E_s(t)=E_s\exp[-j(\omega_s t+\varphi_s)] \tag{4-7}$$

$$E_L(t)=E_L\exp[-j(\omega_L t+\varphi_L)] \tag{4-8}$$

其中，E_s与E_L分别是接收光信号和本振光信号的电场幅度值；φ_s和φ_L分别是接收光信号和本振光信号的相位调制信息。当$E_s(t)$和$E_L(t)$相互平行，均匀地入射到光电检测器的表面上时，由于总入射光强I正比于$[E_s(t)+E_L(t)]^2$，因此有

$$I = R(P_s + P_L) + 2R\sqrt{P_s P_L}\cos(\omega_{IF}t + \varphi_s - \varphi_L) \tag{4-9}$$

式（4-9）中，R 为光电检测器的响应度；P_s 和 P_L 分别是接收光信号和本振光信号强度。通常 $P_L \gg P_s$，这样式（4-9）可简化为

$$I \approx RP_L + 2R\sqrt{P_s P_L}\cos(\omega_{IF}t + \varphi_s - \varphi_L) \tag{4-10}$$

从式（4-10）可以看出，第一项为与传输无关的直流项，经外差检测后的输出信号电流为第二项，即发射端所传输的信息：

$$i_{out}(t) = 2R\sqrt{P_s P_L}\cos(\omega_{IF}t + \varphi_s - \varphi_L) \tag{4-11}$$

对于零差检测 $\omega_{IF} = 0$，输出信号电流

$$i_{out}(t) = 2R\sqrt{P_s P_L}\cos(\varphi_s - \varphi_L) \tag{4-12}$$

从式（4-11）和式（4-12）的比较可以得出以下结论。

① 即使接收光功率很小，由于输出电流与 $\sqrt{P_L}$ 成正比，仍能够通过增加 P_L 来获得足够大的输出电流，这样本振光在输出检测中还起到了光放大的作用，从而提高了信号的接收灵敏度。

② 由于在相干检测中，要求 $\omega_s - \omega_L$ 随时保持常数（ω_{IF} 或 0），因而要求系统中所使用的光源具有非常高的频率稳定性、非常窄的频谱宽度及一定的频率调谐范围。

③ 无论外差检测还是零差检测，其检测都是根据接收光信号与本振光信号之间的干涉，因而在系统中必须保持它们之间的相位锁定，或者说一定的偏振方向。

4.3.3 相干光通信系统

相干光通信系统由光发射机、光纤和光接收机组成。

在相干光通信系统中，光发射机的功能就是将所需传送的信号调制到光载波上，使之适应光传输的要求。首先，由光载波激光器发出的相干性很好的光载波通过调制器调制后，输出已调波随调制信号的变化而变化；然后，光匹配器使调制器输出的已调波无论在空间复数振幅分布上，还是在偏振状态上均与单模光纤的基模相匹配，便于已调光注入单模光纤，如图 4-24 所示。根据调制方式的不同，光发射机可采用幅移键控（Amplitude Shift Keying，ASK）、频移键控（Frequency Shift Keying，FSK）和相移键控（Phase Shift Keying，PSK）三种基本方式。

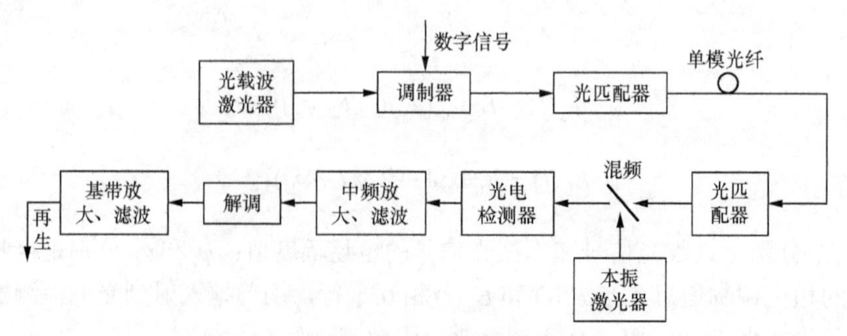

图 4-24　相干光通信系统结构

幅移键控是利用光载波幅度的两个值的变化来表示数字信号的变化；频移键控是利用光载波频率的不同来表示数字信号的变化；相移键控则是利用光载波相位的不同来表示数字信号的变化。

由单模光纤输出的光信号首先经过光匹配器（该光匹配器的作用与发射端的相同），然后进入光混频器。光混频器负责将本振光波与接收光波进行混合，然后通过光电检测器进行检波、中频放大，从而获得放大的差频信号（ω_S-ω_L），最后根据发射端所采用的调制方式进行解调，从而获得基带信号。

4.3.4 相干光通信中的关键技术

相干光通信系统需要解决的关键技术包括半导体激光器的稳定度和极窄光谱宽度、偏振控制与匹配、非线性干扰控制等，下面将分别介绍。

1．具备高频率稳定度和极窄光谱宽度的半导体激光器

通过对相干光通信系统基本原理的分析可知，系统中所采用的载波光频率与本振光的频率必须保持很高的稳定度，其光源的微小变化会对中频产生巨大的影响，使之存在相位噪声，因此需要对载波光源和本振光的稳定度做出规定。一般要求其稳定度高于 10^{-6}。

在相干光通信系统中，相位噪声对系统性能影响很大，因此只有保证极窄的光谱宽度才能克服半导体激光器量子调幅和调频噪声对接收机灵敏度的影响。

2．偏振控制与匹配技术

在相干光通信系统中，由于是在接收端将光纤输出的信号光波与本振光波进行混频，因而它们的偏振状态直接对系统的接收灵敏度构成影响。然而光波在一般单模光纤中传输时，由于受到温度、压力、弯曲等外界环境因素的影响，其偏振状态随之发生变化，从而导致输出光波偏振状态的波动，无法与本振光波的偏振状态相匹配。为了保证接收机具有较高的灵敏度，当然可以采用保偏光纤，以使光纤中传输光波的偏振状态保持不变，但这种方法并不实际。一方面，保偏光纤非常昂贵；另一方面，它给系统引入的损耗比普通单模光纤要大。因此，一般使用普通单模光纤，在接收端采用偏振分集技术。信号光与本振光混合后，首先分成两路作为平衡接收信号；对两路平衡接收信号进行判决，选择较好的一路作为输出信号，此时的输出信号已与接收信号的偏振状态无关，从而消除了信号在传输过程中偏振状态的随机变化。

3．非线性干扰控制技术

由于在相干光通信系统中常采用密集频分复用技术，因此光纤中的非线性效应可使相干光通信中某一信道的信号强度和相位受到其他信道信号的影响而形成非线性串扰。可能产生的非线性效应包括受激拉曼散射（SRS）、受激布里渊散射（SBS）、非线性折射和四波混频。由于受激拉曼散射的拉曼散射增益谱很宽（可达到 13THz），因此当信道能量达到一定程度时，多信道复用相干光通信系统中必然出现高低频率信道之间的能量转移，从而形成信道间的串扰。受激布里渊散射的阈值较低（只有几毫瓦），且增益谱很窄，因此信号载频设计恰当时，一般不会产生 SBS 串扰影响。在入纤信号功率大于 10mW 的相干光通信系统中，非线性折射会通过自相位调制效应引起相位噪声，这就是非线性折射效应，因此需要考虑这种影响。若是多信道复用相干光通信系统，还需要格外注意四波混频对系统的影响。

4.4 量子通信

4.4.1 量子通信的概念及特点

量子通信是以光量子作为信息载体的一种先进的通信手段，即量子通信的信息载体是光量子，其运动、传输及相互作用遵循量子电动力学原理，因此量子通信是指利用量子纠缠效应进行信息通信的一种新型通信方式。

光量子也具有波粒二重性，因而量子通信是利用光在微观世界中的粒子特性，使用光量子来携带数字信息，实现信息通信。从物理学的角度分析，量子是不可分的最小能量单位。在量子力学中，这种微观粒子的运动状态被称为量子态。量子纠缠是指微观世界里有共同来源的 2 个微观粒子之间存在着纠缠关系，这 2 个有纠缠关系的粒子无论相距多远，都能感应对方的状态，随着对方状态而变化。可见量子通信就是在这种物理条件下，利用这种量子效应实现的高性能通信方式。量子通信按所传输的信息是经典信息还是量子而分为两类：一类主要用于量子密钥的传输；另一类用于光量子隐形传送与纠缠态的分发。

量子通信的信息安全基于量子密码学，它以量子状态作为密钥，突破了传统加密方法的束缚，具有不可窃听、不可复制性和理论上的绝对安全性。任何截取或测量量子密钥的操作都会使量子的状态发生改变，从而确保两地之间通信的绝对安全。因此量子通信比传统的光通信具有更为可靠和保密的特性。隐形传送是指脱离信息载体实物的一种“完全”的信息传送，然而从物理学角度，隐形传送过程可以这样解释：首先提取原物体的所有信息，并将这些信息发送至接收端；然后接收者依据这些信息，提取与原物体完全相同的基本信息，进而进行原物体恢复。但基于量子力学的不确定性理论，即测不准原理，并不允许精确地提取原物体的全部信息，因此所恢复出的原物体并不可能完美。

量子通信所采用的硬件也与传统的光通信系统中所使用的器件有明显的差别，其关键技术包括量子计数技术、量子破坏测量技术、亚泊松态激光器等。另外，量子通信中光子所携带的信息能量可提供给极多的接受者同时使用，涉及量子密码通信、量子远程状态和量子密集编码等技术。

量子通信具有通信容量大、传输快和保密性极强的特点，理论上可传输无限大容量的信息，因此与现有光通信技术相比具有以下特点和优势。

（1）量子通信的信息传输容量大，可呈多量级地超光速传输，特别适用于将来宇宙星际间的通信。因此现有光通信将面临量子通信的挑战。

（2）量子通信具有极好的安全保密性。量子通信有无法被破译的密钥，并且采用的是一次一密钥的加密方式，这样在两个人的通话过程中，密钥机每秒都在产生密码，从而保证语音信息的安全传输。一旦通话结束，这串密码将立即失效，且下次通话绝不会被使用。

（3）量子通信可实现超光速通信。依据量子力学理论，量子超光速通信线路的时延可以是零，因而可实现更快速地通信，并且在量子信息传递的过程中不会有任何障碍的阻隔。量子超光速通信完全环保，不存在任何电磁污染。

（4）量子通信可用于浩瀚宇宙中的超长距离通信。已有科学实验成果验证了量子隐形传态穿越大气层的可行性，这为未来基于卫星量子中继的全球化量子通信网络的构建奠定了基础。

4.4.2 量子信息基础理论

现有的经典信息以比特作为信息单元，从物理角度分析，比特可以处于两个可识别状态中的一个，如是或非、0 或 1。在数字计算机中，电容器平板之间的电压可表示信息比特，有电荷代表 1，无电荷代表 0；量子信息单元称为量子比特，它是两个逻辑态的叠加，$|\phi\rangle = c_0|0\rangle + c_1|1\rangle$，$|c_0|^2 + |c_1|^2 = 1$，其中符号“$1\rangle$”用来标记量子态，$\phi$ 为波函数。经典比特可以看成量子比特的特例，即 c_0=0 或 c_1=0 时，是用量子态来表示信息的，因此信息的演变需遵从薛定谔方程，信息传输就是量子态在量子通信中的传送，信息处理（计算）是量子态的幺正变换，信息提取便是对量子系统实行量子测量。可见信息一旦量子化，量子力学的特性便成为量子信息的物理基础，主要包括量子纠缠态与量子隐形传态、量子的不可克隆性、量子叠加性和相干性等。

1. 量子纠缠态与量子隐形传态

量子纠缠态（Quantum Entangled State）是指两个粒子或多个粒子系统叠加而形成量子态，需要说明的是，该量子态不能写成两个或多个量子态的直接乘积。可见量子纠缠是一种非常奇特的现象，纠缠的实质就是相互关联，即使没有直接物理接触，两个或两个以上的粒子的命运也连在一起，这样的“纠缠粒子对”无论传输多远，它们之间的相关和纠缠关系一直存在，对一个光子的控制和测量会决定另一个光子的状态，因此这一特性在信息科学中得到极大的关注，具有不可估量的应用前景。

量子隐形传态（Quantum State Teleportation）也称为“量子远距传态”。它是一种量子通信的新方式，最早是由查尔斯·贝内特（C.H. Bennett）等科学家从理论上做出的预言。若观察者 A 欲将被传送的光子的未知量子态传给一个接收者 B，首先将纠缠态光子对的一个光子传给观察者 A，另一个光子则传给接收者 B，A 对未知量子态和传给他的纠缠态光子进行联合测量，并将测量结果通过经典通道传给 B，于是 B 就可以将他收到的纠缠态通过幺正变换转换成未知量子态，这样就实现了未知量子态的远程传送，而观察者 A 处的未知量子态则被破坏。

2. 量子信息特性

（1）非正交量子态的不可区分性

如果将信息“0”和“1”编码在两个量子态 $|\phi\rangle$ 和 $|\Psi\rangle$ 上，通过无噪声信道传输后，接收方能否获知编码的信息？这是由 $|\phi\rangle$ 和 $|\Psi\rangle$ 之间的关系决定的。若 $|\phi\rangle$ 和 $|\Psi\rangle$ 之间的内积 $\langle\phi|\Psi\rangle$=0，则称这两个量子态正交；若 $\langle\phi|\Psi\rangle \neq 0$ 则称这两个量子态非正交。根据量子力学理论，彼此正交的两个量子态可通过量子测量进行成功概率为 1 的准确区分；而如果两个量子态是非正交的，则无法通过量子测量进行成功概率为 1 的准确区分。

（2）量子态的不可克隆性

克隆（Clone）是遗传学上的术语，是指来自同一个祖先、经过无性繁殖所产生的相同的分子（DNA、RNA）、细胞的群体或遗传学上相同的生物个体。人们将克隆的概念引入量子信息理论，观察能否克隆出一个与未知量子比特完全相同的新量子比特，且不破坏原有的量子比特。1982 年，伍特斯（Wootters）和苏雷克（Zurek）在《自然》杂志上发表题为“单量子态不可克隆”的论文，提出了著名的量子不可克隆定理，指出量子力学的线性特性禁止对任意量子态实行精确的复制。

（3）量子测量的不确定性

从量子力学角度研究物理量的测量原理，表明粒子的位置与动量不可同时被确定。它反映了微观客体的特征。该原理是由德国的物理学家沃纳·卡尔·海森堡（Werner Karl Heisenberg）于 1927 年提出的。根据该原理，微观客体的任何一对互为共轭的物理量，如坐标和动量都不可能同时具有确定值，即不可能对它们的测量结果同时做出准确的预言。量子不可克隆定理和不确定性原理构成了量子密码技术的物理基础。

（4）量子叠加性和相干性

量子比特可以处于两个本征态的叠加态上，在对量子比特的操作过程中，两本征态的叠加振幅可以相互干涉，这就是量子相干性。

4.4.3 量子通信系统的原理

与一般的光纤通信系统类似，量子通信系统也是由发射端、传输信道和接收端组成的，如图 4-25 所示。其基本组成部件包括量子态发生器、量子通道和量子测量装置等。尤其是在接收端使用的量子无破坏测量技术，无须从发射信息吸取信息能量，也就是说，在量子通信系统中光子所携带的信息能量可以供极多的接收者使用。

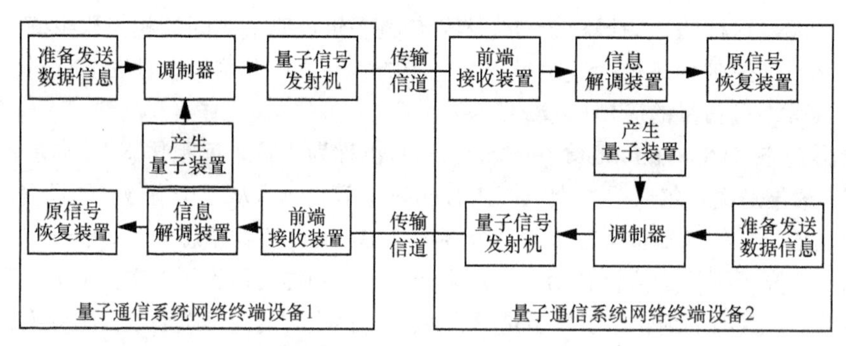

图 4-25 量子通信系统的简单原理图

发射装置的主要功能包括以下 3 部分。

（1）产生信息的载体。

（2）将所需传送的信息加载到量子流中。

（3）将已调制好的量子流通过量子通信信道进行信息传送。

接收装置的主要功能包括以下 3 部分。

（1）量子信息流前端接收装置接收来自量子通信信道的已解调量子流，并去掉传输带来的干扰和衰落，使其恢复为原来发射端装置发送时的调制量子流。

（2）量子通信的解调装置从所接收的调制量子流中将信号解调出来。

（3）原信号恢复装置对解调出的信号进行整形放大，恢复其在发射端的原貌。

需要说明的是，量子通信所采用的传输介质可包括光纤、空气、海水，甚至于外层空间。

4.4.4 量子通信关键技术

量子通信的关键技术涉及量子密钥分配（Quantum Key Distribution，QKD）协议、量子无破坏测量技术、量子计算和量子器件等。下面分别进行介绍。

1. QKD 协议

在量子密码学中，量子通信采用的是单光子，通信双方的保密通信是通过量子信道和经典信道分配的密钥实现的。其通信的绝对保密性和安全性是由量子测量的不确定性和量子态的不可克隆性来保证的。

量子密钥分配协议是收发双方在建立量子通信信道过程中经协商共同建立的。需要说明的是，在量子密钥分配完成之前，收发双方均不知道密钥的内容。可见量子密钥并不用于传送密文，而是用于建立和传输密码本。量子密码技术不能防止窃听者对密钥的窃听行为，但能够及时发现存在窃听者。一旦发现有窃听者存在，则通信双方会立即重新建立另一套密钥取而代之，以此保证量子密钥的安全性，从而确保量子通信密码（密文）内容的保密性。

因为量子通信可以应用于陆地和自由空间的不同环境，所以相应的 QKD 协议也有两类。用于陆地点到点的 QKD 协议有 BB84 协议、BBM92 协议、Decoy BB84 协议、DPS-QKD 协议、B92 协议和 E91 协议等。QKD 协议关系图如图 4-26 所示。

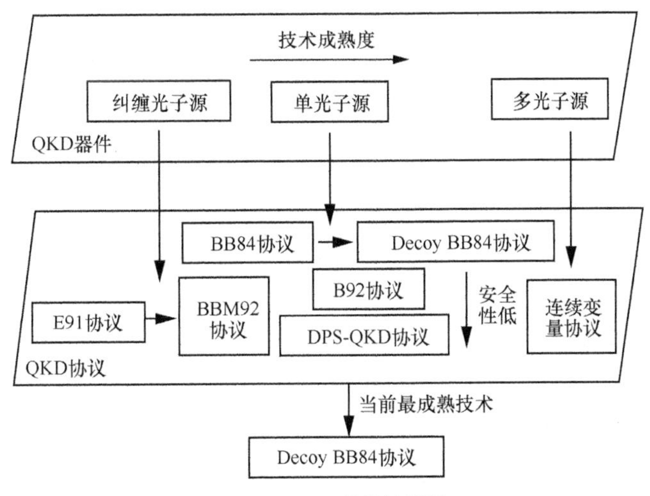

图 4-26　QKD 协议关系图

BB84 协议是在 1984 年由贝内特（Bennett）和布拉萨德（Brassard）提出的，它是迄今为止最成熟、应用最广的量子通信协议。它利用单光子的一组光子偏振状态编码（两个偏振状态彼此正交）作为信息的载体，接收方选择其中一种偏振状态对其所接收的量子态进行测量，若收到的已编码的光子未受到干扰，则可知此编码光子未被窃听，此时收发双方可以进行量子通信，在信道上可以传输载有信息的密码。BB84 协议的安全性保证在于窃听者的窃听行为会影响接收方的量子态，一旦发现被干扰，收发双方会立即放弃这套密钥，建立另一套新的密钥。BB84 协议的重点在于单光子源技术的实现，后通过国内外若干专家学者的合作研究，成功地在窄带和宽带两种微控的基础上实现了确定性偏振、高纯度、高全同性和高效率的单光子源。

1992 年，贝内特在 BB84 协议的基础上提出基于两个非正交量子态的一种量子密钥分配协议，即 B92 协议。其技术优势在于对实验设备的要求比 BB84 方案低，量子信号的制备也要比 BB84 简单，但其效率低、可靠性差。

1991 年，埃克特（A.Ekert）提出了基于 EPR（爱因斯坦、波多尔斯基和罗森三个人名字的缩写）伴谬的双量子纠缠态的一种量子密钥协议，即E91协议。但现阶段EPR光子对的产生、传输、量子存储和贝尔（Bell）不等式（任何基于隐变量和定域实在论的理论都满足这一不等式）的测量都不够成熟，因此E91协议的实用性不如BB84协议。

BBM92协议是贝内特、布拉萨德和默敏（Mermin）于1992年在E91协议的基础上提出的。它舍弃了用Bell不等式分析来判断安全性的方法，采用与BB84协议一样的安全分析方法，使测量更加简单，但与EPR协议一样需要EPR光子对，实现技术难度高。

QKD技术自1984年被提出至今，研究历史已超过近40年，取得了丰厚的成果。最初离散变量中对光子偏振或相位进行编码的BB84协议、基于纠缠光源的E91协议、相位差分量子密钥分配（Differential Phase Shift Quantum Key Distribution，DPS-QKD）协议、COW（相干单光路）协议、连续变量QKD协议、MDI-QKD（测量设备无关的量子密钥分配）协议，都不断地在理论和实验上取得进展。同时，世界各地QKD商用系统的生产、QKD网络的搭建及QKD应用的研究，也标志着QKD技术向实用化迈进。

2．量子无破坏测量技术

测不准关系是量子力学中的重要原理，它表现为粒子的位置与动量不能同时确定。光场环境下，这种测不准关系则表现为光子数与相位之间或者其振动的正弦与余弦成分之间不能同时确定的关系。这就是量子无破坏测量的理论基础。

图4-27所示为信道中通过设置若干量子无破坏测量装置实现信息接收的情况。图中以量子无破坏测量装置取代分路器，接收端能够获得所需的信息，同时无须从入射光子中吸取能量，因此理论上系统中接收者的数目可以达到无穷。需要说明的是，量子无破坏测量不是不破坏“状态”的测量，而是不破坏“物理量”的测量，具体地说就是要找出测定的物理量与物理量探针之间的量子力学关系。

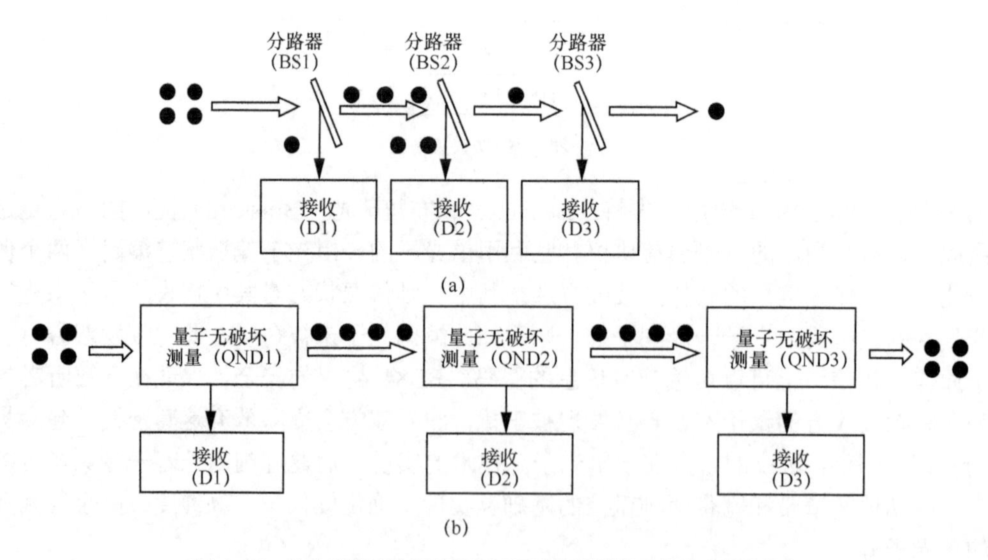

图4-27 接收端通过设置若干量子无破坏测量装置的信道接收信息

3．量子器件研究与技术进展

总体来说，目前量子存储和量子中继技术仍处于试验验证阶段。相对而言，较为成熟的量子器件技术是单光子源及其探测器，但在搭建QKD网络时需要真正的单光子源，这将大幅提高纠缠分发速率，为量子通信的实用化奠定基础。探测器则多采用 InGaAs/InP 半导体单光子探测器。

4．量子计算技术

量子计算（Quantum Computation）是一种依据量子力学理论进行的新型计算。其基本原理：量子的重叠与牵连原理产生巨大的计算能力，为在计算速度上超越图灵机模型提供了可能。

（1）量子重叠原理

根据量子理论，基本粒子的旋转可能与其磁场一致，称为上旋状态，或者与其磁场相反，称为下旋状态。通过提供脉冲能量可使其旋转从一种状态变为“重叠”的两种状态。换句话说，此时每一个量子位呈现 0 和 1 的重叠状态。

（2）量子牵连原理

相互作用的基本粒子（如光子、电子）之间具有某种关系，能够使之成对地纠缠在一起，这被称为“相关性”。如果知道纠缠在一起的一个粒子的状态，就可以知道与其纠缠在一起的另一个粒子的状态。由于存在重叠现象，因此被测定的粒子没有单独的旋转方向，而是同时成对地处于上旋状态和下旋状态。被测粒子的旋转状态由测量时间和与其相关的粒子决定，并且与其相关的粒子处于与其相反的旋转方向。量子牵连就是指无论来自同一系统的粒子之间有多远的距离，它们都不受光速的限制，同时相互作用地纠缠在一起，直至被分开。

（3）量子计算

在常规的计算机中，信息单元是用二进制数来表示的，这样 2 位寄存器在某一时刻只能存储 4 个二进制数（00、01、10、11）中的一个，而量子计算中的 2 量子位（qubit）寄存器可同时存储这 4 个数，因为每个量子比特可表示两个值。可见，若采用更多量子比特，量子计算能力将按指数量级增长。据相关资料显示，哈佛大学和麻省理工学院领衔的超冷原子中心开发了一种能够以 256 个量子比特运行的可编程量子模拟器，这标志着人类向建造大规模量子机械又迈进了一大步。

小 结

1．IM-DD 光通信系统结构：

光发射机、光接收机和光中继器；监控系统（监视、监测和控制系统的简称）。

本章还讲解了监控内容、监控系统的基本组成、监控信号的传输。

2．衰减对中继距离的影响：光纤的衰减将限制中继距离的大小。

3．色散对中继距离的影响：光纤色散包括材料色散、波导色散和模式色散；光纤色散与光源特性相互作用，使光纤通信系统中存在码间干扰、模分配噪声、啁啾，从而造成对系统中继距离的限制。

激光器的谱线特性：多纵模性和随机起伏特性。

本章还讲解了码间干扰、模分配噪声和啁啾的概念。

4．本章讲解了最大中继距离的计算。

5．相干光通信的概念及特点：相干光通信采用单一频率的相干光作为光源（载波），在发射端对光载波的幅度、频率或相位进行调制，在接收端采用零差检测或外差检测，恢复出原始信息。

6．相干光通信系统由光发射机、光纤和光接收机组成。

7．本章讲解了量子通信的基本概念及特点。

复习题

1．请画出数字光纤通信系统中的光发射机基本组成方框图。

2．请画出光通信系统的基本结构图。

3．简述光信噪比的概念。

4．简述超长距离光纤通信系统中影响其性能的因素。

5．一个622Mbit/s单模光缆通信系统，系统中所采用的是InGaAs隐埋异质结构多纵模激光器，其标称波长λ_1=1310nm，光脉冲谱线宽度$\Delta\lambda_{max}\leqslant$2nm。发送光功率$P_T$=2dBm。如用高性能的PIN-FET组件，可在BER=1×10^{-10}条件下得到接收灵敏度P_R=−28dBm。光纤固有损耗0.25dB/km，光纤色散系数D=1.8ps/(nm·km)，问：系统中所允许的最大中继距离是多少？注：设光纤接头损耗为0.09dB/km，活接头损耗为1dB，设备富余度取3.8dB，光纤线路富余度取0.1dB/km，光通道功率代价1dB。

6．简述相干光通信的基本原理。

7．画出相干光通信系统的结构图，并说明其各部分的功能。

8．简述量子通信的基本概念。

9．简述量子通信的技术优势。

10．简述量子纠缠和量子隐形传态的概念。

第5章 SDH及MSTP

SDH（同步数字体系）是一种常用的传输体系，它是随着电信网的发展和用户要求的不断提高而产生的，具有其特有的技术背景和技术特点。本章首先简单介绍SDH网的基本概念与特点，然后在此基础上对SDH的复用、映射和定位原理进行详细的论述，最后着重对SDH设备类型与结构、MSTP传输系统等进行介绍。

5.1 SDH的基本概念

SDH网是由一些SDH网元（Network Element，NE）组成的，在光纤上进行同步信息传输、复用、分插和交叉连接的网络（SDH网不含交换设备，它只是交换局之间的传输手段）。SDH网的概念中包含以下几个要点。

（1）SDH网有全世界统一的网络节点接口（Network Node Interface，NNI），从而简化了信号的互通以及信号的传输、复用、交叉连接等过程。

（2）SDH网有一套标准化的信息结构等级，称为同步传输模式（Synchronous Transport Mode，STM），记为STM-*N*，并具有一种块状帧结构，允许安排丰富的开销比特（即比特流中除去信息净负荷和指针后的剩余部分）用于网络的操作、管理与维护（OAM）。

（3）SDH网有一套特殊的复用结构，现有准同步数字体系、同步数字体系和B-ISDN的信号都能纳入其帧结构中传输，即其具有兼容性和广泛的适应性。

（4）SDH网大量采用软件进行网络配置和控制，增加新功能和新特性非常方便，适合将来不断发展的需要。

（5）SDH网有标准的光接口，即允许不同厂家的设备在光路上互通。

（6）SDH网的基本网络单元有终端复用器（Terminal Multiplexer，TM）、分插复用器（Add Drop Multiplexer，ADM）、再生中继器（Regenerative Repeater，REG）和数字交叉连接器（Digital Cross Connector，DXC）等。

5.1.1 SDH的网络节点接口、速率和帧结构

1．网络节点接口

网络节点接口即网络节点之间的接口，在现实中也可以看成是传输设备和网络节点之间

的接口。一个传输网主要由传输设备和网络节点构成，而传输设备可以是光缆传输系统设备，也可以是微波传输系统或卫星传输系统设备。简单的网络节点只有复用功能，而复杂的网络节点应包括复用和交叉连接等多种功能。要规范统一的网络节点接口，必须有统一、规范的接口速率和信号帧结构。

2．同步数字体系的速率

SDH 所使用的信息结构等级为 STM-*N*，其中基础的模块信号是 STM-1，其速率是 155.520Mbit/s，更高等级的 STM-*N* 信号是将 *N* 个 STM-1 按字节间插同步复用后所获得的。其中 *N* 是正整数，目前国际标准化的 *N* 值为 *N*=1, 4, 16, 64, 256。相应各 STM-*N* 等级的速率如下。

STM-1　　155.520Mbit/s
STM-4　　622.080Mbit/s
STM-16　　2488.320Mbit/s
STM-64　　9953.280Mbit/s
STM-256　　39813.120Mbit/s

3．帧结构

由于我国 SDH 网要求能够支持支路信号（2/34/140Mbit/s）在网中进行同步数字复用和交叉连接等，因而其帧结构必须具备下述功能。

（1）支路信号在帧内的分布是均匀的、有规律的，便于接入、取出。

（2）对 PDH 各大系列信号，都具有同样的方便性和实用性。

为满足上述要求，SDH 的帧结构为一种块状帧结构，如图 5-1 所示。

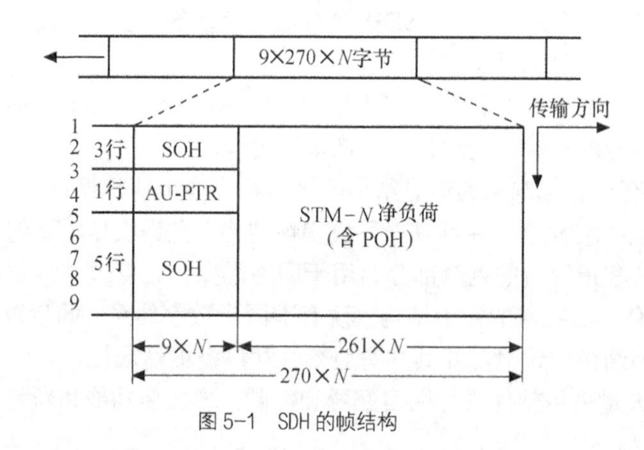

图 5-1　SDH 的帧结构

STM-*N* 帧结构中共有 9 行，270×*N* 列，每个字节为 8bit，帧周期为 125μs。字节的传输顺序：从第一行开始由左向右、由上至下传输，在 125μs 内传完一帧的全部字节数 9×270×*N*。

例如，STM-1 的帧结构如下。

信息结构（块状）：9 行 270 列

一帧的字节数：9×270=2430

一帧的比特数：2430×8=19440

速率：$f_b = \dfrac{\text{一帧比特数}}{\text{传一帧的时间}} = \dfrac{9 \times 270 \times 8}{125 \times 10^{-6}}$ =155.520（Mbit/s）

以此方法可求出当 N 为 1、4、16、64、256 时的速率。由图 5-1 可以看出，整个帧结构分为三个区域：段开销区、信息净负荷区和管理单元指针。

段开销（Section Overhead，SOH）是指 SDH 帧结构中为保证信息正常传送而供网络运行、管理和维护使用的附加字节。段开销又进一步分为再生段开销（Regenerator Section Overhead，RSOH）和复用段开销（Multiplex Section Overhead，MSOH）。RSOH 和 MSOH 在 STM-N 帧结构中的位置分别是第 1～9×N 列中的第 1～3 行和第 5～9 行。图 5-2 以 STM-1 为例给出其段开销字节安排。

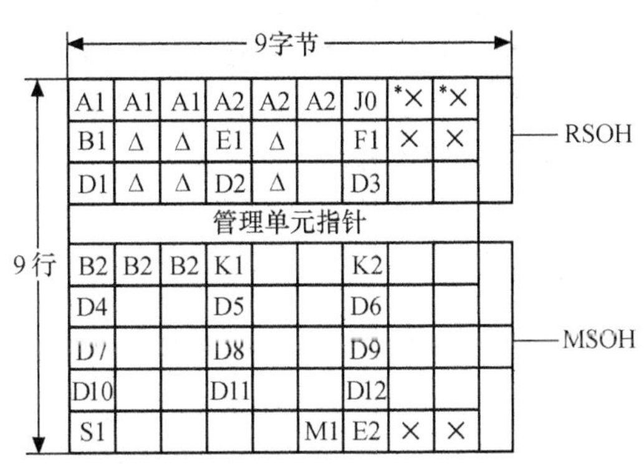

注：Δ 为与传输介质有关的特征字节(暂用)；
×为国内使用保留字节；
∗为不扰码字节。
所有未标记字节待将来国际标准确定(与介质有关的应用，附加国内使用和其他用途)。

图 5-2　STM-1 段开销的字节安排

信息净负荷区内存放的是有效传输信息，也称为信息净负荷，它由有效传输信息加上部分用于通道监视、管理和控制的通道开销（Path Overhead，POH）组成。信息净负荷在 STM-N 中的位置是第 10～270×N 列。

管理单元指针用来指示净负荷中信息起始字节的位置，这样在接收端可以根据指针所指示的位置正确地分解出有效传输信息。管理单元指针在 STM-N 中的位置是第 4 行的第 1～9×N 列。

5.1.2　SDH 网的特点

SDH 网的特点如下。

（1）SDH 网是由一系列 SDH 网元（NE）组成的，它是一个可在光纤或微波、卫星上进行同步信息传输、复用和交叉连接的网络。

（2）它有全世界统一的网络节点接口（NNI）。

（3）它有一套标准化的信息结构等级，称为同步传输模式 STM-N。

（4）它具有一种块状帧结构，在帧结构中安排了丰富的管理比特，极大地增强了网络的维护管理能力。

（5）它有一套特殊的复用结构，可以兼容 PDH 的不同传输速率，还可以容纳 B-ISDN 信号，因而具有广泛的适应性。

5.2 SDH 中的基本复用、映射结构

各种信号复用映射进 STM-*N* 帧的过程，都包含映射、定位和复用三大关键步骤。本节将以我国目前采用的基本复用映射结构来说明。

5.2.1 SDH 复用结构

ITU-T 为了照顾全球范围内的各种情况，在 G.707 建议中给出的 SDH 复用结构是最为复杂的。由于我国选用 PCM30/32 系列 PDH 信号，因此我国目前采用的 SDH 复用结构示意图如图 5-3 所示。通常，这种结构采用 2Mbit/s 和 140Mbit/s 支路接口。由于一个 STM-1 只能容纳 3 个 34Mbit/s 的支路信号，相对而言不经济，故通常不使用该接口。

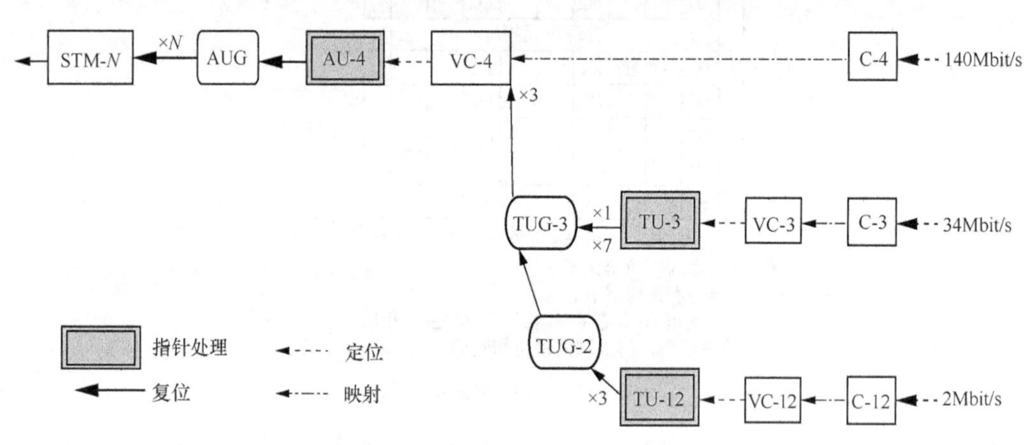

图 5-3　我国目前采用的 SDH 复用结构示意图

1．复用单元

由图 5-3 可以看出，SDH 的复用结构是由一系列复用单元组成的，各复用单元的信息结构和功能各不相同。常用的有容器（Container，C）、虚容器（Virtual Container，VC）、支路单元（Tributary Unit，TU）、管理单元（Administrative Unit，AU）、同步传输模式（STM-*N*）等。下面分别予以介绍。

容器（C）实际上是一种装载各种速率业务信号的信息结构，主要完成 PDH 信号与 VC 之间的适配。针对不同的 PDH 信号，ITU-T 规定了 5 种标准容器，我国的 SDH 复用结构中，仅用了装载 140Mbit/s、34Mbit/s 和 2Mbit/s 信号的 3 种容器，即 C-12、C-3 和 C-4，其中 C-4 为高级容器，C-3 和 C-12 为低级容器。

虚容器（VC）是用来支持 SDH 通道层连接的信息结构，它是由标准容器 C 的信号加上用以对信号进行维护与管理的通道开销（POH）构成的。虚容器又包括高级虚容器和低级虚容器。无论是高级 VC，还是低级 VC，它们在 SDH 网中始终保持独立的相互同步的传输状态，即其帧速率与网络保持同步，并且同一网络中的不同 VC 保持相互同步，同时可在 VC 级别上实现交叉连接操作。

支路单元（TU）是为低级通道层和高级通道层提供适配功能的一种信息结构，它由虚容器和一个相应的支路单元指针构成。指针用来指示虚容器在高一级虚容器中的位置，

这种净负荷中对虚容器位置的安排称为定位。一个或多个 TU 组成一个支路单元组（Tributary Unit Group，TUG）。这种 TU 经 TUG 到高级 VC-4 的过程就是复用，复用的方法是字节间插。

管理单元（AU）是一种在高级通道层和复用层提供适配功能的信息结构，由高级 VC 和一个相应的管理单元指针构成。一个或多个在 STM-*N* 帧中占固定位置的 AU 组成一个管理单元组 AUG。管理单元指针的作用是指示该高级 VC 在 STM-*N* 中的位置。

同步传输模式（STM-*N*）是在 *N* 个 AUG 的基础上，加上能够起到运行、管理和维护作用的段开销构成的。如前所述，*N* 表示不同的信息等级，*N* 个 STM-1 可同步复用成 STM-*N*。

2．关于通道、复用段、再生段的说明

RSOH 在再生段始端产生并插入帧，在再生段终端（Regenerator Section Termination，RST）终结，即从帧中提取出来进行处理，因此在 SDH 网中的每个网元处，RSOH 都将被插入和取出。MSOH 在复用段的开始产生，在复用段的终端终结，因此 MSOH 在中继器上呈现透明传输的特性。中继器之间或中继器与复用器之间的物理实体称为再生段。两复用器之间的物理实体称为复用段。通道通常是指能够实现端到端信息传送的光通信链路。

3．复用过程举例

为了便于读者理解图 5-3 所示的复用结构，下面以 139.264Mbit/s PDH 四次群信号的复用映射过程为例来说明，如图 5-4 所示。

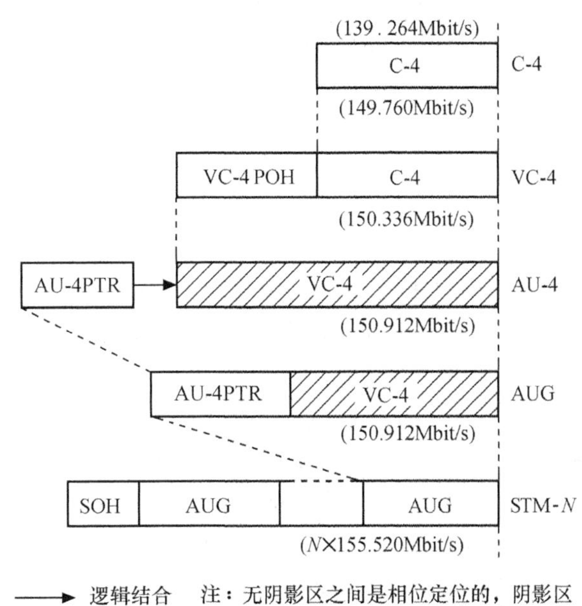

图 5-4　PDH 四次群信号至 STM-1 的复用映射过程

从图 5-4 中可以看出如下情况。

（1）将 139.264Mbit/s 的支路信号送入高级容器 C-4 做适配处理，经码速调整之后输出 149.760Mbit/s 数字信号。

（2）在 C-4 基础上每帧加 9 字节的通道开销（POH），从而构成 VC-4，其输出的信号速率为 150.336Mbit/s。

（3）在 VC-4 内加上管理单元指针（AU-PTR），构成 AU-4，则信号速率为 150.912Mbit/s。

（4）当 *N*=1 时，由一个 AUG 加上段开销后，STM-1 信号的速率为 155.520Mbit/s。

5.2.2 映射方法

SDH 能够将已有的各种级别的 PDH 信号、ATM 信元及随后出现的 IP 数据信息映射进 STM-*N* 帧内的相应级别的虚容器。映射是指在 SDH 网络边界与虚容器适配的过程，其实质是使各种支路信号与相应的虚容器的容量保持同步，使 VC 能独立地在 SDH 网中进行传送、复用和交叉连接。详细内容参见 ITU-T Rec.G.707。

5.2.3 定位的概念和指针的作用

指针是一种将帧偏移信息收进支路单元和管理单元的过程，即以附加于 VC 上的支路单元指针指示来确定低级 VC 帧的起点在 TU 净负荷中的位置，或以管理单元指针指示来确定高级 VC 帧的起点在 AU 净负荷中的位置。在发生相对帧相位偏差使 VC 起点发生浮动时，指针值也发生调整，从而确保指针值准确指示 VC 帧的起点位置。

SDH 帧中指针的作用可归纳为以下 3 条。

（1）当网络处于同步工作方式时，指针用来进行同步信号间的相位校准。

（2）当网络失配时，指针用作频率和相位校准。

（3）指针可以用来容纳网络中的频率抖动和漂移。

5.3 SDH 光传输系统

5.3.1 系统结构

在 SDH 光缆线路系统中，可以采用多种结构，如点到点系统、点到多点系统及环路系统等，其中点到点链状系统和环路系统是使用最为广泛的基本线路系统。下面仅着重介绍这两种线路系统。

1．点到点链状系统

图 5-5（a）所示为典型的点到点系统。从图中可以看出，点到点系统是由具有复用和光接口功能的线路终端、中继器和光缆传输线路构成的，其中，中继器可以采用目前常见的光-电-光再生器，也可以使用掺铒光纤放大器，在光路上完成放大的功能。另外，点到点系统既可以构成单向系统，也可以构成双向系统。

2．环路系统

如图 5-5（b）所示，在环路系统中，可选用分插复用器，也可选用交叉连接设备来作为节点设备，它们的区别在于后者具有路由选择功能，因此其成本很高，通常使用在线路交汇处。由于环路系统具有自愈功能，因此网络可靠程度高，是目前构建大容量光纤通信网络主要采用的基本结构。

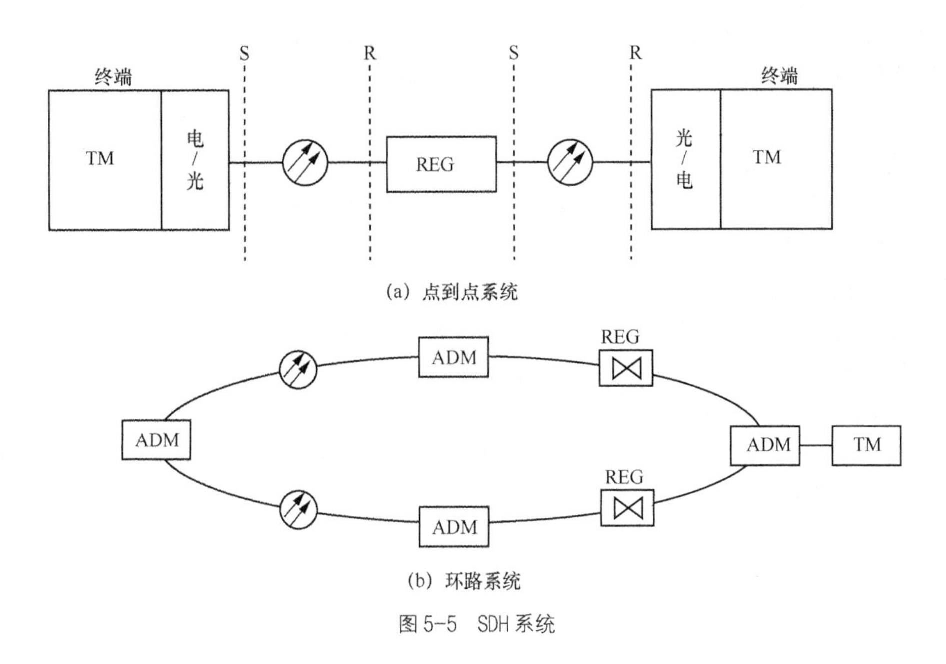

(a) 点到点系统

(b) 环路系统

图 5-5　SDH 系统

5.3.2　SDH 网元

SDH 网是由一系列 SDH 网络单元组成的。它的基本网络单元有终端复用器、分插复用器、数字交叉连接器、再生中继器等。下面分别进行介绍。

1．终端复用器

终端复用器（Terminal Multiplexer，TM）的示意图如图 5-6 所示。TM 提供了从 G.703 接口到 STM-1 输出的简单复用功能。例如，它可以将 63 个 2Mbit/s 信号复用成一个 STM-1，同时根据所使用的复用结构的不同，在组合信号中，每一个支路的信号保持固定的对应位置，这样便可利用计算机软件进行信息的插入与分离工作。也可将若干个 STM-*N* 信号组合成为一个 STM-*M*（*M*>*N*）信号。例如，将 4 个（来自复用设备或线路系统的）STM-1 信号按字节间插方式复用成一个 STM-4 信号，并且每个 STM-1 信号的 VC-4 都固定在 STM-4 的相应位置上。同理，复用器也可灵活地将 STM-*N* 信号 VC-3/4 分配到 STM-*M* 帧中的任何位置上。

2．分插复用器

分插复用器（ADM）是在 SDH 网中使用的另一种复用设备，具有在不需要对信号进行解复用和完全终结 STM-*N* 的情况下经 G.703 接口接入各种准同步信号的能力。它也可将 STM-*N* 输入到 STM-*M*（*M*>*N*）内的任何支路，如图 5-7 所示。

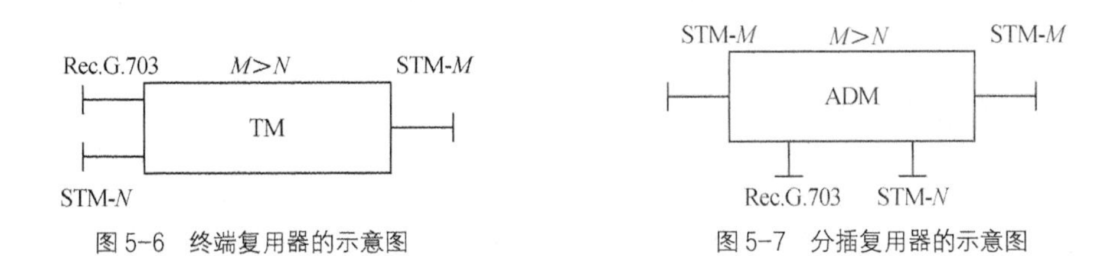

图 5-6　终端复用器的示意图

图 5-7　分插复用器的示意图

这里需要说明的是，虽然 ADM 的输入、输出信号等级相同，但其中的信息内容已经发生了变化。另外，由于ADM能在SDH网中具有灵活地插入和分接电路的功能，即通常所说的上下话路的功能，因此ADM可以用在SDH网中点对点的传输上，也可用于环形网和链状网的传输上。

3．数字交叉连接器

数字交叉连接器（DXC）的功能非常多，下面仅就其中最基本的功能进行简单的介绍。

（1）电路调度功能

在SDH网所服务的范围内，当出现重要会议或重大活动等需要占用电路时，DXC可根据需要对通信网中的电路重新调配，迅速提供电路。当网络出现故障时，DXC能够迅速将网络重新配置。网络重新配置都是通过控制系统来完成的。

（2）业务的汇集和疏导功能

DXC能将某一传输方向传输过来的业务填充到同一传输方向的通道中，将不同的业务分类导入不同的传输通道。

（3）保护倒换功能

一旦SDH网某一传输通道出现故障，DXC可对复用段、通道进行保护倒换，接入保护通道。通道层可以预先划分出优先等级。这种保护倒换由于对网络全面情况不需做了解，因此具有很快的倒换速度。

DXC除具有上述功能外，还有开放宽带业务、网络恢复、不完整通道段监视、测试接入等功能。其示意图如图5-8所示。

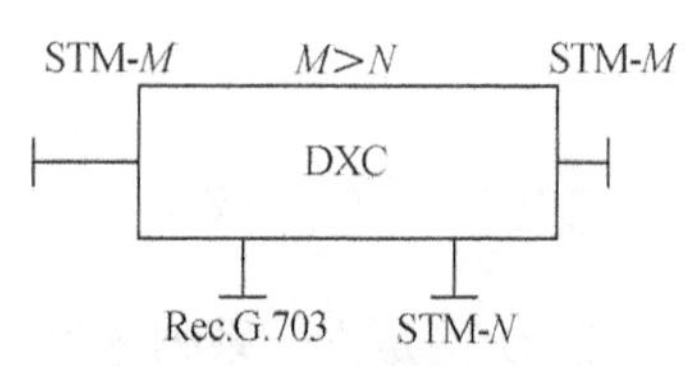

图5-8　数字交叉连接器的示意图

4．再生中继器

由于光纤固有损耗的影响，光信号在光纤中传输时，随着传输距离的增加，光波逐渐减弱。如果接收端所接收的光功率过小，便会造成误码，影响系统的性能，因而此时必须对变弱的光波进行放大、整形处理。这种仅对光波进行放大、整形的设备就是再生中继器（REG），由此可见，再生中继器不具备复用功能，它是最简单的一种设备。

5.4　传送网

通信网络是指能够提供通信服务的所有实体及其逻辑配置。可见从信息传递的角度来分析，传送网是完成信息传送功能的手段，是网络逻辑功能的集合。它与传输网的概念存在着一定的区别。传输网是以信息通过具体物理介质传输的物理过程来描述的，是由具体设备组成的网络。在某种意义上，传输网和传送网又都可泛指全部实体网和逻辑网。

5.4.1　通信网的分层结构

目前，通信网的分层结构如图5-9所示。从图中可以看出，最下层就是光传送层，最上层是业务层，各种不同业务网络提供不同的业务信号，如视频、音频和数据信号。业务层直接为电交换/复用层提供服务内容，最后要通过光传送层/网络层在光域上进行信号传输。可见各层之间的关系是下层为上层提供支持手段，上层为下层提供服务内容。

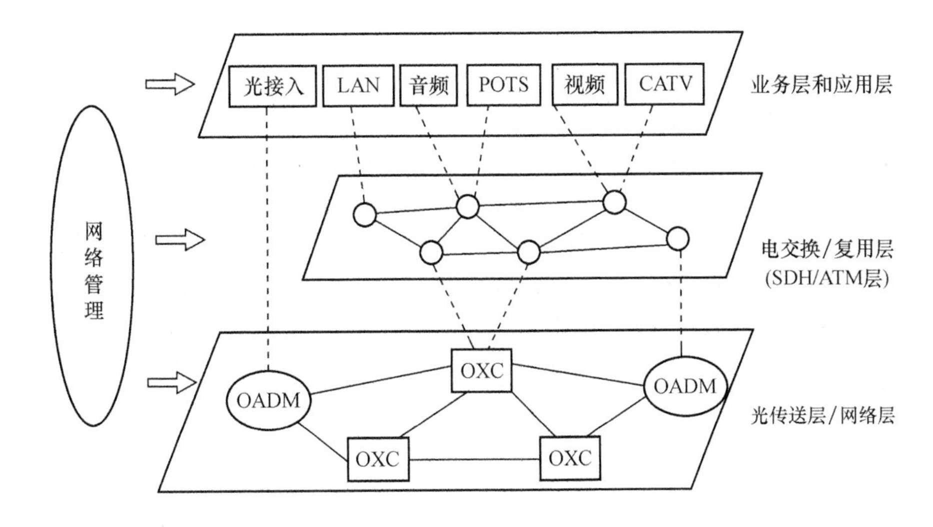

图5-9 通信网的分层结构

光传送网又分为核心层、汇聚层和接入层。目前就发展趋势而言，未来的传送网将向着简化层次的方向发展。这是因为随着互联网业务及人们对多媒体业务需求的增加，对接入层的接入速率的要求越来越高，覆盖范围也随之越来越大，特别是随着设备的小型化和成本的降低，接入层也开始使用大容量的设备，使层次间的界线越来越不明显。

5.4.2 传送网的节点和节点设备

传送网由网络节点、传输通道、管理、控制和支撑设备构成，其中网络节点是传送网这几个要素中的重点。通常，在传送网中的节点具有下列特点。

（1）网络中的节点具有功率放大和数字信号再生功能。

（2）网络中的节点可以是业务的分插交汇点、交叉连接点，也可以是网络管理系统、控制系统和支撑系统的切入点。

（3）网络升级及新技术的使用都是通过节点配置来体现的，因而网络技术性能同样是通过网络节点设备的性能来显现的。

传送网中常使用的网络节点设备基本分为两大类：一类是基于电子技术的复用设备，如SDH网元设备（包括ADM、TM、DXC和REG）和符合以太网、ATM标准的传送设备；另一类是基于光层面的光传送技术的设备，如光分插复用器（Optical Add Drop Multiplexer，OADM）、光交叉连接器（Optical Cross Connect Equipment，OXC）和光终端复用器（Optical Termination Module，OTM）。这些将在第6章进行介绍。

无论是ADM、DXC，还是OADM、OXC，它们全都具有交叉连接功能。但前者是在SDH指针和交叉矩阵的控制下，以SDH VC-*n*为颗粒进行的交叉连接；而后者是在电子控制下实现WDM光复用/解复用过程和光开关的切换过程，此过程以波长作为基础颗粒。由此可知，ADM和DXC所实现的是电层面上的交叉连接，而OADM和OXC所实现的是光层面上的交叉连接。其中，以VC-*n*为基础进行交叉的颗粒要小于以光波长为基础进行交叉的颗粒。从实际需求的角度分析，网络节点的交叉颗粒越小，越易实现与实用需求带宽尺寸的匹配，有利于网络频带利用率的提高，但必须经过光—电—光转换过程，因而增加了网络的复杂性。

5.4.3 SDH 传送网

1. SDH 传送网分层模型

在 SDH 网中，通常采用点对点链状、星形、树形、环形等网络结构。从垂直方向看，SDH 传送网分为通道层和传输介质层。网络关系如图 5-10 所示。由于电路层是面向业务的，因而严格地说它不属于传送网。但电路层网络、通道层网络和传输介质层网络彼此都是相互独立的，并符合雇主与服务者的关系，即在每两层网络之间的连接节点处，下层为上层提供透明服务，上层为下层提供服务内容。下面就对包括电路层在内的各层网络进行简要介绍。

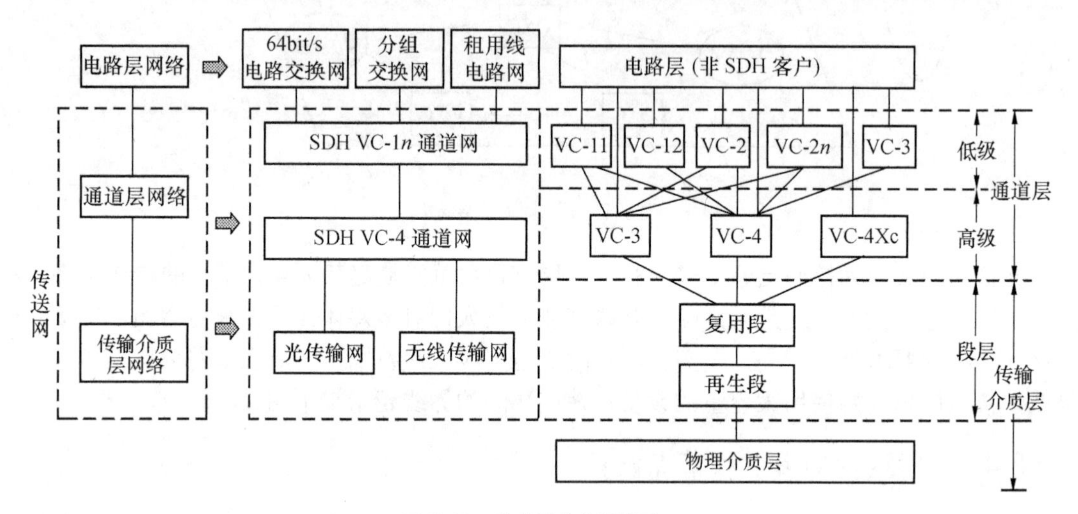

图 5-10　传送网的分层模型

（1）电路层网络

电路层网络是面向公用交换业务的网络，如电路交换业务、分组交换、租用线业务等。根据所提供的业务，又可以区别各种不同的电路层网络。通常，电路层网络是由各种交换机和用于租用线业务的交叉连接设备及 IP 路由器构成的。它与相邻的通道层网络彼此独立，这样 SDH 不仅能够支持某些电路层业务，而且能够直接支持电路层网络。

（2）通道层网络

通道层网络为电路层网络节点（如交换机）提供透明的通道（即电路群），例如，VC-11/VC-12 可以看作电路层节点间通道的基本传送容量单位，而 VC-3/VC-4 则可以看作局间通信的基本传送单位。通道层网络能够对一个或多个电路层网络提供不同业务的传送服务，例如，提供 2Mbit/s、34Mbit/s、140Mbit/s 的 PDH 传输链路，提供 SDH 中的 VC-11、VC-12、VC-2、VC-3、VC-4 等传输通道。由于在 SDH 环境下通道层网络可以划分为高级通道层网络和低级通道层网络，因而可灵活、方便地对通道层网络的连接性进行管理控制，使各种类型的电路层网络都能按要求的格式将各自的电路层业务映射进复用段，从而共享通道层资源。同时通道层网络与相邻的传输介质层网络保持相互独立的关系。

（3）传输介质层网络

传输介质层网络，是指那些能够支持一个或多个通道层网络，并能在通道层网络节点处提供适当通道容量的网络。例如，STM-*N* 就是传输介质层网络的标准传输容量。该层主要面向线路系统的点到点传送。传输介质层网络又是由段层网络和物理介质层网络组成的。其中，段层网络主要负责通道层任意两节点之间信息传递的完整性，而物理介质层网络主要负责确定具体支持段层网络的传输介质。下面分别加以讨论。

① 段层网络又可以进一步分为复用段层网络和再生段层网络。

复用段层网络是用于传送复用段终端（Multiplex Section Termination，MST）之间信息的网络，例如，负责向通道层提供同步信息，同时完成对复用段开销的处理和传递等工作。

再生段层网络是用于传递再生中继器之间，以及再生中继器与复用终端之间信息的网络。例如，负责定帧扰码、再生段误码监视，以及对再生段开销的处理和传递等工作。

② 物理介质层网络是指那些能够为通道层网络提供服务的、能够以光电脉冲形式完成比特传送功能的网络，它与段开销无关。实际上物理介质层是传送层的最底层，无须服务层支持，因而网络连接可以由传输介质支持。

按照分层的概念，不同层的网络有不同的开销和传递功能。为了便于对上述信息进行管理控制，在SDH传送网中的开销和传递功能也是分层的。各层在垂直方向上存在着等级关系，不同实体的光接口可以通过对等层进行水平方向的通信，但由于对等层间无实际的传输介质，因而是通过下一层提供的服务及同层间的通信来实现其间通信的，因此每一层的功能都由全部低层的服务来支持。

2．层网络的分割

在分层概念引入传送网之后，可将传送网划分为若干网络层，这样传送网的结构更加清晰，但每一网络层的结构仍很复杂。为了便于管理，在分层结构的基础上，再从水平方向将每一层网络分为若干部分，每一部分具有特定的功能，这就是分割。通常，分割可以划分为两个相关的领域，即子网的分割、网络连接和子网连接的分割。下面我们分别进行讨论。

（1）子网的分割

从地域上来进行分割，一个层网络又可划分为国际部分子网和国内部分子网，国内部分子网又可以进一步细分为转接部分和接入部分（即本地网部分），如此逐级进行分解，最后便能够观察到所需的细节。

（2）网络连接和子网连接的分割

与子网分割方式相同，也可对网络连接进行逐级分割。通常，网络连接可分割为若干个子网连接和链路连接的组合体，而每个子网连接又可进一步分割成若干个子网连接和链路连接的组合体。这样分解下去，正常情况下逐级分解的极限将出现在基本连接矩阵的单个连接点上，因此也可以认为网络连接和子网连接实际上是由许多子网连接和链路连接按特定次序组合成的传送实体。

由以上分析可知，由于引入了分割的概念，可将层网络中的各部分视为彼此独立的实体。因而可隐去层网络的内部结构，从而极大地降低层网络管理控制的复杂程度。这样网络运营商可根据客户需要自主地改动其子网结构或进行优化处理，而不会对层网络上的其他部分构成影响。

5.5 SDH网中的安全问题——保护与同步

随着技术的不断进步，信息的传输容量和速率越来越高，因而对通信网络传递信息的及时性、准确性的要求也越来越高。一旦通信网络出现线路故障，就会导致局部甚至整个网络瘫痪，因此网络生存性问题是通信网络设计中必须加以考虑的重要问题。为此，人们提出了自愈功能的概念。由于MSTP技术是在SDH技术的基础上发展而来的，因此其沿用SDH网中所使用的网络保护与同步方案。

5.5.1 SDH网络保护

自愈功能是指网络在出现故障时能够在无人为干预的条件下花费极短时间从失效状态自动恢复所携带的业务，使用户感觉不到网络出现故障。其基本原理就是使网络具有备用路由和重新确立通信的能力。自愈的概念只涉及重新确立通信，而不管具体失效元部件的修复与更新，后者仍需人为干预才能完成。SDH网中的自愈保护可以分为自动线路保护倒换、环路保护、网孔形DXC网络恢复及混合保护方式等。我们将介绍前两种。

1. 自动线路保护倒换

自动线路保护倒换是最简单的自愈形式，其结构有两种，即1+1和1:*n*。

图5-11（a）所示为1+1线路保护倒换结构，可以看出，由于发射端永久地与主用（工作）、备用（保护）信道相连接，因而STM-*N*信号可以同时在主用信道和备用信道中传输；在接收端，其复用段保护（Multiplex Section Protection，MSP）功能同时对所接收到的来自主、备用信道的STM-*N*信号进行监视，正常工作情况下，选择来自主用信道的信号作为输出信号。一旦主用信道出现故障，MSP会自动从备用信道中选取信号作为接收信号。

图5-11（b）所示为1:*n*线路保护倒换结构，可以看出，在1:*n*结构中，备用信道由多个主用信道共享，一般*n*值范围为1～14。

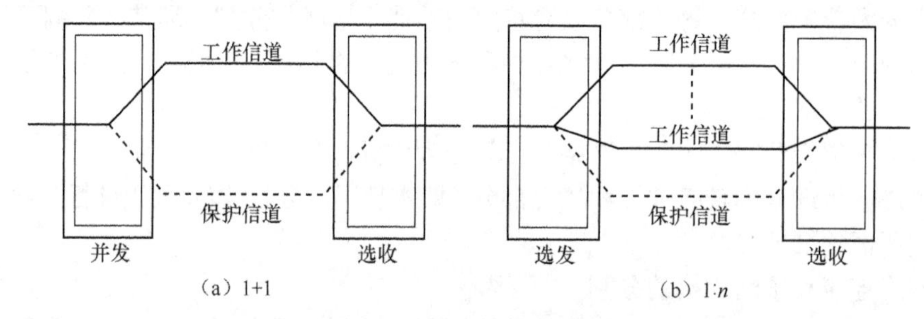

图5-11 线路保护倒换结构

如图5-11（b）所示，如果上一站出现信号丢失，或者与下游站进行连接的线路出现故障和远端接收失效，那么在下游接收端都可检查出故障，这样该下游接收端必须向上游站发送保护命令，同时向下一站发送倒换请求。具体过程如下。

（1）当下游站发现（或检查出）故障或收到来自上游站的倒换请求命令时，首先启动保护逻辑电路，将出现新情况的通道的优先级与正在使用保护通道的主用系统的优先级、上游站发来的桥接命令中所指示的信道优先级进行比较。

（2）如果新情况通道的优先级高，则在此（下游站）形成一个K1字节，并通过保护通道向上游站传递。所传递的K1字节包括请求使用保护通道的主用信道号和请求类型。

（3）当上游站连续3次收到K1字节时，被桥接的主信道得以确认，然后将K1字节通过保护通道的下行通道传回下游站，以此确认下游站桥接命令，即确认请求使用保护通道的通道请求。

（4）上游站首先进行倒换操作，并准备进行桥接，同时又通过保护通道将含被保护通道号的K2字节传送给下游站。

（5）下游站收到K2字节后，便将接收到K2字节所指示的被保护通道号与K1字节指示的请求保护主用信道号进行复核。

（6）当K1与K2所指示的被保护的主信道号一致时，便再次将K2字节通过保护通道的上行通道回送给上游站，与此同时启动切换开关进行桥接。

（7）当上游站再次收到来自下游站的K2字节时，桥接命令最后得到证实，此时才进行桥接，从而完成主、备用信道的倒换。

从上面的分析，我们可以归纳出自动线路保护倒换的主要特点：业务恢复时间很短，可短于50ms；若工作段和保护段属同缆备用（主用和备用光纤在同一缆芯内），则有可能导致工作段（主用）和保护段（备用）同时因意外故障而被切断，此时这种保护方式就失去作用了，解决的办法是采用地理上的路由备用方式。这样当主用光缆被切断时，备用路由上的光缆不受影响，仍能将信号安全地传输到对端。通常采用空闲通路作为备用路由，这样既保证了通信的顺畅，也不必准备备份光缆和设备，不会造成投资成本的增加。

2．环路保护

（1）自愈环的划分

单向环与双向环

① 按照结构来划分，自愈环可分为通道倒换环和复用段倒换环。前者是业务量的保护，是以通道为基础的保护，利用通道告警指示信号（Alarm Indication Signal，AIS）决定是否进行倒换；后者是业务量的保护是以复用段为基础的保护，当复用段出现故障时，复用段的业务信号都转向保护环。

② 按照进入环的支路信号和由分路节点返回的支路信号方向是否相同来划分，自愈环可分为单向环和双向环。单向环是指所有的业务信号在环中按同一方向传输；而双向环是指进入环的支路信号和由此支路信号分路节点返回的支路信号的传输方向相反。

③ 按照一对节点之间所用光纤的最小数量来划分，自愈环可分为二纤环和四纤环。显而易见，前者节点间由2根光纤实现，后者则是4根光纤。

（2）几种典型的自愈结构

综上所述，尽管可组合成多种环形网络结构，但目前多采用下述四种结构的环形网络。

① 二纤单向复用段倒换环。图5-12（a）给出了二纤单向复用段倒换环的工作原理图，其中每两个具有支路信号分插功能的节点间的高速传输线路都具有一个备用线路可供保护倒换使用。这样在正常情况下，信号仅在主用光纤S1中传输，而备用光纤P1空闲。下面以节点A和节点C之间的信息传递为例，说明其工作原理。

正常工作情况下，信息在节点A插入，并由主用光纤Sl传输，透明通过节点B，到达节点C，在节点C就可以从主用光纤S1中分离出所要接收的信息；而从C到A的信息由节点C插入，同样经主用光纤S1传输，经节点D到达节点A，从而在节点A处由主用光纤S1中分离出所需接收信息。

当节点B、C间的光缆出现断纤故障时，如图5-12（b）所示，与光缆断纤故障点相连的两个节点B、C自动执行环回功能，因而在节点A插入的信息首先经主用光纤S1传输到节点B。由于节点B具有环回功能，因此信息在此转换到备用光纤P1，经节点A、D到达节点C，同样利用节点C的环回功能，将备用光纤P1中传输的信息转回主用光纤S1中，并通过分离处理，得到由节点 A 插入的信息，从而完成节点 A 到节点 C 间的信息传递。而节点 C 到节点 A 的信息仍是通过主用光纤 S1 经节点 D 来传输的。由此可见，这种环回倒换功能可以做到在出现故障的情况下不中断信息的传输，而在故障排除后，又可以启动倒换开关，恢复正常工作状态。

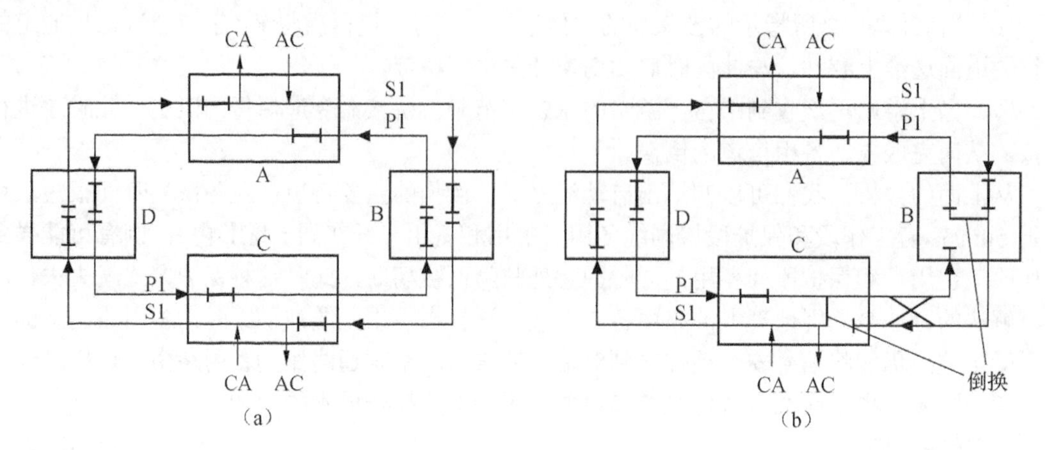

图 5-12 二纤单向复用段倒换环

② 四纤双向复用段倒换环。四纤双向复用段倒换环的工作原理如图 5-13（a）所示，它以两根光纤 S1 和 S2 共同作为主用光纤，而 P1 和 P2 两根光纤为备用光纤，其中各信号传输方向如图所示。正常情况下，信息通过主用光纤传输，备用光纤空闲。下面同样以节点 A、C 间的信息传输为例，说明其工作原理。

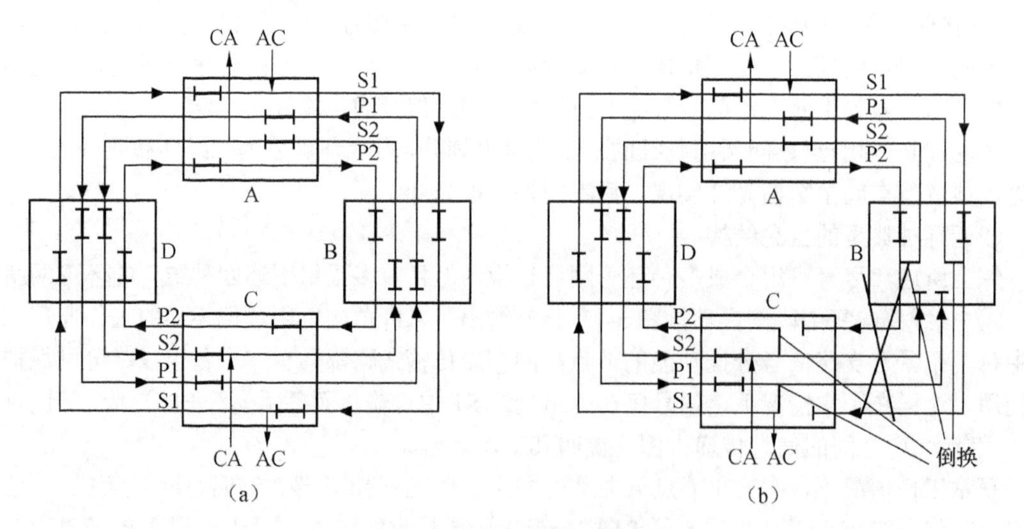

图 5-13 四纤双向复用段倒换环

正常工作情况下，信息由节点 A 插入，沿主用光纤 S1 传输，经节点 B，到达节点 C，在节点 C 完成信息的分离。若信息由节点 C 插入，则沿主用光纤 S2 传输，同样经节点 B，到达节点 A，从而完成由节点 C 到节点 A 的信息传送。

当节点 B、C 之间的 4 根光纤同时出现断纤故障时，如图 5-13（b）所示，与光纤断纤故障相连的节点 B、C 中各有两个执行环回功能的电路，从而在节点 B、C，主用光纤 S1 和 S2

分别通过倒换开关与备用光纤P1和P2相连。这样当信息由节点A插入时，信息首先沿主用光纤S1传输，到达节点B，通过环回功能电路，S1和P1相连，因而此时信息转入P1，经过节点A、D到达节点C，通过节点C的环回功能，实现P1和S1的连接，从而完成节点A到节点C的信息传递。而由节点C插入的信息，首先被送到主用光纤S2，经节点C的环回功能，使S2与P2相连接，这时信息则沿P2经节点D、A，到达节点B，由于节点B同样具有环回功能，P2和S2相连，因而信息又转为由S2传输，最终到达节点A，以此完成节点C到节点A的信息传递。

③ 二纤双向复用段倒换环。从图5-13（a）可见，S1和P2、S2和Pl的传输方向相同，由此人们设想采用时隙技术，将前半部分时隙用于传送主用光纤S1的信息，后半部分时隙传送备用光纤P2的信息，这样可将S1和P2的信号置于一根光纤（即光纤S1/P2），同样，S2和P1的信号置于另一根光纤（即光纤S2/P1），这样四纤环就简化为二纤环。具体结构如图5-14（a）所示，下面还是以节点A、C间的信息传递为例，说明其工作原理。

二纤双向复用段倒换环

正常工作情况下，当信息由节点A插入时，首先是由光纤Sl/P2的前半部分时隙所携带，经节点B到节点C，完成由节点A到节点C的信息传送，而当信息由节点C插入时，则是由光纤S2/Pl的前半部分时隙来携带，经节点B到达节点A，从而完成节点C到节点A的信息传递。

当节点B、C间出现断纤故障时，如图5-14（b）所示，由于与光纤断纤故障点相连的节点B、C都具有环回功能，因此，当信息由节点A插入时，信息首先由光纤S1/P2的前半部分时隙携带，到达节点B，然后通过回路功能电路，将光纤S1/P2前半部分时隙所携带的信息装入光纤S2/P1的后半部分时隙，并经节点A、D传输到达节点C。节点C利用其环回功能电路，又将光纤S2/P1中后半部分时隙所携带的信息置于光纤S1/P2的前半部分时隙之中，从而实现节点A到节点C的信息传递。而由节点C插入的信息则首先被送到光纤S2/P1的前半部分时隙之中，经节点C的环回功能转入光纤S1/P2的后半部分时隙，沿线经节点D、A到达节点B，又同时由节点B的环回功能处理，将光纤S1/P2后半部分时隙中携带的信息转入光纤S2/P1的前半部分时隙传输，最后到达节点A，以此完成由节点C到节点A的信息传递。

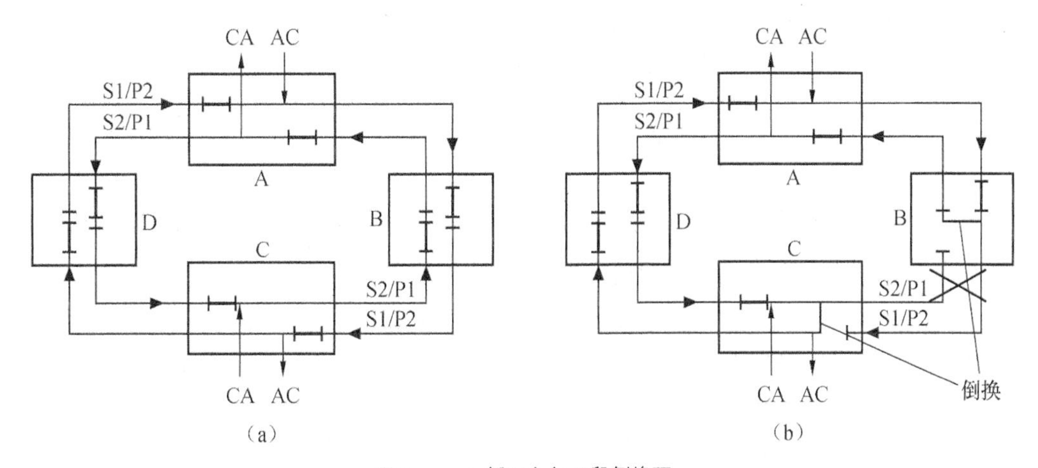

图5-14 二纤双向复用段倒换环

④ 二纤单向通道倒换环。二纤单向通道倒换环的结构如图 5-15（a）所示，可见它采用 l+1 保护方式。当信息由节点 A 插入时，一路由主用光纤 S1 携带，经节点 B 到达节点 C，另一路由备用光纤 P1 携带，经节点 D 到达节点 C，这样在节点 C 同时从主用光纤 S1 和备用光纤 P1 中分离出所传送的信息，再按分路通道信号的优劣决定选哪一路信号作为接收信号。同样，信息由节点 C 插入后，分别由主用光纤 S1 和备用光纤 P1 携带，前者经节点 D，后者经节点 B，到达节点 A，再比较接收的两路信号的优劣，优者作为接收信号。

二纤单向通道倒换环

当节点 B、C 间出现断纤故障时，如图 5-15（b）所示，由节点 A 插入的信息分别在主用光纤 S1 和备用光纤 P1 中传输，其中在备用光纤 P1 中传输的插入信息经节点 D 到达节点 C，而在主用光纤 S1 中传输的插入信息丢失，这样根据通道选优准则，在节点 C 倒换开关由主用光纤 S1 切换备用光纤 P1，从备用光纤 P1 中选取接收信号。而当信息由节点 C 插入时，信息同时在主用光纤 S1 和备用光纤 P1 上传输，其中主用光纤中所传输的插入信息经节点 D 到达节点 A，而在备用光纤 P1 中传输的插入信息丢失，因而在节点 A 只能以来自主用光纤 S1 的信号作为接收信号。

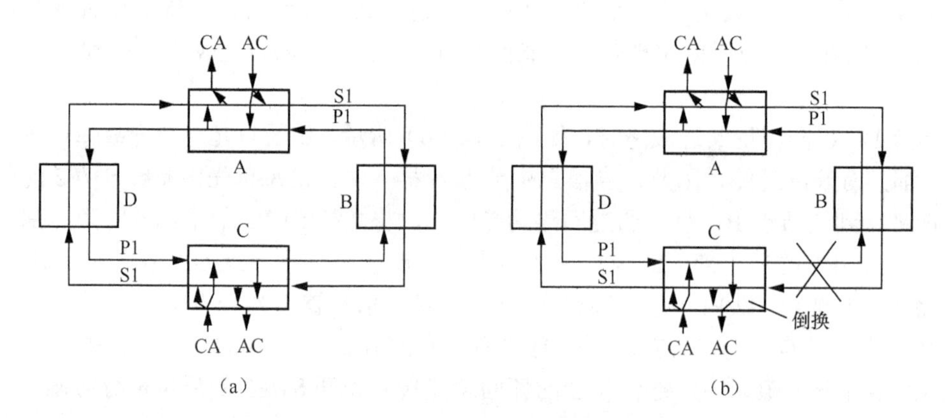

图 5-15　二纤单向通道倒换环的结构

5.5.2　SDH 网络同步

数字传输网络是建立在同步传输基础之上的，特别是 SDH 网，网络同步技术直接对其运行质量构成影响。网络同步是指网络的所有设备的时钟频率和相位的偏差都控制在容许的范围之内，这样可以保证通信网内的数字信号的正常交换与传输。为了实现网络同步，就必须建立同步网，从而以一定的方式使所有设备都同步工作。

1. 网络同步方式

目前，各国使用的网络同步方式有主从同步方式、相互同步方式和准同步方式，但大多数国家普遍采用主从同步方式，在此仅介绍该方式。

主从同步方式就是在同步网中设立一个最高级别的基准时钟，而其他时钟均逐级与上一级时钟保持同步，以此实现与主时钟同步的目的，其具体结构如图 5-16 所示。由图可知，主从同步网多采用树形拓扑结构，基准时钟通过同步链路逐级向下传输。在各交换节点上，通过锁相环将本地时钟与接收到的上一级时钟进行相位锁定，从而达到各级时钟与基准时钟同步的目的。

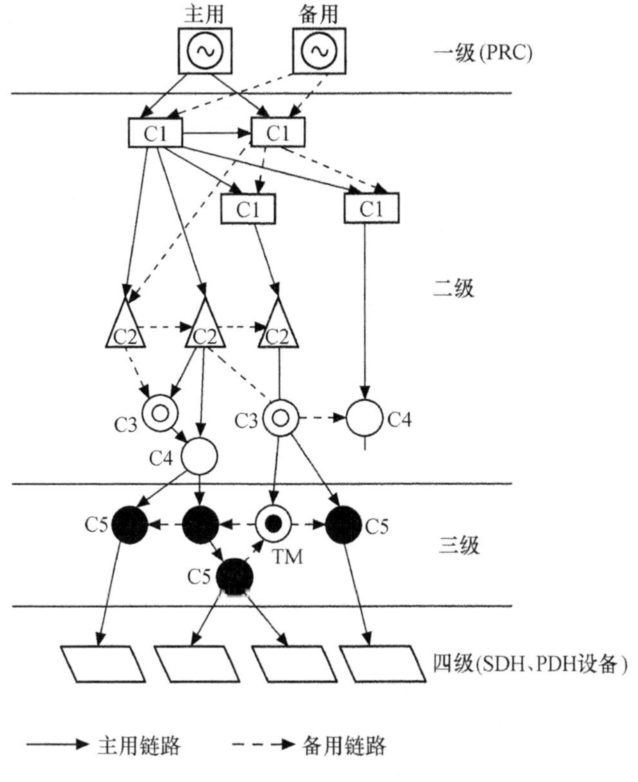

图 5-16　我国同步时钟等级

2．我国同步网结构

我国同步网采用分级的主从同步方式，即同步网中的时钟依据其在网中的位置和重要性被分为 4 个等级。其中，基准时钟为第一级时钟，其他三级依次为转接局从时钟、本地局从时钟和设备从时钟。每一级从时钟需要和上一级或同级时钟保持同步。

目前，我国分别在北京和武汉建立了两个基准时钟，这样可将全国分为两大同步区，各同步区中的各个网络节点通过同步分配网的同步链路与各自的基准时钟保持同步，同时武汉的基准时钟又随时跟踪北京的基准时钟信号，使两大同步区彼此同步，并互为备用，从而确保网络正常工作。

3．同步时钟的等级标准

我们所使用的同步时钟系统采用的是四级结构，不同级别的时钟，其精度和稳定度不同，因而需采用不同种类的时钟。

第一级时钟也就是基准时钟，为了保证其具有高稳定性和精度，一般采用铯原子钟，其长期频率偏移通常能达到优于 1×10^{-11} 的指标。同时，其采用多重备用和自动切换技术，从而使系统的可靠性指标可达到相当高的水平。

第二级时钟是由设置在一级（C1）、二级（C2）、三级（C3）和四级（C4）交换中心的受控铷钟或具有高稳定性的石英晶体时钟构成的，并应通过同步链路直接与基准时钟相连，从而保持与之同步。

第三级时钟是由设置在汇接局（TM）和端局（C5）的、具有保持功能的高稳定性石英晶体时钟或全球定位系统（Global Positioning System，GPS）构成的，通常频率偏移大于第二级时钟。这样各网络节点经过同步链路与第二级时钟或同级时钟保持同步。

第四级时钟是设置在SDH终端设备内的具有保持功能的晶体时钟或设置在PDH终端设备和SDH再生器内的一般晶体时钟。它们通过同步链路受第三级时钟控制并与之保持同步。

4．时钟电路的工作模式

如上所述，在SDH同步网中，主要采取主从同步方式，其中，通过设立一个准确性非常高的铯原子钟作为基准时钟和若干个不同等级的从时钟而构成时钟同步系统。系统中每个从时钟都将与主时钟保持同步，但实际上不同的工作状态下，时钟的运行模式有所不同，大致可以分为正常工作模式、保持工作模式和自由运行模式。

正常工作模式是指从时钟和同步链路送来的主时钟信号处于锁定状态，这样从时钟与同步链路送来的时钟信号在频率和相位上保持一致，因而在同步链路正常工作状态下，从时钟能够准确跟踪同步网的基准时钟。

当将基准时钟信号输送给从时钟的同步链路时出现故障，同时又无其他路径接收任何参考信号时，从时钟便进入保持工作模式。在此模式下，从时钟以参考时钟丢失前所存储的最后一段时间内的频率信号为基准，从而保证从时钟在一定时间内的频率偏差在允许的范围之内。又由于一般都采用高稳定性的石英晶体时钟作为从时钟，但其晶体的固有振荡频率会慢慢地漂移，从而影响时钟的精度，导致传输质量的下降，因而这段时间不宜过长，通常为数小时至数天，这样维护人员可以利用这段时间修复链路，使整个网络恢复正常工作，否则便进入自由运行模式。

当从时钟无参考时钟可供锁定，又丢失了定时基准的“记忆”时，从时钟便工作于自由运行模式之下，此模式下从时钟的输出频率不受外界因素的约束，其精度完全决定于本身所使用的晶体源的稳定度，因而应尽量避免使同步网进入此模式。

5.6 基于SDH的多业务传送平台

SDH是针对TDM业务而设计的，随着以Internet为代表的数据业务异军突起，目前骨干网、大规模城域网中的数据业务需求量已大大超越语音业务，从而使SDH在承载突发性数据业务时显现出较低的效率，缺乏区分多业务的服务质量（QoS）保证机制，催生了多业务传送平台（Multi-Service Transport Platform，MSTP）技术。

5.6.1 MSTP的基本概念及特点

MSTP是指能够同时实现TDM、ATM、以太网等业务的接入、处理和传送功能，并能提供统一网管的、基于SDH的平台。由此可见，MSTP设备应具有SDH处理功能、ATM处理功能和以太网处理功能。图5-17所示为基于SDH的多业务传送平台的功能模型。

MSTP的技术特点如下。

（1）保持SDH技术的一系列优点。例如，具有良好的网络保护机制和TDM业务处理能力。

（2）提供集成的数字交叉连接功能。在网络边缘使用具有数字交叉连接功能的MSTP设备，可节约系统传输带宽和省去核心层中昂贵的大容量的数字交叉连接系统端口。

（3）具有动态带宽分配和链路高效建立功能。MSTP可根据业务和用户的即时带宽需求，利用级联技术进行带宽分配和链路配置、维护与管理。通常，带宽可分配粒度为2Mbit/s。

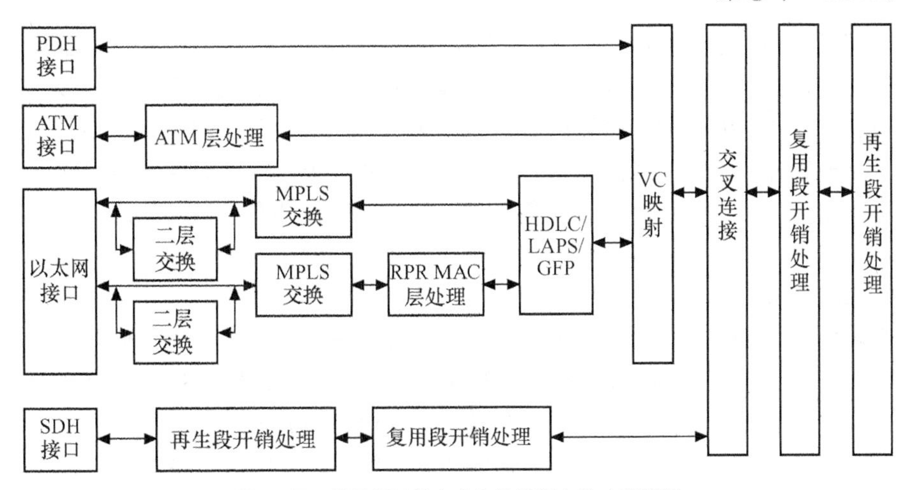

图5-17 基于SDH的多业务传送平台的功能模型

（4）支持多种以太网业务类型。以太网业务有多种，目前MSTP设备能够支持点到点、点到多点、多点到多点的业务类型。

（5）支持WDM扩展。城域网中采用了分层的概念，即核心层、汇聚层和接入层。对位于核心层的MSTP设备来说，其信号类型最低为OC-48（STM-16），并可扩展到OC-192（STM-64）和密集波分复用（DWDM）；对位于汇聚层和接入层的MSTP设备来说，其信号类型可从OC-3/OC-12（STM-1/STM-4）扩展到支持DWDM的OC-48。

（6）具有综合的网络管理功能。由于MSTP管理是面向整个网络的，因此其业务配置、性能告警监控也都基于向用户提供的网络业务。为了管理和维护的方便，城域网要求其网络系统能够根据所指示的网络业务的源、宿和相应的要求，提供网络业务的自动生成功能，而不像传统的SDH系统需逐个进行网元业务设置和操作，从而能够快速地提供业务，同时还能提供基于端到端的业务性能、告警监控及故障辅助定位功能。

5.6.2 MSTP中的关键技术

1. 相邻级联与虚级联

级联是一种组合过程，通过将几个C-*n*的容器组合起来，构成一个大的容器来满足数据业务传输的要求，这就是级联。级联可分为相邻级联和虚级联。下面以VC-4的级联为例进行说明。相邻级联是指利用同一个STM-*N*中相邻的VC-4级联成VC-4-Xc，以此作为一个整体信息结构来实现传输。虚级联则是指将分布在同一个STM-*N*中不相邻的VC-4或分布在不同STM-*N*中的VC-4按级联关系组成VC-4-Xv，以这样一个整体结构进行业务信号的传输。当利用分布在不同STM-*N*中的VC-4级联实现信息传送时，各VC-4可能使用同一路由，也可能使用不同路由，可见虚级联的时延处理是首先要解决的问题。

另外值得说明的是相邻级联和虚级联对传送设备的要求不同。在采用相邻级联方式的传送通道上，要求所有的节点提供相邻级联功能；而虚级联则只要求源节点和目的节点具有级联功能。因此在网络互连中会出现相邻级联和虚级联互通的情况。

2. 链路容量调整方案

引起链路容量调整的原因各种各样。例如，业务带宽需求发生了变化，如何在不中断数据流的情况下动态地调整级联的 VC 个数，这就是链路容量调整方案（Link Capacity Adjustment Scheme，LCAS）所涵盖的内容。LCAS 是一种双向链路容量控制协议，根据实际数据流量的实时需求，通过增减级联组中的 VC 个数来调节净负载容量，在不影响当前数据流的情况下可重新分配带宽，以满足用户对变化带宽的需求。需要说明的是，由于 LCAS 是一种双向协议，因此在进行链路容量调整之前，收发双方需要交换控制信息，然后才能传送净荷。

3．通用成帧协议

通用成帧协议（Generic Framing Procedure，GFP）是一种先进的数据信号适配、映射技术，可以透明地将上层的各种数据信号封装为可以在 SDH/OTN 传输网络中有效传输的信号。GFP 吸收了 ATM 信元定界技术，数据承载效率不受流量模式的影响，同时具有更高的数据封装效率，另外它还支持灵活的头信息扩展机制以满足多业务传输的要求，因此 GFP 具有简单、效率高、可靠性高等优势，适用于高速传输链路。

5.6.3 多业务传送平台

基于 SDH 的多业务传送平台充分利用现有的 SDH 技术，特别是其保护恢复能力，并具有较小的时延，通过对网络的传送层加以改造，使之适应多种业务应用，并且支持第 2 层或第 3 层数据传输。其基本思路是通过 VC 级联等方式使多种不同的业务能通过不同的 SDH 时隙进行传输，同时将 SDH 设备与第 2 层和第 3 层甚至第 4 层分组设备在物理上集成起来，构成一个实体。这就是人们所希望看到的 MSTP 设备。下面分别介绍 MSTP 的多业务接入过程。

1．以太网业务在 MSTP 中的实现

以太网业务接入过程如图 5-17 所示。从图中可以看出，一般以太网信号首先经过以太网处理模块实现流控制、VLAN 处理、2 层交换、性能统计等功能。然后利用 GFP、链路接入规程（Local Access Procedure-SDH，LAPS）或点对点协议（Point to Point Protocol，PPP）等协议封装映射到 SDH 相应的虚容器中。根据所采用的实用技术来划分，MSTP 上实现的以太网功能如下。

（1）透传功能

将用户端设备输出的以太网信号直接封装到 SDH 的 VC 容器中，而不做任何 2 层处理，这种工作方式称为透传。它是一种最简单的方式，只要求 SDH 系统提供一条 VC 通道来实现以太网数据的点到点透明传送。其涉及的实现以太网透传功能的技术有以太网数据成帧方法、将成帧后的信号映射到 SDH 的 VC 中的映射方法、VC 通道的级联方法和传输带宽的管理方法等。

不同终端、不同时刻所要求的以太网业务的带宽不同，可通过 VC 级联的方式实现传输带宽的调整。级联的最大优点就是提高了传输系统的频带利用率。为了能够对承载带宽实现更为灵活的动态管理，需要使用链路容量调整方案（LCAS），这样才能实时地检测传输链路的带宽，并能根据网络当前的负荷状况，在不中断数据流的情况下动态地调整虚容器的虚级联个数，以达到调整链路带宽的目的。

（2）以太网二层交换功能

以太网二层交换功能是指在将以太网业务映射进 VC 虚容器之前，先进行以太网二层交换处理，这样可以把多个以太网业务流复用到同一以太网传输链路中，从而节约局端端口和网络带宽资源。人们会问：系统中是如何实现以太网二层交换处理的呢？以太网二层交换处理是指能够根据数据包的介质访问控制（Media Access Control，MAC）地址实现以太网接口侧不同以太网接口与系统侧不同VC虚容器之间的包交换，同样也可以根据IEEE 802.1Q的VLAN标签进行包交换。由于平台具有以太网的二层交换功能，因而可以利用生成树协议（Spanning Tree Protocol，STP）对以太网的二层业务实现保护。

（3）以太环网功能

以太环网是以太网二层交换的一种特殊应用形式。它利用以太网二层交换技术构成物理上的环形网络，但在MAC层通过生成树协议组成总线型/树形拓扑，从而使以太环网上的所有节点能够实现带宽的动态分配和共享，提高了链路的频带利用率。但由于只是在物理层上成环，而未能使MAC层成环，环路流量未能做到双向传输。另外，由于缺乏有效的环网带宽分配公平算法，因此当环网上各节点竞争环路带宽时，无法保证环上各节点的公平接入，即无法提供基于端到端的环网业务的QoS保证。目前，普遍认为弹性分组环（Resilient Packet Ring，RPR）技术是解决这一问题的有效方法。

2．ATM业务在MSTP中的实现

SDH协议在制定之初就已经考虑到ATM业务的映射问题，因而到目前为止，利用SDH通道来完成ATM业务已经是相当成熟的技术。但由于数据业务具有突发性的特点，因此业务流量是不确定的，如果为其固定分配一定的带宽，势必会造成网络带宽的巨大浪费。为了有效地解决这一问题，MSTP设备中增加了ATM层处理模块，用于对接入业务进行汇聚和收敛，汇聚和收敛后，再利用SDH网进行传送。尽管采用汇聚和收敛方案后大大提高了传输频带的利用率，但仍未达到最佳状态。这是因为由ATM模块接入的业务在SDH网中所占据的带宽是固定的，因此当与之相连的ATM终端无业务信息需要传送时，这部分时隙处于空闲状态，从而造成另一类的带宽浪费。在MSTP设备中，由于增加了ATM层处理模块，可以利用ATM业务共享带宽（如155Mbit/s）特性，通过SDH交叉模块，即将共享ATM业务的带宽调度到ATM模块进行处理，将本地的ATM信元与SDH交叉模块送来的来自其他站点的ATM信元进行汇聚，共享155Mbit/s的带宽，其输出送往下一个站点。

3．TDM业务在MSTP中的实现

SDH系统和PDH系统都具有支持TDM业务的功能，因而基于SDH的多业务传送节点应能够满足SDH节点的基本功能，可实现SDH与PDH信息的映射、复用，同时又能够满足级联、虚级联的业务要求，即能够提供低级通道VC-12、VC-3级别的虚级联或相邻级联功能，以及提供高级通道VC-4级别的虚级联或相邻级联功能，并提供级联条件下的VC通道的交叉处理功能。

5.7 SDH网络性能

网络性能不仅与所承载的数字用户信号的误码、抖动和漂移性能有关，而且与光域传输信号的光信噪比、光波长的精确度等因素有关。下面首先介绍光接口和电接口。

5.7.1 光接口、电接口的界定

图5-18所示为一个完整的光纤通信系统的组成结构图。我们把光端机与光纤的连接点称

为光接口，而把光端机与数字设备的连接点称为电接口。其中光接口共有两个，即“*S*”和“*R*”。“*S*”点是指光发射机与光纤的连接点，经该点光发射机可向光纤发送光信号；而“*R*”点是指光接收机与光纤的连接点，通过该点光接收机可以接收来自光纤的光信号。电接口也有两个，即“*A*”和“*B*”。光端机可由 *A* 点接收从数字终端设备送来的 STM-*N* 电信号；可由 *B* 点将 STM-*N* 电信号送至数字终端设备。由此，光端机的技术指标也分为两大类，即光接口指标和电接口指标。这里我们着重介绍 SDH 光接口的表述形式。

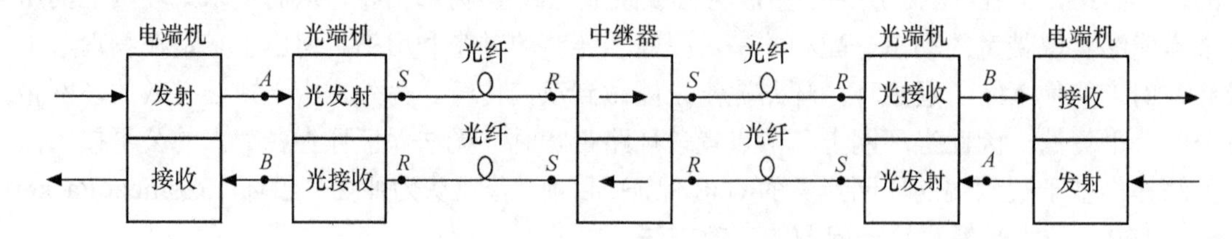

图 5-18　光纤通信组成结构图

例如，L-4.2，V-16.3，其中各部分含义如下。

（1）代号的第一部分代表传输距离

I：局内通信。一般传输距离只有几百米，最多不超过 2km。如使用 EDFA，则短距离局间通信可增加为 20～40km。

S：短距离局间通信。一般是指局间再生段距离为 15km 左右的场合。

L：长距离局间通信。一般是指局间再生段距离为 4～80km 的场合。

V：甚长距离局间通信。一般是指局间再生段距离为 8～120km 的场合。

U：超长距离局间通信。一般是指局间再生段距离为 160km 左右的场合。

（2）代号的第二部分代表 SDH 信号的速率等级

1、4、16、64、256 分别代表 SDH 体系中的 STM-1、STM-4、STM-16、STM-64 和 STM-256。

（3）代号的第三部分代表该接口适用的光纤类型和工作波长

1 或空白：表示适用于 G.652 光纤，其工作波长为 1310nm。

2：表示适用于 G.652、G.654、G.655 光纤，其工作波长为 1550nm。

3：表示适用于 G.653 光纤，其工作波长为 1550nm。

例如，L-4.2 表示长距离局间通信（40～80km）、 系统速率为 STM-4、工作波长 1550nm 的 SDH 接口。

5.7.2　误码性能

对于高传输速率通道，主要规定两个通道终端（Path End Point，PEP）之间的误码性能。目前主要考虑 SDH 通道的性能。由于 SDH 通道中数据传输是以块的形式进行的，其长度不等，可以是几十比特，也可能长达数千比特，然而无论其长短，只要出现误码，即使仅出现 1 比特的错误，该数据块也必须重发，因此高传输速率通道的误码性能是用误块表示的，这在 ITU-T 制定的相关规范中得以充分体现，如表 5-1 和表 5-2 所示。从表中可以清楚地看出误码性能是以误块秒比（Errored Second Ratio，ESR）、严重误块秒比（Severely Errored Second Ratio，SESR）及背景误块比（Background Block Error Ratio，BBER）为参数来表示的。

表 5-1 高传输速率全程 27500km 通道的端对端误码性能规范

速率等级（Mbit/s）	2.048 基群	8.448 二次群	34.368 三次群	155.520 STM-1	622.080 STM-4	2448.320 STM-16	9953.280 STM-64	39813.120 STM-256
ESR	0.04	0.05	0.075	0.16	注			
SESR	0.002							
BBER	2×10^{-4}	2×10^{-4}	2×10^{-4}	2×10^{-4}	2×10^{-4}	10^{-4}	10^{-5}	2.5×10^{-6}

注：考虑到 ESR 指标对高传输速率系统已失去重要性，对 160Mbit/s 以上速率通道不做规范。

表 5-2 光通路数据单元（Optical Channel Data Unit*k*，ODU*k*）的假想参考光通道的端对端误码性能规范

传输速率	块/秒	SESR	BBER
2.5Gbit/s	20420	0.002	4×10^{-5}
10Gbit/s	82025	0.002	10^{-5}
40Gbit/s	329492	0.002	2.5×10^{-6}

（1）误块

由于 SDH 帧采用块状结构，因此当一块内的任意比特发生差错时，则认为该块出现差错，通常称该块为差错块，或误块。这样按照块的定义，就可以对单个监视块的 SDH 开销中的 Bip-x（比特间插奇偶校验 x 位码）进行校验。

（2）误码性能参数

误块秒比（ESR）：当某 1 秒具有 1 个或多个误块时，称该秒为误块秒，那么在规定观察时间内出现的误块秒数与总的可用时间（观察时间扣除其间的不可用时间）之比，称为误块秒比。

严重误块秒比（SESR）：某 1 秒内有不少于 30%的误块，则认为该秒为严重误块秒，那么在规定观察时间内出现的严重误块秒数与总的可用时间之比称为严重误块秒比。需要说明的是，SESR 可以反映系统的抗干扰能力。它通常与环境条件和系统自身的抗干扰能力有关，而与速率关系不大，故不同速率的 SESR 相同。

背景误块比（BBER）：连续 10 秒误码率劣于 10^{-3} 认为是故障。那么这段时间为不可用时，应从总统计时间中扣除，扣除不可用时和严重误块秒期间出现的误块后，剩下的误块称为背景误块。背景误块数与扣除不可用时和严重误块秒期间的所有误块后的总块数之比称为背景误块比。

由于计算 BBER 时已扣除了突发性误码的情况，因此该参数大体反映了系统的背景误码水平。由上面的分析可知，三个指标中，SESR 最严格，BBER 最松，因而只要通道满足 SESR 要求，必然 BBER 也得到满足。另外值得说明的一点是，系统的 ESR、SESR、BBER 三个参数都满足要求时，才认为该通道达到全程误码性能指标。

5.7.3 抖动性能

抖动是数字光纤通信系统的重要指标，它对通信系统的质量有非常大的影响。为了满足数字网的抖动要求，ITU-T 根据抖动的累积规律对抖动范围做出了二类规范：其一是数字段的抖动指标，涉及数字复用设备、光端机和光纤线路；其二是数字复接设备的测试指标：输入抖动容限、无输入抖动时的输出抖动容限、抖动转移特性等。

1．抖动与漂移的概念

在数字信号传输过程中，脉冲在时间上不再是等间隔的，而是随机的，这种变化关系可以用频率来描述，频率大于 10Hz 的随机变化称为抖动，反之称为漂移。抖动的程度原则上可以用时间、相位、数字周期来表示。现在多数情况是用数字周期来表示，即一个码元的时隙，或者说一个比特传输信息所占的时间，符号为 UI（Unit Interval）。显然随着传输速率的不同，1UI 的时间也不同。例如，2Mbit/s 的 1UI 时间为 488.00ns，而 139.264Mbit/s 的 1UI 时间为 7.18ns。

一个系统由包括复用器在内的各种设备和传输线路构成，信号通过上述设备和线路时，均会给系统引入抖动与漂移，而且抖动与漂移对信号的影响程度不同。通常，抖动对高速传输的语音、数据及图像信号的影响较大。一般来说，在语音、数据信号系统中，系统的抖动容限是小于或等于 4%UI；在彩色电视信号系统中，系统的抖动容限是小于或等于 2%UI。

抖动容限往往用峰—峰抖动 $J_{p\text{-}p}$ 来描述。它是指某个特定的抖动比特的时间位置相对于该比特无抖动时的时间位置的最大偏移。

2．抖动积累

一个系统是由多个数字段（两个复用器之间的距离称为一个数字段）构成的，而一个数字段是由若干个再生中继器组成的链路，其抖动包括与传输码型无关的随机性抖动和与传输码型有关的系统性抖动。

当一个数字段内的再生中继器的数目增多时，系统性抖动积累增长速度比随机性抖动积累增长速度快，因而随着数字段中再生中继器数量的增加，再生中继器产生的抖动幅度也会增大。为了确保通信线路的传输质量，对数字段内的再生中继器的数量必须加以限制，以此确保一个数字段上所引入的抖动积累不超标。这样一个系统的抖动积累由其所包含的数字段数量决定，换句话说，由其上下话路功能的复用器的抖动特性决定。

ITU-T 建议了 420km 和 280km 两个数字段长度，可根据实际情况做出选择。我国由于地域辽阔，因此两个标准数字段长度被同时选用。一般在一级干线中使用 420km 作为其数字段长度，而在二级干线中使用 280km 作为其数字段长度。

3．抖动指标

抖动指标有输入抖动容限、无输入抖动时的输出抖动容限、抖动转移特性等。

输入抖动容限是指复用器（或系统）允许的输入信号的最高抖动和漂移限值，即任一复用器或设备接口应具备抵御这个限值以下的抖动和漂移而不产生误码的能力，因此这一指标不仅适用于复用器，还适用于数字网内任何速率的接口。

当输入复用器（或系统）的信号无抖动和漂移时，由于复用器中的映射和指针调整会产生抖动，因此在复用器的输出端信号中存在抖动和漂移。为了满足数字网的抖动和漂移要求，ITU-T 提出了无输入抖动时的输出抖动和漂移限值（最大值），即输出抖动和漂移容限。

抖动转移特性定义为输出 STM-*N* 信号的抖动与所输入 STM-*N* 信号的抖动的比值随频率的变化关系。

抖动指标与设备同步与否以及具体采用的同步方式有关。例如，在 SDH 网中，不同速率的信号被装入不同大小的容器，然后将装有高速信号的容器映射进 AU，而将装有低速信号的容器映射进 TU。其中的复用过程是由 AU 和 TU 指针处理器控制完成的。其调整的频繁程度与输入信号的相位及指针处理器缓存器内填充数据的相位差有关，也直接影响系统的抖动性能。通常设备的抖动性能分析涉及输入抖动容限、无输入抖动时的输出抖动容限、抖动转移特性。而系统的抖动性能分析则只涉及输入抖动容限和无输入抖动时的输出抖动容限。具体参数参见G.825技术标准。

小 结

1．SDH网是由一些网络单元（NE）组成的，在光纤上进行同步信息传输、复用、分插和交叉连接的网络（SDH网不含交换设备，它只是交换局之间的传输手段）。

2．网络节点接口（NNI）是网络节点之间的接口，在现实中也可以是传输设备和网络节点之间的接口。

3．SDH所使用的信息结构等级为STM-N同步传输模式，其中最基础的模块信号是STM-1，其速率是155.520 Mbit/s，更高等级的STM-N信号是将N个STM-1按字节间插同步复用后所获得的。其中，N是正整数，目前国际标准化的N值为N=1, 4, 16, 64, 256。

4．STM-N的帧结构。

段开销（SOH）是指SDH帧结构中，为了保证信息正常传送而供网络运行、管理和维护使用的附加字节。它在STM-N帧结构中的位置是第1～9×N列中的第1～3行和第5～9行。

信息净负荷区域内存放的是有效传输信息。它由有效传输信息加上部分用于通道监视、管理和控制的通道开销（POH）组成。

管理单元指针实际上是一组数码，用来指示净负荷中信息起始字节的位置。

5．SDH的特点。

6．SDH中的基本复用、映射结构。

7．SDH网络单元有同步光缆线路系统、复用器和数字交叉连接设备等。

8．SDH光缆线路系统可以采用多种结构，如点到点系统、点到多点系统、环路系统等，其中点到点链状系统和环路系统是使用最为广泛的基本线路系统。

9．网络的生存性是指网络在经受各种故障（网络失效和设备失效）后维持可接受的业务质量的能力。

10．SDH网的保护：自动线路保护倒换和环路保护。

11．MSTP的基本概念及特点。

MSTP是能够同时实现TDM、ATM、以太网等业务的接入、处理和传送功能，并能提供统一网管的、基于SDH的平台。

12．基于SDH的多业务传送节点基本功能模型。

13．误块秒比、严重误块秒比和背景误块比的概念，抖动的概念。

复习题

1．SDH网的基本特点是什么？

2．SDH帧中开销的含义是什么？各自的用途是什么？

3．怎样解释DXC的复用功能？

4．系统保护方式有哪几种？请简述各自的保护操作过程。

5．请画出 SDH 的帧结构图。

6．试计算 STM-1 段开销的比特数。

7．计算 STM-16 的码率。

8．简述 MSTP 的基本概念。

9．论述级联与虚级联的概念。

10．请说明 LCAS 的链路容量调整思路。

11．影响系统性能的因素有哪些？如何衡量？

第6章 WDM与OTN

OTN（光传送网）是以G.872、G.709、G.798等ITU-T建议为规范构建的一种光传送体系，通过引入ROADM技术、光传送体系（Optical Transport Hierarchy，OTH）技术和数据与控制技术，解决传统WDM网络无波长/子波长业务调度能力、组网能力弱等问题。本章着重对WDM系统结构及基于WDM的光传送网的体系结构、性能和保护等进行介绍。

6.1 波分复用

6.1.1 光波分复用的基本概念及特点

光波分复用（WDM）是指将两种或多种各自携带大量信息的不同波长的光载波信号在发射端经合波器汇合，耦合到同一根光纤中进行传输，在接收端通过分波器对各种波长的光载波信号进行分离，然后由光接收机做进一步处理，使原信号复原。这种复用技术不仅适用于单模或多模光纤通信系统，也适用于单向或双向传输。

波分复用系统的工作波长为0.8μm～1.7μm，由此可见，它适用于所有低衰减、低色散窗口，这样可以充分利用现有的光纤通信线路，提高通信能力，满足急剧增长的业务需求。当同一根光纤中传输的光载波路数更多、波长间隔更小（通常0.8～2nm）时，该系统称为密集波分复用（DWDM）系统。由此可见，此复用使通信容量成倍提高，可以带来巨大的经济效益。当然，由于其信道间隔小，实现上的技术困难也比一般的波分复用大，因此在光波分复用系统中，各支路信号在发射端以适当的调制方式调制在相应的光载频上，再依靠光功率耦合器件耦合到一根光纤中进行传输，在接收端又采用分波器将各种光载波信号分开，从而完成复用、解复用的过程。

光波分复用技术得到世界各国的普遍重视并迅速发展，与其出色的技术特点是密不可分的，具体列举如下：

（1）可实现多波道、超大容量的信息传输；

（2）提高光纤的频带利用率；

（3）利用EDFA实现超长距离高速光纤通信；

（4）能够提供各通道透明传输，便于平滑扩容与系统升级；

（5）可更灵活地进行光纤通信组网。

1．WDM、DWDM和CWDM

DWDM系统是一种波长间隔更小的WDM系统。过去的WDM系统的通道间隔有几十纳米，现在的DWDM系统的通道间隔则更小，只有0.8～2nm，甚至小于0.8nm。可见，密集是针对波长间隔而言的，而DWDM技术其实是WDM技术的一种具体表现形式。在DWDM长途光缆系统中，各波长由于间隔比较小，因而可以共用一个EDFA。这样两个波分复用终端之间就可采用EDFA来代替多个传统的光—电—光再生中继器，以延长光信号的传输距离。最初的DWDM系统是为长途通信而设计的，然而随着技术的发展、用户需求的提高，DWDM系统越来越多地被应用到城域网和接入网之中。但由于DWDM设备成本较高，因此在接入网应用中应考虑到安装成本、不同运营者的需求及带宽增加等问题。在这种情况下，仅16、32或64波的复用通道数太少。为了满足接入网应用的要求，近年来流行一种称为稀疏波分复用（Coarse Wavelength Division Multiplexing，CWDM）的技术。

CWDM系统在1530～1560nm的频谱范围内每隔10nm分配一个波长。用户此时可以使用频谱较宽的、对中心波长精确度要求低的、价格比较低的激光器，通常为了节约投资成本常不使用放大器。当需要使用无源器件（如滤波器）时，也尽量使用造价较低的熔融拉锥型滤波器。这样利用CWDM技术可实现有线电视、电话业务和IP信号的共纤传输，因此，它是实现三网合一目标的重要技术解决方案。为此朗讯公司提出使用打通1400nm窗口的全波光纤，这样便为CWDM的应用开拓了更大的波长空间，为全光接入提供了技术保障。

从上面的分析可以看出，无论是DWDM，还是CWDM，它们的本质是相同的，都是建立在频谱分割基础之上的不同表述形式。

由于1550nm窗口的工作波长区为1530～1565nm，因此G.692建议规定了WDM系统的工作波长范围是1528.77～1560.61nm。通路间隔可以是均匀的，也可以是非均匀的。非均匀通路间隔可以用来抑制G.653光纤的四波混频效应，但目前多数情况下采用均匀通路间隔。

G.692建议规定通路间隔是100GHz（约0.8nm）的整数倍。显然系统中所采用的通路间隔越小，光纤的通信容量就越大，系统的利用率也越高。因此通常采用100GHz和200GHz作为通路间隔标准。

2．WDM与光纤

从图6-1中可以看出，1380nm附近有一个OH^-吸收峰，导致损耗增大。现在的DWDM系统工作于1550nm窗口。由于EDFA的放大区域带宽（1530～1565nm）为35nm带宽，只占用光纤全部带宽（1310～1570nm）的1/6，即使DWDM技术全部利用单模光纤的25THz（200nm）带宽，并按信道间隔0.8nm（100GHz）计算，最多也只能开通200多个波长的WDM系统，因此目前光纤的带宽只利用了一部分。

目前，商用的单模光纤的规格有常规的G.652单模光纤、G.653色散位移光纤和G.655非零色散位移光纤，以及一些特种光纤（如色散补偿光纤、掺铒光纤和保偏光纤等）。

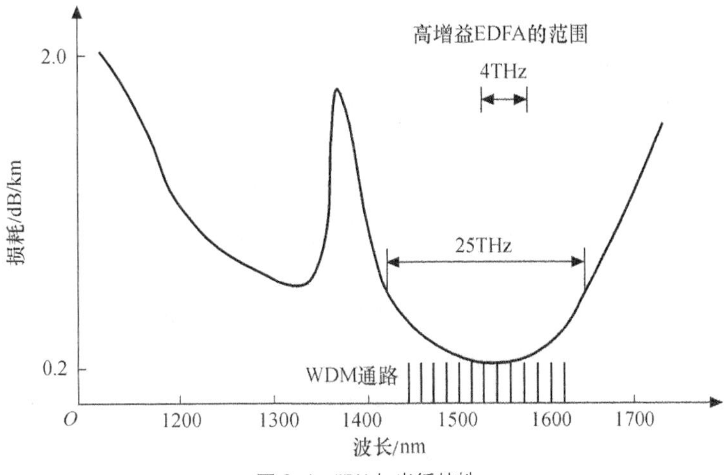

图6-1 WDM与光纤特性

G.652光纤的色散最小点位于1310nm处，而在1550nm处色散较大，严重影响中继距离。G.653光纤虽然工作于1550nm窗口，但由于在此波长窗口色散系数过小，容易受到四波混频等光纤非线性的影响，无法进行波分复用。因此新敷设的光缆已放弃G.652和G.653光纤，转而使用G.655光纤。特别是第二代G.655光纤——大有效面积和小色散斜率光纤的使用，在很大程度上促进了WDM技术的应用发展。另外，通过降低1400nm窗口吸收峰损耗，使光纤中的传递波长在1310～1570nm长波长范围内全部打通，从而构成全波光纤，可使复用波长大大增加，为WDM技术在接入网中的应用提供了有效的技术保障。

EDFA的商用化克服了光纤衰减对中继距离的影响，但光纤色散效应的影响更加明显。随着系统传输速率的提高，特别是对于太比特级光网络而言，光纤色散的影响将成为主要的限制因素。色散影响主要包括色度色散和偏振模色散，其中色度色散可以通过色散补偿技术来予以补偿。此外，在系统中使用EDFA后，光功率增大，光纤在一定条件下将呈现出非线性，即散射效应（SBS和SRS）和折射率效应（SPM、XPM和FWM），它们中大部分都与入纤功率有关。通常对于光通道数较少的WDM系统，入纤功率一般为+17dBm，比产生SRS效应的阈值小很多，因此不会有SRS的影响。在采用外调制方式的WDM系统中，当使用低频扰动技术时，也可以克服SRS的窄带效应影响；四波混频（FWM）效应与光纤色散有关，使用G.655光纤既可克服FWM，又可抑制光纤色散的影响，是高速WDM系统的最佳选择；交叉相位调制（XPM）对32通路的WDM系统影响突出，但仍可通过使用大有效面积光纤来克服其影响。总之在高速WDM系统中，必须综合考虑光纤非线性的各种影响。

根据光纤传输特性，光纤传输分成6个波段，分别是O波段（1260～1360nm）、E波段（1360～1460nm）、S波段（1460～1530nm）、C波段（1530～1565nm）、L波段（1565～1625nm）和U波段（1625～1675nm）。由于EDFA的增益有效频段范围为1530～1565nm，因此目前80波以内的DWDM系统主要应用在C波段，而80波以上、160波以内的DWDM系统采用C+L波段。

3. WDM对光源的要求

在传统的SDH光纤通信系统中，SDH信号被调制到单一的光载频上，从频谱分析的角度看，它工作于很宽的区域。而在WDM系统中，多个SDH系统信号可同时利用一条光纤进行信息传播，只是它们各自占据的工作波长不同，波长间隔在100GHz或200GHz，这对激光器提出了很高的要求，具体列举如下。

（1）激光器的输出波长保持稳定

由于发射激光器的频率（或波长）会随着工作条件（如温度和电流）的变化而发生漂移，例如，在InGaAsP激光器中，注入电流每变化1mA，波长便会改变0.02nm，而温度每变化1℃，波长将会改变0.1～0.5nm，因此保持每个信道载频的稳定也是多信道光纤通信系统设计中的一个重要方面。具体可实施的稳频方案有多种，例如，利用温度反馈控制的方式获得波长稳定的光波。

（2）激光器应具有比较大的色散容纳值

由于EDFA的商用化使得光纤通信系统中的无电再生中继距离大大增加，因此在WDM系统中，一般每隔80km使用一个EDFA，使受光纤衰减影响而变弱的光信号得到放大。但EDFA无整形和定时功能，因此不能有效地消除沿线的色散和反射等因素所带来的影响，所以一般系统经500～600km的信号传输之后，需要进行光电再生。由前面的分析可知，影响无电再生中继距离的因素，一是光纤色散，二是光谱特性。因此，为了延长无电再生中继距离，在WDM系统中使用的光源要求具有较大的色散容纳值（或者说，信号在光纤中传输时，能容纳较大的色散引起的脉冲展宽），以使无电再生中继距离增大。

（3）采用外调制技术

除光源的光谱特性和光纤色散特性之外，系统的中继距离受限还与所采用的调制方式有关。对于直接调制而言，在采用单纵模激光器的光通信系统中，啁啾是限制系统中继距离的主要因素，即使选择啁啾系数 α 较小的应变型超晶格激光器，在G.652光纤中传输2.5Gbit/s SDH信号时，最大中继距离也只能达到120km左右，无法达到WDM系统所要求的无电再生中继距离500～600km，因此只能通过采用外调制方式来改善其色散特性。目前所采用的实用外调制器有两种，即电吸收调制器和波导型 $LiNbO_3$ 马赫-曾德尔外调制器。

电吸收外调制器是一种强度调制器，通常将激光器与调制器集成在一个芯片上。它所产生的信号频率啁啾很小，因此这样的信号可在光纤中长距离传输，并且信号失真很小。一般采用电吸收外调制器的系统中继距离可做到600km以上。

波导型 $LiNbO_3$ 马赫-曾德尔外调制器也是一种强度调制器。理论上讲，其啁啾系数可以为零，其调制谱宽很窄，消光比很高，几乎不受光纤色散的影响，只是与偏振状态有关，因此激光器和调制器之间必须用保偏光纤进行连接。这种外调制器适用于高速调制的10Gbit/s以上的超高速WDM系统。

4．对光电检测器的要求

由前面的介绍可知，在WDM系统中可利用一根光纤同时传输不同波长的光信号，因而在接收时，必须能从所传输的多波长业务信号中检测出所需波长的信号，这就要求光电检测器具有多波长检测能力。为此可以采用可调光电检测器。它是在一般的光电二极管结构基础上增加了一个谐振腔，这样可以通过调节施加到谐振腔上的电压来改变谐振腔的长度，从而达到调谐的目的。这种可调光电检测器的调谐范围可达30nm以上。

6.1.2 波分复用系统

1．波分复用系统结构

与传统的光纤通信系统的结构类似，WDM系统由光发射机、光接收机、光中继器等构成，如图6-2所示。

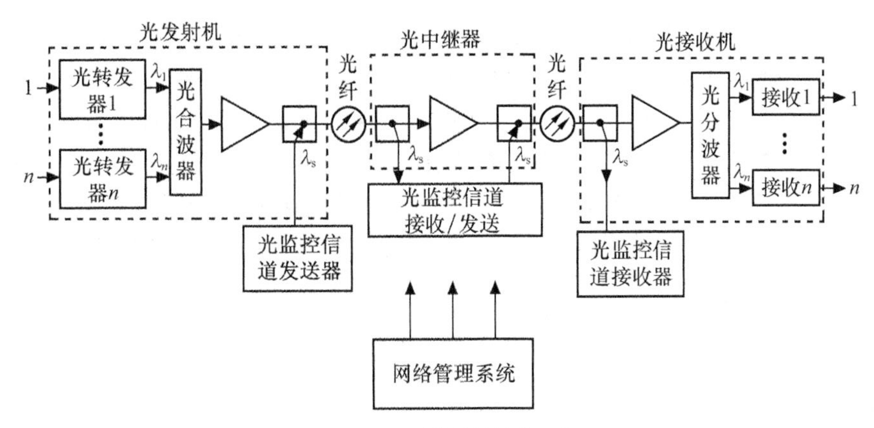

图6-2 WDM系统总体结构示意图

在WDM系统中利用波长分割原理，对不同的SDH信号赋予不同的中心波长，这样不同波道可以同时共用一根光纤进行信息的传输。通常WDM系统设计中对各波道的波长有固定的分配，这就是说，只有符合系统设计规定的波长才能在系统中传输，因此在发射端，首先要将来自各SDH终端设备的光信号送入光波长转换器（Optical Transponder Unit，OTU），光波长转换器负责将符合ITU-T G.957规范的非标准波长的光信号转换成符合设计要求的、稳定的、具有特定波长的光信号。各光波长转换器输出的是标准的波长，这些波长的信号在光波分复用器进行合路处理，形成包含多波长成分的光信号，然后再经EDFA（作为功率放大器）同时放大。

在接收端，首先由一个EDFA，将经过长距离传输后相当微弱的多波长光信号放大，并送入光分波器，从中分解出所需的特定波长的信号，送往规定波长的光接收机。为了保证各波道都能恢复出正常信号，要求光接收机达到技术指标，如接收灵敏度、过载功率等，同时还应能容纳一定程度的光噪声的影响，并提供足够的带宽。

当含多波长的光信号沿光纤传输时，由于受到衰减的影响，多波长信号功率逐渐减弱（长距离光纤传输距离80～120km），因此需要对光信号进行放大处理。目前，在WDM系统中使用EDFA来起到光中继放大的作用。由于不同的信道是以不同的波长来进行信息传输的，因此要求系统中所使用的EDFA具有增益平坦特性，能够使所经过的各波长信号得到相同的增益，同时增益又不能过大，以免光纤工作于非线性状态。这样才能获得良好的传输特性。

2．波分复用系统的基本应用形式及其监控

随着EDFA的商用化，在WDM系统中通常使用EDFA作为中继器，这使无电中继距离大大增加，因而在WDM系统中，监控内容增加了对EDFA的监控与管理。又由于EDFA对业务信号的放大是在光层上进行的，即无上下话路的操作，因此无电接口接入。即使所传输的业务信号为SDH信号，在SDH信号的帧开销中也没有对EDFA进行监控和管理的字节。而且一般信号在EDFA上传输时呈现透明性，即对所传信息的数据格式不限，因而在WDM系统中是通过增加一个新的波长来对EDFA的工作状态进行监控的。由于EDFA的增益有效区为1530～1565nm，该区域用于传输各波道的业务信息，因此对于采用光放大器作为中继器的WDM系统，需要增加一个额外的光监控信道，而且在每个EDFA处均能进行上下操作，该波长一般位于EDFA增益有效区的外面，规定为1510nm（用λ_s表示）。

除监控线路中的EDFA之外，WDM系统中的监控系统还应完成对各波道工作状态的监控，如图6-2所示。可见在光发射机中是利用耦合器将光监控信道发送器输出的光监控信号（波长为λ_s的光信号）插入多波道业务信号的。由于光监控信号与多波道业务信号各自所占波长不同，因此，不会构成相互干扰，监控信号将随各波道业务信号一起在光纤中传输。又由于光纤衰减的影响使得经过长距离（80～120km）传输的光信号很弱，因此在WDM系统中利用EDFA对各波道业务信号进行放大，但无管理和定时功能。为了能获得相应的信息，在EDFA的前后分别取出和插入波长为λ_s的监控信号。在接收端再从所接收的各波长信号中分离出监控信号（λ_s）。监控信号所传信息包括帧同步字节、公务字节和网管所用的开销字节等。

6.1.3 WDM网络的关键设备

1．基本复用单元

WDM已经成为光纤通信的主要发展方向，因而光分插复用器（Optical Add Drop Multiplexer，OADM）、光交叉连接器（OXC）和光终端复用器（Optical Termination Multiplexer，OTM）是光传送网中的关键器件，其性能直接对通信网络的性能构成影响。其中OTM包括若干套发射端机和接收端机，在此重点介绍OADM和OXC的结构与功能。

（1）OADM

与SDH中ADM设备的功能类似，OADM的主要功能如下。

① 波长上下话路功能。要求给定波长的光信号从对应端口输出或插入，并且每次操作不造成直通波长质量的劣化，给直通波长引入的衰减要低。

② 波长转换功能。与WDM标准波长相同或不同的波长信号都能通过WDM环网进行信息的传输，因此要求OADM具有波长转换能力，换句话说，既包括标准波长的转换（建立环路保护时，需将主用波长所传输信号转换到备用波长中），还包括将外来的非标准波长信号转换成标准波长，使之能够利用相应波长的信道实现信息的传输。

③ 光中继放大和功率平衡功能。在OADM节点可通过光功率放大器来补偿光线路衰减和OADM插入损耗所带来的光功率损耗。功率平衡是指从探测器输出的电信号中提取信号来控制可变衰减器，从而在合成多波信号前对各个信道进行功率上的调节。

④ 复用段和通道保护倒换功能，支持各种自愈环。

⑤ 多业务接入功能，如SDH信号的接入和吉比特以太网信号的接入等。

（2）OXC

OXC是一种光网络节点（Optical Network Node，ONN）设备，它可在光层上进行交叉连接和灵活的上下话路操作，同时还提供网络监控和管理功能，它是实现可靠的网络保护与恢复，以及自动配线和监控的重要手段。

OXC共有三种实现方式，即光纤交叉连接、波长交叉连接和波长转换交叉连接。

① 光纤交叉连接方式是以一根光纤中所传输的总容量为基础进行交叉连接。其交叉容量大，但缺乏灵活性。

② 波长交叉连接方式可以将任何光纤上的任何波长交叉连接到使用相同波长的任何光纤上。与光纤交叉连接方式相比，其优越性在于具有更大的灵活性。但由于其中无波长转换，因此其灵活性也受到一定的影响。

③ 波长转换交叉连接可以将任何输入光纤上的任何波长交叉连接到任何输出光纤上。由于采用了波长转换技术，这种实现方式可以完成任意光纤之间的任意波长间的转换，更具灵活性。

OXC可以在光纤和波长两个层面上为网络提供带宽管理，如动态重构光网络、提供光信道的交叉连接，以及本地上下话路操作、动态调节各个光纤中的流量分布等。在出现断纤故障时，OXC还能提供光复用段1+1保护。如果在出现故障线路的两个节点之间启用波长转换，那么可通过波长路由重新选择功能来实现更复杂的网络恢复。

2．可重构光分插复用器

由于OADM作为节点设备接入WDM系统会引入插入损耗和信道间的串扰，这将对上下光路和直通光路构成影响，特别是直通光路，OADM的使用会影响系统跨段的设计及节点间的距离，业务的上下处理也会对其他直通信道造成串扰，因此要求OADM具有较好的隔离度，以保证各路信号的正常传输。

随着IP业务的迅猛发展，IP网络的规模和容量也迅速增大，为了满足业务需求，基础承载网的建设逐渐采用以可重构光分插复用器（ROADM）为标志的光层灵活组网技术，使WDM从简单的点到点过渡到环网和多环相交的拓扑结构，最终实现网状网。

典型的ROADM节点结构如图6-3所示，由光波长交叉模块和电层子波长交叉模块共同构成，不仅在光域可支持10Gbit/s或40Gbit/s波长信号的直通和上下操作，而且可以在上下路侧支持电层的G.709帧结构处理、子波长交叉和客户信号适配等功能，具体功能如下。

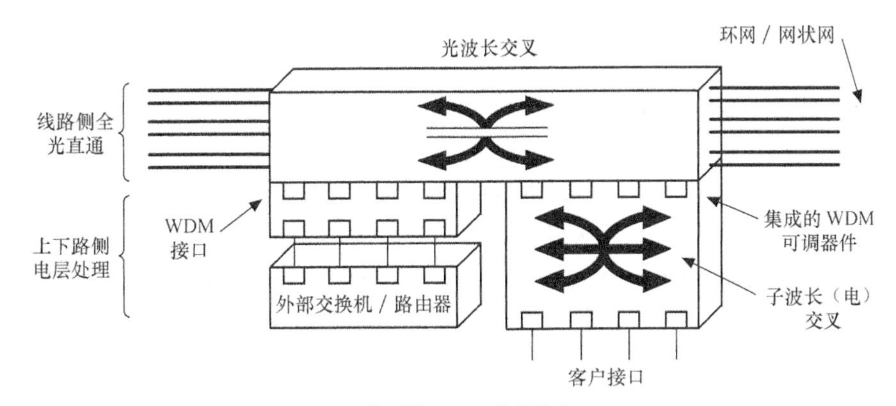

图6-3 典型的ROADM节点结构

（1）实现波长资源的可重构和多方向的波长重构，且对所承载的业务协议、速率透明。

（2）可支持无方向选择性的、无波长选择性的、无端口选择性的本地波长上下。

（3）支持波长广播、多播（可选）。

（4）波长的重构操作不会对其他已有波长信号构成影响，不产生误码。

（5）可在本地或远端实现对上下波长的动态控制，以及对本地上下波长和直通波长的功率控制。

（6）上游光纤出现故障不影响本地向下游方向的上路业务。

6.1.4 WDM系统设计中的工程问题

1．基本要求

随着技术的不断发展，通信业务的迅速增长，光纤通信网的发展与建设速度之快在我国尤为突出。特别是在1995年之后，所有的干线网、大城市或地区的中继网，以及接入网相继采用多个2.5Gbit/s或10Gbit/s系统。但通信网的实际需要仍不断突破原先的预测和计划的规模，使网络容量很快接近饱和，因此，考虑到更新发展的时间周期，具体选择方案时应遵循以下原则。

（1）资源利用

应充分利用所埋设的光纤，以节约成本。

（2）逐步扩容

按实际需求，避免一次投资过多；但要根据预测留有充沛的带宽余量。

（3）符合标准

采用的设备、技术均满足相应的工业标准，利于生产制造、维护及互通。

（4）技术成熟

确保升级更新不影响网络的正常服务质量。

（5）可靠灵活

尽可能使网络的可靠性和灵活性得到增强，以提高网络的生存性和适应性。

（6）组网简单

便于管理调度，易于升级，降低运算费用。

值得说明的是，光缆工程的投资成本中光缆成本大致要占 1/3，用于光缆敷设及市政工程的费用占 1/3，光电设备的成本占 1/3。通常已敷设的光缆至少可用 25 年，光电设备的设计寿命是 25 年。但是现今通信市场的周期为 5～7 年，因此需考虑到网络的增长和技术的发展会带来的系统性能和带宽方面的提升，注意充分利用现有光缆。

2．最大中继距离的计算

在 WDM 系统中影响中继距离的因素有衰减、色散、噪声和串扰等方面。随着 EDFA 的商用化，在实际工程中可以采用 EDFA 来补偿光纤衰减，但同时 EDFA 会给系统引入自发辐射噪声，特别是对于采用 EDFA 级联技术的系统，自发辐射噪声与有效信号一起放大，其影响是不容忽视的。在此系统中决定中继距离的主要因素是色散，但激光器的最大输出功率和接收机的灵敏度等参数仍由衰减关系确定。下面讨论衰减关系。

对于一个典型的 WDM 系统，如果考虑到链路中使用 OADM 或 OXC 的情况，它们会给系统引入插入损耗，因而在式（4-1）的基础上，衰减受限情况下的中继距离计算公式可表示为

$$L_{\alpha}=\frac{P_{\mathrm{T}}-P_{\mathrm{R}}-A_{\mathrm{CT}}-A_{\mathrm{CR}}-A_{\mathrm{OADM}}-A_{\mathrm{OXC}}-A_{\mathrm{c}}+G-N_{\mathrm{F}}-P_{\mathrm{P}}-M_{\mathrm{E}}}{A_{\mathrm{f}}+A_{\mathrm{S}}/L_{\mathrm{f}}+M_{\mathrm{C}}} \tag{6-1}$$

其中，A_{OADM}和 A_{OXC}是 OADM 和 OXC 的插入损耗；A_{c}是 EDFA 的插入损耗；G 是 EDFA 增益；N_{F}是 EDFA 引入的噪声。

由于多数 WDM 系统使用的是外调制技术，因此其色散受限情况下的中继距离可用式（4-6）进行计算。取 L_{α} 与 L_{C} 中较小的作为系统最大中继距离。

6.2 光传送网

6.2.1 光传送网的基本概念及特点

光传送网（OTN）是以波分复用（WDM）技术为基础、在光层组织网络的传送网，是由 G.872、G.709、G.798 等一系列 ITU-T 建议所规范的新一代“数字传送体系”和“光传送体系”，其主要功能包括传输、复用、选路、监视等，是网络逻辑功能的集合。OTN 是在 SDH

传送网的电复用段层和物理层之间加入光层，其处理的基本对象是光波长，客户层业务是以光波长的形式在光网络上复用、传输、选路等，实现光域上的分插复用和交叉连接，为客户信号提供有效和可靠的传输。

OTN 的创新性在于引入 ROADM、光传送体系（OTH）、G.709 接口和控制平面等概念，进而有效地解决传统 WDM 网络无波长/子波长调度能力、组网能力弱和保护能力弱的问题，并通过吉比特以太网（Gigabit Ethernet，GE）接口的标准化，使之适应 IP 类数据业务对光传送网承载的要求。

OTN 技术已成为当今较热门的传输技术，其主要优势如下。

1．可提供多种客户信号的封装和透明传输

基于 G.709 的 OTN 帧结构可以支持多种客户信号的映射和透明传输，如 SDH、ATM、以太网等。目前，SDH 和 ATM 可实现标准封装和透明传送，但对不同速率的以太网的支持有差异。

① ITU-T G.Sup43 为 10Gbit/s 业务实现不同程度的透明传输提供了补充建议。

② 支持 Gbit/s、40Gbit/s、100Gbit/s 以太网和专网业务光纤通道（Fibre Channel，FC）以及 GPON 等。

2．大颗粒的带宽复用和交叉调度能力

① 基于电层的子波长交叉调度：OTN 定义的电层带宽颗粒为光通路数据单元 ODU*k*（*k*=1,2,3），即 ODU1（2.5Gbit/s）、ODU2（10Gbit/s）、ODU3（40Gbit/s）。

② 基于光层的波长交叉调度：光层的带宽颗粒是波长。

需要说明的是，在光层上是以 ROADM 来实现波长业务的调度的，基于子波长和波长多层面调度，可实现更精细的带宽管理，提高调度效率及网络带宽利用率。

3．提供强大的保护恢复能力

电层和光层支持不同的保护恢复技术：

① 电层支持基于 ODU*k* 的子网连接保护（Sub Network Connection Protetion，SNCP）、环网共享保护等。

② 光层支持光通道 1+1 保护、光复用段 1+1 保护。

③ 基于控制平面的保护与恢复技术。

4．强大的开销和维护管理能力

OTN 定义丰富的开销字节，大大增强光通道层的数据监视能力。OTN 提供 6 层嵌套串联连接监视功能，以便实现端到端和多个分段的同时监视。

5．增强了组网能力

OTN 的帧结构、ODU*k* 交叉和多粒度 ROADM 的引入大大增强了光传送网的组网能力。OTN 支持加载通用多协议标签交换（Generalized Multiprotocol Lable Switching，GMPLS）控制平面，从而构成基于 OTN 的 ASON 网络、基于 SDH 的 ASON 网络和基于 OTN 的 ASON 网络，并采用同一控制平面，以实现端到端、多层次的 ASON。

6.2.2 基于 WDM 的光传送网体系结构

由于在 WDM 系统中多波长业务信号可以同时在一根光纤中进行传输，每个波长上的业务信号可以是 STM-16 或 STM-64，因此前面介绍的 SDH 网是针对单一波长的。而基于 WDM 技术构成的网络则是光传送网。按照 G.805 建议的规定，在垂直方向上光传送网分为光通道

（Optical Channel，OCh）层、光复用段（Optical Multiplex Section，OMS）层和光传输段（Optical Transmission Section，OTS）层三个独立的层网络，它们之间的关系如图 6-4 所示。

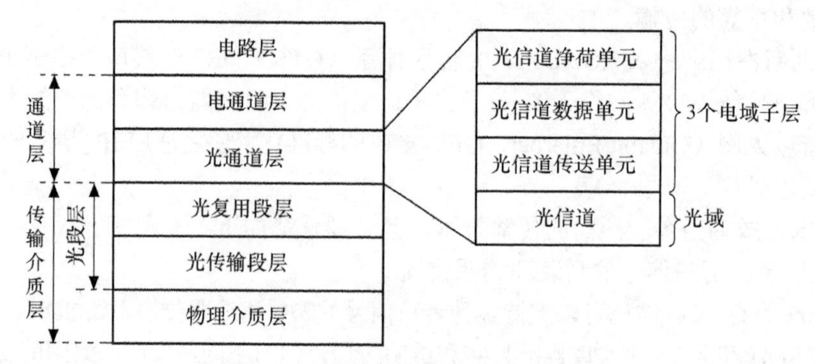

图 6-4　WDM 光传送网的功能分层模型图

（1）光通道（OCh）层所接收的信号来自电通道层，光通道层将为其进行路由选择和波长分配，从而灵活地安排光通道连接（Optical Path Connection，OPC）、光通道开销（Optical Path Overhead，OPOH）处理及监控功能等。当网络出现故障时，OCh 能够按照系统所提供的保护功能重新建立路由或完成保护倒换操作（系统的保护方式不同，所提供的保护功能不同），因此它是 OTN 主要功能的载体。OCh 由 OCh 传送单元（Optical Channel Transport Unit，OTU*k*）、OCh 数据单元（Optical Channel Data Unit，ODU*k*）和 OCh 净负荷单元（Optical Channel Payload Unit，OPU*k*）三个电域子层和光域的光信道组成。

OPU*k*：实现客户信号映射进一个固定的帧结构（数据包封）的功能。

ODU*k*：提供与信号无关的连通性、连接保护与监控等功能。

OTU*k*：提供向前纠错（Forward Error Correction，FEC）编码、光段层保护和监控功能。

（2）光复用段（OMS）层主要负责为两个相邻波长复用器之间的多波长信号提供连接功能。具体功能包括光复用段开销（Optical Multiplex Section Overhead，OMSOH）处理和光复用段监控。光复用段开销处理功能用于保证多波长复用段所传输信息的完整性，而光复用段监控功能用于对光复用段进行操作、维护和管理的保障。

（3）光传输段（OTS）层为各种类型的光传输介质（如 G.652、G.653、G.655 光纤）所携带的光信号提供传输功能，包括光传输段开销处理功能和光传输段监控功能。光传输段开销处理功能用于保证多波长传输段所传输信息的完整性，而光传输段监控功能则是完成对光传输段进行操作、维护和管理的重要保障。

由于光通道层、光复用段层和光传输段层三层上所传输的信号均为光信号，因此也称它们为光层，光层又包含了光通道层和光段层。如果我们将 WDM 传送网的功能分层模型与 SDH 网的功能分层模型进行比较可以发现，它们之间的区别在于通道层中增加了一个新的子层——光通道层。这样电通道层与光通道层共同构成通道层。整个光传送网是由物理介质层来支持的，一般物理介质层为光纤网，与光复用段层和光传输段层一同组成传输介质层。正是由于引入了光通道层，因此可以直接在光域上实现插入与分接功能和高速数据流的选路功能。

6.2.3　OTN 帧结构和开销

在 OTN 中，FEC 功能和开销处理功能是通过数据包封技术实现的。数字包封技术实际上就是一种工作在随路方式的光段开销技术，在光通道层内部采用了TDM帧结构对客户层信号进行处理，并在客户净负荷的基础上又增加了用于光通道管理的开销和用于带外误码监测的FEC开销字节。

OTN包含电层和光层。电层是由OTU*k*组成的，G.709定义的OTU*k*帧结构如图6-5所示。可见数字包封的帧结构和帧长度均是固定的，并包含帧定位开销、OTU*k* 开销、OTU*k*的前向FEC开销字节和OPU*k*开销字节。

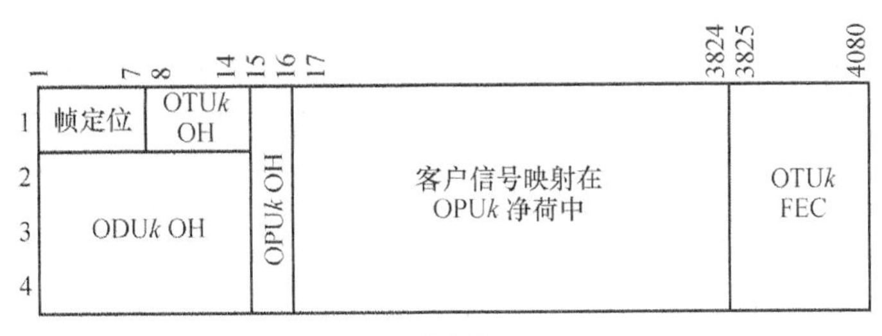

图6-5 OTU*k*帧结构

不同速率的G.709（*k*=1,2,3）信号OTU1、OTU2、OTU3均具有相同的信息结构，即4×4080字节，但每帧的周期不同。这与SDH网中的STM-*N*帧不同，STM-*N*具有相同的帧周期，均为125μs，而在OTN中定义的OTU1、OTU2、OTU3则采用固定长度的帧结构，且不随客户信号的变化而变化。这样当客户信号速率较高时，帧周期缩短，帧频率加快，而每帧的数据没有增加。承载一帧10Gbit/s的SDH信号，需要每秒大约传送11个OTU2光通道帧，承载一帧2.5Gbit/s的SDH信号，需要每秒大约传送2.5个OTU1光通道帧。

在开销方面，OTN的开销要远远小于传统的SDH网，而且因为取消了复杂的指针调整处理机制，从而降低了实现的难度，同时对客户层信号格式和速率无任何限制，具有良好的业务透明性。通过利用FEC及所加的各类开销，OTN提高了光链路的多重性能监控能力，也有利于实现光网络的端到端性能监控能力，增强了组网的灵活性。各类开销的内容及在系统中的作用如下。

（1）OTU*k*层开销：包含光通道传输功能的信息，用于在3R再生点之间提供传输性能检测功能。

（2）ODU*k*开销：包含光通道的维护和操作功能的信息，具体包括串联连接监视、通道监测、OTU层的段监测、保护倒换协议、传送故障类型和故障定位等。

（3）OPU*k*开销：支持客户信号适配相关的开销。如客户信号的类型。

（4）OTN光层开销：包括OTS/OMS/OCh开销信号，用于光层维护，并由光监控信道（Optical Supervisory Channel，OSC）承载。

需要指出的是，OTN信号经过OTN NNI时，有些开销字节是透明的，有些开销字节需要终结和再生。

6.2.4 客户信号的映射和复用

1. OTN层次结构及信息流之间的关系

G.709定义的OTN层次结构及信息流之间的关系如图6-6所示。可见OTN中定义了两种客户信号适配进OTN的途径，分别是通过数据包适配进ODU和直接适配到OCh。前者在

G.709 中有详细的定义。后者中的客户信号无须封包到 OTU 中，可直接适配到 OCh 上进行传送，但其无法支持与 OTU 相关的 OAM 功能。

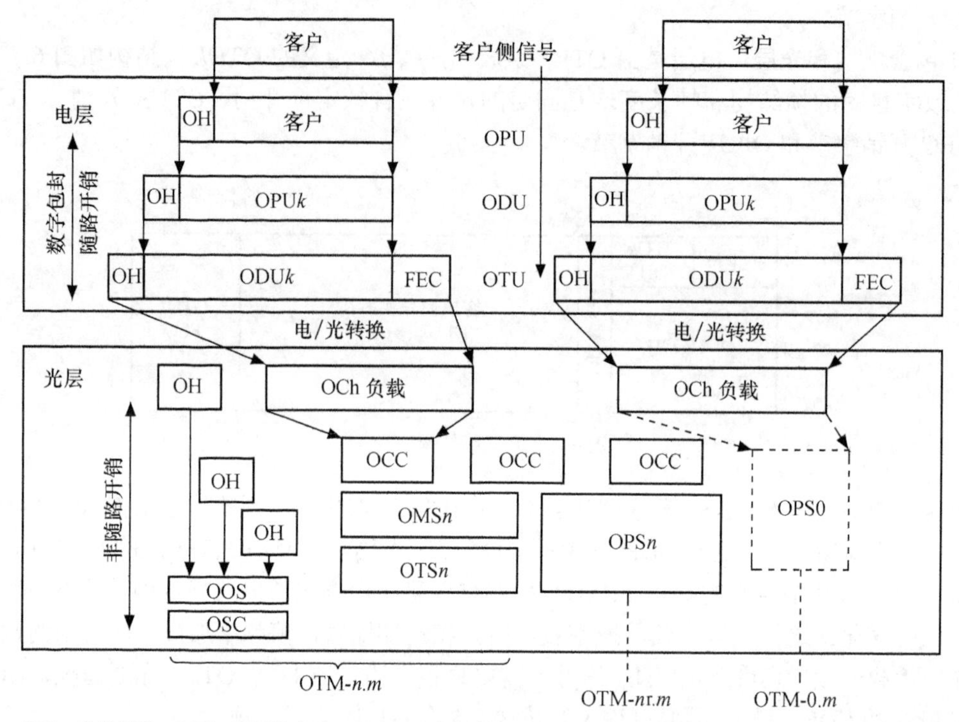

OPS—光物理段；OCC—光通路载波；OMS—光复用段；OOS—OTM（光传送模块）开销信号；OSC—光监控信道

图 6-6　OTN 层次结构及信息流之间的关系

为了加以区别，G.709 定义了两种光传送模块，分别为完全光传送模块（OTM-*n.m*）和简化功能传送模块（OTM-*nr.m*）。OTM-*n.m* 为 OTN 透明域内接口，而 OTM-*nr.m* 为透明域间接口。其中，*m* 表示接口所能支持的信号速率类型或组合，*n* 表示传送系统所允许的最低传送速率所能支持的最大波长数目。当 *n*=0 时 OTM-*nr.m* 为 OTM-0.*m*，这时的物理接口为单个无特定频率的光波接口。

由图 6-6 可以看出，OTN 网络中信息流的适配过程，首先是从客户业务适配到光通道层，信号的处理是在电域内进行的，包括业务负荷的映射复用、OTN 开销的插入，此间信号采用 TDM 处理方式；然后从光通道层到光传输段层，信号的处理也是在电域内完成的，包括光信号的复用、放大及光监控信道的插入，此间信号采用波分复用处理方式。

2．OTN 客户信号的复用和映射结构

图 6-7 所示为 OTN 复用和映射结构，它表明了各种信号结构单元之间的关系。可见客户信号首先被映射进 OPU*k* 中的净负荷区，加上 OPU*k* 开销后便构成 OPU*k*；然后 OPU*k* 被映射到 ODU*k*，再映射到功能标准化光通道传送单元 OTU*k*[V]，OTU*k*[V]映射到光通道 OCh 或简化功能的光通道 OCh[r]；OCh[r]再被调制到光通道载波 OCC 或简化光通道载波 OCC[r]，最后成为 OTM-*n.m* 信号或 OTM-*nr.m* 信号。

需要说明的是，OTN 客户信号共有 3 种，传输速率分别是 2.5Gbit/s、10Gbit/s 和 40Gbit/s。OTN 是通过一级一级复用映射而成的，在不同阶段具有不同的速率。下面以一个 2.5Gbit/s

信号为例加以说明。首先信号被映射为ODU1，经FEC编码，速率变为2498775.126kbit/s，此后ODU1有以下3种映射复用途径。

（1）直接映射到OTU1，经过FEC编码，速率变为2666057.143kbit/s，OTU1进一步映射为OCh和OCC，再经过映射成为光载波群OCG-*n.m*，最后构成OTM-*n.m*；

（2）在ODU1之后，ODU1也可以经过光通道数据支路单元ODTUG2复用成为OPU2（4个ODU1复用成1个OPU2），再经过一级级映射复用成为OTM-*n.m*；

（3）在ODU1之后，ODU1也可以经过ODTUG3复用成为OPU3（16个ODU1复用成1个OPU3），再经过一级级映射复用成为OTM-*n.m*。

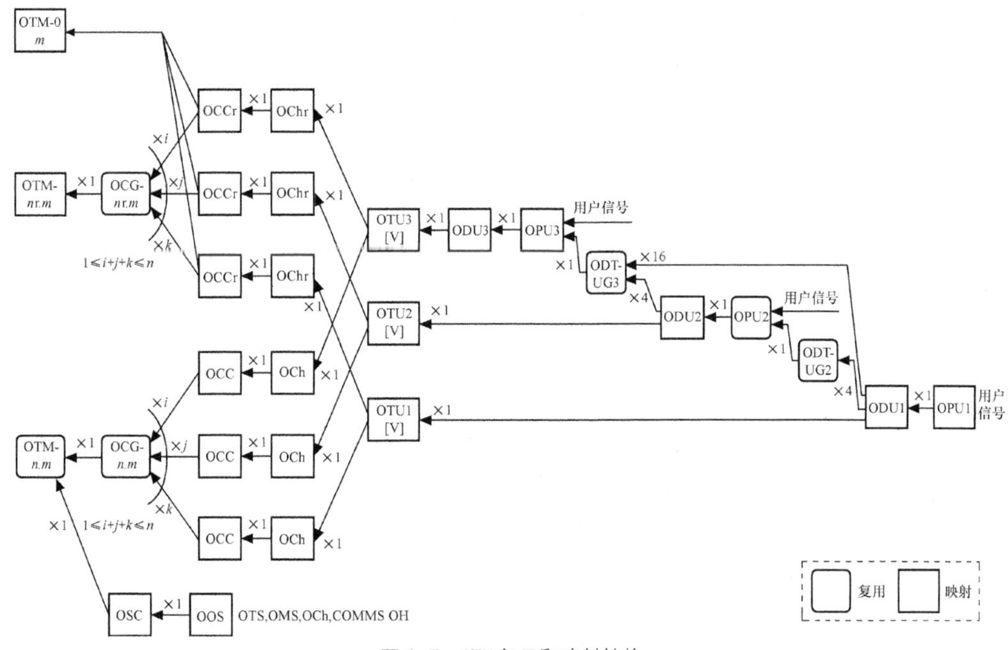

图6-7 OTN复用和映射结构

由此可见，OTN复用映射体系中有波分复用和时分复用两种复用方式。

3．通用映射规程

目前全光组网受到一些关键技术不成熟的限制，如光存储、光定时再生、光数据性能监控等，OTN技术是基于现有光电技术的一种折中传送网解决方案。OTN在子网内部进行全光处理，而在子网边缘进行光电混合处理，因此OTN是向全光网络发展的过渡阶段，并非完美。其最典型的不足之处就是不支持2.5Gbit/s以下颗粒业务的映射与调度，同时存在以太网透明传输不够或传送颗粒速率不匹配等互通问题。为此，基于多种带宽颗粒的通用映射规程（Generic Mapping Procedure，GMP）是用来解决多业务的混合承载的有效适配方案。

GMP能够根据客户信号速率和服务层传送通道的速率，自动计算每个服务帧需要携带的客户信号数量，并分布式适配到服务帧中，以支持多业务的传送承载。

6.2.5 光传送网的功能模型

1．光通道层的逻辑功能

光通道层网络为不同速率和不同传输格式的用户信息提供透明的端到端的连接功能，因而光通道层网络应具有光通道连接的重组、光通道开销处理、光通道监控等功能。它是由网络连接、链路接连、子网连接和路径等实体组成的。其逻辑功能模型如图6-8所示。

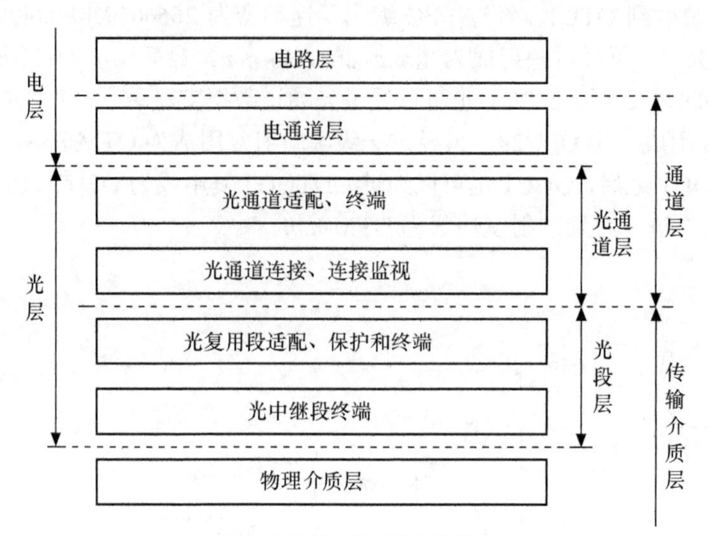

图6-8　WDM光传送网的逻辑功能模型

由图6-8可以看出，光通道层网络应完成光通道适配（Optical Path Adaptation，OPA）、光通道终端（Optical Path Termination，OPT）、光通道连接和对光连接的监控功能。

光通道适配（包括ODU*k*、OPU*k*）功能块负责提供串联连接监视（ODU*k*T）、端到端通路检测（ODU*k*P）、OPU*k* 的适配功能。这样可将电通道层送来的各种格式（SDH 网、ATM网等）的信号适配成光通道层的信号格式，其中将根据光通道开销（OPOH）进行各种信息处理，如波长分配也是在OPA中完成的。光通道终端功能块完成光通道的开始和终结功能，它是光通道开销的源和宿。无论是光通道适配功能块还是光通道终端功能块，其功能都与电通道层所采用的信息格式有关。光通道交叉连接功能负责将输入光通道和输出光通道连接起来。光连接监控（Optical Connection Supervise，OCS）功能将根据光通道开销来进行光通道监视。其主要内容包括OCS之间和OPT与OCS之间的维护信息、告警指示及光通道链路的性能参数。

光复用段层网络负责为多波长光信号提供网络连接功能，因而光复用段层网络应具有光复用段开销处理功能和光复用段监控功能。它是由网络连接、链路连接和路径等实体构成的。一个光复用段包括光复用段适配（Optical Multiplex Section Adaptation，OMSA）功能块、光复用段保护（Optical Multiplex Section Protect，OMSP）功能块和光复用段终端（Optical Multiplex Section Termination，OMST）功能块。

光复用段适配功能块负责将光通道层送来的信号适配成光复用段层的信号格式，其中还将根据光复用段开销进行光的复接/分接、波长转换等处理。波长转换功能可根据网络所采用的机制来进行选择，例如，在波长通道（Wavelength Path，WP）机制中（后面将做介绍）不需要进行波长转换；而在虚波长通道（Virtual Wavelength Path，VWP）机制中，波长转换功能可以在源OMSA和宿OMSA上完成。

OTU层分别定义了OTU*k*及OTU*k*V两类可选的功能模块，两者之间的区别在于OTU*k*V对复帧、ODU 同步映射及 FEC 的支持是可选的。光层则有完整功能和简化功能两类，即

OCh/OTM-*n* 和 OChr/OTM-*nr*/OTM-0，它们之间的区别是简化结构不需要 OSC 和 OOS。

从以上分析中可知，OTN 电域保留了许多 SDH 的优点，如多业务适配、分级复用和疏导管理监视、故障定位和保护倒换等。同时 OTN 扩展了新的能力和领域，如提供大颗粒的 2.5Gbit/s、10Gbit/s、40Gbit/s 业务的透明传送，支持带外 FEC、支持多层多域网络进行级联监视等。从光域观察，OTN 将光域划分为三个子层（OCh、OMS、OTS），在波长层面可实现网络管理，同时连接光层提供的 OAM 功能。

2．光传送网的网络单元连接模型

图 6-9 所示为 WDM 光传送网的网络单元连接模型。从中可以清楚地看出光通道网络中的信息转移路径。其中，两端的客户系统之间的链路称为端到端的连接，它由单波长 SDH 网的再生段链路（Regenerator Section，RS）和光通道网络的光通道构成。由图 6-4 可知，光通道层是由 3 个电域子层和光域 OCh 组成的。实现波长上下的两个节点设备之间的光链路可以是 ODU*k*，类似于 SDH，也可以是 OCh，可见两者处于不同域，其中 OCh 位于光域。

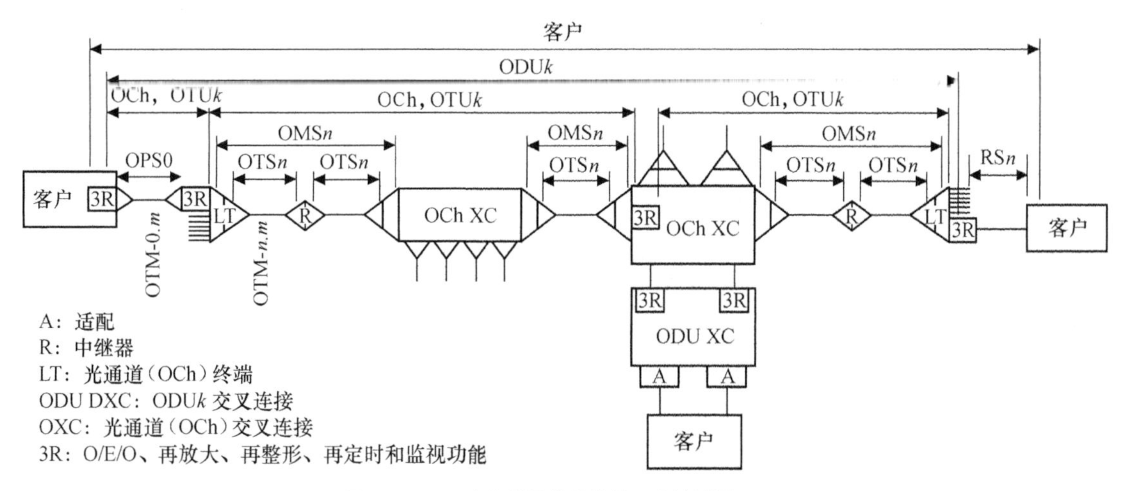

图 6-9　WDM 光传送网的网络单元连接模型

3．波长路由机制

由前面的介绍可知，光通道可以看作光通道层上的端到端的连接，由此构成一个电通路层的虚连接。建立与释放一条光通道，相当于在电通道层上增加或减少一条虚连接。因此光通道层应具有光通道选路和波长分配功能，即在某节点，一个电信号由接入设备接入，被转换成光信号，继而能在一条光链路（包括光纤和多个 OXC 节点的交换连接建立起的光链路）上传输。现在问题的关键在于采用何种机制既能增强网络的通信容量和 OXC 的吞吐量，又能进一步简化网络恢复过程，提高网络的安全性。下面介绍两种最重要的通道机制：波长通道（WP）机制和虚波长通道（VWP）机制。

波长通道机制是指光通道上的 OXC 节点没有波长转换功能，因此某一光通道中的不同光复用段必须使用相同的波长。例如，图 6-10 所示光通道 A-1-6-7-10-D 始终使用一个波长 λ_1，因而这是一条波长通道。当信号所要经过的链路中无一条具有公共的空间波长的路由时，便会出现阻塞现象。值得说明的是，在链路路径不重叠的光通道中，可以采用波长重复的策略。

虚波长通道机制是指光通道上的 OXC 节点具有波长转换功能，因此一个光通道中的各光复用段可以占用不同的波长。例如，图 6-10 所示的光通道 C-7-10-9-E，如果 A-1-6-7-10-D

占用λ_1波长的通道，因为节点7和节点10的OTN设备具有波长选择功能，所以在节点7进行波长转换，使节点7~10的光复用段工作于λ_2波长，而其他节点间的复用段仍工作在λ_1波长，可见此时光通道C-7-10-9-E是一条虚波长通道。这样便可以在信号所需经过的链路中进行灵活的波长分配，从而提高波长的利用率。

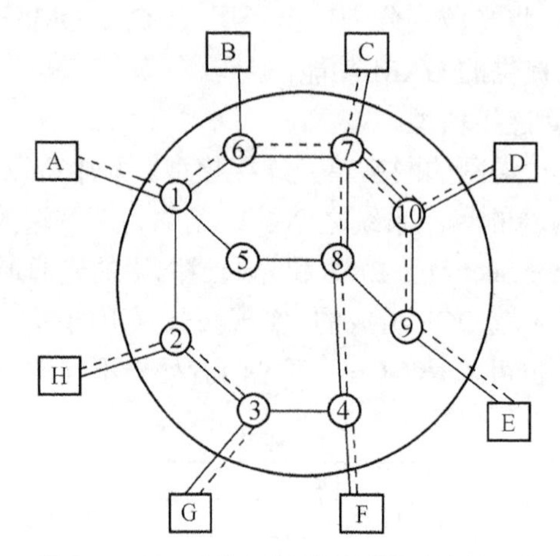

图6-10　WDM网络中的波长通道和虚波长通道

采用不同的路由机制可构成不同的网络，因此WDM网络又可分为波长选路网络和虚波长通道网络。在波长选路网络中，由于每一条光通道占用一个固定波长，因此，为了能对全网各复用段上波长的占用情况有所了解，必须采用集中控制方式，这样才能保证为新的呼叫请求选择一条适当的路由。而在虚波长通道网络中，由于每一个节点的OXC均具有波长转换功能，因此在一个光通道上的波长是按光复用段逐个进行分配的。可见波长的分配可以按分布方式进行，这样大大降低了光通道层选路的复杂性，节省了选路的时间。

6.2.6　OTN关键设备

OTN是以光通路接入点作为边界、由OTN设备和网络设备构成的光传送网络。可从两个方面来界定OTN，一是具有OTN物理接口，二是具备ODU*k*级别的交叉连接能力。归纳起来，在OTN中通常存在以下3种设备。

1．具有OTN接口的WDM设备

支持将客户信号映射封装到OTU*k*接口的OTM或ROADM设备如图6-11所示。通常DWDM产品都支持OTN接口，区别仅在于每个厂家采用的增强型FEC编码有所不同。

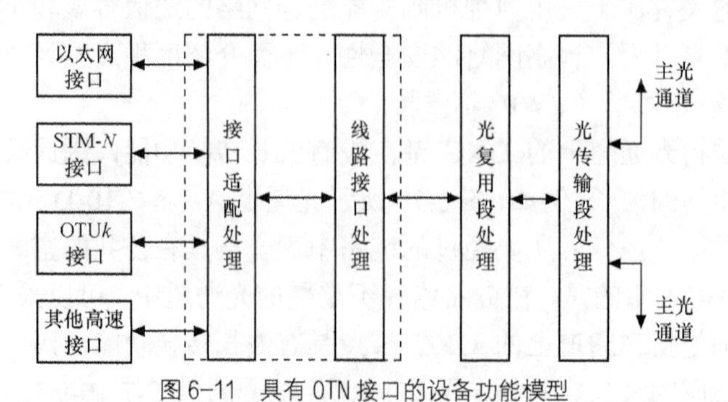

图6-11　具有OTN接口的设备功能模型

2. 支持 ODU*k* 的电交叉设备

与 SDH 交叉设备功能类似，OTU*k* 电交叉设备可完成 ODU*k* 级别的电路交叉功能，其结构如图 6-12 所示。这种设备可以独立存在，类似 SDH 设备，对外提供各种业务接口和 OTU*k* 接口；也可与具有 OTN 的 WDM 设备集成，以支持 WDM 传输。

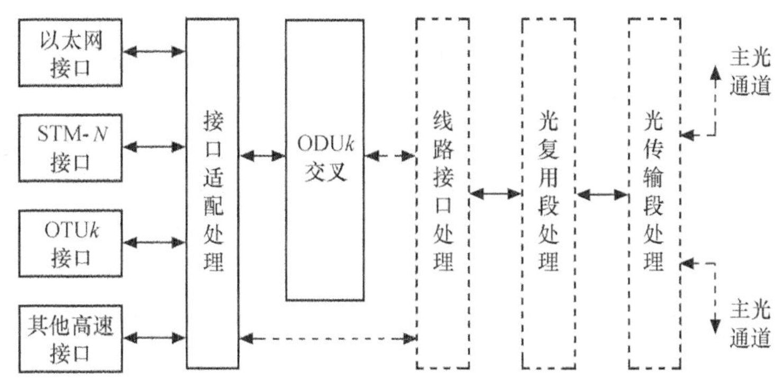

图 6-12 OTN 电交叉设备的功能模型

OTN 电交叉设备的技术要求如下。

（1）业务接入功能：提供 SDH、ATM、以太网、OTU*k* 等多种业务接入功能。

（2）接口能力：提供标准的 OTN IrDI 接口，连接其他 WDM 设备。

（3）交叉能力：支持一个或多个级别的 ODU*k* 电路的交叉。

（4）保护能力：支持一个或多个级别的 ODU*k* 通道级别的保护，倒换时间在 50ms 以内。

（5）管理能力：提供端到端的电路配置和性能/告警监视功能。

（6）智能功能：支持 GMPLS 控制平面，实现电路自动建立、自动发现和保护恢复等功能。

3. 支持 ODU*k* 和光波长交叉的 OTN 设备

支持 ODU*k* 和光波长交叉的 OTN 设备的功能模型如图 6-13 所示。可见它是由 OTN 电交叉设备与 OCh 交叉设备组成的，可同时提供 ODU*k* 电层和 OCh 光层调度能力。

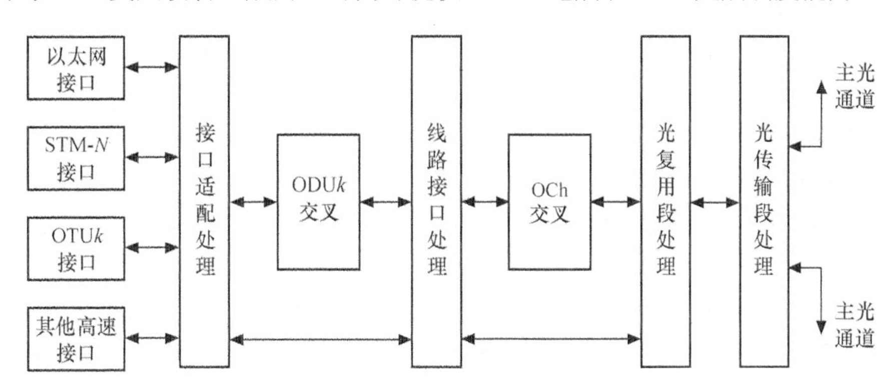

图 6-13 OTN 光电交叉设备的功能模型

支持 ODU*k* 和光波长交叉的 OTN 设备的技术要求如下。

（1）接口能力：具备多种业务接口和 OTN IrDI 接口。

（2）OCh 调度能力：具有 ROADM 或 OXC 功能，支持多方向的波长任意重构，支持任意方向的波长上下，支持无方向依赖性的波长上下。

（3）ODU*k* 调度能力：支持一个或多个级别的 ODU*k* 电路调度。

（4）两层的协调能力：能够对电层和光层进行有效协调，在进行保护和恢复时不发生冲突。

（5）管理能力：网管能够提供端到端的 ODU*k*、OCh 通道的配置和性能/告警监视功能。

（6）智能功能：支持 GMPLS 控制平面，实现 ODU*k*、OCh 通道自动建立、自动发现和恢复等智能功能。

从图 6-13 可以看出，从客户业务适配到光通道层，需要在电域内进行信号处理，具体包括业务的映射复用、交叉连接、OTN 开销的插入等，信号处理属于 TDM 的范畴。从光通道层到光复用段，信号的处理是在光域内进行的，包含光信号的复用、放大及光监控信道的加入，信号处理属于 WDM 的范畴。

6.2.7 OTN 的保护方式

OTN 共定义了三种保护方式，即线性保护、子网连接保护（ODU*k* SNC）和共享保护。下面分别进行讨论。

1．线性保护

线性保护通常可分为基于光放段光缆线路保护（Optical Line Protection，OLP）、基于光复用段保护（OMSP）和基于单个波长的光通道保护（Optical Channel Protection，OCP）。三种线性保护方式之间的区别在于保护的实现方式不同。

OLP 通过占用主用、备用光纤的方式来实现对线路的保护，具体操作可简述为双发选收、单端倒换。OMSP 是在光复用段的 OTM 节点间采用 1+1 保护，其工作原理同样是双发选收、单端倒换，是针对两个 OTM 之间的 WDM 系统的所有波长同时进行保护。OCP 是基于单个波长的保护，可以在光通道上实施 1+1 或 1:*N* 的保护。其工作原理是通过 OP 板将客户侧信号映射进不同 WDM 系统的 OTU，并通过并/选发与选收方式对客户侧信号进行保护。

需要说明的是，OCP 倒换一般应用在 OTU 和客户设备之间，这种方式尽管会在支路侧引入衰减，但不会对整个系统构成影响。

2．子网连接保护

子网连接保护是一种专用的点到点的保护机制，可用在任何一种物理拓扑结构的网络中，可以对部分或全部网络节点实行保护。与 SDH 类似，子网连接保护可以看作是失效条件下的检测，它发生在服务层网络、子层或其他传送网络，而保护倒换的操作发生在客户层网络。

根据保护倒换的类型进行划分，子网连接保护主要有 ODU*k* 1+1 保护和 ODU*k* M:N 保护两种。根据获得倒换信息的途径进行划分，子网连接保护可以分为 SNC/I、SNC/S 和 SNC/N 三种。

（1）SNC/I：固有监视，触发条件为段监测（Segment Monitoring，SM）段开销状态，当不需要配置 ODU 端到端保护，也不需要配置串联连接监视（Tandem Connection Monitoring，TCM）子网应用时，选择 SNC/I。

（2）SNC/S：子层监视，触发条件为 SM、TCM 段开销状态。当不需要配置 ODU 端到端保护，但需要配置 TCM 子网应用时，选择 SNC/S。

（3）SNC/N：非接入监视，触发条件为 SM、TCM、PM 段开销状态。当需要配置 ODU 的端到端保护时，选择 SNC/N。

说明：上述三种方式的区别在于触发方式不同。

3．共享保护

共享保护主要应用于环形网络。根据保护原理的不同，共享保护可分为基于光波保护板实现的光波长共享保护环和利用 OTN 电交叉实现的 ODU*k* 环网保护。

（1）光波长共享保护环

图 6-14 所示为光波长共享保护环原理示意图。

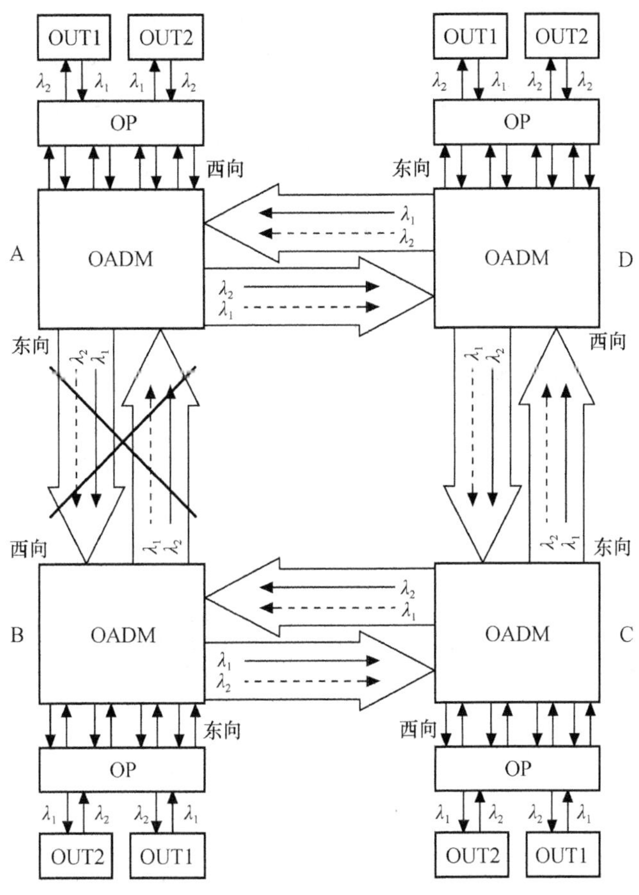

图 6-14 光波长共享保护环原理示意图

在采用光波长共享保护环的网络中，不同站点间的业务保护可以使用相同的波长来实现，因此在进行光波长共享保护环配置时，要求双向业务所使用的工作波长不同，以此达到节约波长资源的目的。其工作原理如下。

节点 A、B 之间有一对业务，A→B 的业务由外环波长 λ_1 承载，B→A 的业务由内环波长 λ_2 承载，这样波长 λ_1、λ_2 构成的工作波长可以在环网其他节点之间重复利用，而内环波长 λ_1 作为外环波长 λ_1 的保护波长，同理，外环波长 λ_2 作为内环波长 λ_2 的保护波长，实现环网上多个业务的共享保护。

（2）ODU*k* 环网保护

图 6-15 所示为 ODU*k* 环网保护原理示意图。其中节点设备均为 OADM，并且每个站与相邻站之间均有 1 路 ODU1 级别的业务，采用 ODU*k* 环网保护，每个站各配置了 2 块线路板、1 块支路板，全环配置 2 个通道（ODU1-1 和 ODU1-2），由 4 个站点共享。外环、内环的工

作路由均包括两个通道（ODU1-1 和 ODU1-2），其中内环 ODU1-1 为工作通道，外环 ODU1-1 为其相应的保护通道，同理，外环 ODU1-2 为工作通道，而内环 ODU1-2 为其相应的保护通道。其工作原理如下。

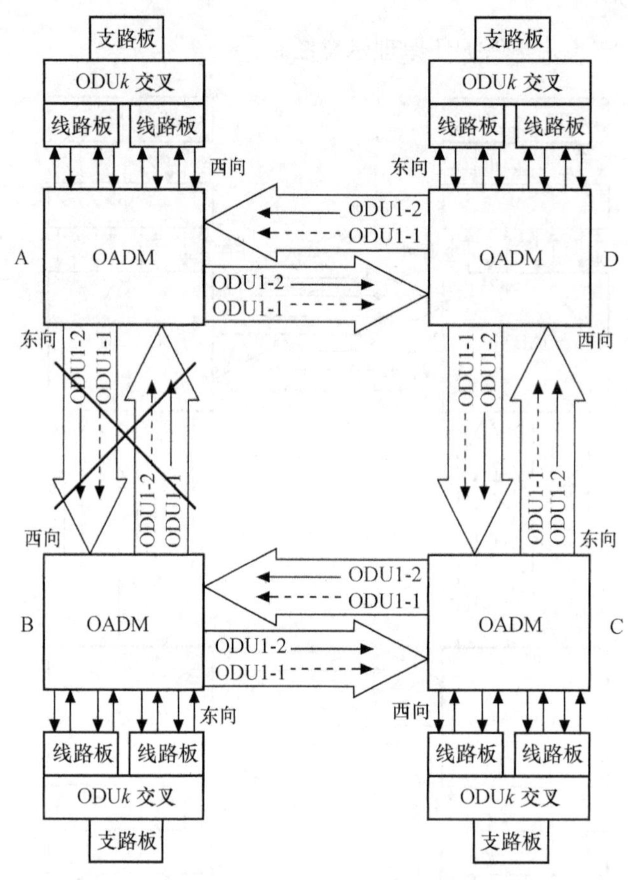

图 6-15　ODUk 环网保护原理示意图

正常时，A→B 的业务由外环 ODU1-2 工作通道携带，B→A 的业务由内环 ODU1-1 工作通道携带。

当 A、B 之间的工作路由出现故障时，A→B 的业务和 B→A 的业务均需倒换到保护路由。

① 对于 A 到 B 的业务：A 站将外环业务切换到内环线路板，占用 ODU1-2 保护通道，经 D、C 将业务传送到 B 站。B 站的支路板相应地选择和接收来自 C 站的保护通道 ODU1-2 的业务。

② 对于 B 到 A 的业务：B 站将内环业务切换到外环线路板，占用 ODU1-1 保护通道，经 C、D 将业务传送到 A 站。A 站的支路板相应地选择和接收来自 D 站的保护通道 ODU1-1 的业务。

从上面的分析可以看出，ODU*k* 环网保护是一种适用于环网的保护倒换方式，需要网络保护倒换协议的支持，以实现双端收发同时倒换到保护通道。其与光波长共享保护环的区别在于 ODU*k* 环网保护是通过电交叉将支路侧接入的信号并发到线路侧，占用 2 个不同的 ODU*k* 通道实现对所有站点间多条分布式业务的保护。

6.3 基于 SDN 的网络智能技术应用

基于 SDN 的光传送网（OTN）智能化是通过硬件的灵活可编程来体现的。这种基于 SDN 技术的光传送网又称为软件定义光传送网，它是利用可编程性来实现传送资源可动态调整的光传送网架构，具有弹性管理、即时带宽、可编程光网络的特征，从而为不同的应用提供高效、灵活、开放的网络服务。可见基于 SDN 的光传送网的特点在于可编程能力向上层开放，使得光传送网的整体性能和资源利用率得到有效提高，同时能够支持更多的应用。

6.3.1 SDN 技术及对光传送网的影响

1．SDN 的基本概念及技术优势

SDN 结构最先是由开放网络基金会（Open Networking Foundation，ONF）提出的，现已成为学术界和产业界普遍认同的架构。SDN 是一种支持动态、弹性管理的新型网络体系结构，是实现高带宽、动态网络的理想架构。SDN 将网络的控制平面和数据传送平面解耦分离，从而将数据传送平面的网络资源抽象化，使其可通过统一的接口对网络进行直接的编程控制。根据 ONF 2016 年发布的白皮书 *SDN Architecture Issue 1.1*，SDN 应遵循以下三个原则。

（1）控制与转发相分离

网络的控制实体应独立于网络转发和处理实体，以便于实现 SDN 的独立部署。值得说明的是，这里的控制和转发分离的部署并不是全新的网络架构。在传统的光网络中一般是控制与转发分离的，而传统的分组网络（如 IP/MPLS/Ethernet）则采用控制与转发合一的方式。控制与转发分离的优势在于可以更高效地实现集中化控制，以及控制软件和网络硬件的可独立优化发布。可见控制与转发分离是 SDN 获得更多可编程能力的架构基础。

（2）网络业务可编程

网络业务的可编程功能允许用户利用同控制器进行信息交换的机会来改变业务的属性，以适应用户自身需求的变化。可见该原则的目标是有效提高业务的敏捷性，以加快业务的部署进程。

（3）集中化控制方式

SDN 架构中采用集中控制器，有利于全面了解网络资源和状态，便于有效地调度资源来满足用户需求，同时控制器也可进行网络资源细节的抽象，从而简化用户的网络操作。

随着越来越多的 SDN 方案的提出，人们渐渐地认识到 SDN 不仅是一种新型的网络架构，还是一种思想。其实现方法多种多样。但其核心理念是利用分层的概念将网络的数据传送平面与控制平面分离，并实现可编程的控制。所以，广义 SDN 泛指向上层应用开放资源接口、可实现软件编程控制的各类网络架构。

由于 SDN 实现了控制功能与数据传送平面的分离和网络的可编程，为更集中化、精细化控制奠定了基础，因此基于 SDN 的光传送网相对于传统的传送网络具有以下优势。

（1）网络协议的集中处理，有利于提高复杂协议的运算和收敛速度。

（2）控制的集中化有利于从更宏观的角度调配网络带宽等资源，提高资源利用率。

（3）缩减运维管理工作量，从而大大降低运维成本。

（4）利用 SDN 可编程功能，可在一个底层物理基础设施上加载若干虚拟网络，并通过 SDN 控制器为不同网段提供不同的 QoS 保证，灵活地为用户提供差异化服务。

（5）业务制定的软件化有利于新业务的测试和快速部署。

（6）控制与转发的分离便于控制策略软件化的实施，有利于网络的智能化、自动化和硬件的标准化。

2．SDN 对光传送网的影响

传统的传送网通常不具备分布式控制能力，只能通过传送网网管对网络进行路径规划，并以此规划为依据进行设备配置。考虑到网络安全性，可通过规划出主、备两条路径来对网络加以保护，但当主备路径同时出现故障时，通常需要人工介入处理，系统并没有 IP 网络所具有的极高可靠性和自组织自恢复能力。同时，由于其网络动态性能比 IP 网络差一些，因此网络资源利用率受到影响。尽管有 ASON 这样的类似 IP 的分布式控制技术出现，但其又落入了 IP 分布式控制的复杂局面之中。

SDN 是对传统网络的一次重构，从原来的分布式控制网络架构变为集中控制网络架构。其中最重要的改变就是在网络中增加了一个 SDN 控制器，而且通过灵活的可编程配置，实现了传送资源的软件动态调整，对网络进行集中控制调度，从而构建起一个完整的软件定义光传送网络架构。通过光网络可编程化，以及资源云化，SDN 为不同应用提供了高效、灵活、开放的管道服务。基于 SDN 的光传送网的意义在于其可编程能力向上层开放，使得整个光传送网具备更强的可编程能力和根据网络状态实时反馈控制能力，从而提升了光网络的整体性能和资源利用率。同时，SDN 解决了分布式控制的 ASON 业务创新速度慢的问题，从而提升了光网络的可靠性和灵活性。

6.3.2 SDN 体系结构

图 6-16 所示为 SDN 体系结构。从中可以看出，SDN 由数据传送平面、控制平面和应用平面组成。数据传送平面和控制平面之间利用 SDN 南向接口（South Bound Interface，SBI）进行通信，因此要求 SBI 具有统一的通信标准。目前主要采用 OpenFlow 协议，控制平面与应用平面之间由 SDN 北向接口（North bound Interface，NBI）负责通信，NBI 允许用户按实际需求定制开发。

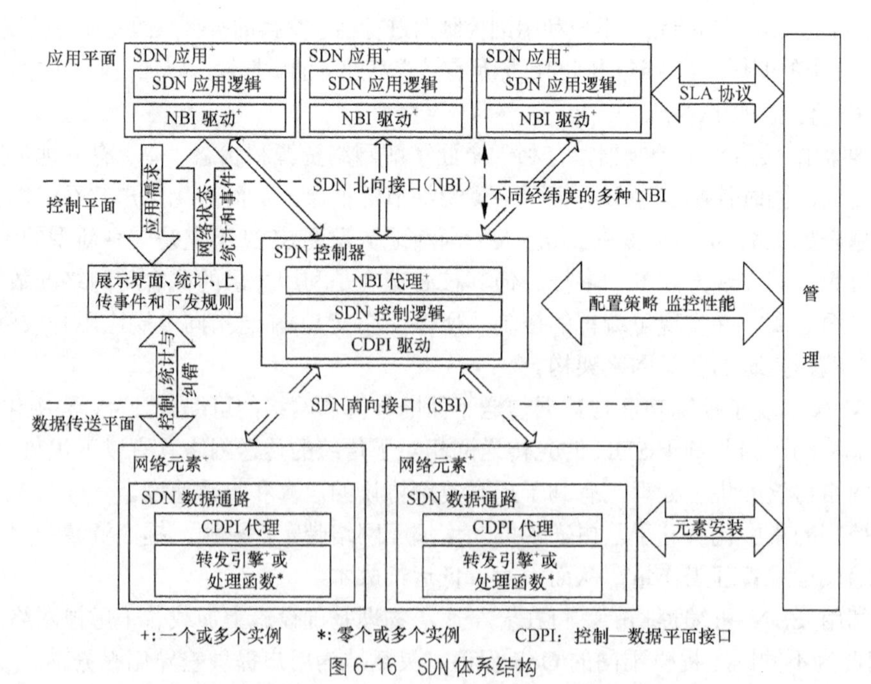

图 6-16　SDN 体系结构

1. 基于软件定义可编程的光传送平面

与传统的光传送网不同，100Gbit/s和超100Gbit/s的光传送网引入了多载波光传输技术、灵活栅格（Flex Grid）技术和超强相干处理技术，特别是通过引入SDN使之成为可编程的光传送网，这样网络可根据需求而改变，并将可编程能力向上层开放，使整个光传送网具有更强的软件定义特征，从而提升整个光网络的性能和资源利用率，支持更多的光网络应用。

软件定义传送平面包括灵活封装电层处理（Flex OTN）、可灵活配置光电转换（Flex TRx）和灵活栅格光层调度（Flex ROADM）三大核心技术。

（1）灵活封装电层处理技术

传统的OTN通过GMP来实现TDM/IP等多业务的封装与承载，但随着业务速率不断提高，基于固定速率的OTU*k*接口的映射、封装和成帧等处理速度越来越不能满足对超宽带和灵活可配置带宽的实际要求。为此引入灵活封装电层处理技术来调整传送容器的大小，它可根据业务需求灵活映射封装，实现与可编程光传送网的完美结合，网络既具有灵活的OTN接口处理能力，以满足对光频谱带宽资源的精细化运营需求，又与现网兼容，能很好地满足未来多业务灵活、高效的承载需求。

（2）可灵活配置光电转换技术

灵活配置的光收发端机是软件定义光传送网的重要组成部分。传统的光收发端机由于硬件结构单一，不同的应用场景需要使用不同的调制方式、线路速率的光模块。随着软件定义光学技术的发展，光收发端机的波长、输入输出功率、子载波调制格式、信号速率、信号损伤补偿算法等参数均可实现在线调节，使光路成为物理性能可感知、可调节的动态系统，即可以根据对线路侧的带宽、距离和复杂度的权衡，灵活调制光电转换模块以实现最佳的频谱利用率，更好地适应网络业务及应用场景的变化。

（3）灵活栅格光层调度技术

灵活栅格（Flex Grid）可以根据不同线宽和级联数量选择不同的栅格宽度和滤波形状，这样ROADM能够在光层实现波长通道的交叉连接和上下操作。随着100Gbit/s、1Tbit/s系统的出现，为了能够提高系统的资源利用率，进而打破原有的固定通道间隔，允许波道中心频率为$193.1+n\times0.00625$THz，允许波道间隔为$12.5\times m$GHz。可见发展软件可编程的光路交叉连接技术，构建具有方向无关、波长无关、冲突无关和栅格无关特性的高度可重构交叉连接节点（即ROADM）结构，可通过采用高性能的可编程波长选择滤波集成组件，支持网状网中不同的间隔和码型信号的灵活调度处理，以减少昂贵的上层交换设备的使用，降低运营商总运行成本和网络整体功耗。

光传送网的软件定义可编程特性包括：根据业务特征所要求的通路类型编程（TDM/PKT）；根据业务带宽需求，设置不同通路带宽大小编程；根据业务时延需求，设置不同通路的通路时延编程；根据用户业务服务质量需求，设置不同QoS策略编程；网络类型编程（分组PKT、子波长或波长交换）；网络规模编程（端口数、节点数、光纤类型和连接数量等）。同时光传送网可根据网络频谱资源利用情况和线路损伤状况进行资源调配和优化，实现通道间和通道内的非线性联合补偿，提升网络性能，实现基于频谱资源的路由算法和频谱碎片整理，有效提高频谱利用率，全面感知网络损伤，以最终实现传送即服务（Transportation as a Service，TaaS）或光层即服务（Optical as a Service，OaaS）。

随着业务的数字化，全时在线连接、云计算、物联网、移动互联网以及高清视频、虚拟现实等成为技术发展的方向。特别是随着各种新型网络服务的出现，网络运营商所部署的设备功能越来越复杂，造成管理成本和能耗的增加。网络功能虚拟化（Network Function Virtualization，NFV）是针对运营商网络呈现的问题提出的SDN解决方案。NFV将传统网络的软件和硬件分离，使网络功能独立于其硬件设备。NFV架构采用了资源虚拟化方式，在硬件设备中增加了一个网络虚拟层，负责硬件资源虚拟化的任务，具体包括虚拟计算资源、虚拟存储资源和虚拟网络资源等，这样运营商可以通过软件来管理这些虚拟资源。因为网络中采用通用设备，所以NFV能够降低设备成本，减少能耗，从而缩短新网络的部署周期，使之适应运营商的发展需求。在接口方面，NFV既支持非OpenFlow协议，又能与OpenFlow协同工作，同时还支持多种传统接口协议，以实现与不同网络的互通。

2．基于软件定义智能化的传送控制平面

在SDN中接口具有开放性，以控制器为逻辑中心，南向接口负责与数据层通信，北向接口负责与应用层通信。另外，由于采用单一控制器容易出现控制节点失效的问题，严重影响通信质量，因此可采用多控制器方式，以保障系统的正常通信。此时，多控制器之间采用东西向通信方式。需要说明的是，由于数据传送层与控制层呈现解耦状态，因此针对这两层的改进是相对独立的，只需在层与层之间提供标准的南向接口。而控制器的南向接口是数据传送与控制分离的核心，因此它是SDN架构中的关键元素。

可编程的OTN控制器作为整个软件定义控制平面的核心，主要包含两层：物理网络控制层与南向接口、抽象网络控制层与北向接口。通过南向接口，物理网络控制层从网络中收集并维护拓扑信息及流量工程（Traffic Engineering，TE）信息，并对物理传送网络进行连接的建立与删除、光层性能监控与调测等配置，同时对网络中已建立的连接加以维护。抽象网络控制层可以对传送网络资源进行抽象，对应用层隐藏传送网络的内部细节，同时向应用层提供开放接口，使应用层可根据应用需求来调用传送网络资源。在抽象网络控制层中，运营商可根据不同的应用场景，在传送网控制器上开发和安装相应的控制插件，这样可针对不同应用进行网络适配来满足不同的要求。

控制器是控制层的核心组件，通过控制器，用户可以在逻辑上以某种方式控制节点设备，实现数据的快速转发，便于安全地管理网络，提升网络的整体性能。但不同规模的网络适合采用不同的控制机制。对于中等规模的网络来说，一般采用一个控制器，通过多线程方式完成相应的控制功能，不会对性能产生明显影响；然而对于大规模的网络而言，仅依靠多线程方式无法保证网络性能。特别是随着网络规模的不断扩大，信号传输时延也在加大，严重时将影响网络处理能力。另外，采用单一集中控制方式，一旦出现单节点失效，会造成网络瘫痪。为了解决上述问题，SDN采用了分布式控制器。这样智能控制便从基于网管统一调度发展到基于分布式节点调度，再到基于集中式的路径计算服务，可见光网络的智能化经历了从集中到分布再到集中与分布相结合的发展历程。可以预见，为了解决大规模网络在组网过程中所面临的网络控制复杂与资源利用率低的问题，光网络控制体系需要完成从封闭到开放的根本性转变，从而构成以开放式灵活控制为主要特征的软件定义控制平面。三种实现方式如下。

（1）路径计算单元（Path Computation Element，PCE）可被视为一个独立的SDN控制器，利用其控制机制统一实现信令等分布式控制功能，其中在南向接口使用路径计算单元协议（Path Computation Element Protocol，PCEP）。

（2）SDN/OpenFlow架构完全取代ASON/GMPLS和PCE架构，尽管采用集中式控制模式，但改进了域间、域内所有控制技术和相关协议。

（3）SDN/OpenFlow架构兼容ASON/GMPLS和PCE架构的相关功能，利用ASON/GMPLS和PCE的现有成果，使其部分模块或功能能够作为SDN控制器的组件或应用，进而平滑地向SDN架构演进。

目前，光网络控制层面向SDN演进主要采用第三种方式，即平滑演进方式，更多的是现有技术的重新整合。基于平滑演进方式的控制器结构如图6-17所示。下面仅介绍其中几个关键模块。

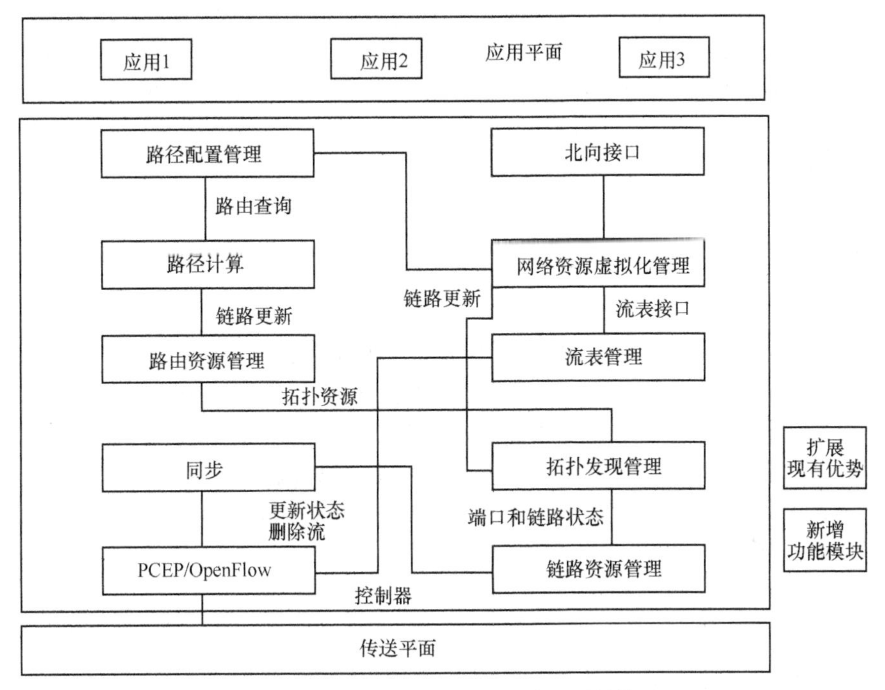

图6-17 基于平滑演进方式的控制器结构

网络资源虚拟化管理：为了解决网络运营商所部署的设备功能越来越复杂，造成管理成本和能耗增加的问题，SDN解决方案中采用NFV技术，将资源虚拟化。其在硬件设备中增加了一个网络虚拟层，负责硬件资源虚拟化的任务，具体包括虚拟计算资源、虚拟存储资源和虚拟网络资源等，这样运营商可以通过软件来管理这些虚拟资源。

PCEP/OpenFlow：主要用于控制器与转发器之间的数据交互，通过采用PCEP/OpenFlow南向接口控制协议，缓存和处理来自OTN设备节点的异步信息，包括从设备收集的拓扑信息、资源信息等，也包括控制器下发的控制信息，如各种流表。

链路资源管理：负责在OTN设备节点之间利用链路层发现协议（Link Layer Discovery Protocol，LLDP）或链路管理协议（Link Manager Protocol，LMP）进行消息处理，并将所产生链路、节点、接口信息送至拓扑发现管理模块。与传统控制平面不同，在SDN结构中，OTN设备节点运行LLDP/LMP发现两节点间链路后，是通过PCEP/OpenFlow协议给出通告的。而在传统控制平面中（如GMPLS），LLDP/LMP运行在两个控制平面环境下，一旦发现两个节点间存在链路，通告是通过内部网关协议（Interior Gateway Protocol，IGP）发布到整个网络的其他控制平面中的。

拓扑发现管理：利用所接收的信息，形成网络流量工程信息，并输入PCE路由资源管理器。拓扑发现管理扮演着原有控制平面中IGP的角色，它并不是处理IGP，而是接收OTN设备节点所报的端口、链路、节点故障等信息，并更新网络拓扑信息，同时向上层通报所发现的故障信息，使上层应用及时触发网络安全保护机制。拓扑发现管理模块负责建立OTN虚拟网络视图与物理设备网络的映射关系，隔离控制器所在的网络的链路带宽和流表，并通过PCEP/OpenFlow与下层进行信息交互。

流表管理：负责维护隔离控制器管理的所有OXC/DXC的交叉流表。需要说明的是，每个OTN设备节点都需要维护一个独立的交叉流表，同时也应能够接收来自上层应用的流表配置和更新请求，并与OTN设备节点进行交互，以确定流表的增加、删除和修改操作。

SDN控制器具有全局全网视野，可掌控全网信息，如拓扑和网络状态等，从而缩短网络动态调整时的收敛时间及信息传送时延，有效地提升基于SDN的网络性能，确保系统路由和性能的可预测性。目前，OpenFlow协议已经在向光传送网领域扩展，增加了对时隙、端口、标签、波长等粒度的支持，以及对功率、衰减、非线性代价、色散代价等网络物理层参数的规范，并将上述内容抽象为数字模型输入SDN控制器，由控制器实现对全网参数的管理和控制，具体功能如下。

（1）自动检测线路衰耗和光信噪比（OSNR），判断链路是否异常，并排除异常链路。

（2）自动发送检测光对无光路的链路进行监测，根据反馈的结果进行网络维护。

（3）自动获取链路上的所有链路性能，评估重路由的影响。

（4）根据业务类型配置适当保护或不保护，减少过度保护。

（5）采用可编程软件、自定义速率/码型的光模块，实现单板硬件归一化，进而减少备件数量，提高各种类型业务的开通和部署速度。

（6）所有的分/合波器件需要进行动态带宽分配，波长资源的分配不再根据固定栅格，而是根据传输的需要进行灵活配置。

（7）根据光传输通道长度和跨段数量，选取适当的调制格式和频谱资源，选择跨段数少、传输距离短的光路，达到在低OSNR下有效利用线路频谱资源的目的。

6.3.3 基于SDN的IP与光协同控制网络应用

将SDN引入光层的主要目的仍然是将控制与转发分离，即将IP层与光层设备中的控制平面抽离出来，形成统一的或各自独立的控制器，通过控制器来实现两层间的流量调度、路径计算、保护协作等功能，旨在就全网范围对两层进行优化。具体协同优化内容包括流量协同、保护协同和OAM协同。

1. 基于SDN的IP与光协同控制演进方案

尽管SDN可以较为显著地提升网络资源的利用率、运维管理能力，并得到广泛关注，但因其对现有网络的改动较大，故将SDN引入运营商网络需要逐步演进。

第一阶段，在IP层与光层间加载GMPLS-UNI。这样业务可从IP层发起，并建立IP层与光层的标签交换路径（Lable Switch Path，LSP）。通过GMPLS-UNI与路由器配合，实现多层网络协同保护。通过GMPLS可实现邻居自动发现、连接自动建立和根据流量变化动态调整链路带宽等功能。第二阶段，在IP层和光层分别引入PCE技术。通过PCE掌握IP层和光层相关信息，如全网拓扑、全网业务、路由策略等，这样可根据算法来计算最佳路径。在第二阶段的基础上，可逐步引入 IP 层和光层的 SDN 控制器，并将 PCE 融合到 SDN 控制器中，使之成为 SDN 控制的一个功能模块，实现全网资源规划、流量策略等功能。

2．SDN 架构下的“IP+光”协同方案网络架构

SDN 架构下的“IP+光”协同方案网络架构如图 6-18 所示。

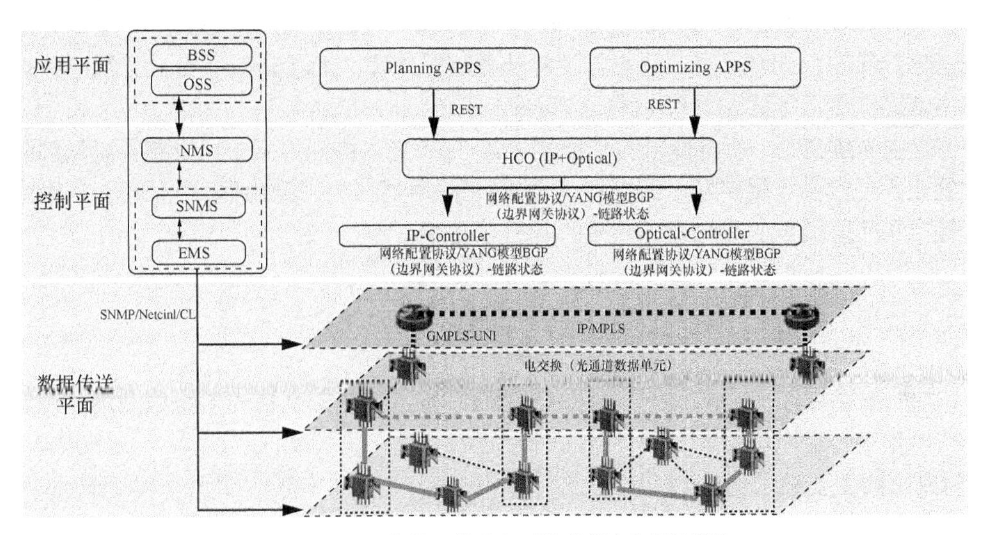

图 6-18 SDN 架构下的“IP+光”协同方案网络架构

从图 6-18 可以看出，基于 SDN 的“IP+光”协同方案网络架构分为 3 个平面，分别为应用平面、控制平面和数据传送平面。

应用平面通过调用控制平面对数据传送平面进行操作，如规划部署、修改业务流量和流向等。

控制平面通过层次化部署，支持跨越 IP 网络和光网络业务的开通和管理，包括 HCO、IP 控制器和光控制器。各层次之间的资源协同调度是通过标准化南北向接口来实现的。HCO 负责 IP 网络和光网络的协同，IP 和光网络控制器分别负责各自网络的业务开通和路径计算，IP/MPLS 网络的控制平面保留在转发设备，PCE 功能移往 IP 控制器。光网络控制平面功能完全移往光控制器，这样利用 GMPLS-UNI 交互信息，可实现 IP 层和光层的相互可视，例如，IP 层知道光层的共享风险链路组（Shared Risk Link Groups，SRLG）属性，光层知道 IP 业务的优先级。

数据传送平面提供基于策略的业务转发、OAM、保护和同步等功能。

需要说明的是，该架构保留 EMS/SNMS、OSS/BSS 系统，可实现对现有网络统一的网络管理、计费，并协助传统网络向 SDN 平滑演进，使网络具有以下特点。

（1）提供按需化服务。方案能够根据不同客户或不同业务，提供“IP+光”的切片能力，使客户/业务拥有自己的定制化的逻辑网络。这样基础网络能够按照客户的需要提供相应的服务。

（2）提供一键开通业务。利用“IP+光”协同性能，只需要在 App 的操作界面上选定头尾路由器，便可弹出配置必要参数的窗口，即可自动激活从 L0 到 L3 的通道，且不需要制订头尾路由器的连接端口，大大缩短业务开通时间。

（3）提升网络流量调度能力。通过“IP+光”的联合调度，可以在保持 IP 网络拓扑不变的前提下，完成对 IP 网络带宽的实时动态调整，有效提高网络对业务流的调用能力，提升网络的使用效率，简化网络运维。

（4）提供协同保护能力，增强网络健壮性的同时，降低网络保障成本。由于 IP 层与光层两层网络之间信息相互可视，因此通过引入跨层保护及协同功能，主备业务路径建立时可避免使用相同 SRLG 信息的光层通道，从而避免光层故障引发业务双断问题或 IP 层和光层多次出现冗余保护问题；同时又可有针对性地对业务进行保护，而不是对所有业务统一保护，从而低成本地提供服务等级协议（Service Level Agreement，SLA）。

（5）提供光层旁路，有效降低传送成本。在“IP+光”协同方案中，设置了流量门限，颗粒度大的业务直接由光层转发，而不经过 IP 层 P 路由器（主干路由器），降低了 P 路由器的资源消耗，从而降低了 P 路由器的投资，提升了传送效率。

小 结

1．光传送网（OTN）是以波分复用（WDM）技术为基础、在光层组织网络的传送网，是新一代的骨干传送网。

2．OTN 的主要技术优势。

3．光波分复用的基本概念及特点。

4．WDM、DWDM 和 CWDM 的区别。

5．WDM 对光纤、光器件的要求。

6．波分复用系统结构。

7．WDM 系统有单向和双向两种基本应用形式。

8．WDM 网络的关键设备：OTM、OADM 和 OXC。

9．光传送网的功能分层模型。

10．OTN 复用和映射结构。

11．OTN 关键设备。

12．OTN 网络的保护方式。

13．SDN 的基本理念是利用分层的概念将网络的数据平面与控制平面分离，并实现可编程控制。

14．SDN 体系结构：SDN 由数据传送平面、控制平面和应用平面组成。

15．软件定义传送平面：包括 Flex ROADM、Flex TRx 和 Flex OTN 三大核心技术。

16．软件定义控制平面：控制器是控制层的核心组件，通过控制器，用户可以在逻辑上以某种方式控制节点设备，实现数据的快速转发，便于安全地管理网络，提升网络的整体性能。

复习题

1．简述波分复用的基本概念，并说明其与密集波分复用在概念上的区别。

2．与传统光纤通信系统相比，WDM 系统中所使用的光源有哪里不同？

3．请画出光传送网的分层结构图，并简单介绍各层的功能。

4．什么是 OADM？其所具有的功能有哪些？

5．简述光传送网的概念及特点。

6．与 SDH 网相比，OTN 中所采取的保护方式有何特点？它们之间的区别在哪里？

7．简述软件定义网络的基本思想。

8．已知某波分复用系统的信道间隔 Δv 为 100GHz，请计算该系统中所使用光源谱宽的最大值。（取 f=193.10×10^{12}Hz）

第 7 章 PTN/IPRAN

随着移动通信技术的迅速发展，传统的 SDH 网在承载移动互联网数据业务时，逐渐显现出带宽利用率低、扩展困难、配置不够灵活等弊端，因此业务传输的 IP 化成为普遍共识。从 2009 年开始，中国移动在本地传输网中广泛采用分组传送网（PTN）技术，而中国电信和中国联通则采用 IP 化无线接入网（IPRAN）技术，以实现数据业务的 IP 化传输。本章将分别介绍这两种技术。

7.1 PTN/IPRAN 的基本概念及技术特点

由于移动业务流量的迅速增长，对移动回传带宽的需求在不断地扩大，同时移动网络全面 IP 化的发展趋势也越来越显著。在这两方面的推动下，回传网络的分组化趋势日益突显。为了适应分组化的要求，人们在借鉴传统传送网技术的基础上，优化多协议标签交换（MPLS）技术，以增强其数据处理能力，从而形成了 PTN 技术，而原有的数据处理设备，如路由器、交换机等，也从原来单纯地承载 IP 流量逐渐进入移动回传领域，进而形成 IPRAN。可见，PTN 和 IPRAN 都是移动回传适应分组化要求的产物。

7.1.1 PTN 的基本概念及技术特点

分组传送网（PTN）是一种面向连接、以分组交换为内核、以承载电信级以太网业务为主，兼容传统 TDM、ATM 等业务的综合传送技术。它是针对分组业务流量的突发性和统计复用传送的要求而设计的，而且保留了传统 SDH 网的技术特征，并通过分层和分域使网络具有良好的可扩展性和可靠的生存性，具有快速故障定位、故障管理、性能管理等丰富的 OAM 能力。这样不仅可以利用网络管理系统进行业务配置，还可以通过智能控制平面灵活地提供各种业务。此外，PTN 技术还引入了分组的一些基本特征，以满足更丰富的服务等级（Class of Service，CoS）分组业务要求。

PTN 有两类实现技术，即传送多协议标签交换（Transport Multiprotocol Label Switching，T-MPLS）和运营商骨干传输（Provider Backbone Transport，PBT）。由于 T-MPLS 与核心网络之间具有天然的互通性，因此目前 T-MPLS 已成为 PTN 的主流实现技术。该技术是从 IP/MPLS 发展而来的，同时摒弃了基于 IP 地址的逐跳转发，增强了 MPLS 面向连接的标签转发能力，从而确定端到端的传送路径，加强了网络的保护、OAM 和 QoS 能力。PTN 具有如下技术特点。

（1）继承了 MPLS 的转发机制和多业务承载能力。PTN 采用 PWE3/CES（端到端伪线仿真/电路仿真业务）技术为包括 TDM/ATM/Ethernet/IP 在内的各种业务提供端到端的、专线级别的传输管道。与数据通信方案不同，在 PTN 中，数据业务也要通过伪线仿真，以确保连接的可靠性，而不是提供给电路层由动态电路来实现。

（2）完善的 QoS 机制。PTN 支持分级的 QoS、CoS、区分服务（Differentiated Service，Diff-Serv）、RFC2697/2698 等，满足了业务的差异化服务要求。

（3）提供强大的 OAM 能力。PTN 除了基于 SDH 的维护方案外，还支持基于 MPLS 和 Ethernet 的丰富 OAM 机制，如 Y1710/Y1711、以太性能监控等。PTN 还支持 GMPLS/ASON（在第 9 章介绍）控制平面技术，使得传送网高效透明、安全可靠。

（4）提供时钟同步。PTN 不仅继承了 SDH 的同步传输特性，而且可根据相关协议的要求支持时钟同步。

（5）支持高效的基于分组的统计复用技术。由于采用了面向连接技术，在具有相同效益的前提下，与基于 IP 层的统计复用相比，基于 MAC 层的统计复用成本更低，所以 PTN 能够在保证多业务特性、网络可扩展性的基础上，为运营商带来更高的性价比。

7.1.2 IPRAN 的基本概念及技术特点

IPRAN 在国外普遍被称为 IP Mobile Backhaul，它是用 IP 技术来实现无线接入网的数据回传技术。IPRAN 并不是一项全新的技术，而是在已有的 IP、MPLS 等技术基础上进行优化组合形成的，而且不同的应用环境采用不同的组合方案。

最初 IPRAN 承载的业务包括互联网宽带业务、大客户专线业务、固话业务和移动 2G（Second Generation）/3G（3rd Generation）业务，既有二层业务，又有三层业务。移动网络演进到长期演进（Long Term Evolution，LTE）后，对底层承载提出了三层交换的更高要求，业务更加丰富，然而各种业务承载网的独立发展造成了承载方式多样、组网复杂低效的局面，使优化难度增大。因此新兴的 IPRAN 需要具备以下特点。

（1）实现端到端的 IP 化。端到端的 IP 化可大大降低网络的复杂度，简化网络配置，极大地缩短基站开通、割接和调整的工作量，使网络中的协议转换次数减少，同时简化了封装、解封装的过程，使链路更加透明可控，可实现网元与网元的对等协作、全程全网的 OAM 功能及层次化的端到端 QoS。此外，IP 化的网络有助于提高网络的智能化程度，便于部署各种策略，有利于智能管道的发展。

（2）有效提高网络资源利用率。基于 IP/MPLS 的 IPRAN 中采用的是无面向连接、动态寻址方式，从而在承载网络内可自动实现路由优化，大大简化了后期网络维护和优化的工作量。同时，分组交换和统计复用进一步提高了网络利用率。

（3）提供多业务融合承载能力。IPRAN 采用三层组网方式，可以更充分地满足综合业务的承载需求，实现多业务承载时资源的统一协调和控制层面的统一管理，提高运营商的综合管理能力。

（4）具有良好的互通性。IPRAN 的设备形态是采用成熟的路由交换技术、具备多种业务接口（如 SDH、PDH、Ethernet 等）、突出 IP/MPLS/VPN 能力的新型路由器。由于是在传统的路由器或交换机基础上改进而来的，因此它们之间具有良好的互通性。

7.1.3 PTN/IPRAN 的技术比较

实际上，PTN 和 IPRAN 都是移动回传适应分组化要求的产物。它们的根本区别在于对网络承载和传输的理解有所不同。表 7-1 列出了 PTN 和 IPRAN 技术的比较结果。

表 7-1　　PTN 与 IPRAN 技术比较

功能		PTN 方案	IPRAN 方案
接口功能	ETH	支持	支持
	无源分光器（Passive Optical Splitter，POS）	支持	支持
	ATM	支持	支持
	TDM	支持	支持
三层转发及路由功能	转发机制	核心汇聚节点通过升级可支持完整的 L3 功能	支持 L3 全部功能
	协议	核心汇聚节点通过升级可支持全部三层协议	支持全部三层协议
	路由	核心汇聚节点全面支持	支持
	IPv6	核心汇聚节点全面支持	支持
QoS		支持	支持
OAM		采用层次化的 MPLS-TP OAM，实现类似于 SDH 的 OAM 功能	采用 IP/MPLS OAM，主要通过 BFD 技术作为故障检测和保护倒换的触发机制
保护恢复	保护恢复方式	支持环网保护、链路保护、线性保护、链路聚合等类 SDH 的各种保护方式	支持 FRR 保护、VRRP、链路聚合
	倒换时间	50ms 电信级保护	在 300ms 以内
同步	时钟同步	支持	支持
	时间同步	支持，且经过现网规模验证	支持，有待现网规模验证
网络部署	规划建设	支持规模组网，规划简单	支持规模组网，规划略复杂
	业务组织	端到端 L2 业务，子网部署，在核心层启用三层功能	接入层采用 MPLS-TP 伪线承载，核心层、汇聚层采用 MPLS L3 VPN 承载
	运行维护	类 SDH 运维体验，跨度小，维护较简单	接入层可实现类 SDH 运维，逐步向路由器运维过渡，减轻了运维人员的技术转型压力

从传输网的 3 个本质层面（即复用、连接和寻址方式）分析，首先，由于 PTN/IPRAN 都是分组网络，因此两者在时分复用和分组复用层面上是相同的；其次，因为 PTN 是面向连接的，而 IPRAN 是无连接的，所以在连接方式上两者不同；最后的区别在于寻址方式，PTN 采用静态配置寻址方式，不具备动态寻址能力，而 IPRAN 是以 IP 地址为基础进行寻址的，可支持开放式最短路径优先（Open Shortest Path First，OSPF）、中间系统到中间系统

（Intermediate System to Intermediate System，IS-IS）等动态路由协议，也可支持静态路由配置。可见 PTN/IPRAN 的根本差异在于连接与无连接、静态寻址和动静结合寻址。

从现有技术层面上分析，PTN 和 IPRAN 之间存在两方面的差异。PTN 设备中没有采用控制平面，其路由控制需要网管人工参与完成，但 PTN 管理平面集成了管理和控制两平面的功能。而 IPRAN 的控制平面是在设备上实现的，因此设备之间利用各种路由协议、标签分发协议，通过相互协商来实现路由选择、资源预留等功能。可见 IPRAN 包含的协议比 PTN 多很多。

从业务承载方面分析，PTN 技术适合二层分组业务占主导的业务传输，可以很好地满足 3G 生命周期的移动回传，也可实现 LTE 的移动回传业务，但在全业务接入方面存在一定的困难。IPRAN 支持所有三层功能，网络从上至下支持 IP 报文内部的处理，并与 PTN 一样对网管平面做了图形化改造，可实现业务的端到端精细化管理。

综合以上分析对比，同时考虑到现网的实际应用情况，相信随着中国移动主导的 PTN 加载三层功能方案的实现，PTN 与 IPRAN 相互取长补短，终将形成统一的承载传输技术。

7.1.4 PTN/IPRAN 的应用

1. 网络规划需求

研究 PTN/IPRAN 的实际应用，首先需要分析 PTN/IPRAN 网络规划需求。

（1）多业务承载能力

当前运营商网络承载的业务包括互联网宽带业务、大客户专线业务、固话业务和移动 2G/3G、LTE 业务等，可见既有二层业务，又有三层业务。特别是移动网络演进到 LTE 阶段后，各种多媒体业务不断涌现，在丰富了人们的学习和生活的同时，也提高了网络的复杂性，因此新建的 PTN/IPRAN 应能够满足各种大小颗粒、突发业务传输质量的要求，以达到实现多业务承载的目标。

（2）大容量承载能力

随着业务日趋宽带化，固网宽带提速后家庭接入带宽达到 100Mbit/s；LTE 部署后用户带宽可达到 300Mbit/s，第五代移动通信技术（5th Generation Moble Communtcatin Technology，5G）的下载速率可达到 1Gbit/s，因此移动回传和城域承载网必须具有足够强的带宽扩展能力。

（3）服务质量（QoS）保障

带宽的扩展和业务的多样化对网络 QoS 保障能力提出了更高的要求。移动回传网络需要同时承载移动分组交换（Packet Switching，PS）域和电路交换（Circuit Switching，CS）域的业务，其中 CS 域通常要求网络提供更高的 QoS 保障。此外，大客户专线等承载着高价值业务，也要求承载网络具备完善的 QoS 能力。

（4）高可靠性

为了保障网络质量，承载网应具有端到端的 OAM 故障检测能力，进而可从业务层面和渠道层面对业务质量和网络质量进行管控。此外，网络还需要提供电信级的网络保护能力，以确保语音、视频等高实时性业务的服务质量。

（5）网络的互连互通

由于运营商原有 MSTP 部署的规模较大，而且承载了现网中大量的业务，因而新部署的 PTN/IPRAN 不能完全取代 MSTP。因此，在 MSTP 与 PTN/IPRAN 共存的情况下，必须考虑它们之间的互通问题。另外，PTN 与 IPRAN 之间的互通问题也不容忽视。

2．网络结构

根据上述网络规划需求，PTN/IPRAN 网络架构如图 7-1 所示。从图中可以看出，网络架构包括 IP 城域网和承载传送网两张网，其中 IP 城域网主要承载普通互联网业务，包含 IPTV 业务，承载传送网主要承载移动回传业务、固话业务、集团客户专线业务等。需要指出的是，承载传送网和 IP 城域网均采用 IP/MPLS（包含 T-MPLS）技术，承载传送网支持 T-MPLS，但 IP 城域网无须支持 T-MPLS。另外，中继链路组织优先考虑采用 WDM/OTN 的波道或 ODU*k* 时隙组网，充分利用本地 WDM/OTN 资源为 IP 城域网和承载传送网提供链路保护，以提高网络的可靠性和链路利用率。而在无 WDM/OTN 资源情况下，可采用光纤直连方式组网。

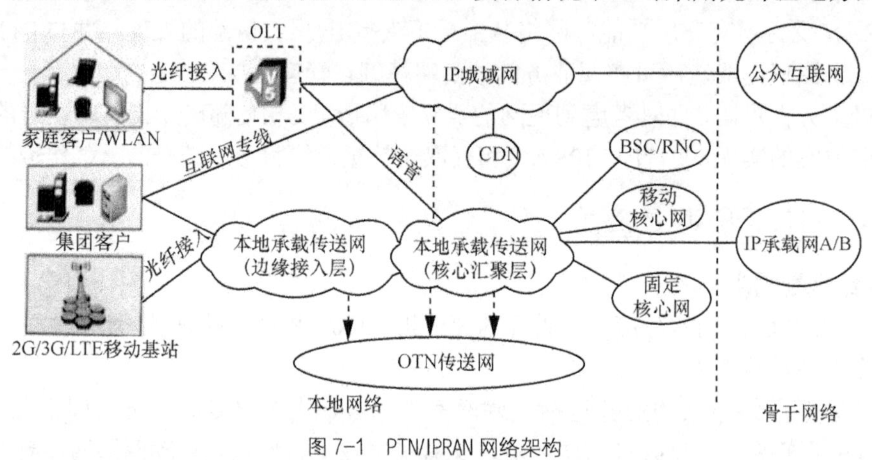

图 7-1 PTN/IPRAN 网络架构

承载传送网采用分层结构，包括核心汇聚层和边缘接入层，其参考结构如图 7-2 所示。其中核心汇聚层的核心层负责业务的转发和与其他网络的互连互通，汇聚层则负责边缘接入层业务的汇集与转发，以及就近业务的接入。一般核心节点数量控制在 2~4 个，每个汇聚环上的节点应不超过 6 个。边缘接入层主要负责各种业务的接入，通常采用环形结构，只有在光缆资源不具备环网条件的地区才使用链形结构，但应尽力避免出现 3 个节点的长链结构，此时可以采用与汇聚层单节点或双节点互连组网方式。

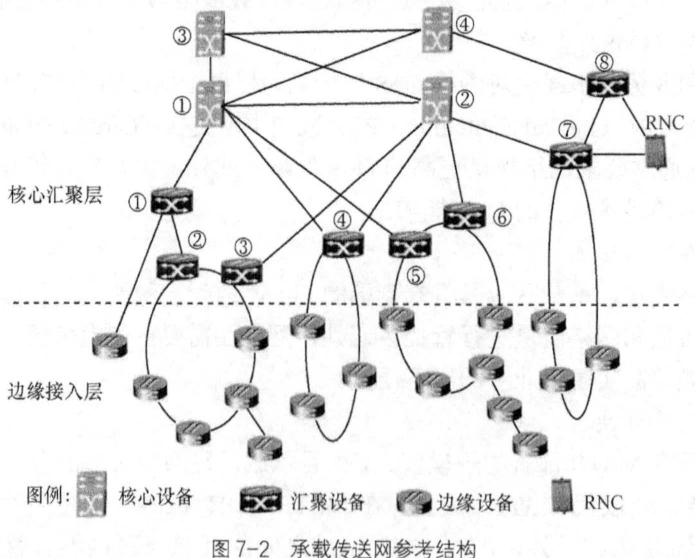

图 7-2 承载传送网参考结构

7.2 PTN/IPRAN 核心关键技术

对比 PTN 与 IPRAN，不难看出它们均是基于分组交换的 IP 化的承载传送技术。其中 PTN 是采用 T-MPLS 标准的分组传送网，IPRAN 是基于 IP-MPLS 技术的多业务承载网络。尽管它们所采用的传输技术不同，但为保障网络的正常运行，它们共同涉及 QoS 技术、OAM 技术、保护技术、同步技术等。本节先介绍 MPLS、T-MPLS 技术，再介绍同步技术。

7.2.1 MPLS 技术基础

MPLS（多协议标签交换）技术是将第二层交换技术和第三层路由技术结合起来的一种 L2/L3 集成数据传输技术。之所以提及“多协议”，是因为 MPLS 不仅能够支持多种网络层上的协议，如 IPv4、IPv6、IPX 等，而且可以兼容多种链路层技术。它吸收了 ATM 高速交换的优点，并引入面向连接的控制技术，在网络边缘处首先实现第三层路由功能，而在 MPLS 核心网中则采用第二层交换。

MPLS 数据报

1. MPLS 网络模型

图 7-3 所示为 MPLS 网络模型。它是由 MPLS 边缘路由器（Label Edge Router，LER）和 MPLS 标签交换路由器（Label Switch Router，LSR）组成的。其中，LER 位于 MPLS 网络的边缘，是特定业务的接入节点。

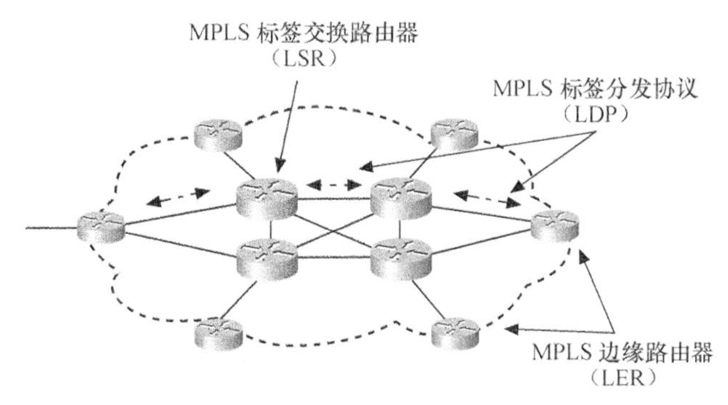

图 7-3 MPLS 网络模型

某种业务终端设备所输出的业务信息首先被送往 LER，LER 根据特定的映射规则将数据流分组头和固定长度的标签对应起来，然后在数据流的分组头中插入标签信息，此后 MPLS 网络中的 LSR 就仅根据数据流所携带的标签进行数据交换或转发操作。当数据流从 MPLS 网络中输出时，同样在与接收设备相邻的 LER 中去除标签，恢复原数据包。其中，通过标签分发协议（Label Distribution Protocol，LDP），在 LER 和 LSR、LSR 和 LSR 之间完成标签分发，而网络路由则根据第三层路由协议、用户需求和网络状态由 MPLS 设备来确定。

这里值得说明的是，按照特定映射规则在数据流分组头中加标签的过程中，不仅加了数据流的目的地址，而且考虑了有关 QoS 的问题，因此 MPLS 能够支持 QoS 路由。

2. 标签与标签封装

标签是一个有固定长度的、具有本地意义的短标识符，用于标识一个转发等价类（Forwarding Equivalence Class，FEC）。具体来说就是 MPLS 中的标签与 ATM 中的 VPI/VCI 一样，采用本地意义来限制标签的使用范围，即只在本地才有意义。这样使用标签可以将业务映射到特定的 FEC。FEC 是一系列使用相同路径转发而通过网络的数据流的集合。所以标签所对应的并不是一个数据流，而是转发特征相同的 FEC。需要指出的是，在某种情况下，如负荷分担时，一个 FEC 可能对应多个标签，然而一个标签只能代表一个 FEC。这样网络无须为每个数据包建立标签交换路径，只需要为具有相同转发特征的 FEC 建立一条端到端的标签交换路径（LSP），将信息传递至 MPLS 网络的边缘节点，然后通过传统的转发方式将数据包送至终端设备。

一般来说，MPLS 网络中使用专用的标签封装技术，即在数据链路层与网络层之间使用一种称为“Shim”的封装。该封装位于数据链路层头标志之后、网络层头标志之前，独立于网络层和数据链路层协议。这种封装编码方式如图 7-4 所示。

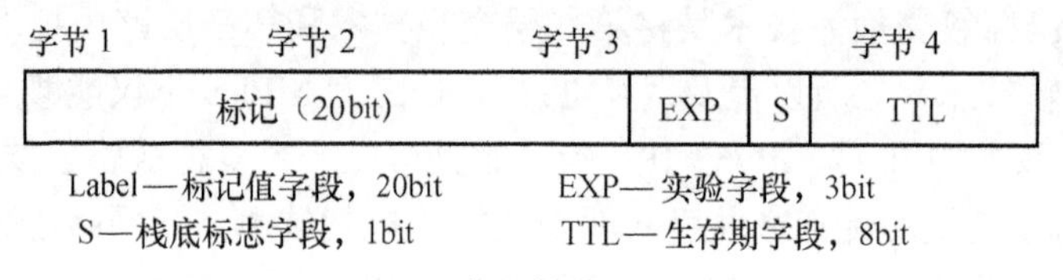

图 7-4 标签封装编码方式

3. MPLS 的体系结构

MPLS 的体系结构如图 7-5 所示，它是由控制平面和转发平面构成的。其中控制平面是无连接的，转发平面采用面向连接方式。

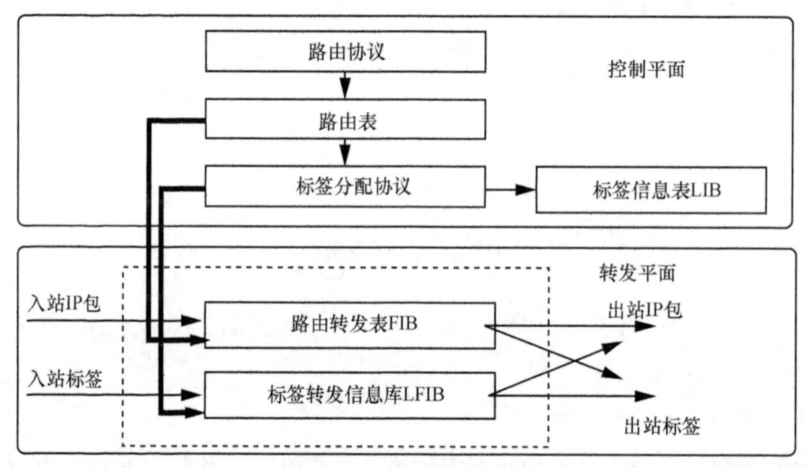

图 7-5 MPLS 的体系结构

控制平面采用标准的路由协议，如 IS-IS、OSPF、BGP4 等，与邻居交换路由信息和维护路由表，同时通过标签分发协议，如 LDP、基于流量工程扩展的资源预留协议（Resource Reservation Protocol-Traffic Engineering，RSVP-TE）、MP-BGP 等，与互连的标签交换设备进行标签信息交换，从而实现标签信息表（Label Information Base，LIB）的创建、更新与维护。再根据路由表和 LIB 生成转发表（Forwarding Information Base，FIB）和标签转发表（Label Forwarding Information Base，LFIB）。需要说明的是，FIB 是根据路由表提取必要的路由信息生成的，主要负责普通 IP 报文的转发。LFIB 是根据标签分发协议基于 LSR 建立的，负责针对带 MPLS 标签报文进行转发操作。

转发平面的主要功能是根据控制平面生成的 FIB 和 LFIB 转发 IP 包和标签包。

4. MPLS的工作原理

（1）标签的分配和分发

标签分发是指为特定FEC建立相应的LSP的过程。在MPLS体系中，通常按数据传输方向，标签是由具有上、下游相邻关系的下游LSR为上游LSR分配的，即由下游LSR为特定FEC分配特定的标签；然后由接收端LSR按照从下游到上游方向逐一进行标签分发，直至发射端的LSR正确接收；最后为数据包打上所分配的标签，再由上游向下游逐级转发。

这里首先需要介绍一下“入标签”和“出标签”的概念。所谓“入”和“出”是针对数据转发方向而言的。例如，对于一个LSR，“入标签”是指它发给其他节点的标签，其他节点接收到该标签后，将根据该标签把相应数据包转发至接收端的LSR；而“出标签”是其他节点发给本节点的标签，本节点收到后将按照此标签进行数据包的转发。因此一个LSR为不同路由分配的标签是各不相同的。

MPLS中所采用的标签分发方式有两种。

① 下游自主（Downstream Unsolicited，DU）标签分发方式：针对一个特定的FEC，LSR无须由上游获得标签请求消息即可进行标签分配和分发。需要说明的是，在此过程中标签是由下游设备自主生成的，并且下游主动向上游发送标签信息。

② 下游按需（Downstream on Demand，DoD）标签分发方式：在此方式下，对于一个特定的FEC，LSR获得标签请求消息后才能进行标签分配和分发。可见要求具有相邻关系的上、下游LSR必须使用相同的标签分发方式，否则无法建立LSP。

（2）标签分配控制与保持方式

MPLS中采用的标签分配控制方式有两种，即独立（Independent）标签分配控制方式和有序（Ordered）标签分配控制方式。当MPLS系统中采用独立标签分配控制方式时，每个LSR都可以在任意时刻向与其连接的LSR通告标签映射。而在采用有序标签分配控制方式的MPLS系统中，LSR只有在收到某一特定FEC下一跳标签映射信息或者其是LSP的出口节点时，才可以向上游发送标签映射信息。目前MPLS主要采用有序标签分配控制方式。

MPLS使用的标签保持方式包括保守标签保持方式和自由标签保持方式。保守标签保持方式是指系统中仅仅保留来自下一跳的邻居标签，可见这种方式能够节省内存和标签空间；自由标签保持方式是指系统中不仅保留来自下一跳的邻居标签，还保留非下一跳的所有邻居标签。目前实际系统中主要采用的是保守标签保持方式。

（3）标签交换过程

在标签分发协议完成相应的操作后，每一个路由器均形成了一张标签信息表。表中有入接口（IN Interface）、入标签（IN Label）、FEC前缀和掩码（Prefix/MASK）、出接口（OUT Interface）、下一跳（NEXT Hop）、出标签（OUT Label）等内容。由前面的分析可知，表中所有的入标签都必须是不同的，但出标签有可能相同，入标签和出标签也可能相同。

图7-6所示为标签转发过程中路由器的操作过程，可见入端口LER首先将数据包打上标签，转发给其下游的LSR；中间的LSR根据标签信息表进行标签交换，然后将数据转发给其下游的LSR；出端口LSR则根据标签信息表弹出标签，最后根据IP报头（或内层标签）进行相应的操作。由此可见，沿途路由器只需根据IP报头前的MPLS标签进行转发操作，无须查看IP报头，这样IP数据包的内容被隔离保护起来，形成一个天然“隧道”，基于此隧道可将数据包从入口转发到出口，直至目的节点。

需要说明的是，在数据链路层协议中有相应的判断报文的方法，如果是 MPLS 报文，则将报文送到 MPLS 层进行处理，否则直接将报文送至 IP 层进行处理。在出口端 LSR 处，尽管收到的仍然是带 MPLS 标签的报文，但将其送到 MPLS 处理模块进行处理已无意义，在此只需去掉标签，将报文直接送给 IP 层进行处理。为此需要在与出口端 LSR 相邻的上游 LSR 完成标签的弹出，即倒数第二跳弹出（Penultimate Hop Popping，PHP）。如何判断本节点位于倒数第二跳？最简单的做法是为其分配一个特殊的标签（如特殊的标签值 3）。

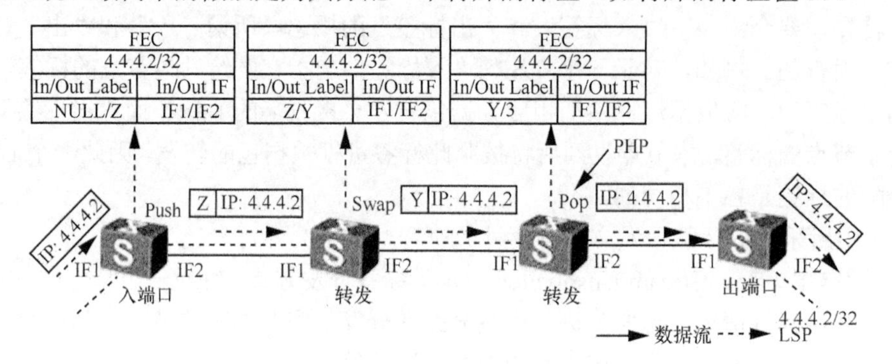

图 7-6　标签转发过程中路由器操作过程

7.2.2　T-MPLS

1．T-MPLS 帧格式

T-MPLS 是面向连接的分组传送技术，其实质是一种基于 MPLS 标签的管道技术。它利用一组 MPLS 标签来识别一个端到端的 LSP。T-MPLS 采用 20bit 的 MPLS 标签，如图 7-7 所示。其中，T-MPLS 通路（T-MPLS Channel，TMC）和 T-MPLS 通道（T-MPLS Path，TMP）分别代表 T-MPLS 网络的通路层和通道层。

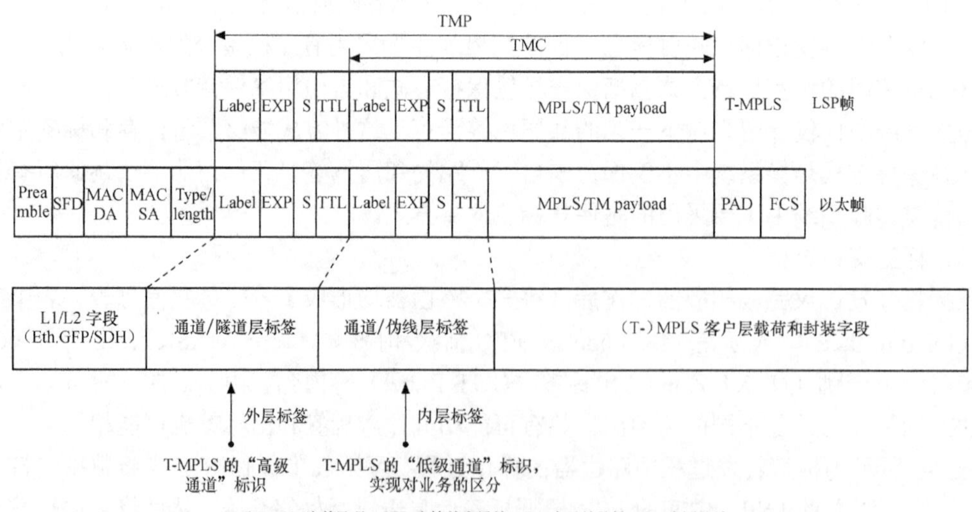

图 7-7　T-MPLS 的帧格式及在以太帧中的位置

T-MPLS LSP 帧共分为内外两层。内层（TMC 层）为 T-MPLS 伪线（Pesudo Wire，PW）层，用于标识业务类型；外层（TMP 层）为 T-MPLS 隧道层，用于标识业务转发路径。通过在

TMC层加上类似于SDH的“低级通道”的内层标签，可实现对业务的区分。进一步在TMP层加上类似于SDH的“高级通道”的外层标签，加之TMC层和TMP层所提供的统计复用功能，可使T-MPLS网络中的传送管道更具灵活性，从而能够为IP化业务提供更为优化的资源分配。

2．T-MPLS各层的适配过程

如图7-8所示，由上至下客户层业务由以太网电路层（EHC）或TMC适配到T-MPLS传送单元（TTM-n），TMC和TMP又分别为伪线层和隧道层，每一层均定义了各自的OAM机制和QoS等级。其中，利用跨越整个网络的TMC层连接，实现端到端的SLA和提供相应的QoS服务。可见该层上的每一种连接均与其业务相对应，通常在接入/城域网边缘和城域网/核心网边缘会使用具有交换功能的设备。而TMP连接仅针对单个网络域，提供业务的疏导与汇聚、扩展和可靠传送的功能。通常多个TMC被映射到一个TMP实体之中，并在网络中间节点利用交叉连接功能实现信息交互。T-MPLS段层（T-MPLS Section，TMS）负责相邻节点之间的点到点链路连接，这里重点关注链路资源的互通性、有效性、生存性等实施情况，其中并无交换操作。物理层可以采用任意物理介质。

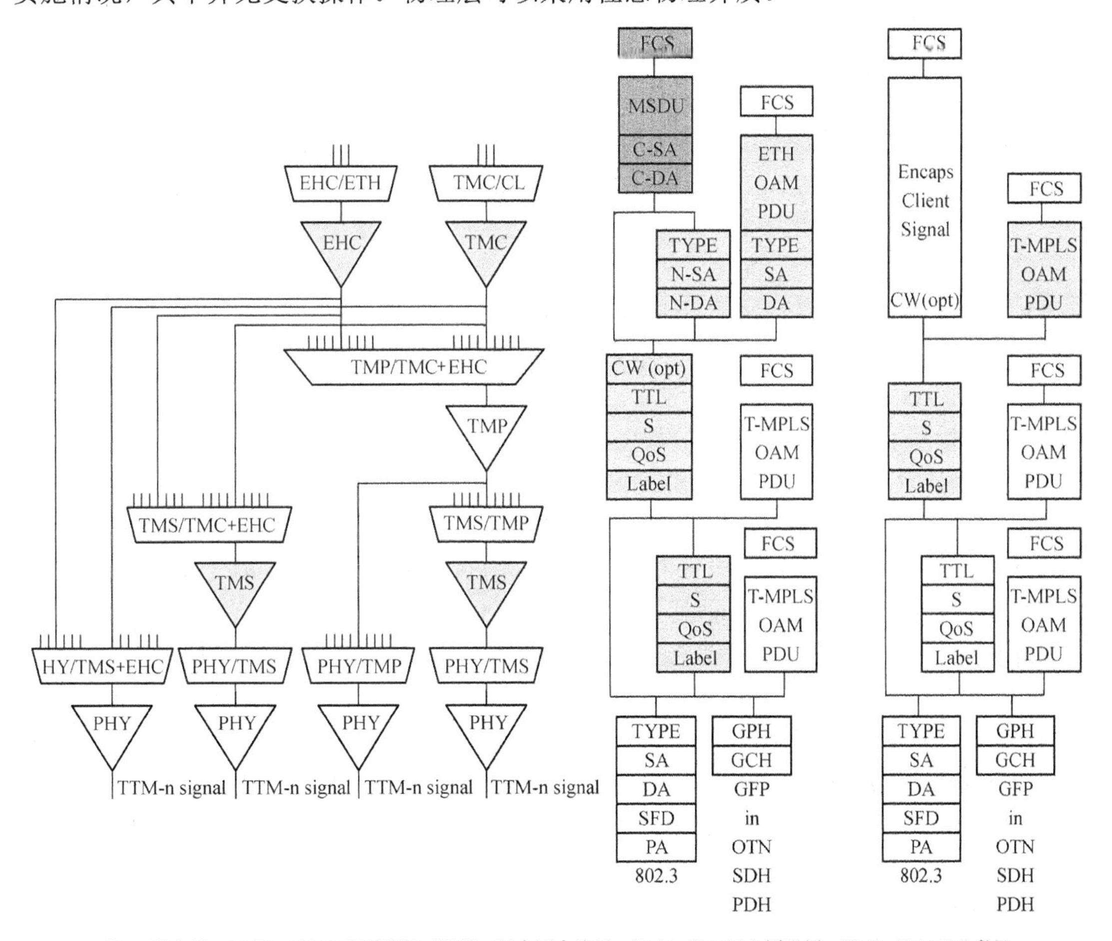

CL—客户层；TMC—T-MPLS通路层；EHC—以太网电路层；TMP—T-MPLS通道层；TMS—T-MPLS段层；PHY—物理层；MSDU—MAC服务数据单元；C-DA—用户目的MAC地址；C-SA—用户源MAC地址；N-DA—节点目的MAC地址；N-SA—节点源MAC地址。

图7-8 T-MPLS各层的适配过程

需要说明的是，T-MPLS 网络中各层之间的关系是客户与服务者之间的关系，但 T-MPLS 与其客户信号网络和控制信号网络是彼此独立的。正是这种独立性使 T-MPLS 可不限定使用某种特定的控制协议和管理方式，便于实现大规模、高可靠性的组网设计。由于 T-MPLS 网络既可以承载 IP/MPLS 业务，也可以承载以太网业务，且具有良好的稳定性，因此其具备传送网络应有的保护能力和 OAM 机制。

7.2.3 同步技术

1．同步需求

同步是移动通信网络保证正常通信的前提，并在很大程度上决定了通信网络的性能。尤其是对于实时性要求高的业务，同步质量至关重要。3G、4G 时代，移动通信网络的同步需求如表 7-2 所示。

表 7-2 移动通信网络同步需求

无线制式	时钟频率精度要求	时钟相位同步要求
CDMA2000	0.05×10^{-6}	目标 3μs 最大 10μs
TD-SCDMA	0.05×10^{-6}	1.5μs
FDD LTE	0.05×10^{-6}	无
FDD LTE MBMS	0.05×10^{-6}	4μs
TDD LTE	0.05×10^{-6}	1.5μs

可见，分组传送网中的同步需求主要体现在以下两方面。

（1）承载 TDM 业务并完成与公共交换电话网（Public Switch Telephone Network，PSTN）的互通

这就要求分组传送网在 TDM 业务的入口和出口提供同步功能，实现业务时钟的恢复。

（2）实现基于时间和频率的同步信号的高精度传送

特别是在 3G、4G 业务传送过程中，要求所有的基站业务均能够支持优于 5×10^{-8} 的频率同步，而且针对时分同步码分多址接入（Time Division Synchronous Code Division Multiple Access，TD-SCDMA）、CDMA2000、FDD LTE MBMS 和 TDD LTE 等制式，还需满足高精度的时间同步要求，因此 PTN 需要能够支持高精度的、稳定的频率和时间同步传送。

传统的以太网中，由于网络工作于异步状态，因而对其中的路由器等分组设备没有严格的时钟要求。而当 PTN 设备作为回传网络终端时，既要支持数据分组业务，又要能为传统 TDM 业务提供电信级的服务支撑，因此需要为其提供系统时钟；另外，还需为部分制式的基站提供高精度的时间同步，以满足严格相位要求。

PTN 中的时钟需求可归纳为系统时钟传递、时间传递和业务时钟恢复 3 种情况。

（1）系统时钟传递

在 PTN 设备中引入同步以太网的概念，采用以太网接口进行物理层时钟的恢复。以太网接口所具有的编码特性使其在时钟恢复方面能够避免 SDH 码流中可能出现的长连 0 或长连 1 现象，更具优势。在不具备物理层时钟恢复条件的情况下，可以考虑采用基于带时间戳包的方式进行时钟恢复，如 1588 协议。需要说明的是，基于包的恢复与网络业务模型、中间节点

设备特性等诸多因素有关，因此在精度上劣于物理层时钟恢复。

（2）时间传递

源节点与宿节点之间可以进行相位同步，以满足电信级传送系统对相位的高精度要求。为此 IEEE 制定的 1588 协议（电信版）中专门增加了时钟的透传功能，以避免站点级联逐级锁相引入的漂移，并能在时钟传送链路发生变化或故障时，缩短延时测量时间，使系统尽快恢复到稳定状态。

（3）业务时钟恢复

承载 TDM 业务，并与 PSTN 网络进行互通。要求分组传送网在 TDM 业务入口和出口提供同步功能。

在异步工作模式下，分组业务在站点内驻留时间的长短会直接影响到最终的输出精度。驻留时间越长，异步系统时钟引入的相位误差越大。因此，建议网络中的所有基站利用物理层的频率同步来提高相位精度。

2．分组设备的时钟恢复方式

PTN 采用电路仿真来实现 TDM 业务的承载，这是 PTN 设备的一种重要应用。分组设备的业务时钟恢复主要有差分和自适应两种方式。

（1）差分方式要求源站点和终端站点都有同步时钟，这样源端业务时钟计算与系统时钟的差别，并把此差值传送至终端，终端利用该差值与系统时钟恢复出业务时钟。这种方式的优点在于收发两端的设备同步，业务时钟采用异步映射，时钟透明，受分组网络影响小；但因两端都需要有参考时钟，故成本较高。

（2）自适应方式是以业务包的到达间隔或缓存区域水平来进行时钟恢复的。由于终端无法确认各种抖动的来源，终端同步器只能依靠缓存来适配大的漂移，这给同步器的带宽设计带来一定的难度。因此，这种方式尽管对外界条件要求很低，但受外界因素的影响很大。

3．分组网同步技术

同步是指将时间或频率作为定时基准信号分配给需要同步的网元设备和业务的过程。在实际应用网络中，根据不同网络的工作特性，往往采用不同的同步技术。按提供的基准信息的不同，同步技术可分为提供频率同步基准的时间同步技术和提供时间同步基准的频率同步技术。下面分别进行讨论。

（1）频率同步技术

传统的以太网和 IP 网络，通常采用基于统计复用和尽力而为的转发技术来实现数据业务的承载和交换。由于其物理链路中不具备有效的定时传送机制，因此无法通过简单的时钟恢复方式在接收端重建 TDM 码流的定时信号。为使 PTN 网络能够在分组传送的基础上满足对频率同步的要求，人们采用了多种通过包交换网络来实现频率同步的技术，包括同步以太网、分组网中的时钟传送（Timing over Packet，ToP）、电路仿真业务（Circuit Emulation Service，CES）、自适应和差分时钟恢复等。

同步以太网是一种基于传统物理层的时间同步技术。在采用该技术的系统中，用于网络传递的高精度时钟信号是从物理层数据码流中提取的，然后经过跟踪和处理，形成系统时钟。这样在发送侧根据系统时钟进行数据发送，可实现不同节点之间的频率同步。值得说明的是，为了使下游节点能够选择最佳时钟源，在传递时钟信号的同时，还应传递时钟质量信息。对于 SDH 而言，时钟质量信息是由开销字节 S1 携带的。

ToP 是将时间信息以一定的封装格式放入分组包中发送的，接收端从包中恢复时钟，通过算法和封装格式尽量规避分组网传送过程所带来的损伤。理论上讲，这种技术尽管能够运用在所有的数据网络之中，但它会受到延时、抖动、丢包、错序等的影响。

CES 是在分组网络中仿真 TDM 专线业务，传送 TDM 业务、时钟和信令。其基本设计思想是在分组交换网的基础上，利用伪线技术建立起一条通道，用于传送二层 TDM 业务，从而使网络另一端的 TDM 设备不必关心其所连接的网络是否为一个真实的 TDM 网络。需要说明的是，这种方法同样会受网络延时等系统性能的影响。目前，基于 CES 的分组同步技术主要有差分法和自适应法两种，其基本原理已在前面介绍。

1588v5 报文频率同步通过交换 Sync 报文的时间戳来实现。其基本原理是在一个持续时间段内，用主时钟测量的该段时间长度和从时钟测量的该段时长进行比较，从而获得主从时钟频率。一般无线基站实现频率同步所采用的方式有本地设置 GPS 时钟源、采用 TDM 电路或 PDH/SDH 网络时钟源和分组网的时钟恢复技术，以此将分组网构建成一个同步以太网。

（2）时间同步技术

目前主流的时间同步技术分为两类：一类是采用卫星授权，如 GPS 卫星；另一类是假设双向通信的传输延时差值为零的方法，如 IEEE 1588。

IEEE 1588v2 的核心思想是采用主从同步方式对时钟信号进行编码，周期性地发布时钟信号，利用网络的链路对称性和延时测量技术，通过报文的双向交互实现主从时钟频率、相位和绝对时间的同步。该技术的关键在于时延测量。IEEE 1588v2 中提供了不同设备之间实现精确同步的方法。相对于传统的网络时间协议（Network Time Protocol，NTP），IEEE 1588v2 从以下几方面提高了同步精度。

① 频率报文在主、从设备之间进行交换传递，并进行同步测量。

② 通过给物理层硬件添加时间戳，去除了操作系统和协议栈的处理时延。

③ 采用先进的最佳主时钟算法，可速递回复时间信息。

4．网络同步方案

分组传送网可以提供各种同步方案，如表 7-3 所示。

表 7-3　分组传送网同步方案

技术	分类	特点
同步以太网	网络同步	基于物理层的时钟恢复；与网络负载、延迟、抖动无关；不能实现时间同步
外同步方式	网络同步	与网络负载、延迟、抖动无关；需要专有同步网络
差分方式	基于 Packet 方式与网络同步相结合	不受网络延时、网络延时变化和包丢失的影响；两端需用时钟参考源。需要专有同步网络，可以提供不同频率的业务时钟
自适应方式	基于 Packet 方式	不需要发送端和接收端具有公共的参考时钟；性价比高，布局简单，单向，无须协议支持；受网络的拥塞程度影响较大；不支持时间同步
1588	基于 Packet 方式	点对点的链路可提供较高的精度，引进透明时钟后，与报文延迟抖动无关；可穿越非 1588 设备；可实现频率、相位和时间同步

由上面的分析可以看出，分组设备对同步的支持主要体现在以下 3 方面。

（1）支持同步以太网功能，通过物理层进行频率同步信号的传送。

（2）用于承载 TDM 业务时，应按照 ITU-T G.8261 的要求，支持恢复 CES 业务时钟，并保证时钟恢复性能能够满足业务接口指标的要求。

（3）支持 1588 功能，支持高精度时间信号的传递。目前，大多数分组传送设备均支持同步以太网功能，并能够实现高稳定频率的信息传送，符合 ITU-T G.8262 要求。TDM 业务要求在分组传送网两端（入口/出口）的信号定时保持一致，例如，PTN/IPRAN 中可供使用的同步方式有网络同步方式、差分方式、自适应方式，以及在 TDM 侧均可获得参考时钟。

7.3 PTN 体系结构

7.3.1 分层结构及其功能

按照下一代网络（Next Generation Network，NGN）的体系架构，网络结构可划分为传送层、业务层和控制层。从传送的角度分析，业务层与传送层实现分离，各网络各司其职以达到了更高效运行的目的；同时，作为下层的传送网应能够更好地提供分组传送业务，以适应全 IP 化环境的发展需求。

1．分层结构

分组传送网采用分层结构，如图 7-9 所示，包括分组传送通路层、分组传送通道层和传输介质层。

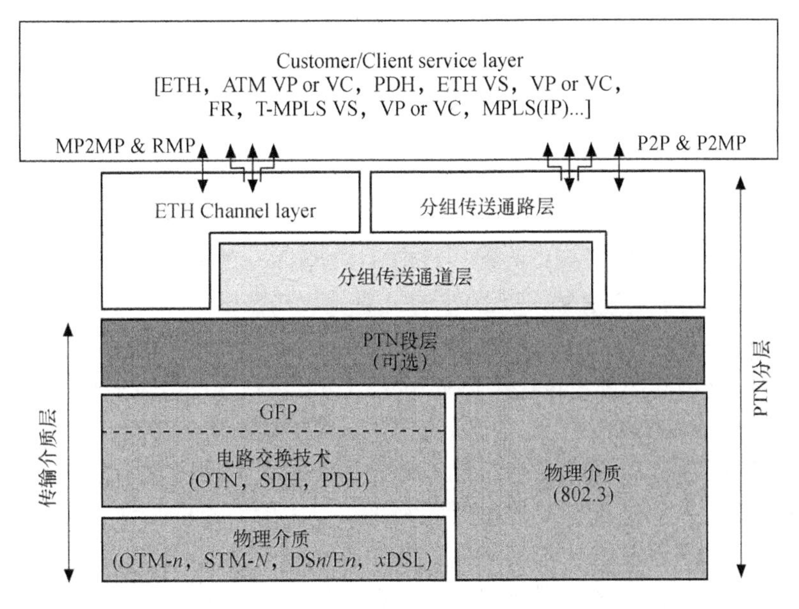

图 7-9 PTN 的分层结构

（1）分组传送通路层

表示客户业务信息的特性，等效于 PWE3 的伪线层（或虚电路层）。客户信号被封装进虚通路（VC），并提供客户信号端到端的传送，即端到端 OAM、端到端性能监控和端到端的保护，如图 7-10 所示。

（2）分组传送通道层

表示端到端的逻辑连接的特性，类似于 MPLS 中的隧道层。将封装和复用的虚通路放进虚通道（VP），并通过传送和交换虚通路来提供多个虚通路业务的汇聚和可扩展性。

（3）传输介质层

包括分组传送段层网络和物理介质层（简称为物理层）网络。段（Section）层表示相邻的虚层连接，如 SDH、OTN、以太网或波长，主要用来提供虚拟段（VS）信号的 OAM 功能。传输介质有光纤、铜缆、微波等。

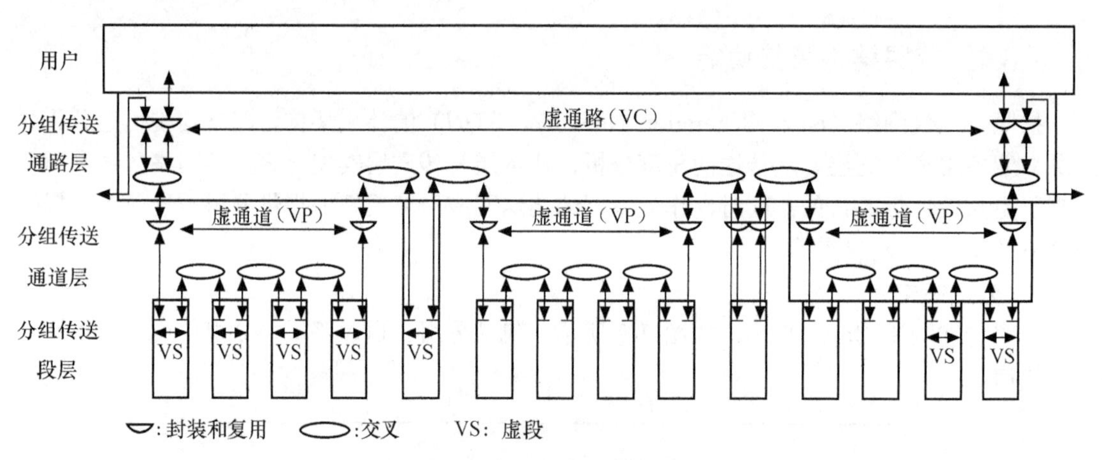

图 7-10　分组传送网分层与分域

尽管进行了网络分层，但每一层网络依然比较复杂，且可能覆盖范围很大，因此在分层的基础上，可以将 PTN 划分为若干个部分，即分域（分割）。这样整个网络可以根据地域或运营商分成若干域，大的域可能又是由多个小的子域构成的。

PTN 中常用的传输介质层有以太网、PDH/SDH/OTN/WDM。可通过以太网的 Ethernet Type 字节指示 PTN 作为客户信号，以此将 PTN 直接架构在以太网之上。也可利用成帧映射 GFP（Framemapped GFP，GFP-F）和透明 GFP（Transparent GFP，GFP-T）进行封装，通过 GFP 中的用户净荷标识（User Payload Identifier，UPI）字节指示 PTN 为客户信号，将 PTN 直接架构在 PDH/SDH 和 OTN 之上。PTN 的传输介质层如图 7-11 所示。

随着 IP 网络的发展，IP 数据业务量已经超过传统的语音业务量，但从收入的角度来说，现阶段语音业务的收入仍是运营商的主要盈利来源。因此，新的传送网络体系结构应该兼容现有的应用协议，这就要求传送网络体系结构具有包的通用处理能力和通用的层间接口协议，这样既可以接收各种客户层协议，又可以利用各种下层（服务层）协议提供的连接路径或服务。

可见，在这种新的传送网络体系构建中，需要考虑到 IP 业务的突发性和不确定性因素，因此要求光网络能够提供带宽动态分配和调度功能，以实现有效的网络优化，从而减少全网所需的光接口，如 POS 接口、OTU 接口，以及相应波长的数目。这样既能降低建设成本，又能提高网络的带宽利用率。而对于 TDM 业务无缝连接的要求，则可通过采用电路仿真业务来实现现有电路型业务的传送。

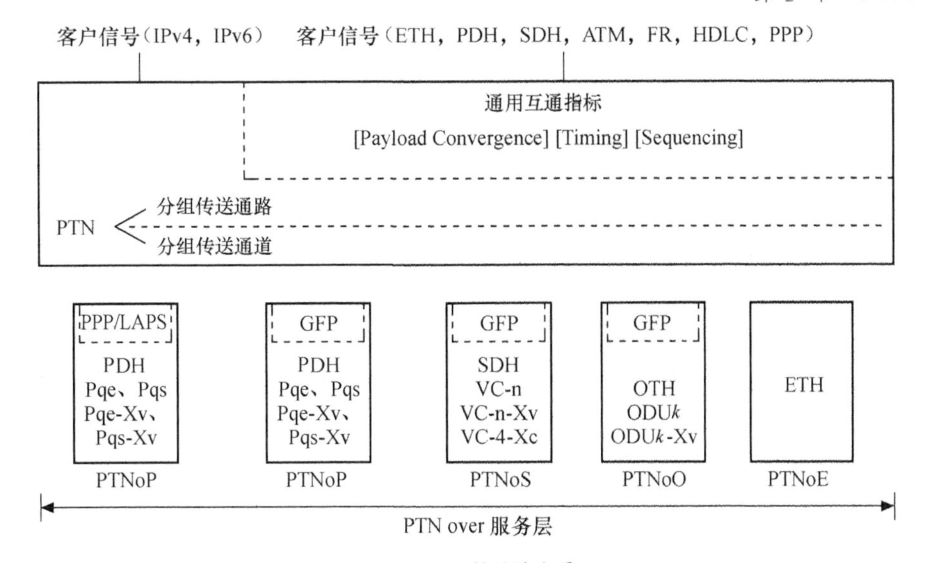

图 7-11　PTN 的传输介质层

2. PTN 的功能平面

PTN 的功能平面是由 3 个层面组成的，即传送平面、控制平面和管理平面，如图 7-12 所示。

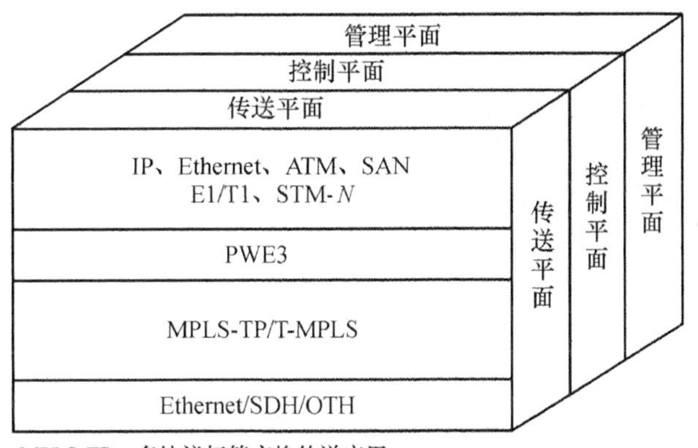

图 7-12　PTN 的功能平面

（1）传送平面

实现对用户侧接口（User Network Interface，UNI）的业务适配、基于标签的业务报文转发和交换、业务 QoS 处理、面向连接的 OAM 和保护恢复、同步信息的处理和传送、线路接口的适配等功能。需要说明的是，传送平面上的数据转发是基于标签进行的。

（2）管理平面

实现网元级和子网级的拓扑管理、配置管理、故障管理、性能管理、安全管理等功能。

（3）控制平面

由信令网络支撑，包括能够提供路由、信令、资源管理等特定功能的一系列控制元件。控制平面的主要功能：通过信令支持建立、拆除和维护端到端连接；通过选路为连接选择合适的路由；网络发生故障时，进行保护和恢复；自动发现邻居关系和链路信息，发布链路状态信息，以支持连接建立、拆除，以及保护、恢复。

7.3.2 PTN网元结构与分类

1. PTN网元的分类

根据网元在一个网络中所处的位置不同，PTN 网元可分为PTN网络边缘（Provider Edge，PE）节点和PTN网络核心（P）节点两类。PE是指与客户边缘（Customer Edge，CE）节点直接相连的PTN网元。而在PTN中进行VP管道转发的网元则被称为P节点。

需要说明的是，PE节点和P节点均具有逻辑处理功能。通常对任意给定的VP管道而言，一个特定的PTN网元只能承担PE节点或P节点的一种功能。而对于某一PTN 网元所同时承载的多条VP管道而言，该PTN网元可能既是PE节点，又是P节点。根据标签处理能力的差异，将PE设备进一步分为T-PE（PW 终结的PE设备）和S-PE（PW交换的PE设备）。

2. PTN网元的功能结构

PTN网元的功能模块是由传送平面、管理平面和控制平面构成的，如图7-13所示。各平面接口功能如下。

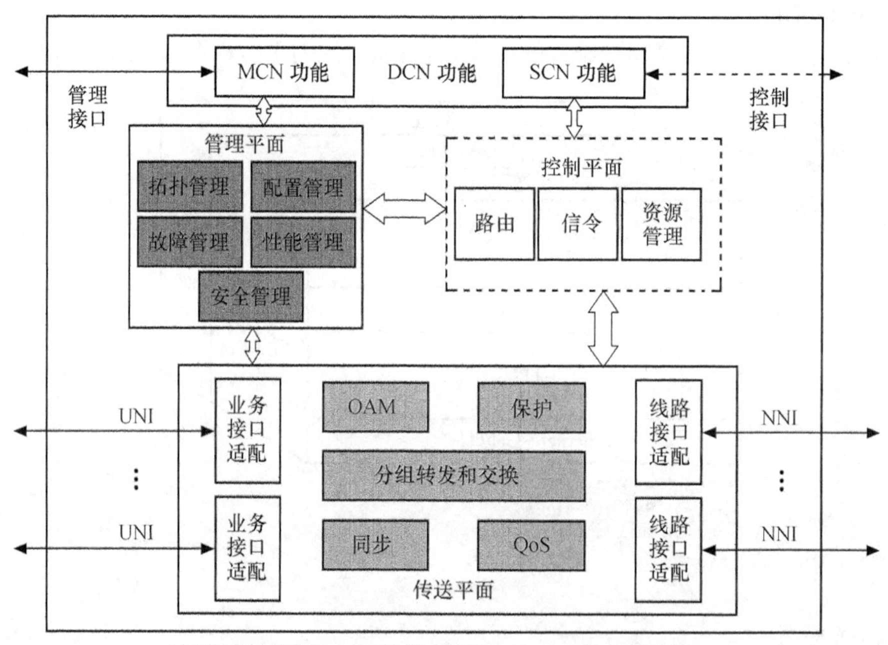

MCN为管理通信网；SCN为信令通信网；DCN为数字通信网。

图7-13 PTN网元的功能模块

（1）传送平面接口

包括用户侧接口（UNI）和网络节点接口（NNI）两类。

① UNI：用于连接PTN网元和客户设备的接口，其中客户设备接口可以是FE/GE/10GE等以太网接口，也可以是通道化的STM-1（VC-12）接口或STM-1（VC-4）接口（可选），还可以是PDH E1接口或IMA（ATM反向复用）E1接口（可选）。

② NNI：用于连接两个PTN 网元的接口，分为域内接口（IaDI）和域间接口（IrDI），具体可使用GE/10GE接口，也可使用SDH 或OTN 接口（可选）。

（2）控制接口

控制平面是由提供路由和信令等特定功能的一组控制元件组成的，并由信令网支撑。通过控制接口可完成控制平面元件之间的互操作，以及元件之间的通信信息流传送。

（3）管理接口

PTN 管理平面能够提供端到端、域内或域间的故障管理、配置管理和性能管理。通过管理接口可完成用于实现网元级和子网级管理的信息流传送。

需要说明的是，PTN 网络中的路由、信令、资源应用等信息是经过信令网传递到 PTN 网元的，并通过与管理平面协同来完成相关控制操作。

7.3.3 数据转发

传送平面可用来传送两点之间的双向或单向客户分组信息，也可为控制平面和管理平面传递相应的信息，即在完成分组信号的传输、复用、交叉连接等功能之外，还提供信息传输过程中的保护与恢复、OAM、QoS 保障等功能。

由于 T-MPLS 网络中的数据转发是基于标签进行的，因此将由标签组成端到端的路径。其数据转发过程如图 7-14 所示。

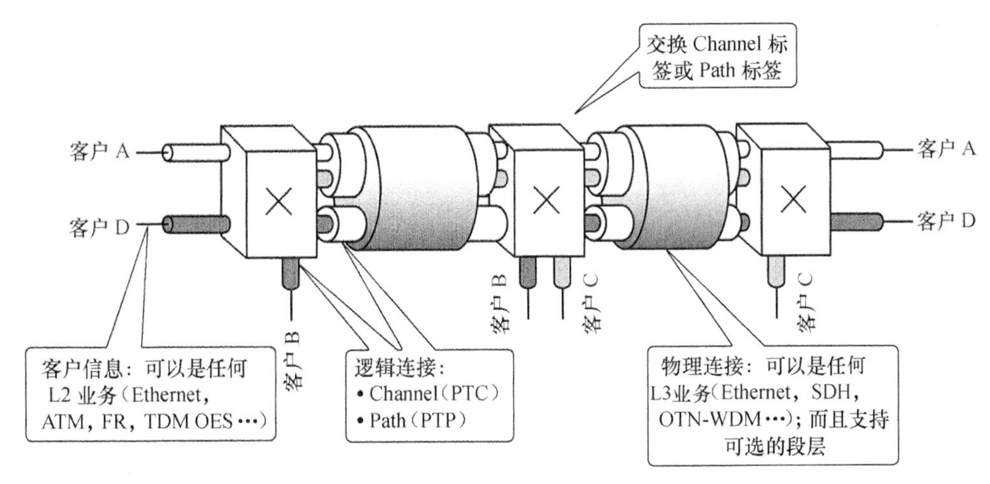

图 7-14 T-MPLS 网络中的数据转发过程

由图 7-14 可以看出，客户信号首先要经过分组传送标签的封装，然后加上 TMC 标签，从而形成一个分组传送通路（TMC）。多个 TMC 经复用映射到一个分组传送通道（TMP），再通过 GFP 封装构成完整的 SDH 或 OTN 帧，利用 SDH 或 OTN 网络进行传送，或者封装到以太网物理层进行传送。网络中间节点交换 TMC 标签和 TMP 标签，建立标签转发路径，这样客户信号就可以通过这条由标签组成的端到端路径进行传送。

7.3.4 PTN 网络保护技术

对于任何传输系统而言，其保护系统都是其重要的组成部分。特别是 ASON/GMPLS 引入 PTN 之后，可利用其自动发现信令和路由协议，动态地发现网络拓扑和资源，动态快速地建立端到端的链路，这样当网络出现故障时，就可以动态地进行保护与恢复，以满足多业务接入的 OAM 要求和提供 QoS 保证。为此 PTN 需达到以下目标。

（1）达到现有 SDH 网络保护级别的快速自愈（小于 50μs）。

（2）与客户层可供使用的机制协调共存，可以针对每个连接激活或终止 T-MPLS 保护机制。

（3）可抵御单点失效故障，但在一定程度上能够容忍多点失效。

（4）保护路径应支持运营商的 QoS 目标，同时尽量减小保护带宽的占用量和降低信令的复杂程度。

（5）应提供操作控制命令优先验证和基于业务的保护优先级配置策略。

（6）实现基于 T-MPLS 的环网或网状网的互通。

PTN 已成为一种能够适合多颗粒业务接入和端到端传送的承载网络。按照网络保护操作发生的部位进行划分，PTN 网络保护可分为网络内部保护和网络边缘保护。按保护实施的层面进行划分，PTN 网络保护可分为 TMC 层保护、TMP 层保护和 TMS 层保护。可供使用的技术包括支路保护倒换（Tributary Protect Switch，TPS）、链路聚合组（Link Aggregation Group，LAG）、线性复用段保护（Linear Multiplex Section Protection，LMSP）、自动保护倒换（Automatic Protection Switching，APS）等。

1. 网络内部保护机制

与 SDH 网中的低级通道层、高级通道层和复用段层类似，T-MPLS 分组传送网的模型也分为 3 层，即通路（TMC）层、通道（TMP）层和段（TMS）层。TMC 负责提供 T-MPLS 传送业务通路，需要说明的是一个 TMC 连接可传送一个客户业务实体，相当于 SDH 的低级通道层，如 VC-12 级别；TMP 负责提供传送网连接通道，一个 TMP 连接在 TMP 域边界之间传送一个客户信号或多个 TMC 信号，相当于 SDH 的高级通道层，如 VC-4 级别；TMS 为可选项，它负责段层功能，提供两个相邻 T-MPLS 节点之间的 OAM 监视，相当于 SDH 的复用段层，如 STM-*N* 级别。

根据 T-MPLS 网络的分层模型，其保护模式主要包括 TMC 层保护（PW 保护）、TMP 层保护（线路 1+1、1:1 的 LSP 保护）和 TMS 层保护（Wrapping 和 Steering 环网保护）。

TMC 层保护（PW 保护）：PW（伪线）保护是为了在某一个特定的 PW 出问题时，能够快速地将业务切换到备用 PW。由于主备 PW 通道之间需要进行信令协商处理，以保障倒换顺序，因而 PW 保护往往不具有实际应用意义。

TMP 层保护（线路 1+1、1:1 的 LSP 保护）：这种保护在某种程度上类似于 SDH 的 1+1 和 1:1 保护，也采用主备路由，但由于需要使用 APS 协议，因而倒换时间更长。这种模式可应用于如基站回传、大客户专线等重大业务，以保障端到端的质量。

TMS 层保护（Wrapping 和 Steering 环网保护）：由于 Steering 在节点数目较多时重新收敛路由时间过长，容易造成电信级保障失效，因此 Wrapping 环网保护成为不二之选。

下面分别讨论几种 PTN 网络内部保护机制。

（1）T-MPLS 线路保护倒换

T-MPLS 线路保护倒换包括路径保护和子网连接保护。其中，路径保护又具体分为 1+1 和 1:1 两种类型。

① 单向 1+1 T-MPLS 路径保护

在采用单向 1+1 T-MPLS 路径保护的系统中，源端业务信号被同时永久地连接到工作连接和保护连接上。倒换控制是基于接收节点本地信息完成的。其保护操作过程如图 7-15 所示。

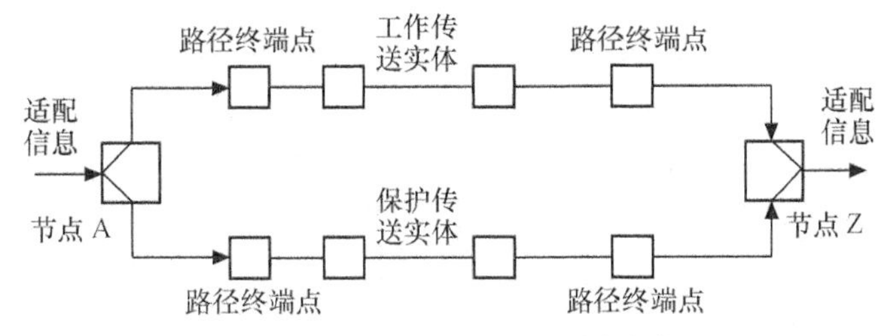

图 7-15 单向 1+1 T-MPLS 路径保护

正常情况下，业务信号同时在工作连接和保护连接中进行传送，在所属保护域的宿端从工作连接和保护连接中选择一条用于接收；当节点 Z 检测到 A—Z 工作连接出现故障时，节点 Z 将倒换至保护连接，并进行信息接收。为了避免出现单点失效的现象，工作连接和保护连接应选择不同的路径，以达到安全性要求。需要说明的是，具体的保护倒换选择原则是由双方事先协商确定的，其控制操作则是基于本地信息完成的。

在 1:1 结构中，保护连接是为每条工作连接预留的，正常情况下使用工作连接传送客户信息，当工作连接出现故障时，将根据保护倒换原则，使原工作连接中传送的信息倒换到保护连接上。为了避免单点失效，工作连接和保护连接应选择分离路由。

② 双向 1:1 T-MPLS 路径保护

图 7-16 所示为双向 1:1 T-MPLS 路径保护，可见正常情况下业务信号由工作连接负责传送。换句话说，收发两端的选择器均选择连接到工作连接上，这样宿节点将接收来自工作连接的信号；当工作连接 A—Z 发生故障时，节点 D 将检测出该故障，随后使用 APS 协议在 A—Z 节点间同时启动保护倒换。

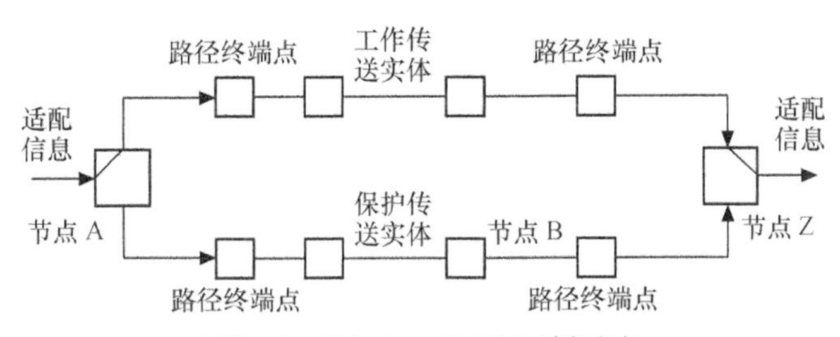

图 7-16 双向 1：1 T-MPLS 路径保护

（2）环网保护机制

T-MPLS 环网是采用逻辑结构映射方式来实现 T-MPLS LSP 传送网构建的。通过 TM-SPRing 技术，各节点间建立起逻辑连接关系，该连接关系的建立不受物理设备、MAC 拓扑的限制。人们通常称相邻节点之间的连接为区段（Span）。在 T-MPLS 环网中，区段为双向连接，可以是物理的链路，也可以是逻辑上的链路。环网节点间用于传送业务的传送通道是用基于 T-MPLS 的一组 LSP 实现的。环网承载实体采用双环结构，是由一条或多条 LSP 构成的，两个环的业务流向相反，可分为工作环和保护环，每个环可以根据业务需求建立多条 LSP，这样可为不同的业务流分配不同的 LSP。TM-SPRing 的保护是针对相邻节点区段进行的，具体到是否进行业务保护倒换，则根据区段信号质量的优劣而定。

为了防止相邻区段失效，应制订完备的保护机制，以实现对故障的快速应对。目前在 TM-SPRing 中采用 Steering 和 Wrapping 两种保护机制。前者是在源节点发现故障后通过改变路径绕过故障点，直接将数据流传送到目的节点；后者则是通过靠近故障的节点将数据流环回到另一个环上，通过迂回路径保持数据流与目的节点的连接。

Steering 和 Wrapping 机制的区别在于发生故障时发起数据流重定向的节点不同，前者是发送数据流的源节点，而后者是靠近故障的节点，因此环回保护倒换的启动速度快，相应丢包也少，但倒换的保护路径不是最优路由。前者虽然是最优路由，但保护倒换启动时间较长，相应丢包较多。下面主要介绍 Wrapping 保护机制。

T-MPLS 的恢复与管理是通过控制/管理平面来完成的，其中，采用基于 GMPLS/ASON 的分布式控制平面技术来实现 LSP 恢复。需要说明的是，这种技术可针对任意拓扑结构提供恢复与管理功能，也可以使用恢复技术实现与其他传送网技术层（如 SDH/WDM）的协调。这种保护方式借鉴了弹性分组环（RPR）的保护倒换机理，如图 7-17 所示。

采用此模式的工作系统在故障的相邻节点进行业务倒换，以达到电信级倒换的要求（50ms 内）。这种模式特别适用于大规模的网络应用，它可以大大节约 TMP 层 LSP 的条目数量（节约率将近 50%）。可见 Wrapping 环网保护作用巨大。

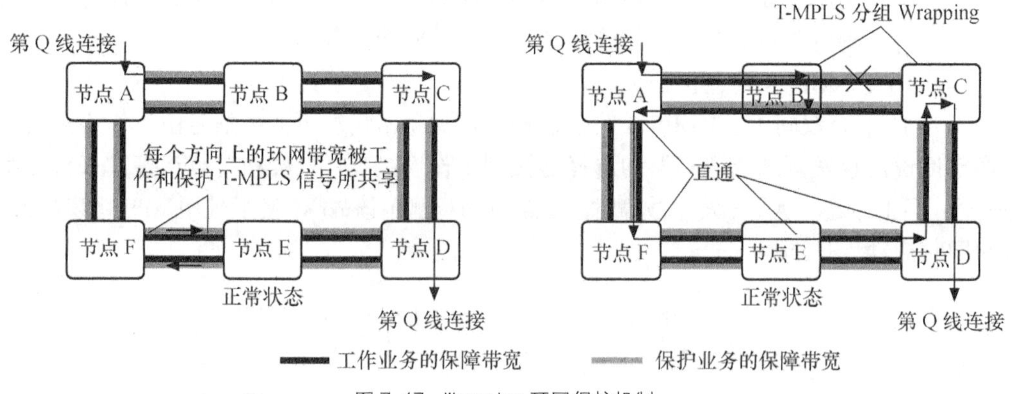

图 7-17 Wrapping 环网保护机制

（3）LMSP 保护

LMSP 的保护对象主要是 STM-1/4 接口级别的业务。LMSP 通过 SDH 层面的告警指示来触发操作，然后利用 SDH 帧中的 K1、K2 字节实现网络协议的交互，从而完成复用段保护倒换操作，如 LMSP 1:1 双端保护。双端保护倒换操作需要经过双方的协商，在请求得到确定回复后，才执行倒换操作。

就恢复模式而言，针对 PTN 设备，1:*N* 是双端恢复模式，1+1 模式可供采用的有单端恢复、单端不恢复、双端恢复和双端不恢复 4 种。恢复模式是指在倒换操作完成后，如果故障排除，工作通道恢复正常时，系统能够将业务自动倒换回工作通道的工作方式。显然当工作通道恢复正常时，不会自动倒换回工作通道的方式就是非恢复模式。

（4）LAG 保护

LAG 保护是指将多个以太口聚合起来，组合成一个逻辑上的端口，并通过链路聚合控制协议（Link Aggregation Control Protocol，LACP）来动态控制物理接口，以确定是否将其纳入聚合组。

图 7-18 所示为 LAG 保护。需要说明的是，当 LAG 保护应用于负载分担时，业务均匀地分布在 LAG 内的所有成员上进行传输，每个 LAG 最多支持 16 个成员，但由于这种方式无

法很好地提供 QoS 保证，因此只能应用于用户侧设备。而当 LAG 保护应用于非负载分担时，正常情况下，业务只在工作通道传输，保护通道不传输任何业务，这时每个 LAG 只能包含 2 个成员，进而形成 1:1 保护方式。这种方式可应用于用户侧，也可使用在网络侧，同时满足用户的 QoS 要求。

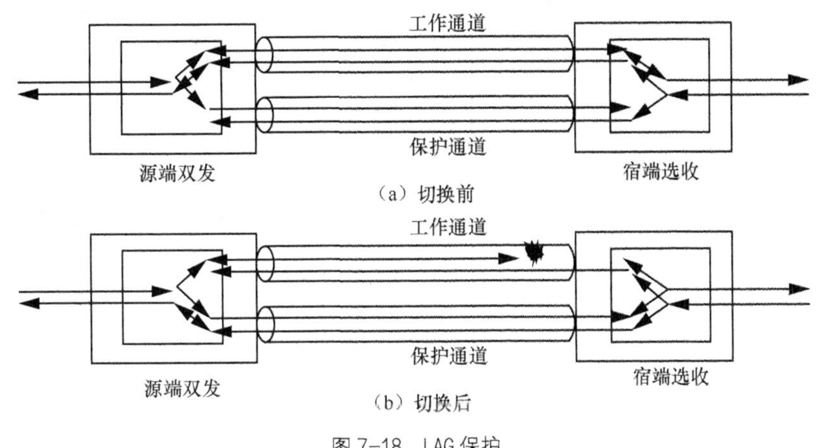

图 7-18 LAG 保护

2．网络边缘保护机制（双归属保护机制）

PTN 在与无线网络控制器（Radio Network Controller，RNC）连接过程中采用双归属保护，这样当主用链路失效时，可将业务切换到备用链路进行传送，在此过程中保证业务不中断。其组网模型如图 7-19 所示。

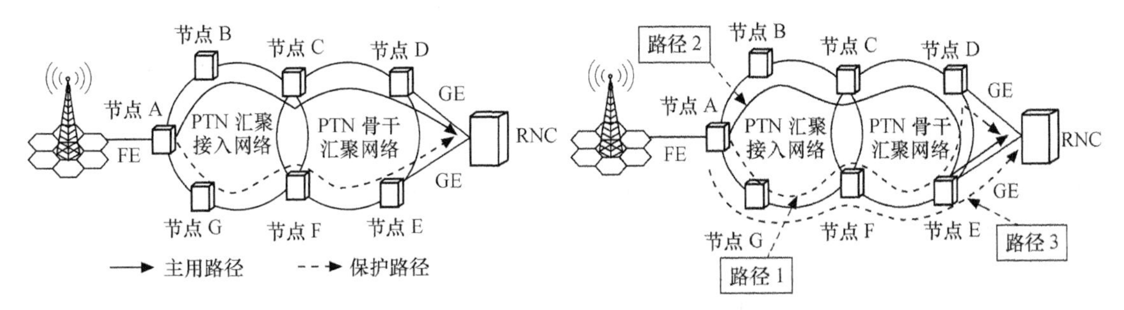

图 7-19 双归属保护机制组网模型

7.4 IPRAN 技术架构

IPRAN 是指用 IP 技术来实现无线接入网的数据回传。它是满足当前及未来 RAN 传送需求的一种技术解决方案。严格意义上讲，它并不是一项全新的技术，而是在已有的 IP、MPLS 技术基础上，通过优化组合运用于移动回传领域。

7.4.1 IPRAN 组网方案

IPRAN 是针对 IP 化基站回传应用场景，由优化定制的路由器/交换机所构成的一个整体解决方案。其中在城域网汇聚/核心层采用 IP/MPLS 技术，在接入层主要采用二层增强以太技术，或采用二层增强以太与三层 IP/MPLS 相结合的技术方案。一般核心汇聚节点的设备形态主要是支持 IP/MPLS 的路由设备，基站接入节点采用路由器或交换机。其主要采用的技术包括 IP/MPLS 以太转发协议、流量工程的快速重路由技术（汇聚/核心层）、以太环/链路保护技术（接入层）、电路仿真、MPLS OAM、同步技术等。

目前，中国电信所认可的 IPRAN 方案中核心汇聚层采用全业务路由器（Service Router，SR）+汇聚，接入层采用增强型路由器的技术方案。其中 IPRAN 设备主要定位于 IP 城域网，位于城域网的汇聚层、接入层，向上能与 SR 连接，向下可接入客户设备、基站设备。

与 PTN 技术相比，IPRAN 中增加了三层功能，包括 IPv4（IPv6）三层转发和全连接自动选路功能；支持 MPLS 三层功能、三层 MPLS VPN 功能和三层组播功能，并在网管、OAM、同步与保护等方面融合了一些传统传输技术，使其能够适用于规模不大的城域网。

7.4.2 MPLS VPN 技术基础

VPN 是一种利用加密技术在公网上封装出专用数据通信隧道的远程访问技术。这样无论用户是在外地出差，还是在家办公，只要能与互联网实现连接，就能利用 VPN 方便地访问企业内部网络资源。MPLS 技术出现后，围绕其又扩展和开发出了一系列相关协议，形成了 MPLS VPN 体系，从而可实现各种 VPN 方案。

根据实现层次，VPN 可分为二层 VPN（L2VPN）和三层 VPN（L3VPN）。

MPLS 二层 VPN 是目前在 IP 网中普遍使用的服务技术。从用户角度观察，由于 MPLS 二层 VPN 在 MPLS 网络上可实现二层用户数据的透明传输，因此 MPLS 网络是一个二层交换网络，可在不同节点之间建立二层连接，从而实现不同用户端介质的二层 VPN 互连，如 TDM、Ethernet、PPP 等。

MPLS 三层 VPN 是一种基于 PE 的 L3 VPN 技术，它通过边界网关协议（Border Gateway Protocol，BGP）在运营商骨干网上发布 VPN 路由、并使用 MPLS 方式转发 VPN 报文。这种方式使组网更加灵活、可扩展性好，同时能够方便地支持 MPLS QoS 和 MPLS 流量工程（Multiprotocol Label Switching-Traffic Engineering，MPLS-TE）。

1. MPLS-TE

MPLS-TE 同样采用隧道概念，但它是虚拟的。例如，将多个 LSP 联合起来使用，并把这些 LSP 与一个虚拟隧道接口相关联，这样的一组 LSP 隧道就是 MPLS-TE 隧道，通常采用隧道接口和隧道标识（Tunnel ID）加以标识。

（1）隧道接口

为实现报文的封装而提供的点到点虚拟接口，也是一种逻辑接口。通常隧道接口名称为“隧道类型+隧道编号”。

（2）隧道标识（Tunnel ID）

通常采用十进制数字来表示一条 MPLS-TE 隧道，以便对该隧道进行规划与管理，这个数字就是 Tunnel ID。用户在配置一条 MPLS-TE 的隧道接口时需要给出一个 Tunnel ID。

图 7-20 所示为 MPLS-TE 与 LSP 隧道的关系。其中主路径（LSP ID=2）是一条 LSR A→LSR B→LSR C→LSR D→LSR E 的路径；而备份路径（LSP ID=1）是一条 LSR A→LSR F→LSR G→LSR H→LSR E 的路径。需要说明的是，这两条隧道应该对应相同的 Tunnel ID，例如，均为 100 的 MPLS-TE 隧道 Tunnel 1/0/0。

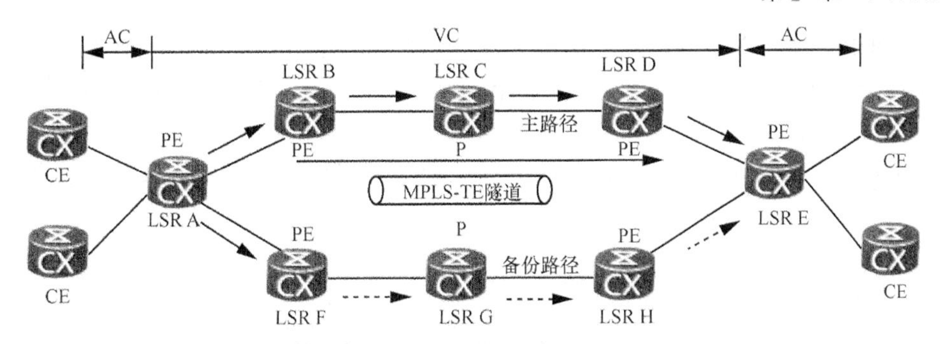

图 7-20　MPLS-TE 与 LSP 隧道的关系

图 7-20 中 AC（Attachment Circuit，接入链路）代表 CE 与 PE 之间的一条链路或电路。AC 接口可以是物理接口，也可以是逻辑接口。VC（Virtual Circuit，虚电路或 PW）是指两个 PE 之间的一种逻辑连接。VC 可为二层用户数据提供穿越运营商骨干网的通道，因此在 MPLS 二层 VPN 中，VC 又称为 PW（伪线），它表现为特定业务所独占的一条链路或电路。隧道则是在 PE 与 PE 之间创建的连接。

2．MPLS 二层 VPN

二层 VPN 可分为点到点虚拟租用线（Virtual Leased Line，VLL）和点到多点虚拟专用线（Virtual Private Lan Service，VPLS）。MPLS 二层 VPN 又可划分为两个主要技术流派，即 Martini 和 Kompella。在数据层面上两者非常相似，都支持二层交换。区别主要在于控制层面，前者以 LDP 扩展协议作为信令传递二层信息，后者则以 MP-BGP 扩展协议作为信令传递二层信息。需要说明的是，中兴、华为、贝尔、思科等厂家的设备主要采用 Martini 方式。基于 Martini 方式的 MPLS 二层 VPN 使用 LDP 作为传送 VC 信息的信令。

MPLS 二层 VPN 是通过标签栈来实现用户报文在 MPLS 网络上透明传递的。外层标签又称为 Tunnel 标签，用于将报文从一个 PE 传递到另一个 PE；内层标签也称为 VC 标签，用来区分不同 VPN 中的不同连接。根据 VC 标签，接收端 PE 可以判断出报文应该转发给哪个 CE。需要说明的是，在 MPLS 二层 VPN 转发过程中，外层标签每经过一个 P 节点，都会被替换为新的外层标签，以说明下一跳的传送目标，而在此过程中内层标签不变。

（1）PW 的建立流程

伪线（PesudoWire，PW）是一种在设备之间提供逻辑连接以实现二层业务的承载技术。PWE3 利用隧道提供的端到端（即 PE 的 NNI 之间）的连通性，在隧道端点建立和维护 PW。用户数据报被封装在 PW 协议数据单元（Protocol Data Unit，PDU）之中，然后利用隧道传递到对端，从而实现端到端的伪线仿真服务。

PW 可进一步分为静态 PW 和动态 PW。静态 PW 不使用信令协议进行参数协商，而是根据命令通过人工操作来配置指定的相关参数，使数据报可经隧道在 PE 之间传递。动态 PW 则通常是利用远程 LDP 通过信令协议建立起来的。IPRAN 中采用的是动态 PW，因此下面仅介绍动态 PW 的建立过程。

欲建立一条从 PE1 接口到 PE2 接口的单向 PW，首先系统要在两个 PE 之间建立远程 LDP 会话，用于发布 PW 标签，然后 PE2 将根据 PE1 的请求有针对性地分配标签，并通过 MPLS 网络发布标签及其绑定关系；PE1 收到此绑定标签后，将标签与接口 1 绑定，并查找一条由

PE1 到 PE2 的隧道，完成单向 PW 的建立。需要指出的是，两个 CE 之间是通过“PW Type+PW ID”来识别一个 PW 的，但在同一个 PW Type 的所有 PW 中，PW ID 是唯一的。

（2）报文转发过程

如图 7-21 所示，以从 CE1 到 CE3 的 VPN 报文流向为例，单向 PWE3 报文转发流程如下。

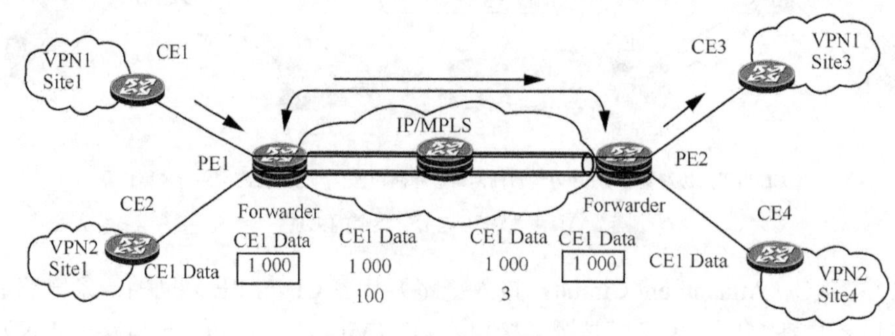

图 7-21　PWE3 报文转发流程

① CE1 收到二层报文后，通过 AC 将需要上传的业务（如 TDM、Ethernet、PPP 等）报文传送到 PE1。

② PE1 接收到报文之后，由转发器（Forwarder）选择相应的 PW。

③ PE1 将根据 PW 的转发表项生成二层 MPLS 标签，内层标签（PW Label）用于标识不同的 PW，外层标签（Tunnel Label）用于指导报文的转发，使报文能够穿越隧道到达 PE2。

④ 报文到达 PE2 后，自动弹出内层标签，外层标签已在倒数第二跳的 P 节点弹出。

⑤ PE2 将根据内层标签选定相应的 AC，在剥离内层标签后通过 AC 将二层报文发送至 CE3。

3. MPLS 三层 VPN

MPLS 三层 VPN 是服务提供商所提供的 VPN 解决方案中一种基于 PE 的 L3VPN 技术。它采用 BGP 在服务提供商骨干网上发布 VPN 路由消息，并在此基础上利用 MPLS 转发 VPN 报文，故 MPLS 三层 VPN 也称为 BGP/MPLS VPN。

按照实现方式进行划分，VPN 可以分为两类：重叠模式 VPN（Overlay VPN）和对等模式 VPN（Peer-to-Peer VPN）。重叠模式 VPN 是指同一个站点属于多个 VPN 的情况，其中用户需要服务提供商来实现特定的路由控制，具体地说就是，Overlay VPN 具有静态路由的全部缺陷，所有配置均需要手工完成。对等 VPN 模式是由网络运营商在主干网上完成 VPN 通道的建立，其中 VPN 的部署和路由发布是动态的，也就是可以在 CE 与 PE 之间交换私网路由信息，然后由 PE 将这些私网路由信息通过 P-Network 进行传播。可见这些私网路由信息会自动地传播到其他 PE 上，所以必须严格进行路由控制，即要确保同一个 VPN 的 CE 路由器上只有本 VPN 的路由。通常 CE 和 PE 之间运行的路由协议与 P-Network 上运行的路由协议不同，即使相同，也需要采用路由过滤和选择机制。

BGP/MPLS VPN 可以实现基于纯 IP L3VPN 无法实现的一些功能。

① 支持地址重叠，也就是说，既可支持公有地址的客户端设备，也可支持私有地址的客户端设备，或多个 VPN 使用同一地址空间。

② 支持重叠 VPN，即一个站点可以属于多个 VPN。

这些功能使得 MPLS 三层 VPN 组网方式更加灵活、可扩展性好，网络得到高效利用，并能够方便地支持各种应用场景，为不同业务提供不同的 MPLS QoS 和 MPLS-TE 保障。

（1）MPLS 三层 VPN 所涉及的相关概念

① 站点

站点（Site）是指相互之间具备连通性的一组 IP 网络，而且其连通性并不需要利用服务提供商的网络来实现。通常一个 Site 中的设备的地理位置是彼此相邻的，但 Site 的划分依据是设备连通时的拓扑关系，而非地理位置，而且一个 Site 中的设备可以属于多个 VPN。Site 通过 CE 连接到运营商网络，一个 Site 可以包含多个 CE，但一个 CE 只能属于一个 Site。

需要说明的是，对于多个 Site 连接到同一个运营商网络的情况，可通过制订特定的策略，将它们划分为不同的集合，只有属于同一集合的 Site 才允许通过运营商网络实现互访，该集合就是 VPN。

② 地址空间重叠

从前面的分析可知，VPN 是一个私有网络。不同的 VPN 负责管理自己的地址范围，也称为地址空间（Address Space）。不同的 VPN 可能在一定的范围内重合，例如，VPN1 与 VPN2 都使用 10.110.10.0/24 网段的地址，可见出现了地址空间重合的现象。但由于不同 VPN 不会互通，因此 IP 地址重叠不会构成影响，反而提高了 IP 地址的利用效率。在特定条件下，VPN 可以在如下情况下使用重叠的地址空间。

- 两个 VPN 之间无共同的 Site。
- 即使两个 VPN 有共同的 Site，该 Site 中的设备也不会与这两个 VPN 中使用重叠空间的设备互访。

③ VPN-IPv4 地址

传统 BGP 无法正确地处理地址空间重叠的 VPN 路由问题。例如，VPN1 与 VPN2 都使用 10.110.10.0/24 网段的地址，并同时发布了一条前往该网段的路由，根据 BGP 只能选择其中一条路由，从而导致另一条路由丢失。这是因为 BGP 无法区分不同 VPN 中相同的 IP 地址前缀，此时可以通过在 PE 之间使用 MP-BGP（Multiprotocol extensions for BGP-4）来传播 VPN 组成信息和发布路由，并采用 VPN-IPv4 地址来解决上述问题。VPN-IPv4 地址结构如图 7-22 所示。

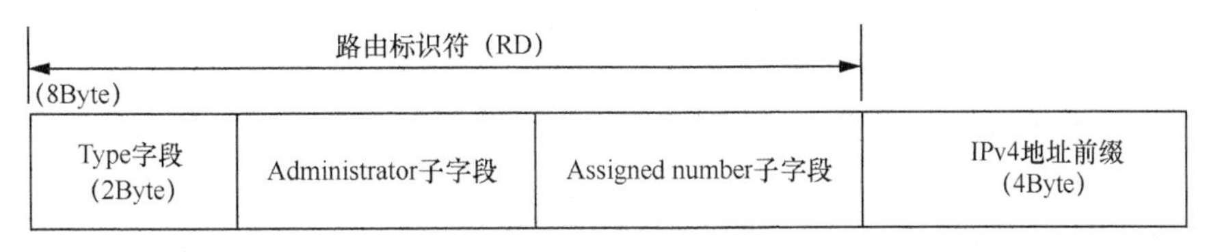

图 7-22 VPN-IPv4 地址结构

VPN-IPv4 地址共包含 12Byte，8Byte 的路由标识符（Route Distinguisher，RD）和 4Byte 的 IPv4 地址前缀。RD 有以下两种格式。

- Type 0：Administrator 子字段占 2Byte，Assigned number 子字段占 4Byte。可见格式为 16bit 的自治系统（Autonomous System，AS）号和 32bit 的用户自定义数字。例如，100:1。
- Type1：Administrator 子字段占 4Byte，Assigned number 子字段占 2Byte。可见格式为 32bit 的 IPv4 地址和 16bit 的用户自定义数字。例如，172.1.1.1。

RD 主要用于区分使用相同地址空间的 IPv4 前缀。运营商可以独立分配 RD，但必须保证 RD 的全局唯一性。这样即使来自不同服务提供商的 VPN 使用了相同的 IPv4 地址空间，PE 也可以向各 VPN 发布不同的路由。需要说明的是，RD 为 0 的 VPN-IPv4 地址可视为普通 IP 地址。为了保证 RD 的唯一性，不建议使用私有 AS 号或者用私有 IP 地址作为 Administrator 子字段的值，而建议不同 VPN 采用不同的 RD，但实际上只要保证存在两个相同地址的 VPN 的 RD 不同即可。

④ VPN Target 属性

VPN Target 属性同样可用于同一个 PE 上的不同 VPN 之间的路由发布控制。与 RD 类似，VPN Target 属性采用如下两种格式。

- 16bit 的自治系统（AS）号和 32bit 的用户自定义数字。例如，100:1。
- 32bit 的 IPv4 地址和 16bit 的用户自定义数字。例如，172.1.1.1。

MPLS 三层 VPN 使用 BGP 扩展团体属性 VPN Target（RT）来控制 VPN 路由信息的发布，其中要求在同一个 PE 上的不同 VPN 之间能够通过设置相同的 VPN Target 来实现路由的相互引入。VPN Target 的属性有如下两类。

- Export Target：本地 PE 在将从与自己直接相连的 Site 学习到的 VPN-IPv4 路由信息发布给其他 PE 之前，首先需要为这些路由设置 VPN Target 属性，并将其作为 BGP 扩展团体属性与路由信息一同发布。
- Import Target：本地 PE 收到其他 PE 发布的 VPN-IPv4 路由信息时，首先需要检查其 Export Target 属性，只有该属性与 PE 上某个 VPN 实例所配置的 Export Target 匹配，才能将路由加入相应的 VPN 路由表。

需要说明的是，由于每个 VPN 实例的 Export Target 和 Import Target 都可以配置多个值，而且可以配置不同的值，因此接收时只需使用“或”操作即可实现灵活的 VPN 访问控制。

⑤ MP-BGP

VPN 实例是 PE 为与之直接相连的 Site 建立并维护的一个专门实体。每个 Site 在 PE 上都有自己的 VPN 实例，VPN 实例也称为 VPN 路由转发（VPN Routing & Forwarding，VRF）表。可见 PE 上存在多个表，包括一个公网路由表和一个或多个 VRF 表。若一个 PE 的两个本地 VPN 实例同时存在 10.0.0.0/24 路由，且该 PE 收到一个目的地址为 10.0.0.1 的报文，此时应如何判断此报文应由与哪个 VPN 实例相连接的 CE 接收呢？由此可见，需要在转发的报文中增加标识。在 MPLS 中可以用 MPLS 标签格式进行标识，这就是私网标签。三层 VPN 的私网标签通过 MP-BGP 进行分配，并在 PE 之间传播 VPN 组成信息和 VPN-IPv4 路由。

VPN 向下兼容，既可以支持传统 IPv4 地址族，也可以支持其他地址族，如 VPN-IPv4 地址族。使用 MP-BGP 既能保证 VPN 的私有网络路由只在 VPN 内发布，又可以实现 MPLS VPN 成员之间的通信。

（2）MPLS 三层 VPN 的报文转发

在 MPLS 网络中 VPN 报文是通过隧道在 PE 之间进行转发的，其中 P 并不了解 VPN 路由信息。PE 之间可供使用的隧道类型有 LSP、GRE 和 CR-LSP。下面以 LSP 为例介绍 VPN 报文的内外层标签和转发过程。

外层标签用于指示从 PE 到对端 PE 的一条 LSP，这是一条公网隧道。MPLS 网络正是利用这条 LSP 隧道将 VPN 报文传送到对端 PE。内层标签则用于将 VPN 报文由出口 PE 送至远端 CE。图 7-23 所示为 VPN 报文的转发过程。

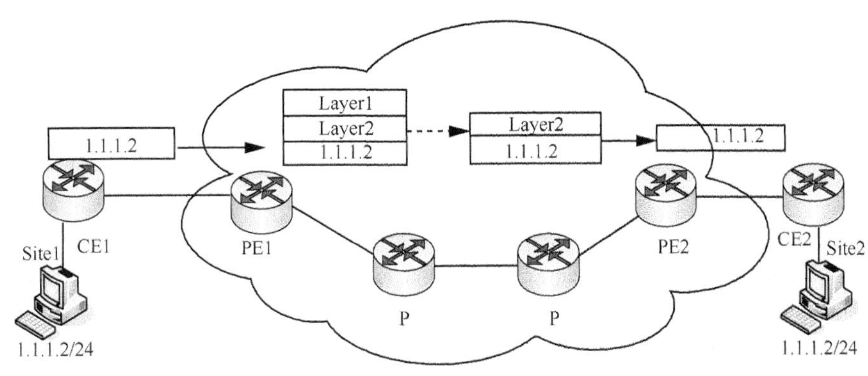

图 7-23 VPN 报文的转发过程

从图 7-23 中可以看出，Site1 发出一个目的地址为 1.1.1.2 的报文，首先由 CE1 将该报文发送到与其相连接的 PE1，然后 PE1 根据报文所需送达的目的地址及端口进行 VPN 实例表项查询，在获得与之匹配的结果后，PE1 将报文转发出去，并同时打上内外层标签，这样 MPLS 网络就可利用外层标签将报文传送至 PE2。需要说明的是，在报文到达 PE2 的前一跳时外层标签被弹出，此时到达 PE2 的报文仅携带了内层标签。PE2 根据内层标签和目的地址查找 VPN 实例表项，以确定报文的出接口，随后将报文送至 CE2。最后 CE2 根据普通的 IP 地址将报文传送到目的地。

（3）MPLS 三层 VPN 路由信息发布

VPN 的路由信息发布过程分为三部分，分别是本地 CE 到入口 PE、入口 PE 到出口 PE、出口 PE 到远端 CE。

① 从本地 CE 到入口 PE 的路由信息交换

CE 与直接相连的 PE 建立邻接关系后，将本地 VPN 路由信息发送给 PE。需要说明的是，CE 与 PE 之间可以使用静态路由、RIP、OSPF、IS-IS 或 BGP，无论使用何种路由协议，CE 向 PE 发布的都是 IPv4 路由。

② 从入口 PE 到出口 PE 的路由信息交换

PE 从 CE 学习到路由信息后，首先为这些标准的 IPv4 路由加上 RD 和 VPN Target 属性，从而形成 VPN-IPv4 路由，并将其存放在为 CE 建立的 VPN 实例表项之中，然后入口 PE 利用 MP-BGP 把 VPN-IPv4 路由发布给出口 PE。出口 PE 将所接收到的 VPN-IPv4 路由中的 Export Target 与本站点所维护的 VPN 中的 Import Target 进行比较，以判断是否需要将该路由添加到 VPN 实例的路由表之中。需要指出的是，PE 之间是通过 IGP 来保障内部的连通性的。

③ 从出口 PE 到远端 CE 的路由信息交换

供远端 CE 从出口 PE 学习 VPN 路由信息的方法有多种，包括静态路由、路由信息协议（Routing Information Protocol，RIP）、OSPF、IS-IS、BGP，与本地 CE 到入口 PE 的路由信息交换思路相同。需要注意的是，当 PE 与 CE 之间运行 EBGP（运行于不同 AS 之间的 BGP 称为 External BGP）时，由于 BGP 自身具有 AS 检测能力，因此需要为物理位置不同的节点配置不同的 AS 号。如果物理位置彼此分散的 CE 复用了相同的 AS 号，则需要在 PE 上配备 AS 号替换功能，这样当出口 PE 向目标 CE 发布路由时，会首先把其 AS 号替换成本 PE 的 AS 号，再向目标 CE 发布消息。

7.4.3 IPRAN 网络保护技术

IPRAN 的网络保护技术很多，主要分类如表 7-4 所示。

表 7-4 IPRAN 的网络保护技术分类

类别	具体类型
检测手段	BFD
路由保护	VRRP、ECMP、FRR
端口级保护	LAG、MSP
隧道级/伪线级保护	线性保护、DNI-PW
环网保护	Wrapping、Steering、共享环保护

简单来说，IPRAN 网络保护技术包括用于通道检测的双向转发检测（Bidirectional Forwarding Detection，BFD）技术、跨接二层三层数据转发的虚拟路由器冗余协议（Virtual Router Redundancy Protocol，VRRP）、负责三层转发的等价多路由（Equal-Cost Multi-path Routing，ECMP）技术、三层路由保护快速倒换的快速重路由（Fast ReRoute，FRR）技术、应用于数据端口之间的链路聚合组（Link Aggregation Group，LAG）保护技术、SDH 端口之间采用的复用段保护（Multiplex Section Protection，MSP）技术、用于 T-MPLS 连接的线性保护技术、采用双节点互连伪线方式的 DNI-PW 保护技术、利用 TMS 层 OAM 检测告警和 APS 消息的环网保护技术。

1．BFD

在通信网络中，为了降低设备故障对业务的影响，提高网络的可用性，网络设备需要能够尽快检测到与相邻设备之间的通信故障，以便及时采取相应的措施，保证业务的正常运行。BFD 技术可以解决这一问题。具体来说，它是一种用于检测两个转发点之间故障的网络协议，通过与上层路由协议联动，可提供毫秒级的链路快速检测来确保业务的连贯性。它可以运用于不同类型通道，如直接的物理链路、虚电路、隧道、MPLS LSP、多跳路由通道、非直通通道。

（1）传统故障检测方法

传统的故障检测方法主要有以下三种。

① 硬件检测：其特点是能够快速发现故障，但并不是所有介质都能够提供这种检测。

② 慢 Hello 机制：采用路由协议中的 Hello 报文机制，使检测到故障的用时达到秒级。对于吉比特级的高速速率系统而言，超过 1s 的检测时间会导致大量的数据丢失；语音类的敏感业务不允许超过 1s 的延时。这种机制依赖于路由协议。

③ 其他检测机制：不同协议有时会提供不同的检测机制，但在系统之间这样的专门检测机制通常难以部署。

（2）BFD 的优点

BFD 是在传输技术的基础上逐步发展而来的，因此它可以检测各层的故障，以保证传输的正确性。这种技术具有以下优点。

① 对于不同类型的介质、协议层实行全网统一的检测机制。

② 为不同的上层应用（如 OSPF、MPLS、IS-IS 等）提供故障检测服务，同时具有相同的检测时间。

③ BFD 检测负载轻、持续时间短。BFD 检测时间远小于 1s，可缩短上层应用的中断时间，从而提高网络的可靠性和服务质量。

（3）BFD 主要工作过程

BFD 在两个端点之间的一条链路上首先建立一个 BFD 会话。如果两个端点之间存在多条链路，则可以为每条链路建立一个 BFD 会话。然后 BFD 在所建立的会话的两个网络节点之间进行 BFD 检测。若发现链路故障，则立即拆除 BFD 邻居，同时通知上层协议，上层协议接收到该通知后，立刻进行相应的切换操作。

在 BFD 检测过程中的初始阶段，两端的哪一方是主动角色或被动角色是由应用决定的，但至少有一端作为主动角色。会话建立过程采用三次握手，此过程后两端的会话变为 UP（启动）状态。在此过程中同时进行相应参数的协商，此后状态变化由检测结果决定，并以此为根据做出相应的处理。目前，BFD 是以异步模式实现故障侦测的。按照不同的连通性检测需求，可以采用不同的 BFD 管理方式，包括接口 BFD、协议 BFD 和静态 BFD。

（4）BFD 的应用

目前，常见的 BFD 应用有 BFD for PW、BFD for TE、BFD for IGP、BFD for VRRP 和 BFD for LSP 等。

其中，BFD for PW 是一种快速检测机制，能够针对所承载的业务指导其实现快速切换，以达到业务保护的目的。需要说明的是，BFD 能够对本地和远端 PE 之间的 PW 链路进行快速故障检测，以支持 PW FRR，同时减少链路故障对业务的影响。

BFD for TE 是 MPLS-TE 中的一种端到端的快速检测机制。传统的 TE 检测机制包括 RSVP Hello、RSVP 刷新超时等检测，其检测速度相对缓慢。BFD 检测机制很好地弥补了这方面的缺陷，采用快速收发报文的方法，发现快速检测隧道所经历的路径（包括链路和节点）中的故障，从而触发承载业务的切换，达到业务保护的目的。

BFD for LSP 是在 LSP 隧道上建立 BFD 会话，并利用 BFD 检测机制快速检测 LSP 链路的故障，以提供端到端的保护。BFD 采用异步模式检测 LSP 的连通性，即入端口和出端口周期性地相互发送 BFD 报文。若任何一端在检测时间内没有收到对端发来的 BFD 报文，则认为 LSP 处于 DOWN（会话断开）状态，同时向控制平面上报 DOWN 消息，从而及时触发切换，使流量能够快速倒换到保护链路中。

2．FRR

在网络链路或节点出现故障后，经过这些失效链路或节点到达目的地的业务流会丢失，从而暂时出现流量中断的现象，直到网络重新计算出新的拓扑或路由。通常，这样的中断会持续几秒。随着互联网业务的迅速发展，即时类业务需求越来越多，这就需要新的快速倒换技术。FRR 正是符合这种要求的技术，其保护方式是为主用路由或路径建立备用路由或路径。这样当主用路由或路径发生故障时能够快速地切换至备用路由或路径，主用路由或路径恢复正常后可快速地切换回来。FRR 的实现方式有多种，目前常见的有流量工程的快速重路由（TE-FRR）、标签分发协议的快速重路由（LDP FRR）、虚拟专用网（Virtual Private Network VPN）的快速重路由（VPN FRR）和 IP 快速重路由（IP FRR）等。

TE-FRR 是 MPLS-TE 中的一种用于链路保护和节点保护的机制，它是一种实现网络局部保护的技术。其基本原理是用一条预先建立的 LSP 来保护一条 LSP 或多条 LSP。这样当主 LSP 或主 LSP 上的节点出现故障时，业务流可倒换到 FRR LSP 上传送，以保证业务流的不中断传输。由此可见，MPLS有两种应用方式，即节点保护和链路保护。

LDP FRR是借助LDP来实现的保护技术。正常情况下，设备在形成LSP的过程中，只保留下一跳分配的标签。LSP中的一段链路出现故障后，LSP所承载的业务中断。设备只有等路由收敛，重新形成新的LSP供业务转发之用。路由收敛时间较长，造成业务中断的时间也较长，不能满足即时业务的应用需求。而启动LDP FRR的设备在形成LSP的过程中，在保留路由下一跳分配的标签的同时还保留非路由下一跳分配的标签，进而形成主备转发表项。当主转发表项所指示的LSP出现故障时，业务被倒换到备用转发表项所指示的LSP进行传送。通常，LDP FRR可以达到50ms保护切换的要求。与TE-FRR相比，因无须采用复杂的TE技术，设备开销小，LDP FRR具有明显的技术优势。

VPN FRR是一种基于VPN的私网路由快速切换技术，通常采用双归属网络结构，主要用于VPN路由的快速切换保护。它通过事先在远端PE中分别设置指向主用PE和备用PE的主备转发表项，同时结合PE故障快速检测，解决CE双归属PE的网络场景中PE节点故障导致端到端业务收敛时间长（大于1s）的问题，同时解决PE节点故障恢复时间与其承载的私网路由数量相关的问题，使得PE节点出现故障的情况下收敛时间小于1s。

IP FRR采用快速检测技术和快速保护倒换，旨在缩短网络中流量中断时间。其中引入了一种链路失效快速发现和恢复的机制，在该机制中，除了正常工作的主用路由链路外，网络中还提前计算出一条或几条备用路由链路，一旦主用路由链路出现故障，网络会快速提供一条备用路由链路。可见IP FRR技术是利用IP路由的出端口或下一跳，通过配置备份路由来实现保护的。它可将倒换时间控制在50ms以内，最大限度地减少倒换对业务的影响。

3．VRRP

正常情况下，用户是通过网关设备与外界网络通信的。这样当网关设备出现故障时，用户将无法与外部网络进行通信。因此现实中通过设置多个出口网关来提高网络可靠性。但通常终端设备是不支持动态路由协议的，无法实现多个出口网关的选路。VRRP恰能解决上述问题。VRRP是一种容错协议，其本质是通过物理设备与逻辑设备的分离，将多个物理网关设备模拟组成一个逻辑网关来实现多个出口网关的选路，从而解决单一网关设备故障带来的业务中断问题，以确保业务的安全性。

VRRP中的主要概念如下。

（1）虚拟路由器（Virtual Router）

又称为VRRP备份组，包含一个Master设备（主用设备）和若干个Backup设备（备用设备），被认为是一个共享局域网内主机的默认网关。虚拟路由器是由VRRP创建的，并且是一种逻辑概念，包括一个虚拟路由器的标识符和一组虚拟IP地址。

（2）虚拟路由器标识符（Virtual Router ID，VRID）

通常具有相同VRID的一组设备组成一个虚拟路由器。

（3）虚拟IP地址（Virtual IP Address）

虚拟路由器的IP地址。通常一个虚拟路由器可以有一个或多个IP地址，由用户配置完成。

（4）虚拟MAC地址（Virtual MAC Address）

由虚拟路由器根据VRID生成。一个虚拟路由器拥有一个虚拟MAC地址。

VRRP适用于处于多播或广播方式下的局域网（或以太网），为其提供逻辑网关，这样不仅能够避免因某网关出现故障而造成业务中断，而且无须修改路由协议的配置，从而确保了业务的可靠传输。VRRP 的控制报文也称为 VRRP 通告，经 IP 多播数据包封装后，使用组播地址在局域网范围内发布。主控虚拟路由器周期地发送 VRRP 通告，备份虚拟路由器若在 3 个连续通告间隔内收不到 VRRP 通告或收到优先级为 0 的通告，则会发起新一轮 VRRP 选举。选举参数包括优先级和 IP 地址。VRRP 中的优先级范围是 0～255，数值越大的优先级越高，通常与链路速率及成本、路由器性能和可靠性、管理策略等因素有关。需要说明的是，用户主机仅已知该虚拟路由器的 IP 地址，并不清楚备份组内的某台设备的 IP 地址，它们只将自己的缺省路由下一跳地址设置为该虚拟路由器的 IP 地址，从而实现与外界网络之间的通信。

图 7-24 所示为 VRRP 组网示意图。可见 VRRP 将虚拟路由器动态地关联到承担传输业务的物理路由器上，当所连接的路由器出现故障时，则重新选择新路由器来接替业务传输工作，整个过程对用户而言完全透明，并实现了设备的无缝切换。

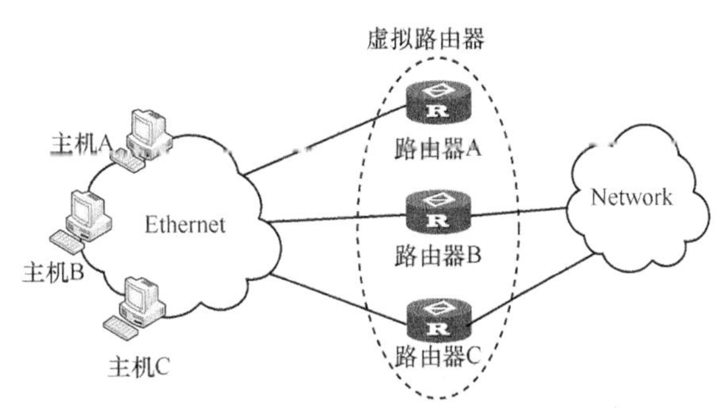

图 7-24　VRRP 组网示意图

4．其他保护方式

除了上述 3 种主要保护方式，IPRAN 中还有以下几种保护方式。

（1）PW 冗余（PW Redundancy）保护

在 CE 双归属场景中，主用 PW 和备用 PW 在不同的远端 PE 节点终结时，若 AC 链路或远端 PE 发生故障，立即对 PW 进行保护。该保护方式的主要特点是动态 PW 和 Bypass PW。PW 冗余保护是 PW FRR 的增强特性。在 PW FRR 中，PW 的主备关系是静态配置的，而在 PW 冗余保护中，PW 的主备关系经动态协商而确定，即 PW 的主备关系是与 E-Trunk、E-APS 协商结果联动的。

（2）链路聚合组（Link Aggregation Group，LAG）保护

将多个物理接口捆绑成一个逻辑接口，该逻辑接口就是 Trunk 接口。采用 Trunk 技术可实现流量由各成员接口分担，同时可提供更高的连接可靠性。Trunk 接口分为 Eth-Trunk 接口、IP Trunk 接口和 CPOS Trunk 接口。Eth-Trunk 接口是指采用链路聚合控制协议（LACP）将以太网接口捆绑起来而形成的逻辑接口。IP Trunk 接口是指将运用高速数据链路控制（High-Level Data Link Control，HDLC）协议的 POS 接口经捆绑而形成的逻辑接口。CPOS Trunk 接口是指将 CPOS 接口捆绑而形成的接口。

跨设备的以太链路聚合组（Multi Chassis-Link Aggregation Group，MC-LAG）也称为增强干道（Enhanced Trunk，E-Trunk），是一种实现跨设备的以太链路聚合技术，能够成功地将多台设备之间的链路聚合起来，从而将链路的可靠性由单板级别提高到设备级。

（3）自动保护倒换（Automatic Protection Switching，APS）

当链路出现故障时，本端发出保护倒换请求，系统采用该协议，并经双方协商后，进行保护倒换操作。

① 根据保护结构的不同，APS 可分为 1+1 和 1:*N*（*N*=1 时，为 1:1）保护。

② 根据所采用的恢复模式不同，APS 可分为恢复模式和非恢复模式。

③ 根据保护层次，衍生出跨设备的自动保护倒换加强型自动保护倒换（Enhanced-APS，E-APS），用于工作路径和保护路径不经过同一台设备的情况。

（4）等价多路由（Equal-Cost Multi-path Routing，EMCP）保护：当有多条链路同时到达同一个目的地时，传统的路由协议只会选择其中一条链路用于数据传输，该链路容易出现拥塞，而其他链路空闲。在采用 EMCP 的系统中，可同时使用每条链路来传送信息，从而实现负载分担。

小结

1．分组传送网（PTN）的基本概念及特点。

2．PTN 的分层结构。

3．T-MPLS 的业务承载及转发过程。

4．MPLS 的工作原理。

5．分组同步技术，可分为提供频率同步基准的时间同步技术和提供时间同步基准的相位同步技术。

6．TM-SPRing 中采用 Steering 和 Wrapping 保护机制。

7．MPLS 三层 VPN 的报文转发。

8．BFD、FRR、VRRP 技术。

复习题

1．简述分组传送网的基本概念。

2．画出 T-MPLS 的分层结构图，并说明各层的功能及彼此的关系。

3．简述 T-MPLS 的业务承载及转发过程。

4．简述 MPLS 二层 VPN 中的 PW 建立流程和报文转发过程。

5．简述 MPLS 三层 VPN 的报文转发过程。

6．简述 BFD 主要工作过程。

7．简述 LAG 保护思路。

第8章 城域光网络

根据网络范围的大小，目前计算机网可分为局域网（Local Area Network，LAN）、城域网（Metropolitan Area Network，MAN）和广域网（Wide Area Network，WAN）。局域网的覆盖范围较小，仅 1km 左右，通常为一座大楼或一个楼群。城域网是在一个城市内的各分布节点间传输信息的本地分配网络。广域网是指各城市间的网络。它的传输距离很长，可达数千千米。就目前电信网来说，城市之间的通信网络就是长途网。本章着重介绍城域光网络的结构、骨干传输技术、宽带接入网技术及光承载网技术。

8.1 城域光传送网综合承载架构

8.1.1 城域网的分层结构

城域网是指在地域上覆盖城市及其郊区范围、为城域多业务提供综合传送平台的网络，能实现语音、数据、图像、多媒体、IP 等接入。它是宽带 IP 骨干网在城市范围内的延伸，并作为本地公共信息服务网络的重要组成部分，承载各种多媒体业务以满足用户的需求。由此可见，宽带城域网必须具备可管理和可扩展的电信运营性质。由于可管理和可扩展的电信运营网络均采用分层结构，因而宽带城域网也采用分层结构，共分三层，即核心层、汇聚层和接入层。

核心层主要完成城域网内部信息的高速传送与交换，实现与其他网络的互连互通。

汇聚层主要完成信息的汇聚和分发任务，实现用户网络管理，具体地说就是提供到小区、到大楼的百兆、千兆中继端口，也可以通过光缆线路（10~120km）延伸至有业务需求的县城或乡镇。

接入层主要用来为用户提供具体的接入手段。可以采用无线接入方式，也可以采用有线接入方式，既可以采用双绞线接入，也可以采用同轴电缆接入、局域网、专线接入等方式，以此满足不同用户对各种业务的需求。

一般的城域网均规划为核心层、汇聚层和接入层三层结构，但对于规模不大的城域网，可视具体情况将核心层与汇聚层合并，以简化网络体系结构，如图 8-1 所示。可见目前城域网的核心层和业务控制层主要采用全路由架构。它通过 IP+MPLS 实现路由和流量通道的合理部署，从而更有效地利用网络资源，实现网络节点之间的信息传送和安全保护。接入层为用户提供“最后1公里”的信息接入。

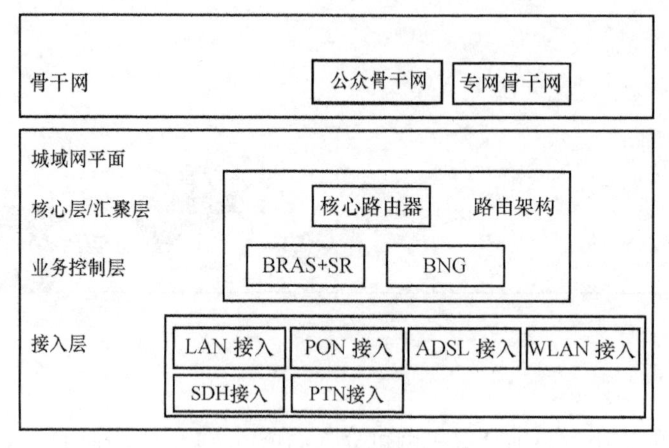

图 8-1 城域网的结构

从业务服务提供角度考虑，城域网的核心层是进出本地（市）IP网的唯一途径，它既负责进出骨干网的各种业务流的转发，又作为本地网的核心节点负责转发地（市）级本地网内不同节点间的业务。随着通信技术的不断发展，城域网中的汇聚层除了提供原接入层网络的物理汇聚和路由汇聚功能外，还增加了对用户的控制、管理、个性化差异服务等功能，使城域网成为一个可运营、可管理的业务承载网。

无论是传统的城域网，还是IP承载网中，都要采用网络传输技术，如IP over SDH（POS）、IP over WDM（POW）、IP over OTN、吉比特以太网（GE）技术等。IP over WDM 能够极大地拓展现有的网络带宽，最大限度地提高线路利用率，这样当吉比特以太网成为接入主流时，IP over WDM 就会真正实现无缝接入。

MSTP（基于 SDH 的多业务传送平台）作为城域网传送技术，充分利用 SDH 技术的保护恢复能力和同步低时延特性，承载多种业务。MSTP 城域网在 SDH 设备上添加透传数据业务功能、二层交换和汇聚功能，以实现数据业务的传送。另外，MSTP 通过加入链路容量自动调整（LACS）、以太环网带宽公平接入和拥塞控制、内嵌弹性分组环（RPR）等功能，使得城域网在流量工程、网络保护等方面得到进一步的增强。

随着互联网的迅速普及，IP数据业务呈现迅速增长的态势，并已经远远超过传统语音业务的带宽需求，这对通信网络传输能力提出了更高的要求。城域波分网络的应用恰恰满足了业务高速发展的需求。其作为承载网络，为上层业务网络提供服务，例如，为 SDH/MSTP，IP 城域网、PTN 等提供传输带宽。此外，城域波分网络还承担一些业务网络功能，如波长出租业务和 1Gbit/s 以上的大颗粒专线业务等。

运用 IP over OTN 技术能够实现 IP 化语音服务和 Internet 业务。由于其城域接入路由器与城域核心路由器之间逻辑链路众多、带宽需求大，因此接口模式建议采用 N×10GE（甚至40GE）。为了适应数据分组化的趋势，POTN 技术在 OTN 技术的基础上，深度融合分组传送技术，形成一种基于统一分组交换平台的传送网。其具有支持多业务交换调度能力、多层间的层间适配和复用能力，以及 OAM 能力，这使 POTN 能够在不同应用和不同网络场景下灵活地进行功能增减，充分利用网络资源来满足不同用户的需求。

城域网中所使用的接入技术有光纤接入（Fiber To The X，FTTx，x 表示光纤接入线路的目的地）+任意数字用户线路（X Digital Subscribe Line，xDSL）、FTTx+混合光纤同轴电缆网（Hybrid Fiber Coaxial，HFC）、FTTx+LAN 和无线接入等。随着 EPON/GPON 技术及 PTN 技术的商用化进程，用户接入将进一步朝宽带化、多业务方向发展。

8.1.2 城域传送网的组网策略

1．全业务运营对城域传送网的要求

从现有业务种类和新增用户需求上分析，全业务主要包括个人客户业务、家庭客户业务和集团客户业务三大类。在个人客户业务中，目前经扩容后 SDH/MSTP 传送网基本能够满足 3G 基站的初步传送要求，但随着 IP 数据业务的飞速增长，将需要采用大量的以太网接口、IP 接口，因此现有的多业务传送技术难以满足发展需求。在家庭客户业务中，越来越多的家庭客户已使用宽带上网，尤其是 HDTV（高清电视）等宽带业务对传送网的带宽提出更高的要求。在集团客户业务中，业务的类型随着社会的发展而逐渐增多，企业专线、高速上网等业务不仅要求传送网具有高带宽、高 QoS 等特性，还要求传送网具有智能化、高可靠性、绿色瘦身等特性，以增强网络的灵活性，降低网络全生命周期内的建设和运维成本。

为了保证新建的城域传送网具有 QoS 承载能力，可靠性、可运营管理和安全性，同时能够承载语音、视频、数据、移动及企业互连等业务，除了满足 ITU-T、3GPP 等国际组织关于数据网络的 QoS 指标要求外，城域传送网还应能根据业务和用户的要求，提供不同等级的 QoS 服务，在业务的可控化方面要尽量做到感知、OAM、安全和 QoS 等的集中控制和管理。

针对上述业务应用需求，城域传送网的组网建设原则如下。

（1）满足移动 IP 化承载需求

不同的用户和业务要求传输网具备差异化服务和 QoS 的按需动态调整的能力。面对 3G/4G 高速 IP 化承载需求，城域传送网引入了 PTN/IPRAN 技术，建设了 OTN（光传送网）。PTN/IPRAN 主要定位于城域传送网的接入层和汇聚层，承载 IP 化基站、大颗粒集团客户专线等业务。OTN 主要定位在城域传送网的核心层，用于实现大颗粒业务的调度传输。而 POTN 可满足对 TDM、分组交换调度能力以及对分组、OTN、SDH（可选）等的要求，通常将其引入城域传送网的核心层，以提高网络资源利用率和网络安全保障能力。

5G 应用的开展将带来更加丰富的沟通方式和更加真实的体验，因此与以往的移动通信系统相比，5G 需要满足更加多样化的应用场景。ITU-T 提出了三种典型应用场景，即增强移动宽带（eMBB）、大规模机器类通信（mMTC）、高可靠低时延通信（uRLLC）。为此，中国移动创新推出了基于多层融合的端到端分层交换网——切片分组网（Slicing Packet Network，SPN），以承载城域综合业务、移动前/中回传、企事业专线/转网、家庭宽带等高质量要求的业务。

（2）满足 IP 城域网承载需求

鉴于城域网建设对运营商具有非常重大的策略意义，各大电信运营商均加大力度进行城域网建设。随着 IP 城域网趋向扁平化，段路由（Segment Routing，SR）部署趋势是直接部署在汇聚节点或城域网业务控制层上，这就导致了 SR 上行到核心路由器的承载需求。然而 IP 城域网中还存在大量 10GE 甚至更高的带宽需求。在 5G 以前的移动通信时代，网络主要解决的是人们的各种通信需求。5G 提出 eMBB、uRLLC、mMTC 三大业务应用场景，以解决人与人、人与物、物与物的连接。由于不同业务场景的带宽需求、网络质量、时延、连接数和同步等指标存在巨大差异，现有 PTN 从容量和设备性能等方面均不能满足要求，需要重构新型传送网，因此 SPN 技术应运而生，以满足 5G 业务在内的综合业务传送承载需求。

运营商对承载 IP 城域网的传送网的总体建网要求如下。

① 分层次建设，分区域调度，引入具有业务交叉调度功能的设备。

② 核心交叉能力强，调度灵活，负责区域间的汇聚和调度。

③ 区域组建采用环结构，负责提供业务所需的端口。

（3）提供 xPON 上行承载能力

xPON 作为接入网络最引人关注的技术近年已经深入人心，其宽带化、综合化的接入特征使之成为各大运营商全业务运营的重要手段。目前，各地无源光网络（Passive Optical Network，PON）的部署具有一定的差异性，大部分省市由于 IP 城域网建设得较为完善，因而 PON 被放置在多业务接入节点，直接上行到核心路由器。而在某些边远城镇，由于 IP 城域网建设还不完善，PON 直接放置在汇聚节点，再上行到核心路由器。但无论是哪种方式，随着 PON 的部署，PON 上行承载在大部分地区已经基本完成。

2．城域传送网的组网策略

OTN 以波分复用为基础，在光层面上实现业务信号的传送、复用、路由选择和监控，并保证服务质量和生存性的要求。它是全业务接入背景下实现网络融合的有效手段，可解决光缆资源不足的问题，提供业务交叉调度，提升 IP 网络安全性，提供大带宽传送。因此主流城域传送网组网模式是核心层主要汇聚大颗粒流量，传送以 OTN/ROADM 为主；PTN 主要用于解决接入层/汇聚层的传送问题。

PTN/IPRAN 是适用 IP 化分组业务、具有强大 OAM 和保护能力的电信级传送网络。分组化比例越高，其传输效率越高；业务所需的服务质量越高，其相对成本越低。因此 PTN/IPRAN 应立足于高附加值的移动和固定业务；在对低附加值的互联网业务的承载方面，其优势在于可统一承载各种业务，在与其他低成本组网技术费用相差不大的情况下，也具备应用的可能。全业务背景下城域传送网的组网策略具体包括 PTN 独立组网、PTN 与 MSTP 混合组网、PTN 与 OTN 联合组网和 POTN 组网。下面着重介绍中间的两种。

（1）PTN 与 MSTP 混合组网

在城域传送网的发展演进过程中，不同类型的网络接口及设备将长久共存，因此在现有 MSTP 应用网络的基础上引入 PTN 技术，实现 PTN 与 MSTP 的混合组网，是全业务接入背景下解决新建 PTN 网络与现有 MSTP 网络互连问题的有效方案。按所承载的业务和对接的方式进行划分，PTN 与 MSTP 混合组网可分为以下两大类。

① 通过 UNI 互通：MSTP 设备将其承载的以太网业务或 TDM 业务终结落地后，从 PTN 的客户侧接口接入 PTN 承载网络。

② 通过 NNI 互通：PTN 设备提供 TDM 或 MSTP 的 EOS（Ethernet Over SDH）处理能力，直接从网络侧接入 PTN 承载网络。

保护：环切点 PTN 设备与接入层 MSTP 通过 SNCP、MSP 环进行保护。

时钟：环切点 PTN 设备将时钟同步信息在汇聚层与 MSTP 网络之间双向传递（可选）。

PTN 兼容 MSTP 网络的功能，包括接口、OAM、保护、时钟等方面的兼容互通。

（2）PTN 与 OTN 联合组网

OTN 技术优势在于解决 IP 业务的超长距离、超大带宽的传输问题，但 OTN 的带宽分配是刚性的，带宽利用率不高，难以对较小颗粒业务进行处理。而 PTN 技术优势主要在于小颗粒 IP 业务的灵活接入和业务的汇聚收敛，其并不擅长对大量的大颗粒业务的传送。

OTN+PTN 联合组网结构如图 8-2 所示，其技术优势在于具有强大的 IP 接入、汇聚及灵活调度能力，将有利于推动城域网向着统一的、融合的扁平化网络演进。当 OTN+PTN 混合组网模式应用于大型城市时，因为其中部署的核心设备数量较多，传送网要承载的业务颗粒较大和数据量较多，因此 OTN 适于担当骨干层，实现对业务的汇聚转移功能，PTN 层面仅完成基站回传业务的汇聚。

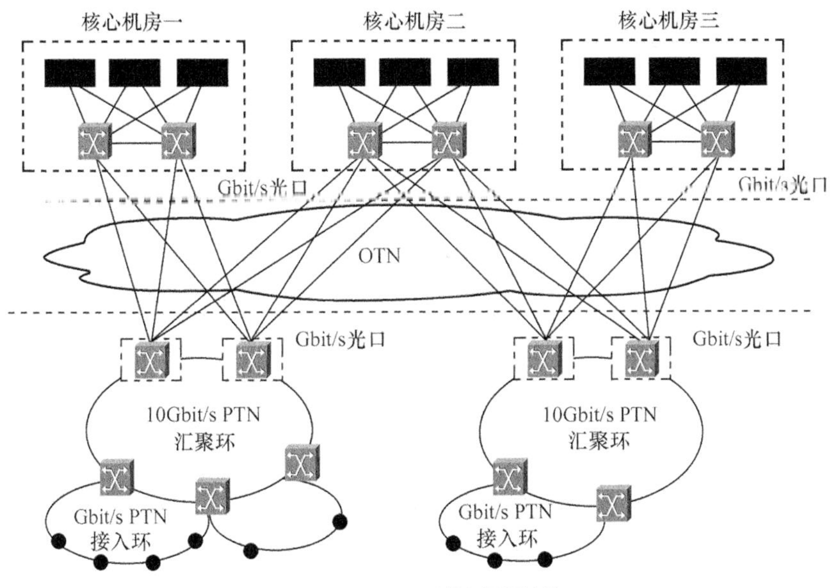

图 8-2 OTN+PTN 联合组网结构

需要说明的是，大型的 PTN 设备在通过 OTN 时，由于采用以太网二层 VLAN 标签交换技术，因此 RNC 利用 VLAN 标签与 Node B 互相识别。在进行 RNC 调整时，传送网的调整非常简单，只需在网络管理系统上进行 VLAN 配置即可，避免了网络硬件割接。

8.2 EPON/GPON

8.2.1 光接入网的概念

光接入网（Optical Access Network，OAN）是指以光纤作为传输介质来取代传统的双绞线接入网，具体地说就是本地交换机或远程模块与用户之间采用光纤或部分采用光纤来实现用户接入的系统。由于交换机与用户之间采用光纤作为信息传输通道，因而在交换局必须将电信号转换成光信号由光线路终端（Optical Line Terminal，OLT）完成，而在用户侧则需将所接收的、来自光纤的光信号转换成电信号（由 ONU 完成），再将其送往用户侧设备。可见在 OAN 中采用了基带数字传输技术，它是为传输双向交互式业务而设计的接入传输系统。

1．OAN的参考配置

由OAN的基本概念可知，OAN是一个点到点的光传输系统，与业务和应用无关。其参考配置应符合ITU-T G.982建议，如图8-3所示。可见接入链路实际是指业务网络侧的V接口与用户侧T接口之间的传输手段的总和。其中的光分配网（Optical Distribution Network，ODN）是用无源光器件构成的。

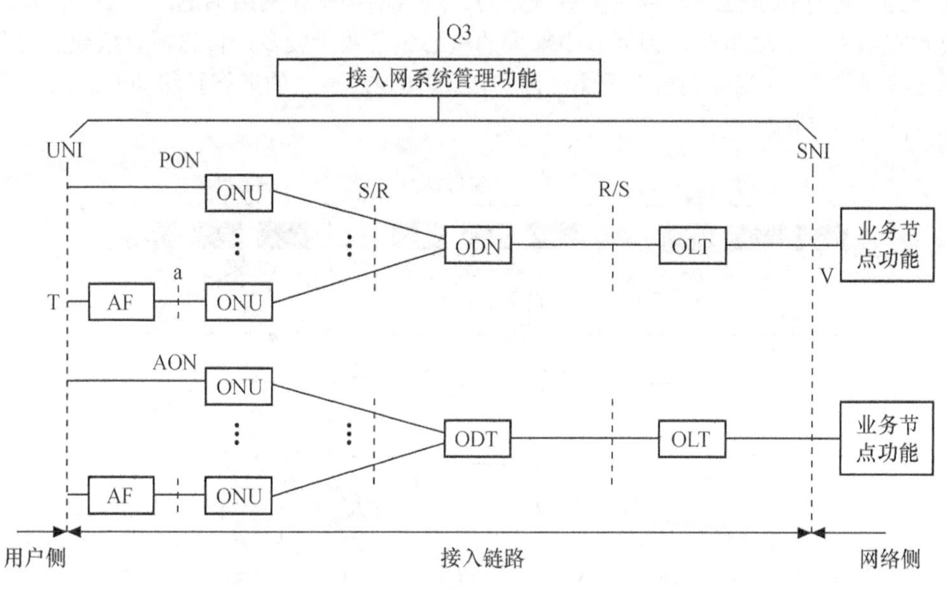

图8-3 OAN的参考配置

根据接入网的室外传输设施中是否含有有源设备，光网络分为无源光网络（Passive Optical Network，PON）和有源光网络（Active Optical Network，AON）。在无源光网络中是使用无源光分支器来完成分路的，而在有源光网络中则由电复用器来完成分路。无源光网络的运营、维护成本较低，对业务透明，便于升级扩展，但由于受到衰减的影响，光线路终端（OLT）和光网络单元（Optical Network Unit，ONU）之间的链路长度和容量受到一定的限制。

在有源光网络中有源光器件组成的光远程终端（Optical Distance Terminal，ODT）代替了无源光网络中的ODN，从而克服了衰减的影响，大大增加了接入链路的传输距离和容量，但也同时提高了成本和维护的复杂程度。

2．光接入网的应用类型

根据ONU在接入网中所处的位置不同，OAN可分为三种：光纤到路边（Fiber To The Curb，FTTC）、光纤到大楼（Fiber To The Building，FTTB）和光纤到户（Fiber To The Home，FTTH）。

在FTTC方式中，通常采用双星形网络结构，而且ONU设置在路边的人孔和电线杆的分线盒处，或设置在交接箱处，ONU与用户之间一般使用双绞线或同轴电缆连接。由于利用了原有的缆线资源，因此成本相对较低，但它仅适用于2Mbit/s以下的窄带业务环境。

在FTTB中，ONU进一步靠近用户。它是将ONU直接安装在楼内，再利用原有的双绞线与每个用户终端设备相连。因此一般FTTB是一种点到多点的结构，适用于高密度用户区。

FTTH直接将ONU移到用户家，而FTTC中原放置ONU的位置用于放置无源光分路器。

可见 FTTH 是一种全光纤网，接入网呈现全透明的特性，因而对传输制式、带宽、波长等均没有任何限制，适合引进新的业务，是真正意义上的宽带网络。

8.2.2 无源光网络的传输原理及其应用

1. PON 传输原理

由于 PON 中的 OLT 与 ONU 之间实现了双向信息交互，因此 PON 传输原理主要针对 OLT 与多个 ONU 之间上、下行信号的传输。下面分别进行讨论。

OLT 至 ONU 的信号流为下行信号。OLT 传至各 ONU 的信息首先在 OLT 采用光时分复用（OTDM）技术组成复帧，并被送入馈线光纤，然后在无源光分路器以广播形式将复帧信号传至各 ONU，最后由各 ONU 从所接收的复帧信号中恢复出发送给本 ONU 的相应帧信号。

各 ONU 至 OLT 的上行信号可以采用光时分多址（Optical Time Division Multiple Access，OTDMA）、光波分多址（Optical Wavelength Division Multiple Access，OWDMA）、光码分多址（Optical Code Division Multiple Access，OCDMA）等多址接入技术。EPON/GPON 中是采用 OTDMA 技术来实现上行信号传输的。

OTDMA 将上行传输时间分成若干时隙。每个 ONU 只能在其相应时隙发送分组信息。由于各 ONU 与无源光分路器（Optical Branching Device，OBD）的距离不同，分组信息到达 OBD 时可能发生碰撞，因此 OLT 必须严格测定它与各 ONU 之间的距离，以确定各 ONU 的严格发送时间。通常，各 ONU 从 OLT 发送的下行信号中提取定时信号，然后以此为依据，在 OLT 规定的时隙内发送上行分组信息。

另外，由于各 ONU 与 OLT 的距离不同，使得不同 ONU 发送的不同分组在被 OLT 接收时，各自所经历的衰减不同，导致 OLT 接收的各分组信号的幅度不同，因此 OLT 不能采用恒定判决门限的常规光接收机，而只能使用突发模式的光接收机，即以每一分组开始的几个比特信号的幅度为基准建立判决门限。这样便可保证分组信号的正确接收。

2. PON 技术应用

（1）网络结构

一般 PON 的结构有树形、星形、环形和总线型等几种。图 8-4 是一个采用星形结构的 PON-FTTC 网络。

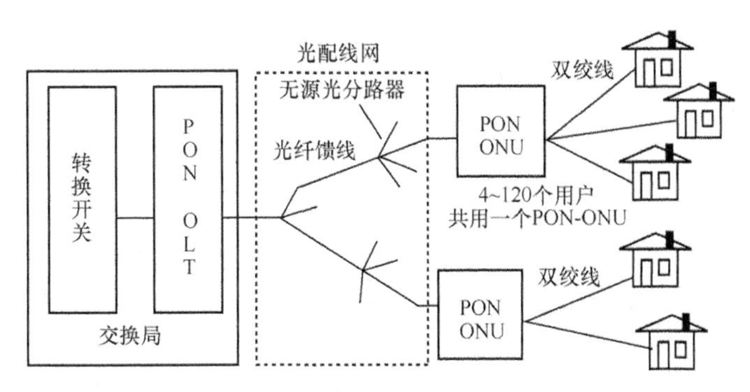

图 8-4 一个采用星形结构的 PON-FTTC 网络

从图 8-4 中可以看出，PON-OLT 位于交换局机房中，它可以通过无源光分路器（OBD）与多个 PON-ONU 相连。每个 PON-ONU 可以双绞线形式与附近的 4~120 个用户进行连接。

（2）OLT、ONU 和 ODN 的功能结构

① OLT 功能结构

从前面的介绍可知，OLT 位于本地交换局或远端，它起到将光接入网（OAN）与网络相连接的作用，因而它至少应提供一个网络业务接口。每个 OLT 是由核心功能块、服务功能块和通用功能块组成的，如图 8-5（a）所示。

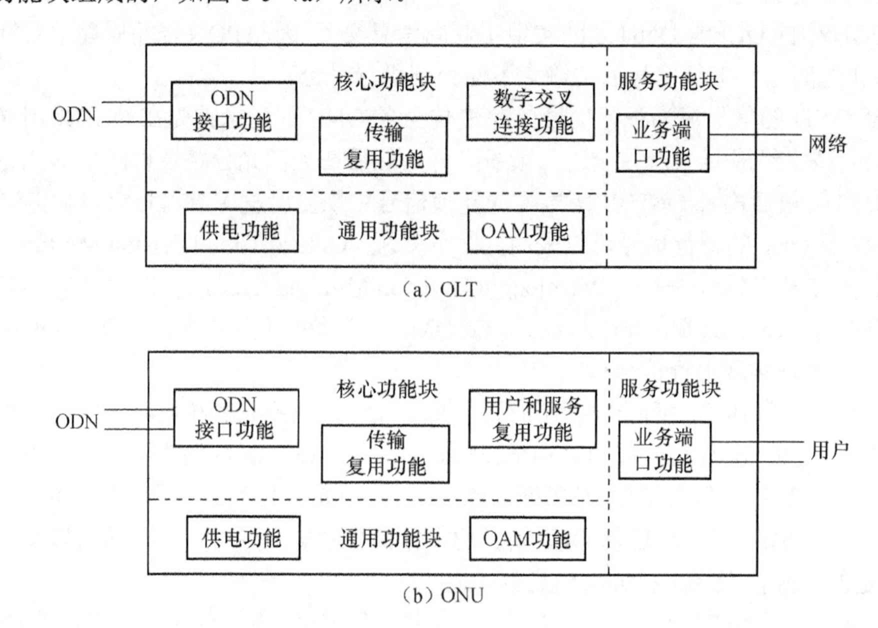

图 8-5　OLT 与 ONU 的功能结构

核心功能块包括数字交叉连接功能、传输复用功能、ODN 接口功能。数字交叉连接功能在 OLT 与 OLT、ODN 之间提供交叉连接。传输复用功能为 ODN 的发送和接收通道提供相应的服务，即对需要送至各 ONU 的分组信息进行复用，以便在光通道上传输，而各 ONU 送来的复用信息则在此进行分解，从而识别出各 ONU 的上行信号。ODN 接口功能完成与相关 ODN 的光纤连接，包括与 ODN 保护光纤的连接，这样当与 ODN 相连的光纤出现故障时，可通过启动 OAN 的自动保护功能，利用 ODN 保护光纤与其他 ODN 相连接来保证正常工作。

服务功能块主要负责各种不同业务的插入与提取。

通用功能块包括供电功能和 OAM 功能。

② ONU 功能结构

ONU 的功能结构如图 8-5（b）所示，可见它也包括核心功能块、服务功能块和通用功能块。

核心功能块由用户和服务复用功能、传输复用功能和 ODN 接口功能组成。用户和服务复用功能负责对来自不同用户的信息进行组装或分解，它可以与各种业务接口功能相连。传输复用功能负责从所接收的来自 ODN 的信号中取出属于本 ONU 的信号，并按一定的传输技术原理合理地向 ODN 发送信息。ODN 接口功能提供一系列光物理接口功能。

服务功能块主要提供用户端口功能，在上行信号中负责将用户信号适配成 64kbit/s 或 $n\times$64kbit/s 的形式。该功能块可以与一个或多个用户相连接。

通用功能块包括供电功能和 OAM 功能。供电方式可以采用本地供电或远端供电，并且

几个 ONU 可共享一个电源，同时为保证 ONU 的可靠性，ONU 应提供备用电源。

③ ODN

ODN 位于 OLT 与 ONU 之间，它是由全部无源器件构成的光链路。组成 ODN 的无源器件有光连接器、光分路器、波分复用器、光衰减器和光滤波器等。ODN 以树形结构为主。根据接入光缆网的分层结构（主干、配线和引入层）和 OLT 的位置，对于 FTTH 应用，ODN 的配线光缆段可以是 2～3 级配线，也可以采用 4 级配线，但配线级数越多，使用的活接头也会越多，将直接影响传输距离。

8.2.3 以太网无源光网络

1．EPON 系统的体系结构

以太网无源光网络（EPON）是指采用 PON 的拓扑结构实现以太网接入的网络。它主要由三部分组成：光线路终端（OLT）、光分配网（ODN）和光网络单元/光网络终端（ONU/ONT），如图 8-3 所示。

在 EPON 中，OLT 可以是一个交换机或路由器，也可以是一个提供面向无源光纤网络接口的多业务平台，因此 OLT 应能够有多个 GE/10GE/100GE 的以太网接口，同时还能提供支持 ATM、FR 和 STM-1/4/16/64 等速率的 SDH 连接。如果希望支持普通电话线或 TDM 通信（T1/E1），那么可以采用复用技术，将其连接到 PSTN 端口。此外，OLT 还能够根据用户的不同 QoS/SLA 要求提供动态分配带宽、网络安全和管理等功能。

在 EPON 中，一般从 OLT 到 ONU 的最大距离可达 20km。若使用光放大器，则可以进一步扩展其服务范围。而 ONU 则采用了以太网协议，对于有中等或高等带宽要求的 ONU，采用以太网第二层、第三层交换功能，因而这种 ONU 可以通过层叠来为多个终端用户提供共享高带宽的服务。ODN 由无源光分路器和光线路构成，协议规定无源光分路器的分光能力在 1:16 到 1:128 之间。EPON 中的 OLT 和所有 ONU 通过网元管理系统（Element Management System，EMS）进行管理。

由于 EPON 中采用点到多点的拓扑结构，因而在其上行时分多址（Time Division Multiple Access，TDMA）方式中必须考虑时延、快速同步和功率控制等问题。同时由于传统的 MAC 层的载波侦听多路访问/冲突检测（Carrier Sense Multiple Access/Collision Detection，CSMA/CD）协议在 EPON 中已被弃用，因此必须在 802.3 协议栈中增加支持 EPON 的多点控制协议（Multi-Point Control Protocol，MPCP）、OAM 和 QoS 机制。

2．EPON 信息流

EPON 信息流是基于 IEEE 802.3 以太网协议的，上、下行信号的工作波长分别为 1310nm 和 1490nm，传输距离可达 20km，主要用于传送数据、语音和 IP 交换式数字视频业务，另外可专门使用 1550nm 传送有线电视（Cable Antenna Television，CATV）业务。在下行信号中采用 TDM 技术，而上行信号则采用 TDMA 传输方式。下面分别进行讨论。

（1）下行信号流

EPON 下行信号流的发送过程如图 8-6 所示。其中 ODN 采用无源光分路器，它可以将 OLT 发出的可变数据包以广播形式传给 PON 上的所有 ONU，因此各 ONU 可根据数据包中的标识符来判断该数据包是否应由本 ONU 接收。因为每个 ONU 都具有一个独特的标识符，因此只有与本 ONU 标识符一致的数据包，才能被 ONU 所接收，而其他数据包将被丢弃。

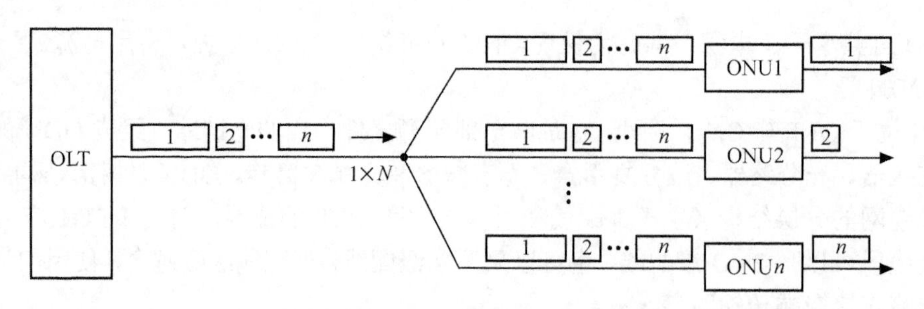

图 8-6 EPON 下行信号流的发送过程

EPON 下行信号的传输速率为 1.25Gbit/s，它由一系列长度固定的帧构成。每帧可携带多个可变长度的数据包，每个数据包由三部分组成，即信头、可变长度净负荷和误码检测。为了使 ONU 与 OLT 保持同步，在每一帧的前面使用了 1 字节的同步标识符，每 2ms 发送一个同步标识符。

（2）上行信号流

EPON 的上行信号流中采用了 TDMA 技术，各 ONU 的上行信号占据不同的时隙，从而构成一个 TDM 信号流，并传到 OLT，如图 8-7 所示。

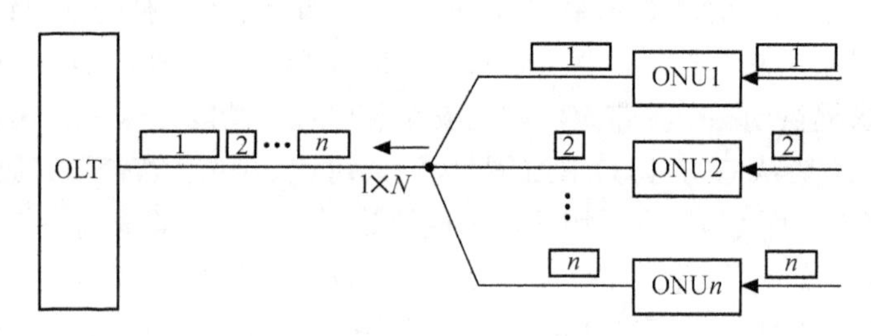

图 8-7 EPON 上行信号流的发送过程

由于每个 ONU 到无源光分路器（OBD）的距离各不相同，因而时延也不同。为了使各路信号在经过 OBD 之后能够以 TDM 信号流的方式共享一根光纤，必须使每路信号在此占据一个指定时隙，这样才能避免出现碰撞。为此应该规范 EPON 的上行信号的帧结构。

3. EPON 数据链路层的关键技术

EPON 数据链路层的关键技术主要包括突发信号的收发与同步、上行信道的 MPCP、ONU 的即插即用等。

（1）突发信号的收发与同步

① 测距

由于各 ONU 所发送的以太帧经历的路径不同，因此时延不同，为避免以太帧在 OLT 处发生碰撞，需进行测距。测距的目的就是补偿因各 ONU 到 OLT 的距离不同而带来的传输时延差异，使到达 OLT 的逻辑距离相同（即与 OLT 距离长的 ONU 在发送以太帧时，比其预定时隙的起始时刻提早一定的时间，使得各 ONU 发送的信元到达 OLT 时，各分组不会出现碰撞）。目前，实用的测距方法有扩频法、带外法和带内开窗法。由于带内开窗法技术成熟、实现简单、精度高、成本低，因此对成本非常敏感的接入网一般采用此方法。

② 突发信号的发送与接收

在采用 TDM/TDMA 技术工作的 EPON 系统中，下行信号是连续数字信号，各 ONU 只需在相应的时隙进行定时提取和判决操作，而 ONU 至 OLT 的上行信号则以 TDMA 方式将各 ONU 的以太帧发给 OLT。为了避免与其他分组信号发生冲突，要求发送端提供具有快速开关特性的光发送电路；而在接收端，由于来自各 ONU 的信号功率不同，并随时发生变化，因此 OLT 中的接收电路必须在收到新信号的同时对接收电平进行调整。EPON 系统根据前置码在几比特时间之内完成前置放大器的阈值调整，这样接收机可根据新的阈值进行判决，从而恢复出正确的数据。

从理论上分析，在光纤通信系统中是用有光和无光来分别代表“1”和“0”码的，但实际上当发送“0”码时，激光器仍有一定的输出光波，又由于 PON 系统是一个点到多点的光纤通信系统，因此多个激光器所发出的“0”码光功率叠加起来便构成噪声。为保证信号的传输质量，在 PON 系统中要求激光器具有良好的消光比。

③ 突发模式同步技术

采用测距机制来控制各 ONU 的上行发送帧的发送时刻，便可保证各 ONU 的发送信号在规定的时间内到达 OLT，避免出现冲突。但在上行信号中仍存在一定的相位漂移，因此在上行帧的每个时隙中用 3 个开销字节指示保护时间、前置码和定界符。其中保护时间可用来避免微小的相位漂移对各 ONU 信号的损伤。这样 OLT 在接收上行帧信号时，首先根据定界符来确定以太帧的边界，从而达到字节同步。可见为使 OLT 能够正确接收上行帧信号，必须在上行突发信号的前几比特内达到比特同步，这样就必须对接收电路的响应特性提出很高的要求。

（2）上行信道的 MPCP 与 ONU 的即插即用

由于 EPON 采用点到多点的拓扑结构，特别是下行信道采用的是广播方式，其带宽的动态分配和时延控制等功能都是在高层协议的支持下完成的，因而上行信道的 MPCP 成为目前 EPON MAC 层的核心技术。因此，EOPN MAC 层中增加了 MPCP 子层，主要功能是由 OLT 按定长时隙的 TDMA 方式实现上行信道的时隙分配，由 ONU 根据 QoS 标准组合出一个包含多个 802.3 帧的时隙。根据动态带宽分配算法，实现动态带宽分配（Dynamic Bandwidth Allocation，DBA）策略。

目前主要采用轮询的带宽分配方案，即首先 ONU 实时地向 OLT 报告当前的业务需求状况，然后 OLT 根据优先等级和时延控制要求，为某 ONU 分配一个或多个时隙，这样可使每个 ONU 在其分配的时隙内按业务的优先级发送数据。由此可见，动态带宽分配是针对 ONU 的各类业务而言的，而不是一个基于 QoS 的端到端的服务。

在前面我们曾经讨论了测距的问题，从中可知采用测距技术不但可以解决数据碰撞问题，还能够支持即插即用功能。若系统正常工作时需增加一个新的 ONU，则此时的测距不会对其他 ONU 产生太大的影响，因而可保持 ONU 正常工作。如果 OLT 在 3min 内未收到某 ONU 的时间标记符，则认为其离线。

协议兼容性的问题是目前争论的热点，其关键技术在于 EPON 是否支持网桥功能，是支持单逻辑端口，还是支持多逻辑端口，具体地说就是 OLT 的逻辑对象是 ONU，还是具体的终端用户。在两种方案进行比较之后，EPON 建议（暂定）使用单逻辑端口，即 OLT 以 ONU 为对象，而且 ONU 内用户间的桥接、流量控制和部分 QoS 功能由 ONU 来完成，而 ONU 间的桥接和流量控制则由 OLT 来完成。虽然该方案在数据链路层的控制和管理上存在一些缺陷，但在与传统以太网的兼容性，减小 EPON 的流量（由于 ONU 内置交换/桥接功能，因而相当于增加了 EPON 中上、下行信道的业务带宽），降低 OLT 和 ONU 的复杂程度，降低成本等方面具有明显的优势。

8.2.4 GPON 与 EPON 的比较

1. GPON 技术

针对 EPON 存在的传输效率低等问题，ITU-T 又提出了一种传输速率为吉比特级、能兼容原有格式（透明传输）、带宽利用率可达到 90%以上、支持包括 TDM 和数据在内的多业务传输的无源光接入网，称为 GPON。其主要特点如下。

（1）传输速率大

ITU-T 所定义的系列标准中规定 GPON 可提供 1.25Gbit/s 和 2.5Gbit/s 的下行速率和多种上行速率，并且 GPON 可支持对称或非对称传输，因此 GPON 可以灵活配置上、下行速率。

（2）传输距离长

GPON 中由于采用 GEM（GPON 封装方法）技术，可在单一光纤中实现语音和数据的集成，并以其本身的格式进行传输，不会额外增加网络和 CPE（客户端设备）的复杂程度，且具有更远的传输距离。ONU 与 OLT 的距离最远可达 20km，理论覆盖距离可达 60km，可见 GPON 的这一特性能够满足绝大多数业务的接入需求。

（3）效率高

不同的 PON 技术其特点不同，因而应综合考虑方案的整体成本。由于 GPON 在扰码效率、传输汇聚效率、承载协议效率和业务适配效率等方面表现出色，因此其整体效率也比较高，进而可有效地降低系统的成本。

（4）兼容性强

GPON 中采用 ATM（异步转移模式）和 GFP 两种协议分别承载不同类型的业务，其上、下帧周期均为 125μs。下行采用广播方式，上行采用 TDMA 接入方式。系统中通过下行帧中的上行带宽映射域指示相应的 ONU 的上行数据发送时刻，这使 GPON 能够支持更多的协议和诸多的语音和数据业务，支持存储区域网络和数据视频新业务等，具有很强的兼容性。

（5）支持不同 QoS 要求的业务传输

作为电信级的技术标准，GPON 对设备的互操作性能有一系列详细的规定，要求对各种类型的业务提供相应的 QoS 保证。EPON 本身是源于以太网的技术，它对 QoS 的保障能力相对较弱，尽管后来也补充了种种协议，希望能够弥补这一不足，但就 QoS 支持而言，GPON 要丰富得多。同时，GPON 中采用 GTC（GPON 传输汇聚）层结构和 ATM 封装方式，并采用了 125μs 帧周期及定时机制，能够比较容易地使用原有帧格式来传输 TDM 和数据业务，极大地减少了语音业务的时延和抖动。

（6）提供强大的 OAM 能力

在 GPON 中可采用嵌入式 OAM、物理层 OAM 和 OMCI（ONT 管理与控制接口）三种方式来实现对 OAM 的控制。其借鉴了 APON（ATM 无源光网络）中的 PLOAM 理念，以实现全面的 OAM 功能，并通过增加 OMCI 通道来提高对用户终端的监控能力。

（7）安全性高

GPON 中提供了多种保护结构，从而提高了 GPON 的生存性。另外，GPON 的下行数据流采用了高级加密标准，可以有效防止下行数据被非法 ONU 截取。

GPON 系统结构如图 8-8 所示。它是光线路终端（OLT）、光网络单元/光网络终端（ONU/ONT）和光分配网（ODN）组成。与 EPON 系统一样，OLT 与 ONU/ONT 之间一般采用点到多点的星形或树形无源光网络，可以采用一级分光或二级分光方式，一般分光比可以为 1:16、1:32、1:64 和 1:128，根据实际情况而定。GPON 与 EPON 的区别在于其 ODN 中采用了 WDM 技术，可采用不同的波长来传输不同的业务。

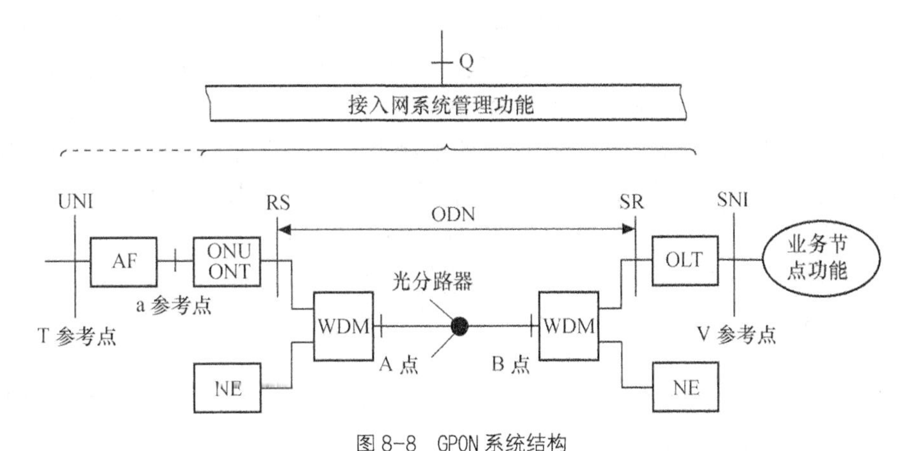

图 8-8 GPON 系统结构

GPON 技术的特征主要体现在传输汇聚层。由于其上行采用 TDMA 工作方式，因此其关键技术涉及动态带宽分配、上行信道复用、基于 GPON 的数据成帧、测距与时延补偿、能够支持光突发信号的光器件和突发信号的快速同步等。

2. GPON 与 EPON 的比较

表 8-1 所示为 EPON 和 GPON 技术性能的比较，可见不同技术所采用的传输层协议不同。

表 8-1　　EPON 和 GPON 技术性能的比较

技术性能	EPON	GPON
传输层协议	IP/Ethernet	ATM/GEM
下行复用技术	TDM	TDM
上行复用技术	TDMA	TDMA
线路编码	8B/10B	扰频 NRZ
数据业务承载方式	Ethernet	GEM
提供的语音业务	VoIP	VoIP
提供的视频业务	WDM、IPTV	WDM、IPTV
提供的 TDM 业务	以太帧	GEM
最高传输速率/Mbit/s	1250	2500、2500/1250
最长传输距离/km	20	20
最大分路比	1:32	1:64、1:128
升级操作	简单	简单
用户成本	低	较高
网络成本	低	较高

8.3 分组光传送网技术在城域光传送网中的应用

8.3.1 POTN 的基本概念及技术优势

近年来，由于物联网、云计算、大数据、移动互联网等技术的不断发展，数据流量呈几何增长态势，而传统的 PTN+OTN 多层网络架构通过系统扩容或叠加建设以缓解带宽资源紧张的方案正面临困境。一方面光传送网（OTN）需要提高速率、增大容量、降低单位比特成本；另一方面，汇聚层 PTN 10Gbit/s/40Gbit/s 的带宽明显不能满足大数据时代下的带宽要求。这种简单的堆叠建网方式不仅不能应对日益增长的大数据需求和投资压力，多层网络方式还加倍消耗了运营商的机房资源和电源，增大了网络规划和维护的难度，成本高。因此需要通过进一步的技术创新简化网络层次、优化网络结构，建设高速、融合、智能化的网络来降低运营商的建设成本和运营成本，以满足日益增长的带宽需求、不同业务的承载需求，以及快速开通新业务的需求。

POTN 是深度融合分组传送和光传送的一种传送网，基于统一分组交换平台，同时可支持 L2（Ethernet/MPLS-TP）和 L1（OTN/SDH）交换，具有对 TDM（ODU*k*）、分组（MPLS-TP 和以太网）的交换调度能力，并支持多层的层间适配和映射复用，能实现对分组、OTN、SDH、波长等各类业务的统一和灵活传送功能，并具备 OAM、保护和管理功能。简言之，POTN 在不同应用和不同网络场景下，能够灵活地进行功能的增减。

POTN 的技术优势如下。

（1）POTN 具有超大的交换容量

由于采用信元交换，信号以信元方式在设备中进行处理和交叉调度，其处理速度达每秒数亿次，因此 POTN 能够为 100GE 和超 100GE 速率系统提供理想的传送平台。

（2）POTN 降低了运营商的建设成本和运维成本

POTN 在一个平台上能够同时提供 SDH、IP、OTN、光纤通信（FC）、通用公共无线接口（Common Public Radio Interface，CPRI）、PDH 和 ATM 等多种业务，不需要采用多种网络堆叠的背靠背结构，从而简化了网络层次，同时也节省了机房空间和电源，客观结果就是降低了运营商的建设成本和运维成本。

（3）POTN 具有强大的多业务承载能力

POTN 以 OTN 的多业务映射复用和大管道传送调度为基础，引入 PTN 的以太网、MPLS-TP 的分组交换和处理功能，从而可高效灵活地承载电信级分组业务，同时兼备传统的 SDH 业务处理能力。可见，POTN 一方面具有物理隔离的 ODU*k* 刚性通道，能够提供高安全性、实时性强、带宽独享的高品质专线业务，以满足高端集团客户的要求；另一方面，POTN 还具有基于 MPLS-TP 的弹性管道，可通过采用统计复用技术来实现业务的汇聚，满足对时延不敏感的一般宽带用户对高带宽的需求。

8.3.2 POTN 的分层架构

POTN 具有光通路数据单元（ODU*k*）交叉、分组交换、虚容器（VC）交叉和光通道（OCh）交叉等处理能力，可实现对 TDM、分组和波长等各类业务的统一和灵活传送，并且具备 OAM

功能的网络。POTN 的分层架构如图 8-9 所示。

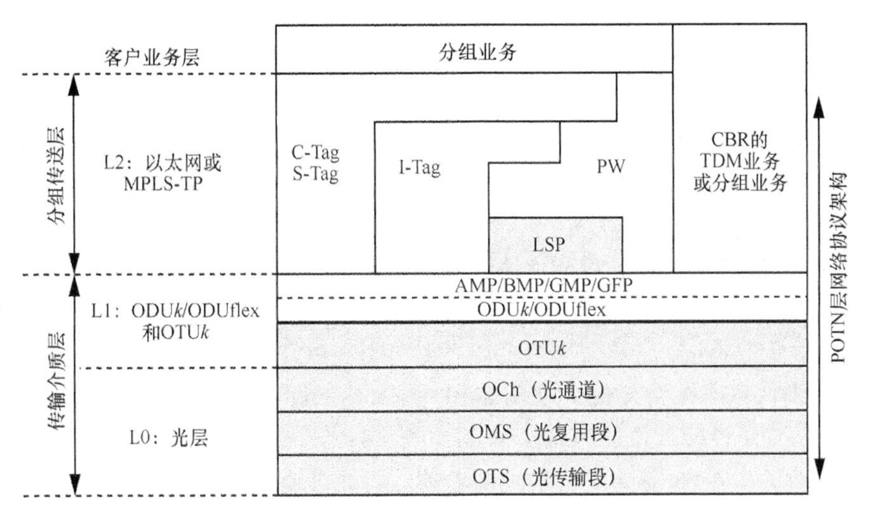

图 8-9 POTN 的分层架构

POTN 由客户业务层、分组传送层（包括以太网和/或 MPLS-TP）、传输介质层（OTN 电传送层及 OTN 光波长传送和物理层）组成。

POTN 支持的客户层业务包括以太网、SDH、OTU*k*、IP/MPLS、光通道（可选）、CPRI（可选）等。

分组传送层采用以太网和/或 MPLS-TP（PW、LPS）技术，通常不同的应用环境适合采用不同的分层网络映射协议结构。具体业务封装、映射路径如下。

（1）路径 1

支持以太网、SDH、IP/MPLS 等业务封装到 PW，然后经 LSP 映射到低级 ODU*k*/ODUflex，或进一步复用到高级 ODU*k*，再复用到高级 OTU*k*，最后统一映射到 OCh 的协议映射路径；主要适用于 OTN 与基于 MPLS-TP 的 PTN 融合组网的应用场景。

（2）路径 2

支持以太网、SDH、IP/MPLS 等业务封装到 PW，直接映射到低级 ODU*k*/ODUflex，然后复用到高级 OTU*k* 和 OCh 的协议组合映射路径；主要适用于 OTN 与基于 MPLS-TP 的 PTN 融合组网的应用场景。其中，PW 作为多业务统一适配映射层，不需配置 LSP，从而提高了封装效率，简化了网络层次。

（3）路径 3

支持以太网和 L2 协议处理，以太网业务可通过 C-Tag/S-Tag 封装到单层 VLAN 或 QinQ（也称双层 VLAN）报文中，再映射到低阶 ODU*k*/ODUflex，然后复用到高阶 OTU*k* 和 OCh 的协议映射路径；主要适用于 POTN 与以太网融合组网的环境。

（4）路径 4

支持以太网和 L2 协议处理，以太网业务可通过 C-Tag/S-Tag 封装到单层 VLAN 或 QinQ 报文中，然后经 I-Tag 映射到低阶 ODU*k*/ODUflex，复用到高阶 OTU*k* 和 OCh 的协议映射路径；主要适用于 POTN 与运营商骨干桥接（Provider Backbone Bridge，PBB）/运营商骨干桥接–流量工程（PBB-Traffic Engineering，PBB-TE）网络融合组网的环境。

（5）路径5

支持具有固定传输速率的TDM业务（如SDH业务）或分组业务直接封装到低阶ODU*k*/ODUflex，然后复用到高阶OTU*k*和OCh的协议映射路径。可见POTN继承了OTN的多业务承载能力。

需要说明的是，对于C-Tag/S-Tag，或者PW/LSP直接承载在以太网物理层的情况，适用纯Ethernet或基于T-MPLS的PTN设备。另外，以太网业务和MPLS-TP映射到ODU*k*是通过GFP映射方式实现的。

1. 基于MPLS-TP+OTN的层网络协议架构实践

图8-10所示为基于MPLS-TP+OTN的层网络协议架构的城域网应用场景。其中，采用OTN技术来建立承载管道，而在城域核心网的边缘处，POTN必须将大容量的分组业务汇聚到OTN承载管道，再连接到RNC。在图8-10中核心层节点采用了集成、ODU*k*/ODUflex及OCh协议栈的POTN设备，并且POTN节点1、2、4、5、6、8、9、10、12、13均能够提供MPLS-TP分组业务与OTN管道之间的适配功能，可通过统一的分组交换内核提高分组业务到ODU*k*的汇聚能力。图8-10中的POTN节点6和节点8，由于有多条分组业务共享同一段OTN管道，但来自/去往的方向不同，因此需要从OTN管道解出PW/LSP，并在此节点进行PW/LSP交换，然后再次封装到去往指定方向的OTN管道中。

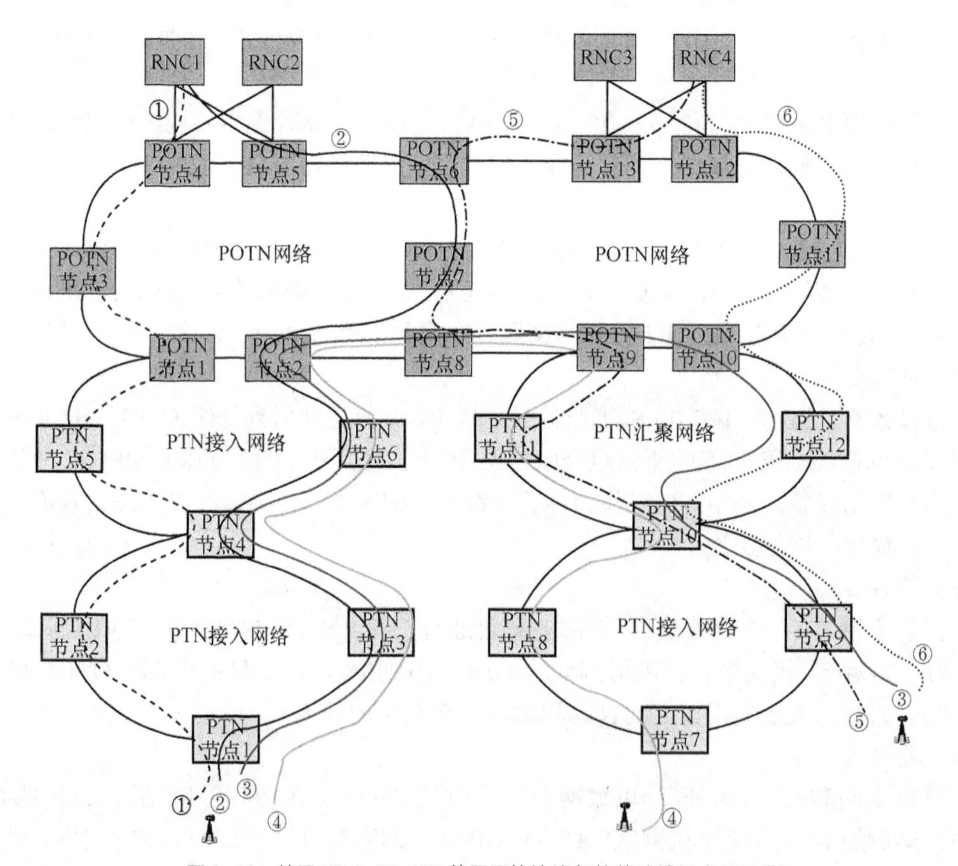

图8-10 基于MPLS-TP+OTN的层网络协议架构的城域网应用场景

当用PW承载包进行业务传送所需带宽较大（如超过500Mbit/s）时，可使用ODU*k*

（k=2,3,4）作为 MPLS-TP 的一种可选替代传送管道，将 PW over ODUk/ODUflex 的协议栈结构视为对等模型。如图 8-11 所示，POTN 节点 2 将 LSP 中的 PW 抽取出来后，汇聚到 ODUk 中，POTN 节点 8 支持 PW 的交换和 PW 的 OAM，而 PW over LSP over ODUk/ODUflex 则构成重叠模型。对等模型不但简化了网络的层次，而且满足了 PW 端到端保护和 OAM 的要求，从而简化了网络管理和控制，但因为造成 PW 的服务层管道采用了不同的技术，增大了端到端业务的管理难度。

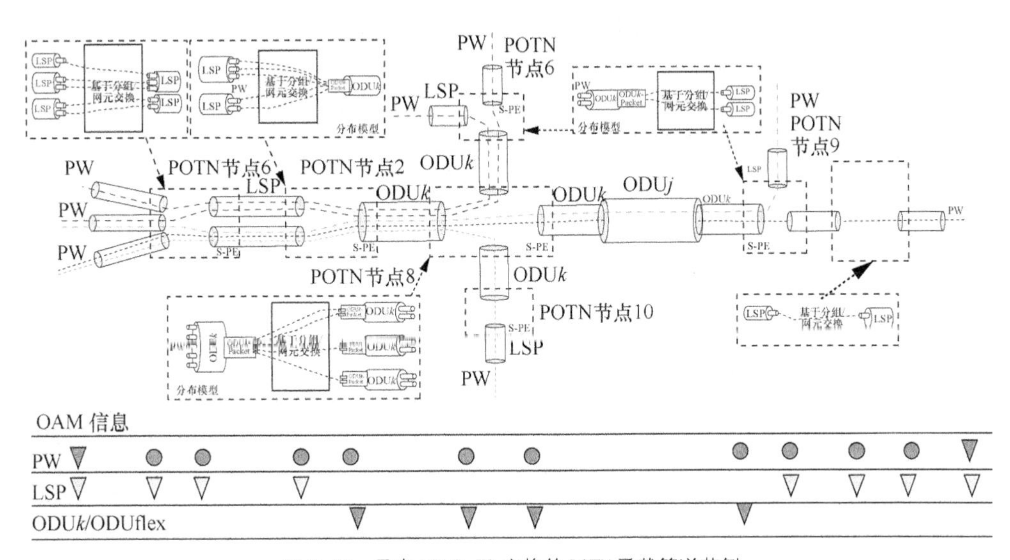

图 8-11　具有 MPLS-TP 交换的 POTN 承载管道范例

2．基于 Ethernet + OTN 的层网络协议架构实践

许多运营商在城域网汇聚层、接入层部署了大量的以太网，随着 Ethernet 业务接入所需带宽越来越大，当增大到 40GE 和 100GE 时需要引入 OTN，以实现以太网的互连。如图 8-12 所示，以太网业务由 802.1ad（QinQ）网络进入 POTN，首先在 POTN 节点处将不同的 S-Tag 业务复用到 OTN 承载管道，如果来自不同 QinQ 网络的 S-Tag 业务要求汇聚到同一条 OTN 承载管道上，S-Tag 发生冲突时，需要在 POTN 节点处进行 S-Tag 标签交换（Swapping/Translation），以改变 S-Tag 标签值。如果 S-Tag 只作为 Ethernet 业务标识，POTN 只是为 Ethernet 业务提供点到点的传送管道，则无须在 POTN 节点通过 S-Tag 标签交换来改变 S-Tag 标签值。

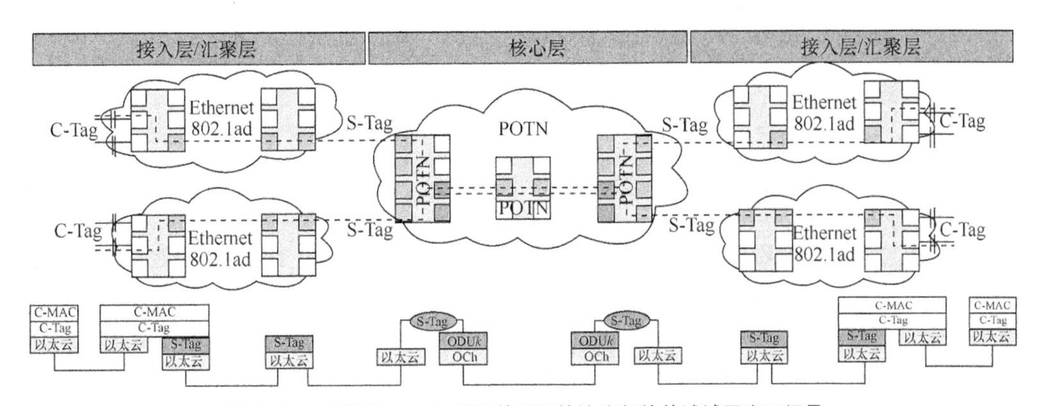

图 8-12　基于 Ethernet+OTN 的层网络协议架构的城域网应用场景

图 8-13 所示为一种基于 Ethernet+OTN 层网络协议架构的 POTN 应用于城域网核心层的场景。POTN 节点集成了 Ethernet L2 交换（C-Tag/S-Tag）、ODU*k*/ODUflex 交换功能。POTN 的边缘节点将所接收到的 802.1ad 业务经过统一的分组交换汇聚到 ODU*k*/ODUflex 的管道之中，在出口可根据不同 C-Tag/S-Tag 来识别应去往不同方向的 Ethernet 业务。需要说明的是，POTN 内部节点也可支持 S-Tag 标签交换，疏导不同方向的 Ethernet 业务，从而提高网络灵活性。当然也可以选择在 POTN 节点 1 与 POTN 节点 2、5、3 之间直接建立 OTN 的承载管道，如图 8-14 所示，这样无须在 POTN 内部支持 Ethernet OAM 功能。

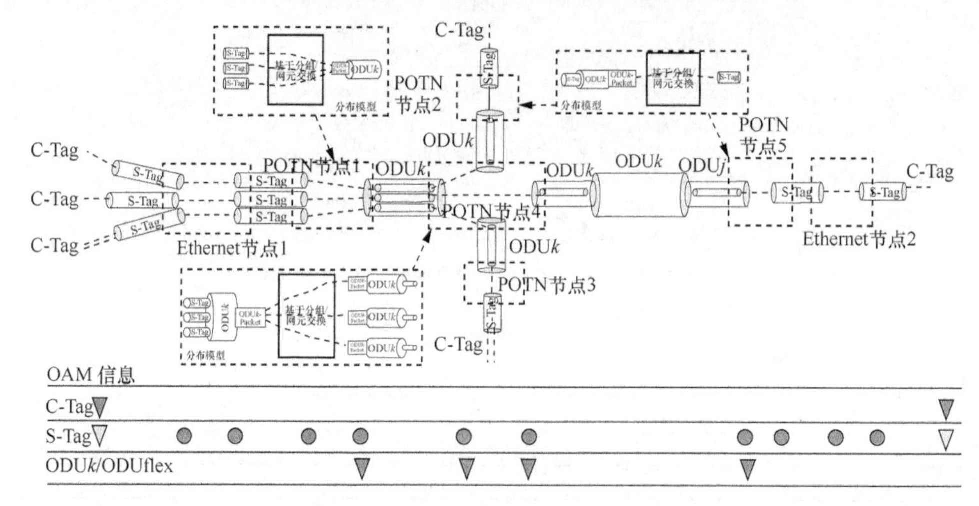

图 8-13　具有 S-Tag 交换的 POTN 承载管道范例

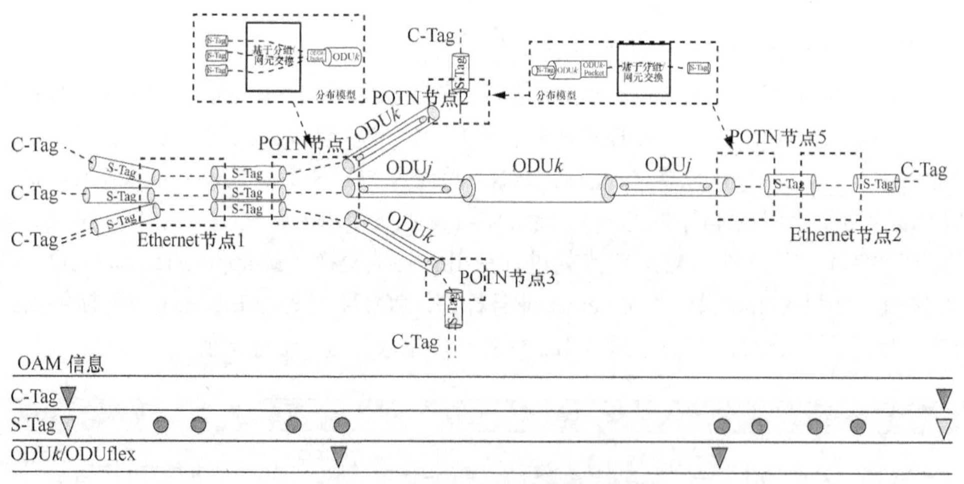

图 8-14　直接建立 OTN 承载管道范例

8.3.3　基于信元的统一交换平台的 POTN 功能模型

通常，认为 POTN 可采用 TDM+分组交换双平面或者基于信元的统一交换技术来实现 TDM 和分组的交换与调度功能，但由于前者仅可以满足短期的融合型需求，从长期网络业务的发展考虑存在局限性，因此人们更倾向于使用基于信元的统一交换技术来实现 TDM 和分组的交换与调度。其功能模型如图 8-15 所示。可见基于信元的统一交换平台的 POTN 包括业务接口、业务适配、交换单元、线路适配、OCh 交叉、光复用段处理、光传输段处理和时间/时钟单元等。

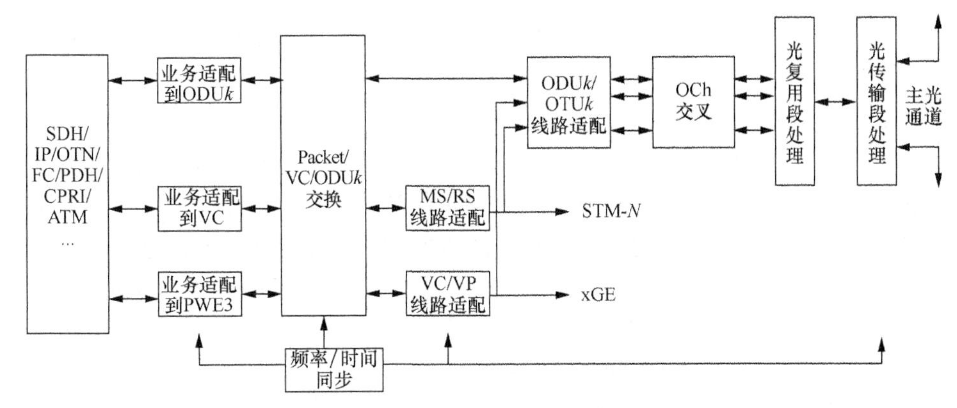

图 8-15 基于信元的统一交换平台的 POTN 功能模型

业务接口：可提供 SDH、IP、OTN、FC、CPRI、PDH 和 ATM 等多种业务，传输速率 155Mbit/s~100Gbit/s，甚至超 100Gbit/s。

业务适配：根据不同的业务类型，将它们分别适配到 ODU*k*、VC、PWE3 等的不同路径，其中 ODU*k* 的路径可将 SDH、以太网、OTN 等多业务信号映射进 ODU*k* 管道，涉及信号的封装、映射和复用功能。

交换单元：可提供分组、VC 和 ODU*k* 的交叉调度。

线路适配：提供 SDH 的复用段/再生段（MS/RS）之间的适配、xGE 的虚通道/虚通路之间的适配、ODU*k* 通道信号的时分复用，以及 ODU*k* 到 OTU*k* 线路接口的映射和复用功能。

OCh 交叉：以波长为交叉颗粒，支持多种基于光层的保护恢复功能，交叉容量大。在 OTN 节点，OCh 交叉是采用 WDM 的 ROADM 设备来实现的。

光复用段处理：为多波长信号提供网络连接功能，负责波长转换和管理，通常采用光纤交换设备为该层提供交叉连接等联网功能。

光传输段处理：为不同光传输介质上携带不同格式的客户层信号的光通道提供端到端传输功能。在 OTN 节点通过传统的 WDM 设备中的光放大器件提供光传输段路径的物理载体。

时间/时钟单元：支持频率同步和时间同步处理功能，同时提供相应的外同步接口。

8.3.4 POTN 关键技术

POTN 融合了光层（WDM）、OTN 和 SDH 层（可选）及分组传送网的网络功能，并在网络层次、承载效率、网络保护等方面进行了显著优化，使其具有对 TDM 的分组交换调度能力，并支持多层的层间适配和映射复用，可实现对分组、OTN、SDH（可选）等各种业务的统一和灵活传送功能，同时具备 OAM 和保护功能。可见，POTN 的关键技术主要涉及数据传送平面、光层、映射路径、OAM 与保护等方面。下面进行详细介绍。

（1）统一信元交换技术

PTN 设备采用分组交换方式，不具备对大颗粒 ODU*k* 进行调度的能力，而 OTN 设备通常采用电路交换方式来实现对 ODU*k* 的调度，因此不具备分组交换能力。POTN 设备采用统一信元交换技术，使 PTN 和 OTN 在交换层面达成深度有机融合。

统一信元交换技术可实现与业务无关的无阻塞调度，分组业务和 OTN 子波长业务共享一个交换矩阵，并且在任意调整分组和 TDM 业务比例的情况下，设备总的交换能力不变。

因此，POTN 设备既具备小颗粒分组业务交换能力，又具备大颗粒 ODUk 业务交换能力，从而可实现大颗粒、小颗粒业务的统一承载。

（2）光层 PIC 技术

光子集成电路（Photonics Integrated Circuit，PIC）技术是以光子取代电子作为信息载体的一项突破性技术。一个 PIC 模块可视为一个简单的波分系统。POTN 采用 PIC 技术来提升线路侧光接口和系统的集成度，这样可在节省成本的同时，简化光层的规划与运维方案。由于 PIC 采用全光中继方式组网，无须 OCh 层调度，因此可实现更加灵活的网络应用，避免波长规划所带来的工程开局时间长和业务阻塞的问题。

（3）POTN 分组业务到 ODUk 映射路径的优化

在 POTN 设备中，PTN 分组业务是通过映射到 OTN 子波长上，由其携带分组业务来进行传送的。PTN 分组业务通过 OTN 实现传送，可以采用以下两种方式。第一种是先将分组业务封装为以太网业务，再进行 GFP 封装，映射到 ODUk，即业务—MPLS-TP—Ethernet—GFP 封装—ODUk；第二种是直接对带有 MPLS-TP 包头的分组业务进行封装，再映射到 ODUk，即业务—MPLS-TP—GFP 封装—ODUk。无论何种方式，POTN 的封装效率均比传统的 PTN 封装有较大的提升。

（4）多层网络的 OAM 与保护协调机制

在 POTN 的层次化 OAM 中，相邻层之间（OTN 和分组）属于客户服务模型，一般通过 AIS（告警指示信号）和 CSF（客户信号失效）实现告警联动。OAM 处理机制通常由客户层触发相邻客户层，而告警消息也可供跨层使用，这使 POTN 网络具有更加灵、活高效的 OAM 能力。

POTN 设备作为 PTN 与 OTN 两种设备深度融合的产物，要求多层网络之间能够做到协调保护，在实际工程中，需要考虑以下三个因素：保证用户业务的端到端保护、具备抗多点失效能力、带宽使用最小化。通常，用户业务的端到端保护主要是由 PTN 的保护来实现的，而抗多点失效和减少带宽消耗，主要是由 OTN 层面的保护来实现的，并可对 OTN 业务分开保护。若客户业务是分组业务，则可归并到 MPLS-TP，采用分组层面的保护；若客户业务是 TDM 或满负荷的 PON 上行业务或 OTN 接口业务，则采用 OTN 层保护。传统的 PTN 和 OTN 组网时，是通过设置拖延时间（Hold off Time）来完成两层网络保护机制的协调的，而 POTN 中无须配置拖延时间，从而进一步缩短了层间保护协调的业务受阻时间。

8.3.5 城域传送网中引入 POTN 技术的组网应用

1. POTN 网络应用需求——核心层和汇聚层

POTN 主要定位于城域网核心层和汇聚层应用，主要应用需求如下。

（1）多业务承载

POTN 要求实现多业务的统一承载，这样各地的运营商可将原基于 PTN、MPLS-TP、WDM、OTN 等多张传输网传送的多种业务，利用一种兼具 PTN、OTN 和传统 SDH 的所有功能的 POTN 设备轻松实现 LTE 回传、集团客户和基于 OLT 上行收敛的家庭宽带客户等多种业务的独立共网传送。可见，简化网络层次有利于减少网络运维工作量，降低网络建设成本，节约汇聚层机房用地面积和电源配套装置。

（2）高速和长距离传输

随着各种多媒体应用的迅速普及，用户对传输带宽的要求越来越高，4G 基站的带宽要求达到几兆、几百兆，集团客户专（简称集客）线的带宽升级到百兆甚至千兆，加之 OLT 上行高带宽承载的需求，要求传送网汇聚层能够提供更高的传输速率，以满足全业务的长距离、高速传输的需求。

（3）故障定位及维护

POTN 融合了光层和分组的 OAM 和保护方案，方便故障定位及维护。MPLS-TP 具备完备的层次化 OAM，但其链路误码的检测能力较弱，而 OTN 接口能够利用固有开销来进行误码检测，但由于固有检测与当前是否承载业务、业务流的大小无关，因此 OTN 接口能够准确地反映链路的状况。POTN 作为 PTN 和 OTN 的融合设备，多层网络优化后同时兼备 PTN 和 OTN 保护技术，使 PTN 和 OTN 的优势互补，减少冗余，进而提高网络的可靠性。

（4）网络平滑演进能力

POTN 从架构上分析，已经具备控制转发与应用的分离。若在此基础上增加控制器和 App 应用，就可以实现 SDN（软件定义网络），从而进一步实现网络的开放和智能化。同时对外开放北向接口，就可以通过集中式网管和控制器实现网络管理智能化，从而简化多层网络的运维，进而降低运维成本，并且运营商可通过集中式控制来实现向 SDN 的演进，以达到最大限度地保护现网资源、节省运维成本的目的。

2．POTN 组网及业务承载

随着互联网业务的迅猛发展，现有省干核心网及城域汇聚网都出现了 OTN+PTN 背靠背设置的需求，特别是针对 LTE 业务承载的需求，网络容量与 IP 化能力需同步提升。采用 POTN 设备构建的综合承载平台，既能满足移动 LTE 业务承载的要求，也能满足宽带和专线等多业务统一承载的要求。

（1）移动业务承载

为了满足移动业务的承载需求，POTN 设备的引入建议分 3 个阶段进行，如图 8-16 所示。

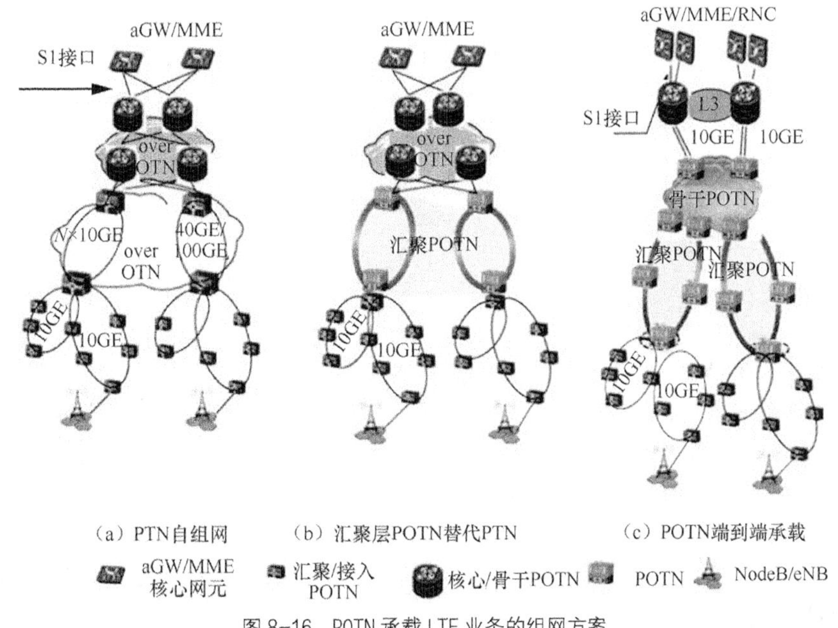

图 8-16 POTN 承载 LTE 业务的组网方案

根据移动网络的工作现状，2G/3G 的承载平台相对稳定，而 LTE 对承载网的带宽、L3

能力和可靠性方面均提出了更高的要求。若继续采用现有PTN自组网的方式，如图8-16（a）所示，则骨干汇聚PTN自组网采用10GE叠加环网或40GE/100GE环网来提高汇聚环容量，以应对LTE业务的快速发展。骨干汇聚层采用PTN over OTN的方式，利用OTN所提供的波道解决光纤及高速端口传送距离的问题，使接入层提升到10GE PTN环。

从图8-16（a）可以看出，这种方式延续现有网络架构，依赖现有PTN技术设备的升级改造，而目前PTN 40GE/100GE的端口成本相对较高，汇聚层以上均采用PTN+OTN联合组网的方式，需要多套设备的叠加，并且对汇聚层的带宽提升有限、扩展能力差，因此可用POTN设备代替汇聚层PTN，如图8-16（b）所示。由于取消了PTN汇聚环，因此40GE接口压力暂不明显。这种组网方案具备大容量、长距离、广覆盖的优势，减轻了叠层组网对光纤资源消耗过快的压力，以及大量设备运营维护的压力，同时兼顾了城域网汇聚层OLT上行需求。

随着POTN设备逐步完善其静态路由转发、L3VPN、三层组播、安全等功能，POTN将上延至核心骨干网，向下直接承载PTN接入环，如图8-16（c）所示，从而实现POTN端到端的承载。通过启用POTN的带宽统计复用功能，可进一步节约节点投资成本，同时通过全程启用MPLS-TP调度，可满足4G/5G传送的QoS需求。

（2）宽带业务承载

随着全业务的发展，目前数据网带宽接入服务器（Broadband Remote Access Server，BRAS）以下仍然以GE为主，但随着其数量的迅速增加，需要进行汇聚收敛，整合成N×GE和10GE后上行，以相对减少传输链路及数据设备端口的配置，有利于降低网络的投资成本。如图8-17所示，OLT初期以GE捆绑的方式接入POTN，后期可升级为10GE接入，甚至更高。在保护方式上，OLT接入采用LAG保护，通过POTN上行到不同机房配置的2套BRAS，POTN配置采用PW APS 1:1保护，BRAS一般配置1+1备份保护。

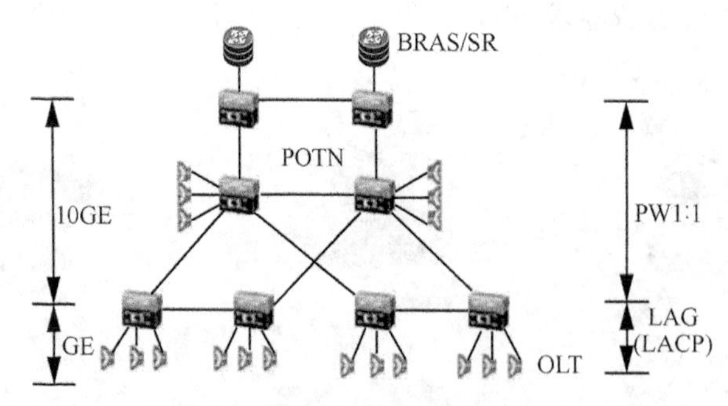

图8-17 POTN承载宽带业务的组网架构

（3）专线业务承载

随着企业信息化的深入，一方面专线宽带增长迅速，颗粒变大；另一方面高端大客户仍然信任SDH通道的传输质量，因而POTN成为后MSTP时代的最佳选择。根据用户的需求，专线基于POTN的承载演进方案如图8-18所示。

由于MSTP/PTN具有通道隔离、高安全性的特点，因此目前MSTP/PTN仍然是政府机关、金融单位和大型企业所选择的承载方案之一，而中小企业客户对安全性的要求次之，可通过L2交换机或PON接入宽带承载网，城域网核心层/汇聚层则利用OTN来提供大带宽调度，如图8-18（a）所示。

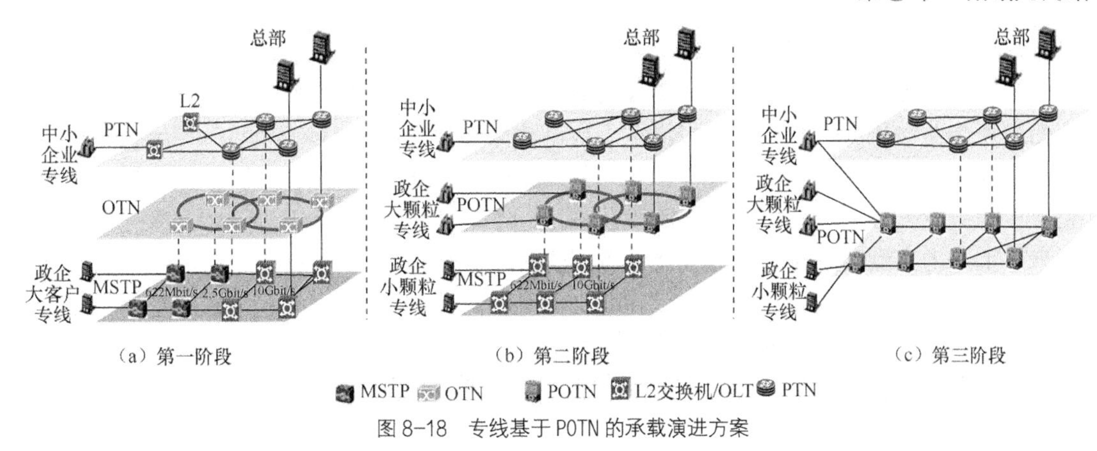

（a）第一阶段　（b）第二阶段　（c）第三阶段

图 8-18　专线基于 POTN 的承载演进方案

随着 POTN 在城域网汇聚层的规模化部署，政企大客户专线采用 POTN 来实现大颗粒传送，以满足客户对高带宽、高服务质量、高可靠性的追求，同时通过 MSTP/PTN 带宽的升级来满足政企小颗粒专线的传输需求，如图 8-18（b）所示。核心层/汇聚层引入 POTN 设备构建 Mesh 网络，进一步提升其安全性。

随着 POTN 设备的逐步完善，传输带宽得到提升，使 POTN 可进一步地延伸到接入层，从而简化网络拓扑，如图 8-18（c）所示。这样构建起专线统一承载平台，可实现全业务的传送。

8.4　面向 5G 业务的 SPN 承载技术

5G 技术应用将会带来更加丰富的沟通方式和更加真实的体验，从多个层面对人们的学习和生活产生深远的影响。与以往的移动通信系统相比，5G 需要应对更加多样化的应用场景和由此带来的极致性能挑战。基于未来的移动互联网和物联网的主要应用场景和业务需求特征，ITU-T 明确提出 5G 的三种典型应用场景，即 eMBB、mMTC、uRLLC。可见，传输网面临新的挑战，为此，中国移动创新推出了 SPN 技术，分别在物理层、链路层和转发控制层采用创新技术，满足包括 5G 业务在内的综合业务传送网络需要。

8.4.1　SPN 的基本概念及技术特点

SPN（切片分组网）是基于多层融合的新一代端到端分层交换网络，具备业务灵活调度、高可靠、低时延、高精度时钟、易运维、严格 QoS 保障等属性。它融合了 L0～L3 技术，同时提供端到端硬管道隔离和分组交换能力。SPN 主要是一种运用于承载城域综合业务的传送网络机制，可承载移动前/中/回传、企事业专线/专网、家庭宽带等高质量要求的业务。

SPN 应具有以下基本技术特征。

（1）基于以太分组和 SPN 通道的分层交换

具备以太分组交换能力，支持分组业务的灵活连接调度；具备 SPN 通道交换能力，支持业务的硬管道隔离和带宽保障；具备光层波分交叉能力，具有大带宽平滑扩容到大颗粒业务的调度能力。

（2）网络切片

在一张物理网络中进行资源切片隔离，形成多个虚拟网络，为多种业务提供差异化（如带宽、时延、抖动等）的业务承载服务。

（3）基于分组层实现面向连接和面向无连接业务的统一承载

面向连接业务承载能力通过基于流量工程的段路由（Segment Routing-Transport Profile，SR-TP）隧道技术来体现，为点到点或点到多点连接业务提供高质量、易运维传输服务；面向无连接承载能力通过基于尽力转发的段路由（Segment Routing - Best Effort，SR-BE）隧道技术来体现，为点到点或点到多点连接业务提供易部署、高可靠传输服务。

（4）高可靠网络保护

具备网络级的分层保护能力；支持基于设备转发面预警保护倒换机制，当基于转发面检测到故障时，可执行电信级快速保护倒换操作；支持SDN控制器通过协议实时感知网络拓扑状态，在感知到网络发生状态变化后，重新计算出业务最佳传送路径。

（5）低时延转发

支持网络级就近转发和设备级物理层低时延转发，满足时延敏感型业务的传送要求。

（6）集中管理和融合控制

采用基于SDN管控融合架构，具备业务部署和运维的自动化能力，以及感知网络状态进行实时优化的网络自优化能力；同时进一步简化网络协议，开放网络管理、跨网络域/技术域业务协同。

8.4.2 SPN技术架构及关键技术

1. SPN技术架构

SPN采用ITU-T的分层网络模型，在以太网技术基础上，实现对IP、以太网、固定比特率（Constant Bit Rate，CBR）业务的综合承载。SPN技术架构如图8-19所示，包括三层，即切片传送层（Slicing Transport Layer，STL）、切片通道层（Slicing Channel Layer，SCL）和切片分组层（Slicing Packet Layer，SPL），此外还包括实现高精度频率同步和时间同步的时间/时钟同步功能模块和实现SPN统一管控的管理/控制功能模块。

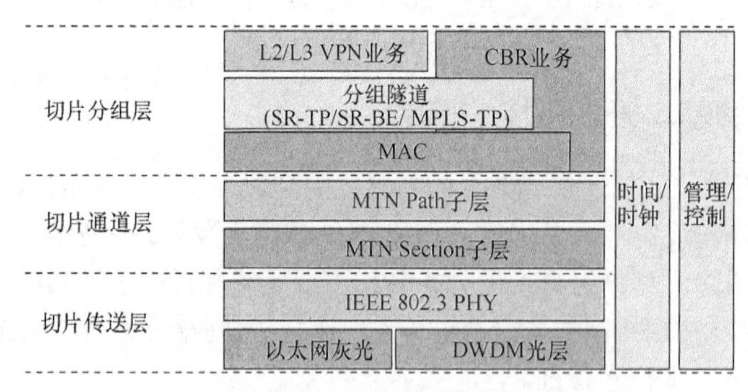

图8-19 SPN技术架构

（1）切片分组层

切片分组层（SPL）用于分组业务处理，包括用户业务信号和用户业务封装[L2 VPN（Virtual Private Network，虚拟专用网络）或L3 VPN]处理，MPLS-TP或SR-TP/SR-BE隧道处理，分组业务与以太网二层MAC映射处理，对业务进行识别、分流和QoS保障处理，支持灵活连接，实现对IP、以太、CBR 等业务的寻址转发和承载管道封装，满足L2/L3 VPN

等多种业务的分组交换和转发。

SPN 切片分组层包含客户业务子层和网络传送子层，如图 8-20 所示。

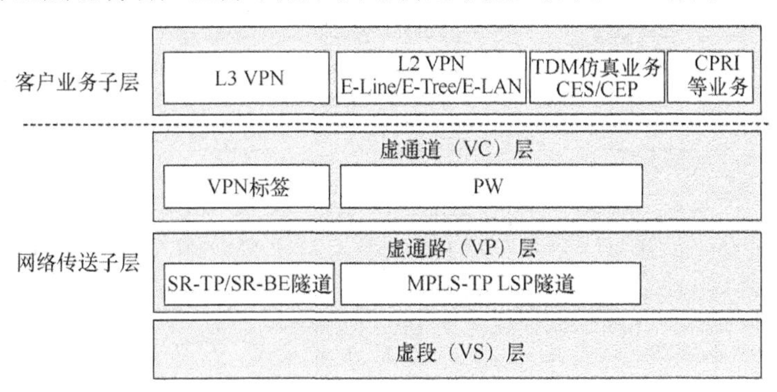

图 8-20　切片分组层模型

切片分组层的客户业务子层负责业务信号处理和业务封装处理。业务信号处理内容包括对分组报文（二层以太报文、三层 IP 报文等）、TDM 业务（E1、STM）、通用公共无线接口（Common Public Radio Interface，CPRI）业务等的识别、分流、QoS 保障等。业务封装处理将根据不同业务的封装要求，提供以太点到点业务（E-Line）、以太点到多点业务（E-Tree）、以太多点到多点业务（E-LAN）、IP 点到多点 L3 VPN 业务、TDM 仿真业务（CES、CEP）、CBR 透传业务等承载服务。

切片分组层的网络传送子层负责承载 SR-BE、SR-TP 或 MPLS-TP 隧道，具体可分为虚通道层、虚通路层和虚段层。虚通道（VC）层用于标识客户业务实例及连接，提供点到点（P2P）或点到多点（P2MP）的业务连接。L2 VPN 业务采用伪线（PW）连接为其提供服务，并且虚通道可为该客户业务提供 OAM 功能，从而实现分组业务承载、客户业务监视，必要时负责触发子网连接保护。虚通路（VP）层为客户业务提供 MPLS 承载隧道或 SR-TP/SR-BE 承载隧道，在网络中为分组业务生成虚拟转发路径。虚段（VS）层提供检测 SPN 切片通道层与切片传送层之间点到点连接的能力，并为虚通路层提供底层服务。通常，虚段层与 SPN 切片通道层或切片传送层具有相同的连接起始点和终结点，并且一个虚段层可承载一个或多个虚通路层信号。

需要说明的是，本地以太网业务可经过客户业务子层适配和二层交换处理，直接映射进以太网 MAC[传统 ITU-T 802.3 以太网 MAC 层或灵活以太网（Flexible Ethernet，FlexE）Client 的逻辑 MAC 层]进行处理。

（2）切片通道层

切片通道层 SCL 采用基于 TDM 的城域传送网（Metro Transport Network，MTN）Path 和 MTN Section 技术，为多业务承载提供基于 L1 的低时延转发、网络切片硬管道隔离，如图 8-21 所示。

MTN Path 以 Client 为基本单元，通过 SE-XC 连接构成 PE 节点之间的端到端通道，并支持 MTN Channel 的 OAM 监视和网络保护。SE-XC 无须进行分组转发的成帧、组包、查表、缓存等处理，使 MTN Path 层具有端到端硬管道、低时延和保护等功能。同时 MTN Path 层采用 ITU-T 802.3 以太网 66B 码块扩展功能，利用 OAM 码块替换空闲 IDLE 码块，以实现对 MTN Path 层的 OAM 功能。

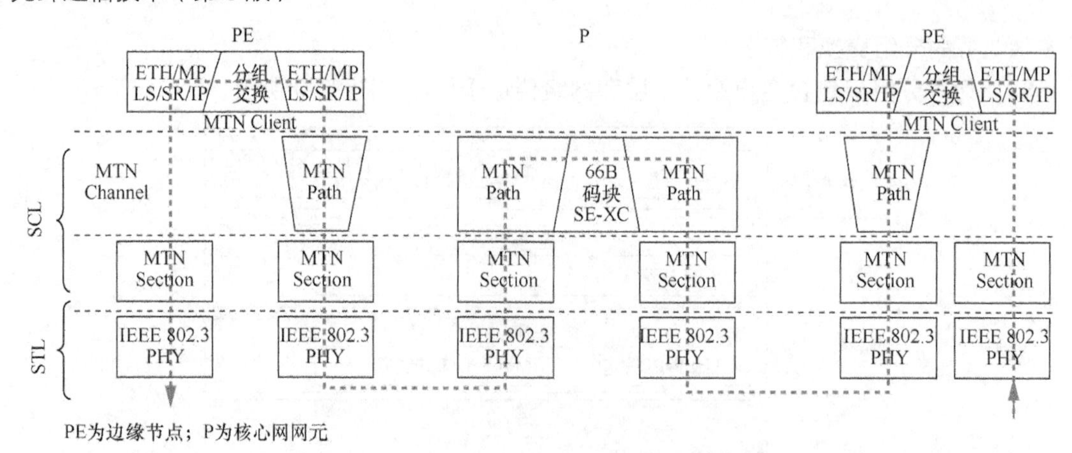

图 8-21 切片通道层模型

MTN Section 层位于 MTN Path 层和切片传送层的 ITU-T 802.3 以太网 PHY 层之间，负责实现 MTN Path 层数据流的速率适配及数据流在 MTN Section 层面上的映射与解映射、复用与解复用、帧开销插入与提取、硬管道隔离和 OAM 监视等功能。并采用 OIF FlexE（光互联网论坛-灵活以太网）帧结构，基于以太网 PCS（物理编码子层）层 66B 交叉技术，对 PCS 进行时隙化处理，实现绑定、子速率和通道化等基础功能。

需要说明的是，图 8-21 中所采用的分组协议是 ETH/MP，通过 MP（是 Multi-Link PPP 的缩写）可将多个物理链路的点对点协议（Point to Point Protocol，PPP）捆绑在同一逻辑端口，以增加链路带宽。MP 允许对 IP 等网络层报文进行碎片处理，然后将这些经碎片处理后的报文通过多个链路传输，并使其同时抵达同一个目的地，从而获得更大链路带宽的汇总数据。

由此可见，SPN 切片通道层是网络中源节点与目的节点之间的一条传输路径，以实现端到端的以太网切片连接。由于采用基于以太网 66B 码块的序列交叉连接技术、MTN Section 层帧结构及 OAM 开销，因此客户层业务可在源节点映射到 FlexE Client，网络中间节点能够根据 FlexE Client 进行交换，在目的节点从 FlexE Client 中解映射，从而获得客户层业务，以此实现端到端的以太网切片通道层性能检测和故障恢复能力。由于其基于 ITU-T 802.3 码块扩展技术和空闲帧替换原理实现 SCL 层 OAM 和保护功能，因而可支持端到端的以太网 L1 调度和组网，同时实现低于 1ms 的网络保护倒换时间和高精度的误码检测。

（3）切片传送层

由于 ITU-T 802.3 PCS 中增加了 FlexE Shim，因此切片传送层（STL）分为 FlexE Group 链路层、IEEE 802.3 以太网（PMA 和 PMD）层和采用波分复用技术的光层，如图 8-22 所示。

FlexE Group 链路层通过引入 FlexE Shim 功能实现了 MAC 与 PHY 的解耦，以支持 MAC 与 PHY 的灵活对应。在 FlexE Group 链路层可实现接入数据流的频率和速率适配，数据流在 FlexE Shim 的映射与解映射，FlexE Group 开销的插入与提取功能。一个 FlexE Group 可支持多个 FlexE Client，从而支持任意一组 PHY（FlexE Group）上的映射和传输，实现绑定、通道化及子速率等功能。

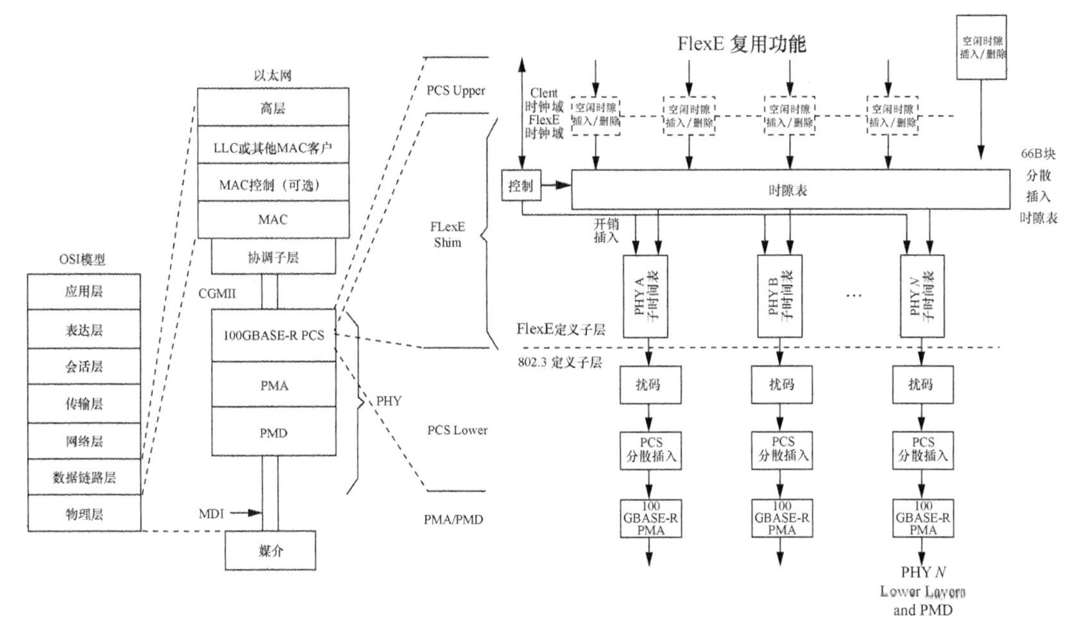

图 8-22　切片传送层模型

① FlexE Client：可根据各种客户业务带宽需求进行速率的灵活配置，支持 10GE、40GE、N×25GE 数据流，甚至非标准速率数据流，并采用 64B/66B 的编码方式将数据流映射到 FlexE Shim 层。

② FlexE Shim：作为插入到传统以太网 MAC 与 PHY（PCS 子层）之间的一个额外逻辑层，该层利用 Calendar 的 Slot 分发机制实现多个不同 FlexE Client 数据流在 FlexE Group 中的映射、承载与带宽分配。其中，FlexE 根据每个 Client 所需带宽及 Shim 中对应每个 PHY 的 5G 粒度 Slot 的分布情况进行计算，并针对每个 Client 分配 Group 中可供使用的 Slot，进而可形成一个或多个 Slot 映射。因为采用 Calendar 机制，所以一个 FlexE Group 可实现多个 FlexE Client 数据流的承载。

③ FlexE Group：由于以太网技术应用得非常广泛，因此人们在现有以太网 MAC/PHY 基础上，利用基于 Calendar 的 Slot 分发、映射机制，将多路以太网 PHY 组合起来构成一个 FlexE Group，实现一路或多路 FlexE Client 数据流的承载。由此可见，基于 Client/Group 架构的灵活以太网的技术性能得到进一步的加强，从而在低成本、低速率光模块的基础上可与高速率的以太网实现互连。

需要说明的是，当 MAC 数据流低于 PHY 速率时，需在 FlexE 开销帧中将未使用的时隙都标注为 IDLE Slot，并在 Calendar 相应时隙中填充 Error Control Block 信息，这样在 FlexE Aware 传送模式（利用 FlexE 子速率特性）下，目的节点可以根据 IDLE Slot 标注，将这些 IDLE Slot 丢弃，从而获得与原始数据流带宽一致的、需要承载的数据，进而映射到速率匹配的光传输网络通道之中。可见光传输网络设备应具有感知 FlexE UNI 速率的能力，并随时保持与 UNI 侧的 FlexE 接口匹配，满足客户业务数据的承载要求。对于带宽扩展性和传输距离要求更高的应用，SPN 采用以太网+DWDM 技术，可实现 10Tbit/s 级别容量和数百千米的大容量长距离组网应用。

（4）时间/时钟同步

SPN 支持频率同步和时间同步功能。频率同步可分为以太网同步和 CES/CEP（电路仿真/

路径保护）业务时钟恢复同步。其中，以太网同步是为保持频率同步信号的正常传送而要求同步以太网物理层；CES/CEP 业务时钟恢复同步是在 SPN 承载 CES/CEP 业务时为其提供业务时钟透明传送，保障发射端与接收端的业务时钟一致，并具有相同的精度。

时钟同步细分为以太网接口时钟同步、MTN 接口时钟同步和设备辅助接口时钟同步。以太网接口时钟同步采用的方式与传统以太网所采用的方式相同，通过精确时间协议（Precision Time Protocol，PTP）技术来实现时间信息的传递；MTN 接口时钟同步是利用 PTP 技术通过 MTN 接口开销来传送时间信息；设备辅助接口时钟同步是利用设备的输入、输出带外时间接口来传送时间信息。

需要说明的是，超高精度时间同步需要采用新的时间源技术和时间传送技术，以应对新的网络构架，还需要新型接口的同步技术及控制层面的同步维护管理技术，以降低单节点的时间或频率误差。

（5）管控一体化 SDN 控制平台

以“管控一体，集中为主，分布为辅”为设计思路，通过 SDN 集中控制平面增强业务动态能力，采用云化平台构建 SDN 控制器，可达到管控数十万量级网络节点的规模；在接口方面引入成熟的 Netconf、PCEP 和 BGP-LS 技术，通过扩展 PCEP 功能，可支持 SR-TP/SR-BE 灵活实现新业务的创建，并支持多层多域的协同机制，进一步提升管控融合能力。

2．SPN 关键技术

（1）PAM4 与相干 DWDM 技术

根据 5G 应用场景业务量预测分析，5G 初期接入环的接入带宽需求为 4.2Gbit/s，中期接入环的接入带宽需求为 22.92Gbit/s，可见初期 5G 建设接入带宽应达到 10GE 才能满足基本需求。随着应用需求量的不断增加，中期及远期的接入带宽需求也将不断增长，可能达到 25GE，甚至达到 50GE、100GE。核心环和汇聚环的带宽需求为 N×100GE，甚至达到 N×200GE 或 N×400GE，因此核心环可考虑采用 100GE/200GE 相干 DWDM 彩光方案，接入环可考虑采用 PAM4 灰光方案。

PAM4（4 级脉冲幅度调制）是带宽效率更高的调制方式。在 PAM4 中，一个码元包含 2 比特，使用 4 个不同的脉冲幅度来传达信息。每个幅度都有两位，使得传输速率加倍，并使 PAM4 的带宽效率是传统二进制模型的两倍。在这种情况下，可采用一个配备有色散补偿和放大功能的 DWDM 多路复用器。另外，PAM4 容易受噪声干扰，其额外的电压电平要求减小电平间隔，从而导致需要更高的信噪比，这也是 PAM4 在短距离光学系统中效果显著的原因。相干光学技术的引入是 DWDM 系统开发中的重要创新。相干光学设备利用先进的光学器件和数字信号处理器（DSP）来实现复杂的光波调制，从而实现高速数据传输，同时进一步增加信息传输距离。

（2）FlexE 技术

FlexE 技术在标准以太网技术基础上增加了时隙调度功能，使网络能够在满足接口速率灵活可变、多业务通道化隔离的前提下，为用户业务提供低成本、高可靠、可动态配置的电信级接口协议。它具备三大功能。第一是捆绑能力，即能够在满足更高速率接入的同时达到 100% 的带宽捆绑利用率。例如，400GE 速率可以通过捆绑 4 路 100GE 物理通道来实现。与传统以太网链路不同，FlexE 在多链路传输时可进行容量均匀分配，且通过 Shim 层（插入到传统以太网架构的 MAC 与 PCS 子层之间的一个额外子层）的时隙配置支持多个用户业务功能。第二是子速率划分，该功能恰与捆绑功能相反，用于接入数据低于 100GE 的情况，例如，100GE 物理通道仅承载 50GE MAC 数据流。第三是通道化能力，可将多个低速 MAC 数据流共享到一路或多路 100GE 物理通道。例如，100GE 物理通道承载 25GE、35GE、20GE 和 20GE 的四路 MAC 数据流，3 路 100GE 物理通道复用承载 125GE、150GE 与 25GE 的 MAC 数据流。

随着新应用、新业务的不断涌现，IP 网络的融合承载已成为大势所趋。以 FlexE 三大功能为基础，在 IP 网络中通过采用大带宽接口、网络切片、通道化子接口物理隔离等技术，可以实现带宽按需分配、硬管道隔离及低时延保障等方案，同时结合 SDN 技术，可实现集中化智能调度与统一管控，以帮助 5G 网络实现按需扩容、分片承载和隔离业务信道的能力。

（3）SR 技术

段路由（SR）技术是基于源路由理念而设计的在网络上转发数据包的一种协议。SR 技术在源节点对数据报文“编码”，在报头中插入一些表征拓扑路径的段路由信息（如 MPLS 标签）来指示报文的转发路径。这样将所要携带的路由信息在源节点封装到报文中，由于报文的转发是通过事先按需定制的相关指令在转发节点进行操作，因此每个节点所需的转发标签数量大幅减少。

5G 承载需要的是一种能够满足高效、大带宽连接需求的解决方案，而 SR 可提供两种类型隧道，即无连接的 SR-BE（基于尽力转发的段路由）和面向连接的 SR-TP（基于流量工程的段路由）。SR-BE 是通过 IGP 自动扩散 SR 节点标签生成的，可在 IGP 域内提供任意拓扑业务连接，并简化隧道规划和部署，适用于无连接的东西向业务承载。SR-TP 提供面向传送增强的基于连接的端到端监控运维能力，通过扩展 SR-TP 隧道来携带 Path Segment，标识出一条端到端的隧道连接，同时支持 OAM 检测，适用于南北向业务承载。

SDN 技术和 SR 技术的融合集中式部署，使 SDN 无须在网络转发路径上进行节点的控制或信令交互，仅用网络拓扑资源及流量来计算业务需求中符合条件的对应路径，然后通过符合条件的路径将对应的路由数据下达节点，极大地提升了网络的控制能力。而 SR 技术支持严格约束路由和松散约束路由，在松散约束路由的场景中，其可以对 TI-LFA FRR（拓扑无关快速路由恢复）进行失效点的局部保护，从而支持转发面内部网关协议。

（4）网络切片

网络切片（Network Slicing）是通过网络资源的分割来满足不同业务的承载需求，从而为不同客户业务提供相应的 SLA 服务（如带宽、时延等）。根据 5G 应用的不同场景，可实现不同业务在同一个 IP 网中的承载。FlexE 通道化技术提供了不同接口级 FlexE 客户之间的物理切分和相互隔离，并与路由器架构结合，构建起端到端网络切片。图 8-23 所示为基于 FlexE 的 5G 网络切片构架示意图。总之，FlexE 可在不同基础设施条件下，实现对不同业务带宽的动态支持，这样运营商可以在现有线路基础上，构建具有不同服务等级的端到端通道。

（5）低时延转发技术

低时延转发技术通过 FlexE 技术来实现基于物理层业务流的分组转发。具有低时延业务标识的报文在网络中间节点经识别后，无须进行解析和队列处理，业务流交叉转发过程几乎瞬间完成。如果在转发此报文时，出方向接口正在转发其他低优先级报文，则其可抢先占用接口，从而实现快速转发。具体实现技术参见 IEEE 802.1TSN（Time-Sensitive Networking）工作组已发布的 IEEE 802.1Qbu 帧抢占（Frame Preemption）机制和 IEEE

802.3br 散布式快速流量（Interspersing Express Traffic）机制。通过低时延转发技术，单节点转发时延可降低为 1～10μs。

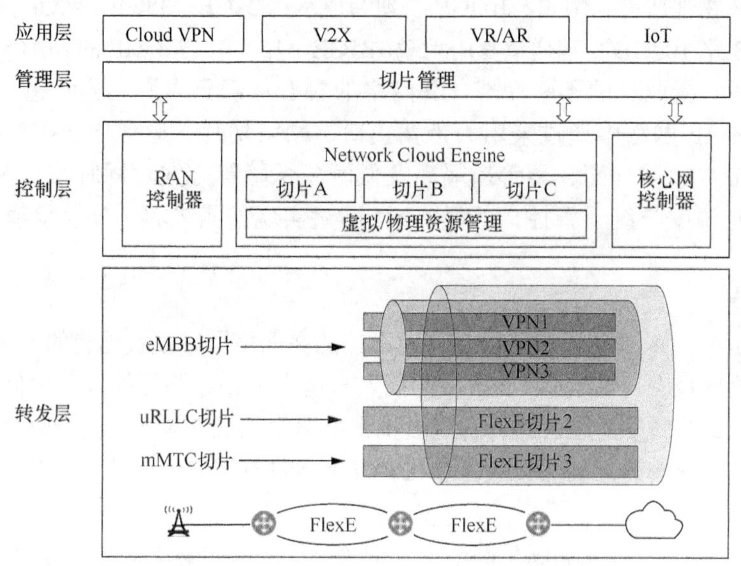

图 8-23　基于 FlexE 的 5G 网络切片构架示意图

8.4.3　SPN 网元功能

SPN 网元由切片分组传送平面、切片分组控制平面和切片分组管理平面构成，如图 8-24 所示。

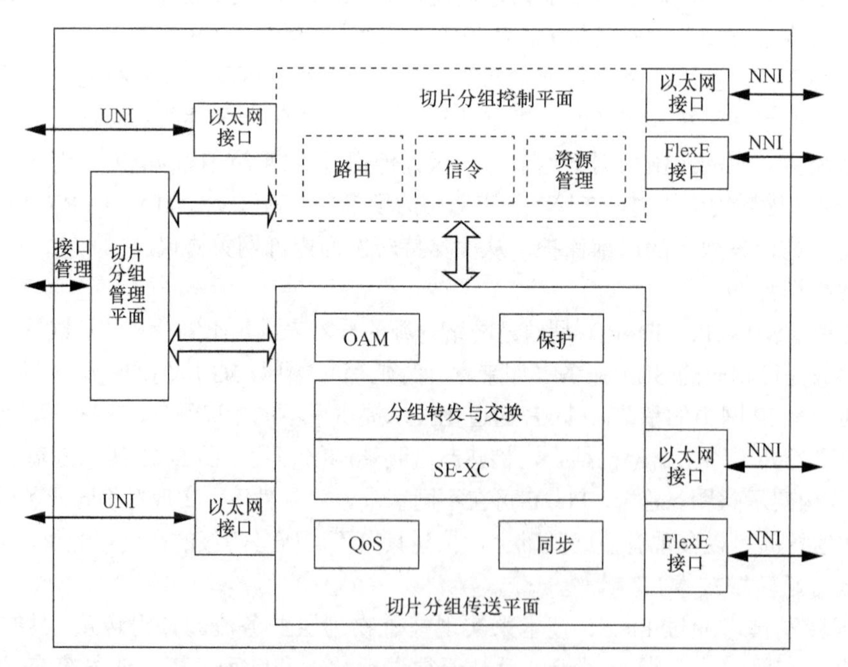

图 8-24　SPN 网元的逻辑功能模型

1．切片分组传送平面

切片分组传送平面包括分组转发与交换、SE-XC、OAM、QoS、保护和同步等功能模块。

分组转发与交换模块负责支持基于分组报文的高速无阻塞交换处理，具体包括报文识别、流分类、封装与解封装、流标记、流统计等各项处理任务。SE-XC 模块负责支持基于 SPN Channel 的转发与交换处理，具体包括 FlexE Client 交叉连接、OAM 监视、保护倒换等。

需要说明的是，分组转发与交换模块和 SE-XC 模块需要与 OAM 模块和保护模块相互配合，完成 OAM 和保护报文的提取和下发，以实现保护倒换操作；与 QoS 模块相互配合，完成对调度信息的报文的识别与更新。切片分组传送平面负责传送客户层的各种业务，并保证客户业务信息的透明传送。

2. 基于 SDN 的 SPN 管控架构

网元内的切片分组控制平面包含路由、信令和资源管理等功能模块。切片分组管理平面包括网元级和网络级的配置管理、故障管理、性能管理、安全管理等功能模块。切片分组传送平面采用 UNI 和 NNI 与其他设备相连接。SPN 中的管理与控制是采用 SDN 集中管控架构来实现的，如图 8-25 所示。

（1）控制平面

控制平面采用分层部署方式，能够在无人参与的情况下，根据传送平面的转发行为做出控制决策，并通过 A-CPI（应用/协同平面与控制平面之间接口）向上层应用/协同平面提供控制决策，同时通过 D-CPI（传送平面与控制平面之间接口）实现对传送平面资源的统一调度。

SPN 中的 SDN 控制器能够根据业务需求所生成的转发行为来控制数据，并逐层分解控制粒度，最后将其发送到传送平面中的各相应节点，以控制网络的业务转发、保护恢复等行为。可见要求控制器能支持分层分域部署方式，以满足大规模组网的需求。通常分层部署控制器之间通过带外控制通道实现互连互通。上层控制器可以通过 C-CPI（控制平面层间接口）连接多个下层控制器，从而实现对跨下层控制域业务的统一控制。

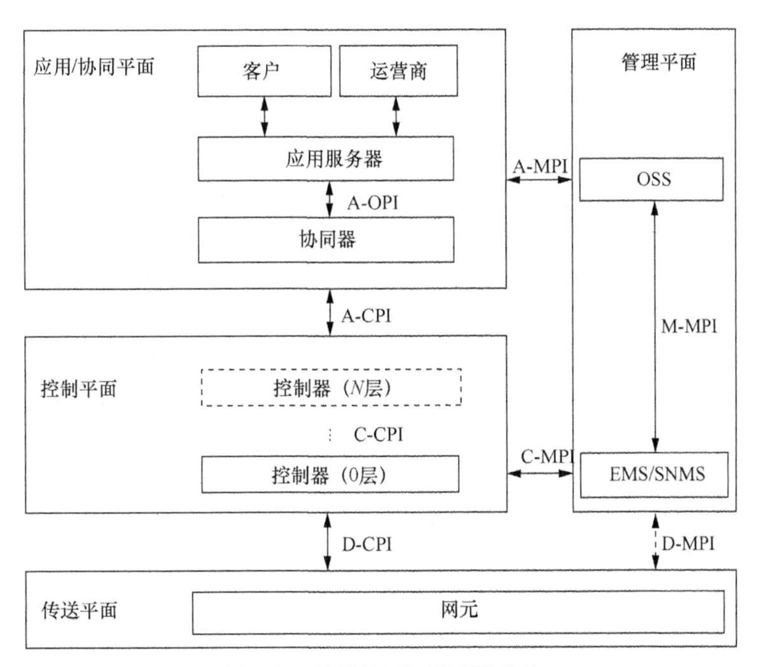

图 8-25 基于 SDN 的 SPN 管控架构

（2）应用/协同平面

应用/协同平面包括协同器（Orchestrator）、应用服务器（App Server）和应用客户端（App Client）。其中，协同器是应用/协同平面中负责业务协同的重要模块，它可提供业务配置、业务策略管理等功能，屏蔽网络技术差异，实现网络资源的协同操作和构建全网资源的动态可视化拓扑，并通过 A-OPI（App Server 与协同器之间的接口），向 App Server 提供面向业务的抽象应用能力，同时通过调用 A-CPI 进行网络操作。

（3）管理平面

管理平面包括网元管理系统（EMS）、子网管理系统（SNMS）、运营支撑系统（OSS）。通过 M-MPI（管理平面层间接口）可实现 OSS 与 EMS/SNMS 之间的互通，从而获取网络存量资源信息，以便必要时供自动业务配置使用；通过 A-MPI（应用/协同平面与管理平面之间接口）可实现与应用/协同平面之间的信息交互，便于应用/协同平面与管理平面协同操作，从而实现对 SPN 的管理和维护；C-MPI（控制平面与管理平面之间接口）是用来实现控制平面与管理平面之间信息交互的接口，通过该接口可实现管理平面对控制器的管理维护。D-MPI（管理平面与传送平面之间接口）是实现传送平面与管理平面之间信息交互的接口，通过该接口可实现管理平面对传送平面的管理与维护。

8.4.4 SPN 技术在 5G 网络中的应用策略

数字化新业务的不断涌现驱动 5G 网络向着多业务、多场景方向发展，因此对传输速率的需求也进一步提高，同时，吞吐量、时延、连接数量、耗能等方面的需求进一步推动了 5G 网络性能标准。SPN 作为一种新型传送体系，能够满足多元化应用场景的需求，为 5G 移动应用承载提供了良好的保障。SPN 同样按照核心层、汇聚层、接入层三层架构来搭建，如图 8-26 所示。可见核心层采用“口字形”组网；汇聚层根据业务发展的需求和光缆资源情况采用“口字形”或“V 字形”组网；接入层根据 5G 业务发展程度，以新建 5G 基站为主，逐步迁移 4G 业务，从而逐渐推进部署基于云计算的无线接入网（Cloud-Radio Access Network，C-RAN）。接入层主要采用环形结构，只有在地理条件和光缆建设确实困难的情况下才建议采用链形结构。

SPN 支持多种业务和应用场景（如 eMBB、mMTC、uRLLC），同时满足点到点、点到多点、多点到多点的业务承载要求，支持 L2 VPN 和静态 L3 VPN 业务，以及 L2 VPN 和 L3 VPN 的分段部署，满足 5G 边缘设备的就近接入、低时延转发需求。SPN 还支持 L3 域扩大至边缘接入大网，并能同时提供 L3 VPN 管理能力。

（1）集团客户、家庭宽带业务：优先采用 L2 建立端到端 MPLS-TP（MPLS 传送子集）隧道，以满足业务承载需求；对于有三层业务需求的集团客户，使用段路由（Segment Routing，SR）隧道承载方式。

（2）2G/4G 业务，沿用 PTN 承载方案，采用 L2 隧道 + 静态 L3 VPN 方式承载。

（3）5G eMBB 业务：优先采用 L2 MPLS-TP+SR 隧道承载方案；当有三层业务需求时，通过建立端到端 SR 隧道来满足业务承载需求。

（4）5G uRLLC 业务：采用端到端 L3 方案，其中 SR-TP 隧道承载南北向业务，SR-BE 隧道承载东西向业务。

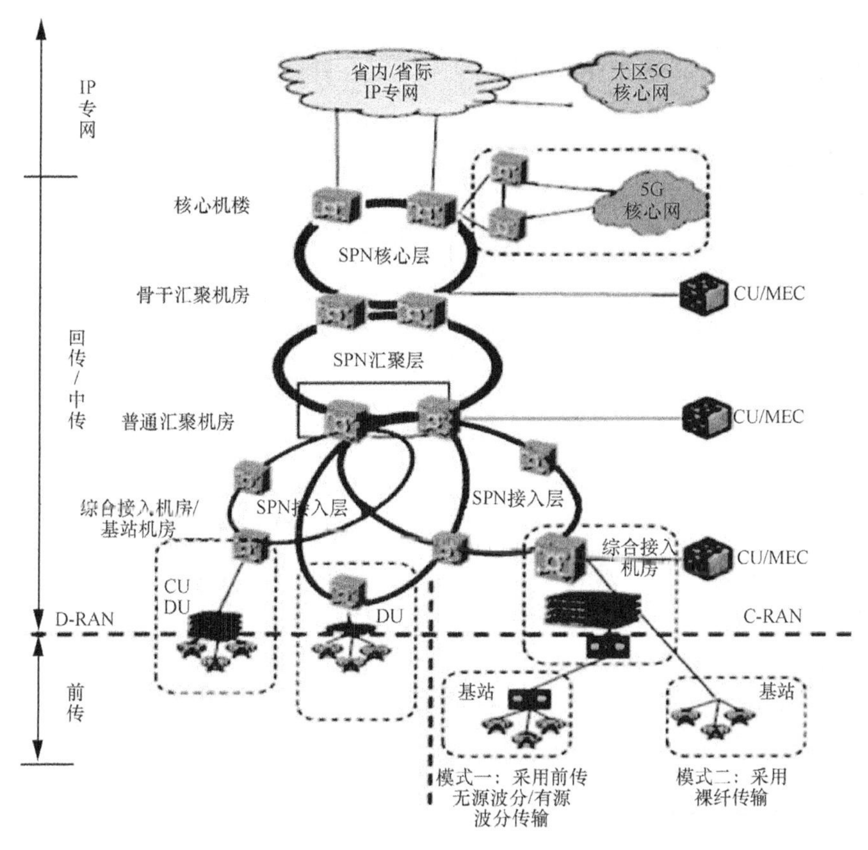

图 8-26 SPN 整体架构

在 5G 商用初期，5G 业务需求量较大的热点地区一般采用 PTN 扩容或局部新建方案。随着 5G 用户数和业务量的不断增长，不但 eMBB 业务快速发展，智能物流等涉及传感与数据采集的 mMTC 业务量也不断增长，部分区域出现了工业应用与控制、远程医疗等 uRLLC 业务应用。5G 承载网络的部署进入 PTN 升级/扩容或新建 SPN 的阶段。在接入层采用 50GE/100GE 环形组网为主、链形拓扑为辅的形式；在汇聚层采用 100GE，甚至 N×100GE 环形组网。此时要求 5G 承载网络与 4G 承载网络在汇聚节点与核心节点实现互通。

小 结

1．局域网的概念：局域网的覆盖范围较小，仅 1km 左右，通常为一座大楼或一个楼群。

城域网的概念：城域网是在一个城市内的各分布节点间传输信息的本地分配网络。

广域网的概念：广域网是指各城市间的网络。它的传输距离很长，可达数千千米。

2．城域网的基本概念、网络结构及功能。

3．光接入网的概念：光接入网（OAN）是指以光纤作为传输介质来取代传统的双绞线接入网，具体地说就是本地交换机或远程模块与用户之间采用光纤或部分采用光纤来实现用户接入的系统。

4．光接入网的分类：光网络分为无源光网络（PON）和有源光网络（AON）。

无源光网络中使用无源光分路器来完成分路功能。

有源光网络中由电复用器来完成分路。

5．EPON的传输原理。

6．GPON技术与EPON技术的区别。

7．POTN的基本概念。

8．POTN的关键技术及其在实际系统中起到的作用。

9．SPN基本概念及特点。

10．SR技术及特点。

复习题

1．城域网中可供使用的骨干传输技术有哪些？它们各自的特点是什么？

2．简述光接入网的概念。

3．EPON中采用测距的原因是什么？如何进行测距？

4．EPON技术与GPON技术的区别是什么？

5．简述分组光传送网的基本概念及特点。

6．POTN的层网络结构有哪些？它们在网络中的作用是什么？

7．简述切片分组网的基本概念。

8．简述网络切片的概念及类型。

第9章 全光网络

随着 5G 移动通信系统开始正式商用，各种新业务不断涌现，使得固网与移动网络的协同发展成为网络发展的必然趋势，传送网、数据中心、接入网都面临着业务发展带来的新挑战，因此需要加速全光网络的升级和覆盖，以应对 5G 时代新兴业务对整个网络带来的冲击。本章主要介绍全光网络的基本概念与特点、全光网络结构及其关键技术、智能光网络和认知光网络等。

9.1 全光网络技术及发展演进

9.1.1 全光网络基本概念及特点

全光网络是指网络中用户与用户之间的信号传输与交换全部采用光波技术，即端到端保持全光路，中间没有光电转换器。这样数据从源节点到目的节点的传输都在光域内完成，而在网络中各节点上使用的是具有高可靠性、大容量和高度灵活的光交叉连接功能的设备，如OXC、OADM、ROADM，以实现各网络节点间信息的交换。

由此可见，全光网络应具有透明性、可扩展性、可重构性和可靠性。

（1）透明性

在全光网络中，由于没有电信号参与处理，因此可以使用各种不同的协议和编码形式，使信号具有透明性。

（2）可扩展性

全光网络的传输容量相当大，因而要求它不仅与现有网络兼容，还支持各种新的宽带综合业务数字网络及网络的升级。

（3）可重构性

当新的节点接入网络或旧的节点从网络拓扑结构中被删除时，不会影响原有网络和原有设备的正常工作，因此网络能够随时实现对用户、容量、种类的扩展。另外，还可以根据通信容量的要求，通过建立、恢复、拆除波长连接来达到动态地调整网络拓扑结构的目的。这种网络非常适应突发业务的连接要求。

（4）可靠性

全光网络中使用了许多无源器件，其可靠性高，便于对网络中的设备配置、波长分配、协议控制、网络性能进行实时监控与管理，同时可降低网络的维护费用。

目前，全光网络采用分层结构，分为光网络层和电网络层。光网络层是指与光链路相连的部分。由于光网络层采用了WDM技术，能够使一根光纤同时传送多个不同波长的携带调制信号的光载波，其传输容量相当大，因此在网络各节点之间应采用OXC、OADM或ROADM来实现多个光载波信号的交叉连接。光网络层直接与宽带网络用户接口和局域网相连。光网络层的拓扑结构可以采用环形、星形和网孔形，交换方式可以采用空分、时分或波分光交换方式。目前，国际上实验的全光网络主要采用波分光交换。

利用波长复用的全光网络采用3级结构的光网络层。0级网络由若干局域网构成，每个局域网包含多个光终端。每个局域网内部都可以采用一套波长。当然，在每个0级网络中多波长是可供重复使用的。1级网络由许多城域网构成，通过波长路由器与若干个0级网络相连。2级网络是全国或国际骨干网，通过波长转换器或交换机与所有的1级网络相连。

在电网络层中可以使用ADM、DXC和各种交换设备（ATM交换、分组交换或未来的某种交换，如图像、多媒体信号的交换）。

9.1.2 全光网络中的关键技术

要使全光网络具有透明性、可重构性和可管理性，离不开光交换技术、全光中继技术、及全光网络的管理控制与操作全光器件的开发。

1. 光交换技术

从交换方式上来划分，光交换技术可以分为光电路交换（Optical Circuit Switching，OCS）和光分组交换（Optical Packet Switching，OPS）。

光电路交换方式分为三种，即空分光交换网络、时分光交换网络和波分/频分光交换网络，以及由这些光交换网络混合而成的结合型网络。不同的网络，其特点不同，工作原理也有差别。

全光分组交换可分为两大类，即时隙和非时隙。在时隙网络中，分组长度是固定的，并在时隙中传输。时隙的长度应大于分组的时限，以便在分组的前后设置保护间隔。在非时隙网络中，分组长度是可变的，而且在交换之前不需要排列，异步地、自由地交换每一个分组。这种网络竞争性较强，分组丢失率较高，但是结构简单，不需要同步，分组的分割和重组不需要在输入/输出节点进行，更适合于原始IP业务，而且缓存容量较大的非时隙型网络性能良好。

（1）光电路交换

① 空分光交换

空分光交换是由开关矩阵实现的，而开关矩阵节点可由机械、电或光来进行控制，实现任一输入信道与任一输出信道之间按要求建立物理通道的连接，完成信息交换。如图9-1所示，图中给出了一个3×3光开关矩阵，3个输入端和3个输出端构成9个交叉控制点，通过控制交叉点的开关状态，可实现信息交换。

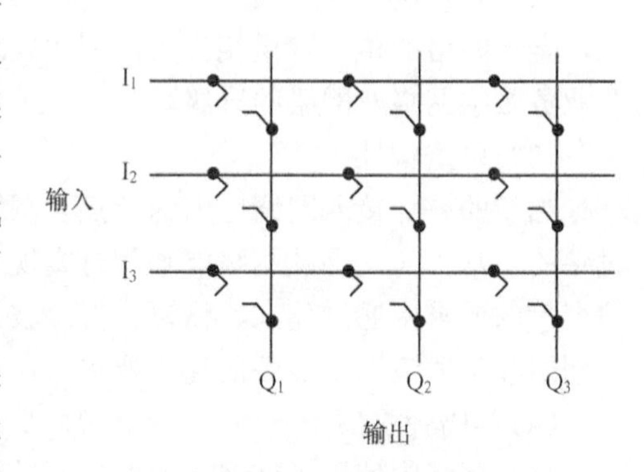

图9-1 空分光交换原理示意图

开关矩阵所使用的技术又分为波导空分光交换和自由空分光交换。在波导空分光交换中，由于光学通道是由光学波导构成的，因而所构成的交换网络容量有限；同时，平面波导构成的光开关节点是一种定向耦合开关节点，没有逻辑处理功能，无法实现自寻址路由控制，因而难以满足 ATM 交换的要求。而自由空分光交换采用了自由空间光传输技术，无干涉地控制光的路径，以达到光交换的目的。由于光波作为载波在自由空间传输的带宽大约为 100THz，为了充分利用这一优势，各国科学家正在加紧对自由空间光交换网络的研究、开发。

② 时分光交换

时分复用有电时分复用和光时分复用。在现有的 PDH 网和 SDH 网中使用的时分复用技术均属于电时分复用和时隙交换的范畴。将时间划分成若干等间隔的片断（每片断为一帧），再将每一片断（帧）划分成 N 个等间隔的时间片断，这就是时隙。可以将这些时隙轮流分配给各路原始信号，如图 9-2 所示。由于在此过程中时隙的编号是与各路原始信号一一对应的，因此接收端很容易从中分离出各自的原始信号。

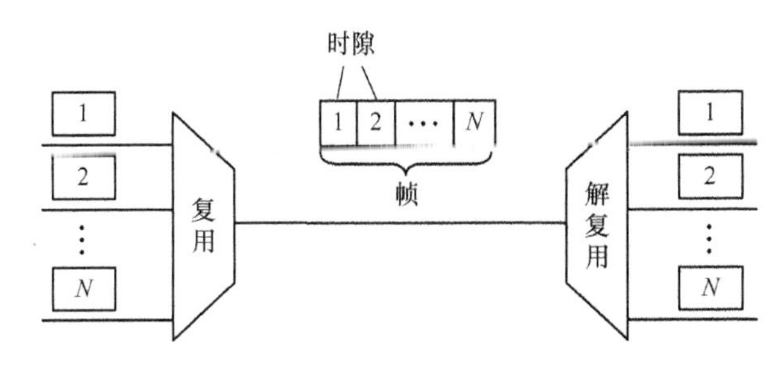

图 9-2 时分复用原理图

时分交换是在时隙互换的基础上得以实现的，具体过程如图 9-3 所示。从中可以看出，通过 N 路原始信号与 N 条出线的不同连接，可完成 N 路时分复用信号中各个时隙信号互换位置的操作。其中的核心工作是将时分复用信号顺序存入存储器，同时将经过时隙互换操作后形成的另一时隙阵列顺序取出。

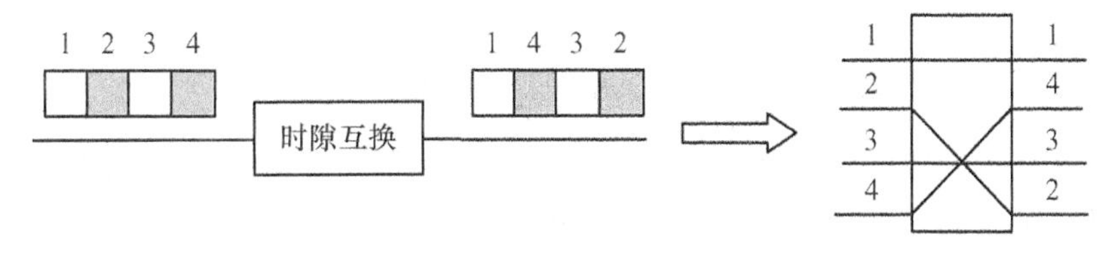

图 9-3 时隙互换原理图

时分光交换网络采用光器件或光电器件作为时隙交换器，这样可以由光读入/写出门和光存储器组成时隙交换网络。图 9-4 所示为 STS（空—时—空）结构的光时分交换网络示意图，可见它是由时分复用器/解复用器、时分复用的空间开关和时隙互换器（时间开关）构成的。其中，光写入门可以将时分复用信号中的各路分开，并存入相应的存储器，光读出门按控制命令顺序逐比特读出，并合成一路输出，达到交换的目的。

时分光交换的关键是光开关和光存储器，通常光读入/写出门可以由定向耦合器来实现，而光存储器可使用光纤延迟线、双稳态激光二极管来实现。

③ 波分/频分光交换

时分复用系统通过时隙互换来实现交换，而波分/频分光交换是通过波长交换来完成交换功能的，如图 9-5（a）所示。通过波长开关从波分复用信号中检出所需波长的信号，并把它调制到另一波长上去，即可实现波长互换。其中可以利用具有波长选择功能的 F-P 腔型滤波器或相干检测器来完成检出信号的任务，而信号载波频率的变换则是通过可调谐半导体激光器来实现的。图 9-5（b）所示为根据具体要求对 F-P 腔型滤波器进行控制，选出不同波长的信号，从而不同时刻实现不同的连接。

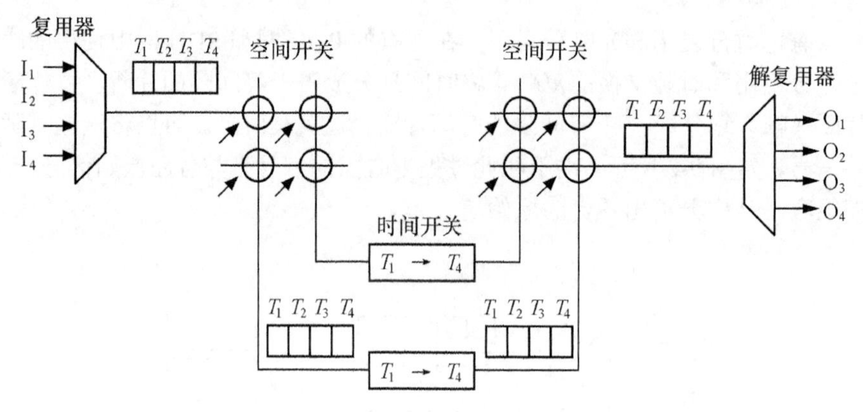

图 9-4　光时分交换网络示意图

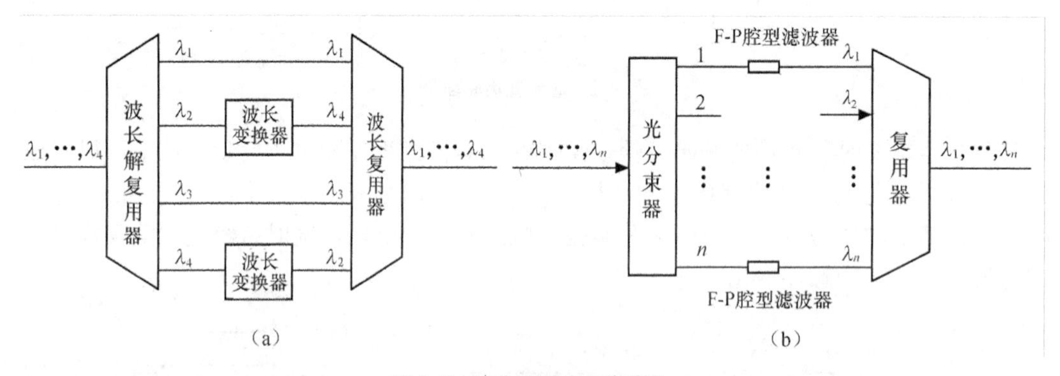

图 9-5　波分/频分光交换原理

由上述分析可知，波分光交换网络由波长复用器/解复用器、波长选择空间开关和波长互换器（波长开关）组成，其中波长开关是完成波长交换的关键器件，可调波长滤波器和波长变换器是构成波分光交换网络的基础元件。

（2）光分组交换

ATM 光交换是一种固定时隙的光分组交换（OPS）。在 ATM 网络中，ATM 信元是传输、交换的基本单元，因而 ATM 光交换技术是一种用于 ATM 信元之间进行交换的技术。通常，ATM 光交换采用波分复用、电或光缓冲技术，如图 9-6 所示。可见 ATM 光交换网络由信元选择器和光缓冲存储器构成。特别是在各输入接口模块中，可根据信元的虚通路识别器识别到达输入端的信元，并将各信元波长转换成适合输出端的波长。这样当以信元的波长作为选路由信息时，便可以依照其波长，对每个到达输入端的信元进行路由选择，将其存入相应的输出端的光缓冲存储器，然后将经路由选择后到同一输出端的信元存储于一公用输出端的光缓冲存储器里，从而完成信元选路（即交换）。

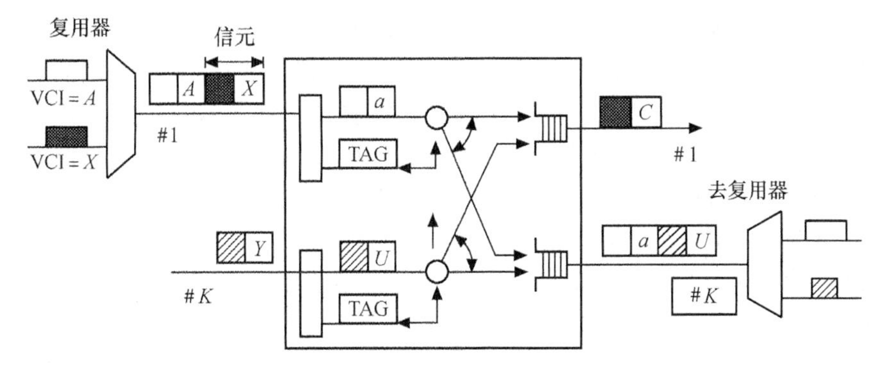

图 9-6 ATM 光交换原理示意图

（3）光突发交换

光突发交换（Optical Burst Switching，OBS）是一种介于光电路交换（OCS）和光分组交换（OPS）之间的很有发展潜力的交换模式。它是在 1997 年由乔春明和特纳（Tunner）分别提出的一种由光电路交换到光分组交换的过渡技术。光突发交换技术的特点是数据分组和控制分组独立传送，且在时间和信道上都是分离的。它采用单向资源预留机制，以光突发作为最小的交换单元。OBS 克服了 OPS 的缺点，对光开关和光缓存的要求降低，并能够很好地支持突发性的分组业务。与 OCS 相比，它又大大提高了资源分配的灵活性和资源的利用率。OBS 被认为很有可能在未来互联网中扮演关键角色。

近来光交换技术取得了很大的进展。1996 年，世界上出现了第一台采用光纤延迟线和 4×4 铌酸锂光开关的 32Mbit/s 时分光复用光交换系统。随后日本开发了两种空分光交换系统，一种是多媒体交换系统，另一种是模块光互连器。这两种系统均采用了 8×8 二氧化硅光开关。多媒体交换系统能够支持 G4 传真、10Mbit/s 局域网和 400Mbit/s 的高清晰度电视。

波分交换能够充分利用光纤的带宽，而且不需要进行高速率交换，因此便于技术实现。1997 年出现了采用高速迈克耳孙干涉仪（Michelson Interferometer，MI）波长转换器的 20Gbit/s 波分复用光交换系统。目前，已经生产出采用极短脉冲的超高速 ATM 光交换机，其交换容量可达 64Gbit/s。

光分组交换的关键技术在于光分组的产生、同步、缓存、再生、光分组头重写及分组之间光功率的均衡等。与电分组技术相比，光分组交换技术经历了近 10 年的研究，却还没有达到实用化，主要有两大原因：第一是缺乏深度和快速光记忆器件，在光域难以实现与电路由器相同的光路由器；第二是相对于成熟的硅工业而言，光分组交换的集成度很低，这是光分组本身固有的限制及这方面工作的不足造成的。2001 年后，技术突破与智能的光网络设计，可充分利用光与电的优势来克服这些不利因素。

2. 全光中继技术

实现点对点全光通信的关键技术是以光放大器作为全光中继器，以取代传统的光—电—光中继器。它一方面克服了光/电、电/光转换中继器造成的“电子瓶颈”问题，另一方面能使传输线路对所传送的信号“透明”，即与信号的传输速率和调制方式无关。该技术有如下优点。

（1）系统易于实现升级

例如，要提高线路的传输速率，只需变换光端机即可。

（2）系统易于实现波分复用

例如，传送 N 路波分复用信号。

（3）提高系统的发射光功率和提高光接收机灵敏度

随着EDFA的商用化，其迅速取代经电再生的光中继器，从而极大地简化了整个光网络，也促使光网络的传输速率不断提升，但随后EDFA的局限性开始显现。由于EDFA可用的3dB带宽只有30nm，同时为了提高光纤的带宽利用率，信道间的距离非常小，一般为0.8～1.6nm，可用于100信道以上的DWDM系统，因此相邻信道间的串话影响不容忽视。由此可见，EDFA的带宽限制了DWDM系统的容量。

近年来的研究成果显示，1590nm宽波段光纤放大器能够把DWDM的工作窗口进一步扩展到1600nm以上。贝尔实验室等已经研制出实验性的DBFA。这是一种基于二氧化硅和铒的双波段光纤放大器，由两个单独的子带放大器组成。其中一个是传统的1550nm EDFA（工作波长1531～1560nm），而另一个是1590nm的扩展波段光纤放大器（Extended Band Fiber Amplifier，EBFA）（工作波长1570～1605nm）。EDFA和EBFA结合起来工作，使DWDM系统的使用带宽增加了1倍以上（75nm），这样在通信容量相同的条件下可减少，甚至消除串扰。

3．全光网络的管理控制与操作

当光放大器用于光通信中作为全光中继器时，虽然它能增加中继距离，提高光信号的传输透明性，并进一步简化系统，降低传输成本，但还有一个不容忽略的问题，即全光中继器的监控技术。由于全光中继器远离端站，它的工作状态和状态控制对于保证系统的正常工作具有十分重要的意义。下面将全光网络的管理和控制问题一一列出。

（1）由于现有的SDH传输系统有自己的故障状态监控协议，因此要求全光网络中的光网络层必须与传输层保持一致。

（2）在全光网络中，由于无法从透明的光网络中提取出现有的表示网络运行状态信息的数据信号，因此存在着必须使用新的监控方法的问题。

（3）由于不同的传输系统处理故障的方法不同，而且与系统的结构有关，例如，环形SDH系统具有自愈功能，但对于点到点的链路，则可采用保护倒换的方式来保证系统的生存。在透明的全光网络中，不同的传输系统可以共享相同的传输介质，因此目前在以WDM网为主构成的全光网络中，网络的控制和管理的实现比网络传输技术的实现更具挑战性。网络的控制和管理的具体内容包括网络的配置管理、波长的分配管理、管理控制协议和网络的性能测试等。如果不能很好地解决这些问题，就无法获得一个有效的网络管理系统。这就是目前全光网络还无法商用的原因。

4．全光器件

由前面的分析可知，包括集成光开关矩阵、滤波器、波长变换器、OADM和OXC在内的关键器件和光纤一起构成了全光网络的物质基础，因此全光器件的开发与研制直接制约全光网的发展。特别是涉及高速光传输、复用器、高性能的探测器、可调激光器阵列、集成阵列波导器件的研究，是目前的重点。下面对近年来全光器件的发展状况做一个简单的介绍。

光开关是全光网络的关键器件，而且有许多实现技术，其中微机电系统（Micro-Electro-Mechanical System，MEMS）技术可在极小的晶体上排列大规模的机械矩阵。随着技术的不断完善，加快了MEMS开关的响应速度，其可靠性也得到大幅度提升，解决了OXC发展中的瓶颈问题。因此利用MEMS设计的OXC是目前的主要发展方向。

可调激光器是另一个发展方向。在DWDM系统中，一根光纤可以传输多个光载波，如果采用一个可调激光器，便可取代多个固定波长的激光器，从而简化系统结构。目前，基于布拉格反射系统的可调激光器的连续波调谐范围都大于 40nm，最大可达 100nm。就目前的技术而言，可调激光器还不够成熟，处于研究阶段。它在未来全光网络中的应用主要集中在动态波长分配方面。利用可调激光器与可调滤波器组合，可实现基于波长的通道分配。有资料显示，对于 16 个节点以下的光网络，利用可调激光器可做到简单可靠，而对于更大的光网络，可结合使用 OXC 器件。

可调滤波器的发展有助于解决光层的网络监控与管理问题。目前，若欲实现对光信号的监控和路由控制，则首先要对光信号进行取样，然后将其转换成电信号。可见这种方式既提高了线路系统和设备的复杂性，也增加了成本，而且不利于管理。利用可调滤波器，则无须针对每一个波长分别设立光电转换及监测设备，只需将要处理的波长筛选出来即可，因此可以大幅度简化光监控与管理系统的结构。目前，可调滤波器所采用的技术有声光可调滤波、微机电系统（MEMS）、阵列波导光栅（Arrayed Waveguide Grating，AWG）及光纤布拉格光栅（FBG）等。这些技术有助于实现可调式 OADM 和 OXC，换句话说，使用 OADM 或 OXC 可以将要下载的波长顺利筛选出来。ROADM（可重构光分插复用器）利用该功能，通过远程的重新配置，可以在线路中间根据需要任意指配上下业务的波长，从而实现业务的灵活调度。

OXC、OADM 和 ROADM 与光纤构成了一个全光网络，因此它们是全光网络的核心部件。OXC 中交换的是全光信号，在光节点上，可对指定的波长进行互通，从而有效地利用网络中的波长资源，实现波长重用。而 OADM 或 ROADM 在光域上实现了 SDH 中的分插复用器在时域上所完成的功能，而且具有透明性，可以处理各种格式和速率的信号。一旦出现光缆中断或业务失效，它们能够自动完成故障隔离、重新选择路由和网络重新配置等操作，而不使业务中断，从而提高网络的可靠性。

全光路由器的研究与开发还处于探索阶段。由于全光网络要求对单独的数据包进行读取、寻址，以及处理与交换，因此其中的关键技术是全光标签交换（All Optical Label Switching，AOLS）。它要求在 IP 数据包的信头前加一个标签，这样一个 IP 包群靠这个标签组合在一起。在此过程中首先需要利用缓冲器或动态随机存取存储器（Dynamic Random Access Memory，DRAM）进行数据包的存储。但目前光子的存储只能依靠光纤延迟线来完成，所需的光存储元件的体积非常大，无法与集成电路存储器相比。因此目前实验室的研究中仍部分使用电子器件。

9.1.3 全光网络技术的发展演进

全光网络技术的发展演进是与 WDM 技术进步分不开的。长途光传送网中以 DWDM 为主流传送技术来实现超大容量和超长距离的信息传送；而在城域光传送网中，为了满足分散的多用户高速接入需求，其接入层网络的发展方向是采用稀疏波分复用（CWDM）。CWDM 系统能够提供超大容量、短距离信息传送。若采用无水峰光纤即新型的全波光纤（工作波长为 1280～1615nm）的波分复用系统，其可利用光谱是常规可用波长的数倍，这样可大幅度增加复用波长数，从而经济、有效地解决网络扩容的问题，为全光网络的发展提供坚实的物质基础。

电信运营商在努力寻找创新方法的同时，也在努力降低传输成本。例如，通过 DWDM 系统扩容，可有效地降低单话路成本。此外，在长途中心局之间采用光放大器直接进行光信号放大处理，可大幅度增加无电再生中继距离，从而节约建设成本。全光交换的思路也是如此，因为消除了高成本的光—电—光交换，所以不仅能够在网络中心采用全光交换机，而且信号在传送到网络边缘之前都无须进行光/电转换，从而在整个通信网络中自然形成一个光层，为实现全光通信奠定了基础。

随着 WDM 光网络规模的不断扩大，基于 WDM 的光传送网（OTN）在容量、带宽增长的同时，逐步完善功能；从追求线路系统的传输距离到追求保护恢复自愈能力；从完全面向 SDH 平台到面向多业务平台，即可实现大容量宽带的端到端的多业务传送。WDM 技术与光交换技术的结合，造就了一个适用于高速大容量数据传送的光网络，可支持各种业务，如 IP 分组数据业务。

传送承载网目标架构如图 9-7 所示。传送承载网的结构分为承载层、传输层和物理层三层。底层是物理层，是由光纤构成的 WDM 通信系统。随着带宽需求的增加，目前 WDM 网络已经全面覆盖了本地网核心层（骨干网）以上的网络，并开始向本地网的汇聚层和边缘接入层扩展。IP 网络直接由 WDM 承载，并从城域网的接入层、汇聚层开始，逐步向 IP 彩光 over WDM（彩光是一种有特殊波长的宽谱可视光）发展。OTN 层逐步从基础传输层演变成主要为用户专线、中等速率业务网提供组网电路。随着 WDM 系统应用越来越广泛，部署层级越来越低，基于光波长调度的 ROADM 技术及相应的控制技术不断完善，构建起基于 ROADM 的各种结构的端到端网络。随着 WDM 应用的下沉，“IP+光”联合组网将自下而上逐步展开。例如，中国联通在 LTE 的前传网络中采用彩光稀疏波分方案，在 5G 移动前传、回传网络中采用彩光 over WDM 方案。

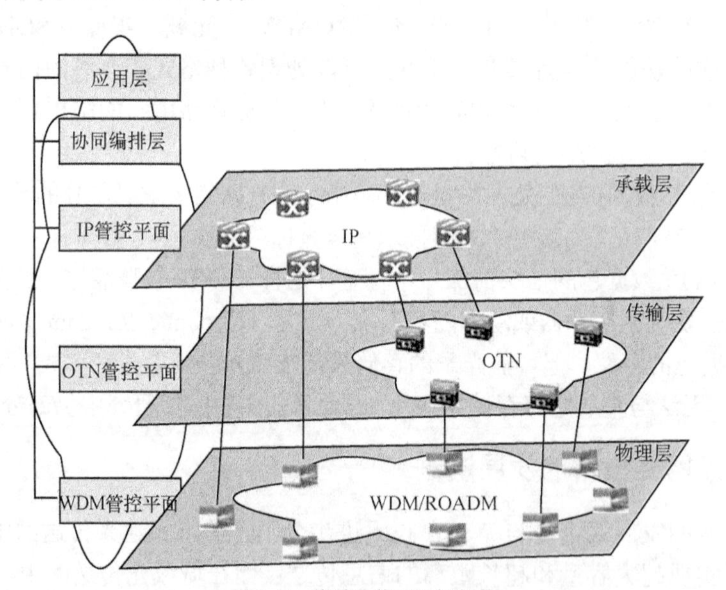

图 9-7　传送承载网目标架构

另外，在光传送网中通过引入 SDN，可达到灵活可编程配置的目的，从而构建传送资源可软件动态调整的光传送网架构。利用光网可编程化及资源云化，可为不同应用提供高效、灵活、开放的管道服务。基于 SDN 的光传送网的技术优势在于可向上层开放可编程能力，使得整个光网络具备更强的可编程性，提高网络的整体性能和资源利用率。通过 SDN 可对传送承载网进行集中、协同管理与控制，从而实现网络的智能化，提高网络的敏捷性。集中管控平面宜采用云架构，便于实现管控能力的可扩展性。由此众多研究人员提出未来网络发展的三个方向，即云化、IPv6 化和全光化。其中，云网融合成为目前普遍关注的焦点。业内普遍认为云网融合分为三个阶段：第一是云网协同阶段，此时云和网彼此相对独立，通过云网基础设施层的对接来实现业务自动开通与加载等操作，向客户提供一站式云网订购服务；第二是融合阶段，云网采用统一的逻辑架构和共同的通用组件来完成运营与调度，实现云网资源和服务能力的统一发放和动态调度；第三是一体化阶段，彻底打破云网界限，提供统一的运营管理平台和服务能力，用户不再感受到计算、存储和网络三大资源的隔离与差异。

由此可见，云网融合需要大容量、高可靠网络的支撑。由于全光网络拥有巨大的频谱资源（10THz）、超大容量链路、超高速率和超大容量节点，因此它是实现云网融合的较理想承载基础，然而传输链路的光纤化、接入网的光纤化和传输节点的光交换化依然任重而道远。目前，骨干网全面开通 ROADM 网络，并将继续向城域网乃至接入网延伸，使得光传送网进入“基础”与“业务”并重的新阶段，从而使 OTN 与 ROADM 成为构建高速光业务网络的主要技术手段。尽管 SDN 的引入提供了集中控制，大幅提高了运营效率，然而光路的建立/拆除仍需依靠人工指令，难以实现主动网络重构和运维，因此全光网络需要走向认知光网络（Cognitive Optical Network，CON）。认知光网络是基于人工智能的新一代智能光网络。它能感知外部环境，并通过对外部环境的理解和学习来实时调整网络配置，并能通过预判光路质量来缩短光层恢复时间，从而提升网络性能。

9.2 智能光网络

超高清视频、5G、物联网、云服务等需求在带来流量持续爆发式增长的同时，也对运营网络提出了更高要求。面对新业务、新应用的不断涌现，现有运营商所运营的传送网势必要向智能全光网迈进。打造超宽、敏捷、智能的全光网，可满足未来业务增长需求。现阶段通过在 SDH、OTN 传送平面上增加独立控制平面，可以提供各种信号特性，如格式、传输速率等业务，给网络运营、操作维护和管理等方面带来一系列的变革，进而影响网络的规划和建设，其直接结果就是进一步提升网络的通信质量，获得良好的经济效益。

9.2.1 智能光网络的概念、特点及功能

智能光网络也称为自动交换光网络（ASON）。它是一种具有灵活性、高可扩展性，能够在光层上按用户请求自动进行光路连接的光网络基础设施。它不仅能够为客户提供更快、更灵活的组网方式和对新业务的支持能力，还能够提供多厂家、多运营商的互操作环境和网络保护与智能管理能力，所有这些能力都是利用控制平面来实现的。

ASON 包括传送平面、控制平面和管理平面。控制平面是 ASON 的核心。与现有的光传送网络相比，ASON 具有下列特点。

（1）实现光层的动态业务分配

ASON 缩短了业务提供时间，提高了网络资源的利用率，可根据业务需要提供带宽，可实现实时的流量工程控制，网络可根据用户的需要实时动态地调整逻辑拓扑结构，以避免网络拥塞，从而实现网络资源的优化配置。可见它是一种面向业务的网络。

（2）具有端到端的网络监控保护、恢复能力

ASON 可根据客户层信号的服务等级（Class of Service，CoS）来决定所需要的保护等级，

同时支持各种带宽业务的交换与管理。可见它的可靠性高。

（3）具有分布式处理能力

ASON 实现了控制平台与传送平台的独立，使所传送的客户信号的速率和采用的协议彼此独立，这样可支持多种客户层信号，使网元具有智能化的特性，而且与所采用的技术无关。

由此可见，ASON 应具有下列功能。

（1）能够为用户提供波长批发、波长出租、带宽运营、光 VPN、光拨号、基于 SLA 业务和按使用量计费业务。

（2）能够通过传送网络（如网状网、环形网或点到点保护功能）或 ASON 的控制平台（如动态路由选择功能）来保证其生存性。

（3）对所接入的业务进行优先级管理、流量控制与管理、路由选择和链路管理。

（4）拥有用于建立连接的信令机制、发现机制（包括邻居发现、拓扑发现和业务发现）和业务检索及命名转换机制。

9.2.2 ASON 的网络体系结构

1. ASON 的网络体系结构

ASON 是一种具有智能的光网络，其体系结构应满足自动交换传送网络（Automatic Switched Transport Network，ASTN）对光传送网的要求。从功能上进行划分，ASON 由控制平面、管理平面和传送平面构成，如图 9-8 所示。

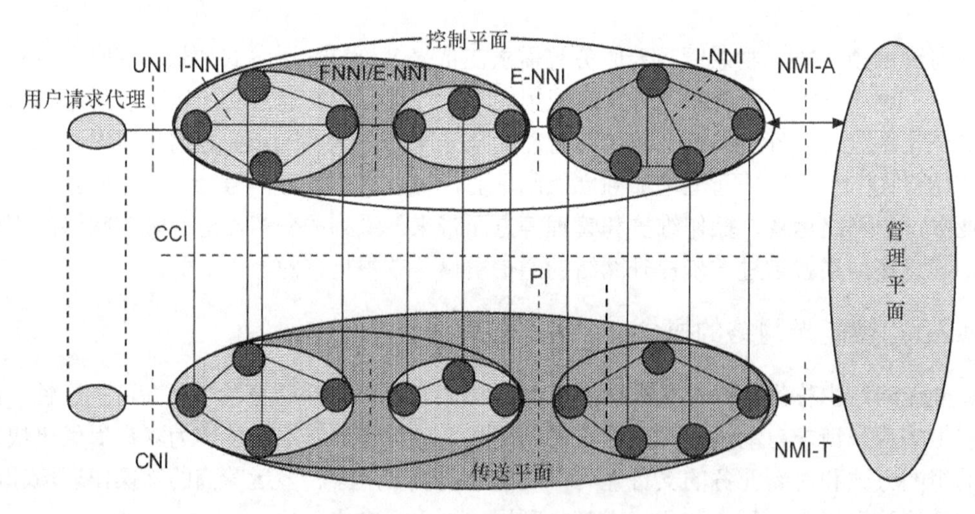

图 9-8 ASON 的网络体系结构

其中，控制平面为完成交换式连接（Switched Connection，SC）和软永久连接（Soft Permanent Connection，SPC）提供所需的信令和路由功能。

传送平面负责实现用户数据的传输功能，而管理平面负责管理控制平面和传送平面。正是在这三个平面的共同支持下，ASON 具有对光层业务进行自动交换的能力。为了更好地描述它们之间的协作关系，ASON 定义了几个逻辑接口，包括用户网络接口（UNI）、内部网络节点接口（Internal Network-node Interface，I-NNI）、外部网络节点接口（External Network-to-network Interface，E-NNI）、连接控制接口（Connection Control Interface，CCI）、网络管理接口（Network Management Interface，NMI）和物理接口（Physical Interface，PI）。它们在ASON中的位置如图9-8所示，可见UNI是用户网络与ASON控制平面之间的接口，客户设备通过该接口动态地请求获取、撤销、修改具有一定特性的光带宽连接资源，资源的多样性要求光层接口也具有多样性，并能支持多种类型的网元，包括自动交换网元，即应支持业务发现、邻居发现等自动发现功能，以及呼叫控制、连接控制和连接选择功能。CNI（Container Network Interface）是用户网络与ASON传送平面之间的接口。E-NNI是ASON中不同管理域之间的外部网络节点接口，E-NNI上交互的信息包含网络可达性、网络地址概要、认证信息和策略功能信息等，而不是完整的网络拓扑/路由信息。I-NNI则是ASON中同一管理域中的内部双向信令节点接口，负责提供连接建立与控制功能。E-NNI与I-NNI的区别在于E-NNI可以用在同一运营商的不同I-NNI区域的边界处，也可以用在不同运营商网络的边界处，而I-NNI用于同一厂商设备组成的子网内部，因此大部分厂家实现的NNI都是I-NNI。E-NNI与I-NNI的另一个区别是路由协议，由于I-NNI是同一管理域中的内部网络节点接口，而同一管理域中的设备又都是同一厂家的设备，因此I-NNI可以使用任何私有路由协议，无须标准化。而E-NNI要实现不同厂商设备互通，因此必须定义合适的路由协议。为了实现自动连接建立，NNI需支持资源发现、连接控制、连接选择和连接路由寻径等功能。

ASON三大平面之间分别通过CCI、NMI-A和NMI-T实现信息的交互。控制平面是ASON的核心，支持交换式连接和软永久连接。ASON在其信令网络的控制下，在传送网中实现用户信号的端到端连接，而传送网中的快速建立连接、重新建立（更改）连接及保护恢复等操作又都是在控制平面的支配下进行的。

（1）ASON的连接类型

根据连接需求及连接请求对象的不同，在ASON中定义的连接类型有3种，即永久连接、交换式连接和软永久连接。

① 永久连接：由管理系统指定的连接类型。这种连接是由用户网络通过UNI直接向管理平面提出请求，通过网管系统对端到端连接通道上的每个网元进行配置。一旦建立连接，只要没有管理平面的相应拆除命令，连接就一直存在。

② 交换式连接：由用户网络通过UNI向控制平面发出连接请求，进而建立起交换式连接。可见这种连接是由源端用户发起请求而建立的。一旦用户撤销请求，这条连接则在控制平面的控制下自动拆除。另外，需要说明的是，对传送平面资源的配置也是通过控制平面实现的。

③ 软永久连接：由管理平面和控制平面协作建立的连接。这种连接建立请求也是从管理平面发起的，但对传送网络资源的配置却是由控制平面完成的，而该连接的拆除则根据管理平面的指令执行。

（2）ASON网络模型

根据底层光传送网与电子交换设备之间的关系，ASON定义了以下两种网络模型。

① 层叠模型：又称为客户—服务者模型。在该模型中，底层OXC光传送网作为一个独立的智能网络层，起到服务者的作用，而电交换或IP路由器被认为是客户。光网络层和客户层由UNI明确区分，彼此独立，且分别选用不同的路由、信令方案及地址空间。客户与光网络层之间只能通过UNI交换非常有限的控制信息，光网络内部的拓扑状态信息对客户层来说是不可见的。

② 对等模型：在该网络模型中，IP、SDH等电层设备和OXC光层设备的地位是平

等的，电层设备和光层设备之间不存在明显的界限，从而可将现有Internet中已使用的电层控制平面技术扩展到光层控制平面中。因此在对等模型中没有必要使用UNI来交换控制信息。

2. ASON与SDH、OTN的关系

由前面的分析可知，ASON由传送平面、控制平面和管理平面三部分构成。传送平面由传送网网元组成，是实现交换、建立/拆除连接和传送功能的物理平面。控制平面的引入是ASON有别于传统光传送网之处。控制平面由一系列用于实时控制的信令和协议组成，这使ASON具有连接建立/拆除控制及监控、维护等功能。可见控制平面在信令网络的支持下工作，既可以通过传送平面来控制OTN，也能够控制SDH网。图9-9所示为ASON、SDH和OTN的关系。

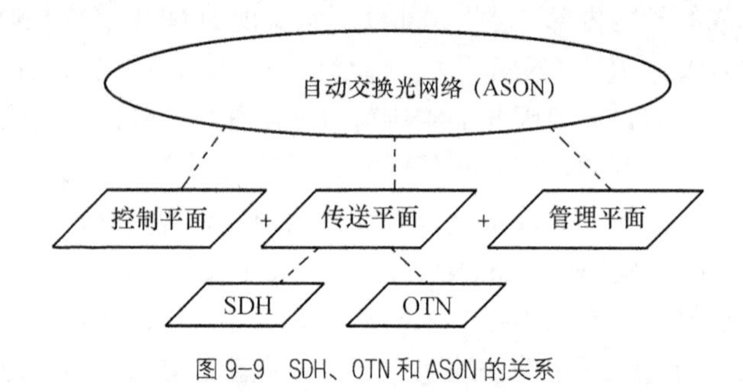

图9-9　SDH、OTN和ASON的关系

从图中可以清楚地看出，单独的SDH/OTN无法构成具有智能特性的ASON。要构成一个ASON，除了SDH和OTN之外，还应引入控制平面，以及用于对控制平面和传送平面进行管理的管理平面，三者缺一不可。可见ASON与SDH、OTN之间并无包含关系，SDH、OTN只是ASON所使用的传送平面技术。

9.2.3 ASON控制平面及其核心技术

1. 引入控制平面的原因

IP over WDM实现了分组技术与光网络技术的融合，既具有IP层的功能，又具有光传送层的功能，但在IP over WDM中，IP层和光传送层分别由不同的平面控制。准确地说，IP层是由控制平面来控制的，而光传送层仅受管理平面控制，可见IP选路与光域选路是分别进行的。此时路由器并不了解光域的拓扑结构，这种方式称为重叠模型（Overlay Model）。这种结构不仅使管理复杂化，而且使光传送层的配置与业务基本脱节，它通过光传送网的网管来实现大容量VC或波长的调配，其耗时较长（可长达几小时，甚至数天），无法满足突发性业务的要求，特别是要求光层具有快速特性的光虚拟专用网（Optical VPN，OVPN）业务的要求。很明显，当该网络出现故障时，如果仅依靠IP层进行恢复，则费时过多，若利用光传送层进行恢复，虽然恢复较快，但网络要求提供必要的保护通道，可见要求预留较多的网络资源。为了能够充分利用网络资源，人们提出将IP层与光传送层置于同一平面的管辖下的要求。这样从传送平面来看，IP层与光传送层仍保持上下关系，即IP层为光传送层提供服务内容，光传送层为IP层提供服务支持；而从控制平面来看，IP层设备又与光传送层的设备处于同等地位，即拥有对等的关系。我们称这种方式为对等模型（Peer Model）。采用这种方式不仅能够降低管理的复杂性，而且有助于提高网络资源的利用率，同时也为实现全网控制提供了可行的手段。这样可为网络的运营者，甚至用户提供动态带宽分配、快速业务调配，在网络出现故障的情况下，还能够自动调整网络资源，达到快速保护与恢复的目的。

从上面的分析可以看出，正是由于引入了控制平面，ASON 才能够根据用户要求提供适当的光通信能力。

2. ASON 控制平面的功能结构

（1）控制平面的基本功能

控制平面具有下列功能。

① 资源发现：提供网络可用资源信息（包括端口、带宽和复用能力等）。

② 路由控制：提供路由、拓扑发现和流量工程等功能。

③ 连接管理：通过上述管理实现端到端的业务配置，具体包括连接建立、连接删除、连接修改和连接查询等功能。

④ 连接恢复：提供额外的网络保护能力。

（2）ASON 控制平面的结构

ASON 控制平面实际上就是一个能对下层传送网进行控制的 IP 网络，因此也采用层次结构。控制平面可以分为若干个管理域，每个管理域可以进一步划分为多个子域（也包括一个管理域只包含一个子域的情况），每个子域又包含多个子网。

① 相关接口

同一管理域中的不同子域之间利用 I-NNI 进行信息互通，因而该接口的规范主要涉及信令和选路，具体地说就是通过 I-NNI 参考点的信息流应该至少支持资源发现、连接控制、连接选择和连接选路等四项功能。不同管理域之间利用 E-NNI 进行信息互通，从功能角度分析，通过 E-NNI 参考点的信息流应该至少支持呼叫控制、资源发现、连接控制、连接选择和连接选路等五项功能。这样才能将 ASON 进一步划分为多个子网，对每个子网又能独立地进行管理，并且能够跨越多个管理域建立端到端的连接。

② 结构元件

控制平面可以划分成若干个与网络管理域相匹配的区域，每个区域又可进一步细分为若干子域，子域又可分为若干子网，每个子网由控制元件构成。ASON 中存在的元件共五种，如图 9-10 所示。下面分别进行讨论。

连接控制器：负责链路资源管理器、路由控制器，以及对等的或下一级的连接控制器之间的协调工作，从而实现对连接建立、连接释放、修改现有连接参数等操作的管理和监控。CCI 是连接控制器所提供的传送平面与控制子网之间的连接控制接口，通过该接口可指示子网进行连接建立、拆除和修改等操作。

路由控制器：负责对连接控制器所提出的连接建立请求（选路信息）给予响应，响应信息包括拓扑信息和路由信息。拓扑信息包括指定层的所有终端系统地址、子网端点（SubNetwork Point，SNP）地址、状态信息和同一层其他子网信息。路由信息包括可到达性和拓扑结构。

链路资源管理器：负责本地资源的发现和邻接关系的发现，以及对子网端点库（Subnetwork Point Pool，SNPP）链路进行管理，管理内容包括 SNP 链路连接建立与拆除信息、拓扑和状态信息。

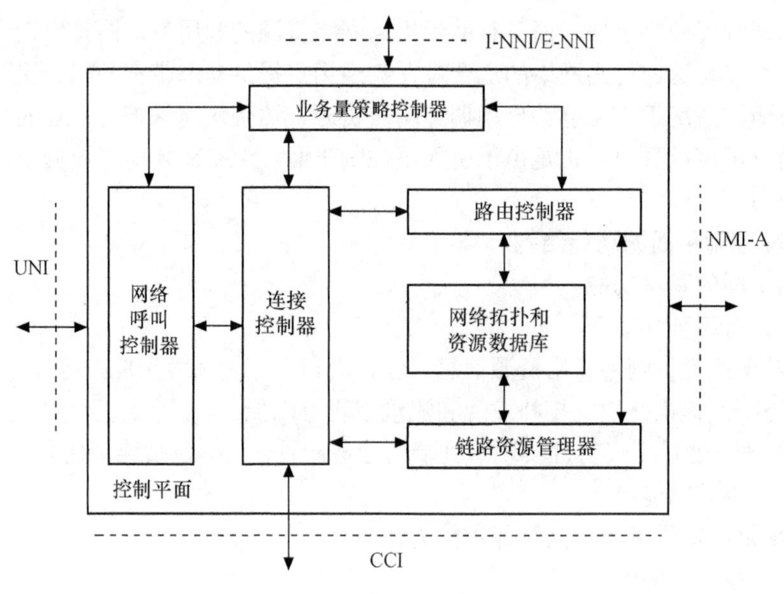

图 9-10 ASON 控制平面的功能结构

业务量策略控制器：负责检查输入用户连接是否按照协议约定的参数发送数据。当出现差错时，业务量策略则采取必要的措施来进行纠正。但在连续码流的传送网中，由于业务量是按预先分配的通道传送的，不会出现上述情况，因而也无须使用流量监管功能。

网络呼叫控制器：负责实现呼叫控制，包括主叫/被叫呼叫控制器和网络控制器。主叫/被叫呼叫控制器与呼叫结束无关，它既可以作为主叫呼叫控制器，也可以作为被叫呼叫控制器。网络控制器也具有双重身份，既支持主叫，也支持被叫。

网络拓扑和资源数据库：用于存放现有网络拓扑和资源占用信息的数据库。

（3）控制平面服务

引入控制平面的光网络能够在多厂商环境下提供传统网络所难以提供的服务，这些服务包括端到端连接、自动流量工程、网络保护与恢复，以及光虚拟专用网（OVPN）业务。其中，端到端连接是一种由控制平面提供的较基本的服务。正是由于引入了控制平面，ASON大大减少了连接建立时间（少至几秒），同时还能自动地进行可用端口或时隙搜索和交叉连接设备的配置，而无须人工参与，操作人员只需确定连接参数，并通过图形用户接口（Graphical User Interface，GUI）或命令行的方式把这些参数传到输入节点中。输入节点将根据所接收到的连接参数自动确定一条路径，然后利用信令协议自动建立起一条端到端的通路。如果用户通过 GUI 向光网络提出的连接请求是一个实时性连接请求，那么所需提供的服务应该是一种按需带宽服务，这种请求适用于具有业务突发性特点的 IP 网络。

OVPN 也是一种能够满足用户灵活性要求的服务，用户可以参与对自己网络的管理，同时网络能屏蔽有关网络实际运行情况的信息，从而可在保证网络安全性的前提下大幅降低运行维护和管理的复杂性。

3. ASON 控制平面中的核心技术

ASON 控制平面中的核心技术包括信令协议、路由协议和链路资源管理协议。其中，信令协议负责对分布式连接的建立、保持和拆除等进行管理；路由协议负责实现选路功能；链路资源管理则是包括对控制信道和传送链路的验证和维护在内的链路管理。它们是利用通用多协议标签交换（GMPLS）技术来实现的，因此下面将优先介绍GMPLS。

（1）GMPLS于MPLS的区别

提到GMPLS，很容易使人们想起MPLS。尽管GMPLS是在MPLS的基础上发展起来的。但它们的应用环境不同，GMPLS主要应用于控制平面，而MPLS则适用于传送平面。下面我们首先从功能上讨论它们的区别。

MPLS是为分组交换网络设计的。MPLS网络能够提供传统网络所不能提供的流量工程和更强的传送能力。为了能够统一光控制平面，实现光网络的智能化，GMPLS在MPLS流量工程的基础上进行了相应的扩展和加强，使包交换设备（如路由器、交换机）、时域交换设备（如SDH ADM）、波长交换设备和光交换设备能够在一个基于IP的通用控制平面的控制下，使处于各层的交换机能够在相同信令支配下完成对用户平面的控制。这样就实现了控制平面的统一，但用户平面仍然保持多样化的特点，因此GMPLS主要用于完成包交换接口和非包交换接口数据平面的连接管理功能，其中不具备包交换能力的接口又可分为具有时分复用（TDM）能力的接口、具有分组交换能力（Packet Switching Capability，PSC）的接口、具有波长交换能力（Lambda Switch Capable，LSC）的接口和具有光纤交换能力（Fiber Switching Capability，FSC）的接口。

此外，GMPLS与MPLS的另一个区别在于GMPLS进一步扩展了标签交换路径（LSP）的概念，原MPLS网络中需要在两端路由器之间建立LSP，而在GMPLS中可以在任何类型相似的两端标签交换路由器（LSR）之间建立LSP，也就是说，GMPLS把LSP端点设备的范围从路由器扩展到了多种标签交换路由器。例如，可以在两个SDH ADM之间建立一条时分复用的LSP，也可以在两个波长交换器之间建立一条具有LSC的LSP，甚至还可以在两个光纤交换系统之间建成一条具有FSC的LSP。另外，GMPLS中还允许一条LSP嵌套在另外一条LSP中，进而在同一环境中进一步加强系统的可扩展性。例如，PSC LSP可以嵌套在某个TDM LSP之中，TDM LSP和PSC LSP又可以同时嵌入某条LSC LSP，以此形成LSP的层次结构。

值得说明的是，GMPLS协议是一套协议，而不是一个协议，它是因特网工程任务组（Internet Engineering Task Force，IETF）关于MPLS用于IP网络流量工程的扩展规范。GMPLS协议对MPLS的信令协议进行了扩展，从而可以同时控制光交换和分组交换。GMPLS协议包括用于邻居发现的链路管理协议、用于链路状态分发的路由协议和用于通道管理及控制的资源预留协议（信令协议）。

（2）基于GMPLS的信令协议

在光网络中引入控制平面，在控制平面中的路由和信令控制下完成自动交换连接，使光网络具有智能化和灵活性。具体地说就是建立了一条具备快速端到端恢复功能的光通道。具体的路由操作、网络拓扑资源发现、根据传送的信息进行最佳通路选择等操作都依靠信令协议来完成，可见信令协议是智能光网络控制平面的核心。目前，ITU-T ASON的协议体系中有三个信令协议引起专家的关注，即基于PNNI的G. 7713.1、基于RSVP的G. 7713.2和基于CR-LDP的G. 7713.3。

CR-LDP和RSVP-TE信令协议都支持基于强制性的约束路由标签交换通路。GMPLS对它们进行扩展，支持ASON中建立光通路的信令操作。需要说明的是，MPLS-RSVP-TE和GMPLS-CR-LDP是功能相同的两个协议，而且两个协议彼此是不互通的，因此运营商将根据情况做出具体的选择。

GMPLS的LDP与MPLS的LDP的信令工作过程相同，都是首先由上游节点发送“标签请求信息”，目的节点收到此信息后，便返回一个“标签映射信息”。与MPLS中的情况不同，GMPLS所发送的“标签请求信息”包含了对所建立的LSP的说明，如LSP的类型（如PSC、TDM、LSC或FSC）、载荷类型和链路保护方式等。另外，由于网络的路径通常是双向的，因而LSP两端点都有权建立LSP。在GMPLS中建议采用比较双方节点ID（识别符）大小的方式来避免这一冲突，因而在各交换节点应配置节点ID。

CR-LDP为基于约束路由的标签分发协议，它是指在LSP对等网元之间使用TCP来传递标签分发信息，以保证其可靠传输。

RSVP是一种IP层协议，它无须使用TCP会话，而是使用IP格式在对等网元之间进行独立通信，但在这个过程中必须对控制信息丢失问题进行处理。

① 两种协议比较

- 分发标签的方式不同。在网络边缘UDP处，RSVP使用无连接的IP，而CR-LDP使用UDP发现MPLS对等网元，并使用TCP会话来分发标签。
- 网络安全效果不同。由于CR-LDP中使用了TCP会话来分发标签。在受到外来攻击时，TCP的性能可能会受到损伤，因此IETF草案对IP层所传输的数据包提出授权和加密处理建议。而RSVP本身使用授权和公共控制来保证系统的安全性。它在入口LSR处进行Path消息处理，而中间的LSR无法获得Path消息中的相应信息。
- 支持多播方式。CR-LDP支持点到点工作方式，其中在中间节点上允许进行分解/合并操作，这样可共享下游资源，同时也减少了系统中所需的标签数目，但其不支持多播IP业务。RSVP也不支持多播IP业务，但RSVP在设计中考虑了IP多播所要求的预留资源，经过扩展可支持多播方式。
- 可扩展性。从网络流量方面来看，在使用RSVP的系统中，由于RSVP使用IP数据包格式来传输控制信息，可能会因控制信息丢失而造成连接失败，因此必须周期性地更新邻居节点间每个LSP的状态，使得RSVP能够自动跟踪路由树的变化。而CR-LDP使用TCP来传输控制信息，它可以提供可靠的传输特性，因而不需要LSP更新每条LSP信息，或者说不会增加额外的带宽消耗。
- 数据存储内容及要求不同。对于RSVP而言，由于每个LSR的状态信息需实时更新，其携带的信息应包括流量参数、资源预留和显式路由信息，因此每个LSP应能提供大约500字节的存储能力。由于CR-LDP要求入口和出口LSR支持具有相同数据量的状态信息（包括流量参数和显式路由等），因此CR-LDP的端点也应具有500字节的存储能力，而对中间节点的存储要求可以降低。

总之，GMPLS对两种协议都做出了扩展，它们都能满足网络业务量的要求，故没有规定必须使用哪一种协议，可根据具体情况，经过综合比较后做出选择。

② PNNI

NNI有专用网间接口（Private Network-Node Interface，PNNI）和公用网间接口两种。PNNI将网络分为多个同级组（Peer Group），从而减少网络中过多的信息交换造成的路由时延。为了达到网络的QoS要求，PNNI需要源路由协议的支持。

（3）基于GMPLS的路由协议

路由协议为连接的建立提供选路服务。在此我们首先介绍ASON中常见的连接建立方式，然后着重讨论ASON路由技术体系结构和相关路由协议。

① 连接建立方式

在 ASON 中建立的连接有三种：永久连接（Permanent Connection，PC）、交换式连接（SC）和软永久连接（SPC）。这三种连接分别对应三种不同的连接建立方式，即配置方式、信令方式和混合方式。

配置方式是利用网管系统或人为干预的形式来实现端到端的固定连接的配置。在初次建立连接时，首先通过与数据库相连接的网管系统选出适当的路由，然后由网管系统发出连接建立配置指令。可见这种连接方式是由网络运营者负责的，所建立的连接是一种永久连接（PC）。

信令方式是由控制平面内的通信端点发起连接，通过控制平面内的信令单元间的动态互换信令协议消息按需建立连接，在建立连接的过程中，需使用命令和寻址机制及控制平面协议。由此可知这种连接的发起者可以是运营者，也可以是用户，所建立的连接称为交换式连接（SC）。

混合方式是配置方式和信令方式的综合，即在网络边缘（用户与网络之间）利用网管系统来实现 PC 配置，而在网络内部则采用信令方式来建立 SC。我们把按这种方式建立起来的连接称为软永久连接（SPC）。

这里值得说明的是，上述连接适用于单向或双向点到点链路系统。另外，在 ASON 控制平面中的链路管理协议应能够满足用户建立多归属和路由分集连接的要求。多归属是指为了连接的生存和负载平衡，用户与网络之间建立一条以上的链路，这些链路可能属于同一运营商，也可能属于不同的运营商。为了满足多归属连接应用的要求，链路管理协议中应考虑寻址结构和地址分配所有权等问题，同时要有控制平面内信令和选路功能的支持，才能实现多路由选择。

② ASON 路由体系结构

我们知道，在网络中各路由器之间的 IP 信息的传送是以路由表为依据的，而路由表是在通信发起时，根据全网拓扑和流量分布情况，利用路由协议计算出的。路由协议可分为距离矢量协议和链路状态协议。它们可以支持 G.8080 定义的不同路由方式，如分级路由、逐跳路由和源路由。

a．路由功能结构

图 9-11 给出了路由功能结构的示意图。

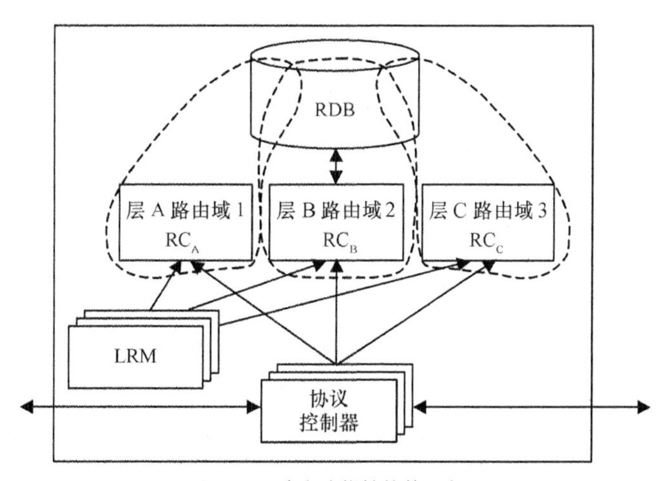

图 9-11 路由功能结构的示意图

路由控制器（Router Controller，RC）负责进行路由信息交换，它与协议无关。图中 RC_A、RC_B、RC_C 分别代表处于不同层网络中的路由控制器。路由信息交换数据库（Routing Information Data Base，RDB）主要负责存储本地拓扑、网络拓扑、可达性配置信息和其他路由信息交换获得的信息，它也与协议无关。另外，由于 RDB 可以包含多个路由域的路由信息（即可能是多层网络），因此接入 RDB 的 RC 可以共享路由信息。

链路资源管理器（Link Resource Management，LRM）主要负责向 RC 提供所有 SNPP 链路信息，它所控制的链路资源状态发生变化时，将及时通知 RC。

协议控制器（Procotol Controller，PC）负责将路由原语转换成指定路由协议信息，并对用于信息交换的控制信息进行处理。值得说明的是，协议控制器与协议相关。

b．路由域的分级

ASON 的路由体系结构中采用了"域"的概念，即按地理、管理范围或技术将网络划分为多个路由域。每个路由域提供路由信息的抽象。一般同一路由域中所有光连接控制（Optical Connection Control，OCC）设备拥有相同的域号。"路由域 0"的权利最高，负责沟通各个域。图 9-12 所示为路由域分级示意图。

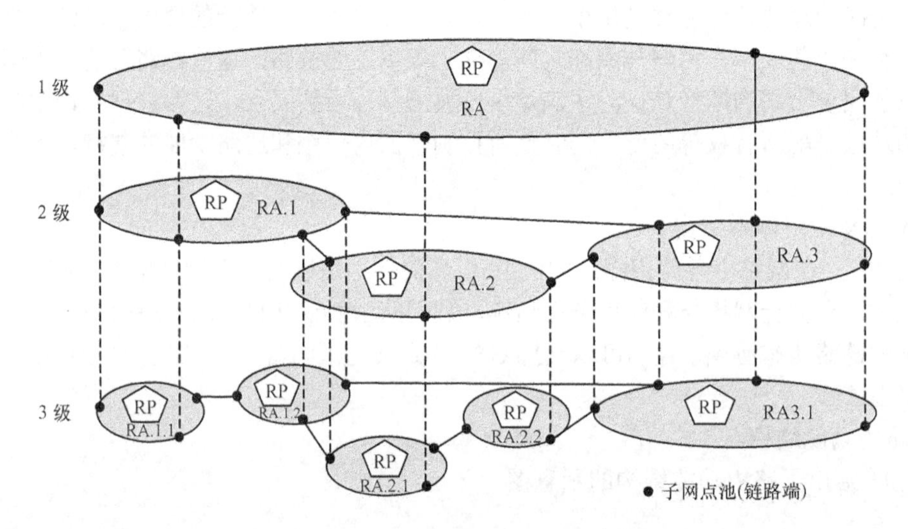

图 9-12　路由域分级示意图

RA 是最高路由域，它是由 RA.1、RA.2 和 RA.3 三个低层路由域组成的，而 RA.1 和 RA.2 又包含路由域 RA.1.x 和 RA.2.x。路由域是通过路由执行器（Router Performer，RP）来提供服务的，而路由执行器由路由控制器（RC）组成。每个 RP 负责一个路由域，并以路由信息库所提供的信息为依据，为其所负责的路由域提供通道计算。RC 定义了路由服务接口，通过该接口完成路由信息的协议与分发。

③ 路由协议

路由协议可分为距离矢量协议和链路状态协议，前者如 RIP、内部网关路由协议（Interior Gateway Routing Protocol，IGRP）、增强型内部网关路由协议（Enhanced Interior Gateway Routing Protocol，EIGRP），后者如 OSPF（开放式最短路径优先协议）、BGP（边界网关协议）、IS-IS（中间系统到中间系统）协议。在小型网络中常使用距离矢量协议，如 RIP，它利用最少跳数来选择路由，并定期交换路由表来维持路由的可达性。但当这种路由协议运用于广域网时，单靠跳数已无法实现最佳路径选择，因而需要使用链路状态协议。由于目前大多数厂家推荐使用 OSPF 协议，因此我们简单介绍一下 OSPF 协议。

OSPF 协议中定义了“域”的概念，网络由一个个较小的“域”构成，并且同一域中的 OCC 设备采用相同的链路状态广播（Link State Advertisement，LSA）。这与 ASON 控制平面中所划分的子网管理域相似，其中核心网配置了一个“域 0”，负责全网的 LSA 交换和业务交换。

光互联网论坛（Optical Internetworking Forum，OIF）NNI 要求路由协议至少支持 4 级路由。在同一路由层面的不同路由域，可以使用不同的路由协议，路径计算都只在某个特定层面上进行，可以是分级路由、逐跳路由和源路由，而且 E-NNI 与 I-NNI 路由协议的选择相互独立。可见 ASON 定义了这样一个路由模型，即允许不同路由协议通过平行的信令关系，在同一个或相互重叠的网络中共存，而且互不影响。

由于 OSPF 协议和 IS-IS 协议都是域内路由协议，其定义的域不同于 ITU-T G.7715 定义的域，而且 OSPF 协议和 IS-IS 协议均支持分级路由，这也不符合 ITU-T G.7715 的要求。根据 ITU-T G.8080 和 ITU-T G.7715，OIF E-NNI 的参考模型采用三层运行路由协议，即运营商间的 E-NNI、运营商内的 E-NNI 和 I-NNI。BGP 是运营商间 E-NNI 主要使用的路由协议。I-NNI 可以使用任何私有的路由协议，故无须标准化。

MPLS 是在传统的路由协议的基础上扩展而成的。它可以支持流量工程，而 GMPLS 在 MPLS 的基础上进行扩展和加强，使之能够支持链路状态信息的传送。GMPLS 对路由协议的扩展主要包括对未编号链路、链路保护类型、共享风险链路组信息、接口交换能力描述和带宽编码等的支持。

（4）ASON 的链路管理机制

为了说明各控制器之间的关系，下面我们以交换式连接、源端路由为例进行介绍。网络控制器通过 UNI 收到来自用户网络的一个用户呼叫请求信息时，首先判断该用户的呼叫请求及其呼叫参数是否符合双方预先的约定，如果符合，则接纳该用户的呼叫，并将该呼叫请求信息发送给相应被叫方的呼叫控制器，被叫方的呼叫控制器可以接纳，也可以拒绝此次呼叫。

被叫方一旦接纳此次呼叫，便向 ASON 中的网络呼叫控制器发送接纳该呼叫的确认消息。网络呼叫控制器在得到该确认消息后，向连接控制器发送连接请求。连接控制器在接收到该请求后，判断当前的网络拓扑和资源是否能建立这样一个连接，如果无空闲资源则返回一个阻塞信息，否则向路由控制器发出连接请求。路由控制器所接收的路由信息仅包括链路信息，而不包括特定的 SNP 链路连接（或波长分配）信息。

链路控制器将根据所接收的路由信息，向本地链路资源管理器请求 SNP 链路连接。链路资源管理器返回 SNP（Sub-Network Point，子网点）链路连接消息后，通过连接控制接口（CCI）将该 SNP 链路连接配置消息发送给相应节点中的交叉单元控制器，由其实现交叉连接，并向连接控制器返回一个确认信息，再向该路由上的下一个节点发送连接建立请求，依次类推，从而完成本次连接建立，最后向源节点的连接控制器返回一个连接建立确认信息。源节点的连接控制器收到该确认信息后，向用户网络发送连接建立成功的确认信息。这样，用户网络就可以通过传送平面传送用户数据。

由此可见，链路管理模块（控制器）一旦收到服务要求，就会通过信令实时探测链路，并将收集到的各种参数和服务请求信息通知路由模块和信令模块。可见链路管理模块是控制平面的基础部分，也是较重要的部分，对实现 ASON 的自动交换功能起着关键作用。

IETF 的链路管理协议（LMP）草案详细论述了链路管理的具体方法，主要内容如下。

检测进入流量工程（Traffic Engineering，TE）链路的数据链路，要求其中两个终端的链路属性一致；由这些链路属性构成一个内部网关协议（IGP）模块，利用该模块，向网络中的其他节点通告这些属性，使信令模块在 TE 链路和控制信道之间映射，以完成控制信道管理、链路所有权关联、链路证实和故障定位。各进程间的关系如图 9-13 所示。

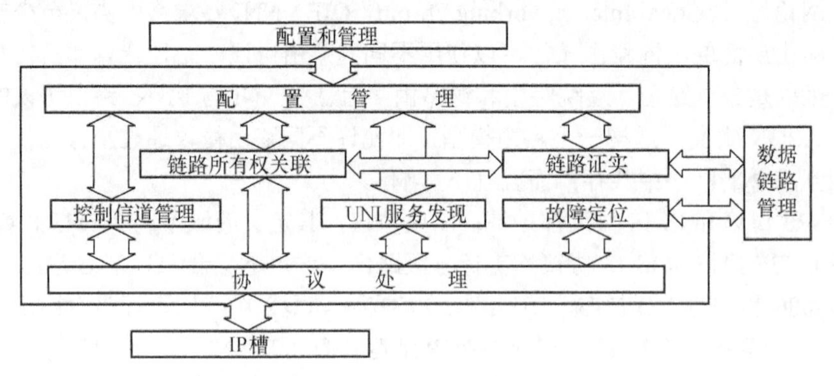

图 9-13　链路管理各进程间的关系

OIF 则在 IETF 所提出的链路管理方案的基础之上，着重对 UNI 和 NNI 的实现功能进行了扩展。将 UNI 分为 UNI 用户端接口（User Network Interface for Client，UNI-C）和 UNI 网络端接口（User Network Interface for Network，UNI-N），二者相互配合共同完成链路管理功能，如图 9-14 所示。所完成的功能包括自动资源发现和自动服务发现。它借鉴了 IETF 的方案，与链路管理协议的实现方法相同。NNI 在 UNI 基础上增加了选路功能，但可能是在光交换节点、光交叉连接节点和 WDM 设备三种器件中配置链路管理功能。

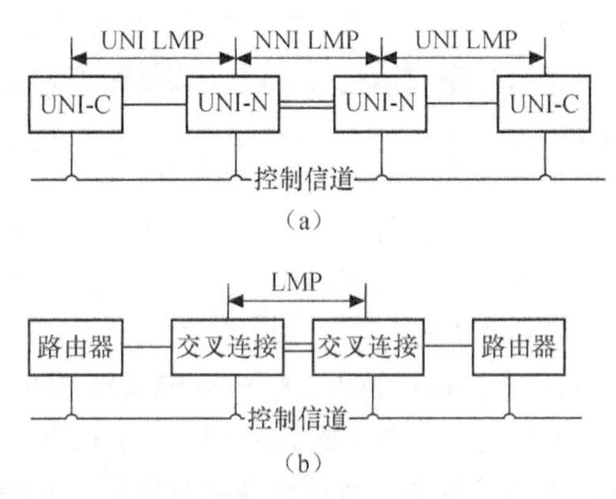

图 9-14　节点间的链路管理

9.3　基于人工智能的新一代智能光网络

9.3.1　概述

在大数据、云服务、网络视频、网络游戏、5G 智能手机应用等的推动下，网络流量增长迅速，进而使得带宽需求增长迅猛，促使各种新的网络传输技术不断涌现和发展。这些新技术的应用在原有光纤网络中渐渐形成了非常复杂的异构网络环境，尽管不同的系统能够共享相同的光通路，但传输容量的增加将对业务的服务质量造成不同程度的影响。由于不同业务的 QoS 要求不同，且光传送网中不同传输技术采用不同的编码与调制方式，加之传统波分复用光网络的频谱资源利用效率低、动态灵活性差，无法适应日益复杂的动态网络环境，从而增加了网络经营管理者的负担和运营成本，因此新一代光网络应易于维护管理，尽量减少人工干预，逐步实现智能化管理。认知光网络（Cognitive Optical Network，CON）是一种具有自主感知和管控能力的智能化网络。其自主学习和决策能力使其拥有更高的灵活性和自愈能力，可以合理、有效利用频谱资源，以满足未来光网络业务的需求。可见认知光网络是一种基于人工智能（Artificial Intelligence，AI）的新一代智能光网络。它通过自主学习和认知决策，使网络具有自配置、自优化和自主管控的能力，可对未来端到端的性能目标做出决策，实现对网络的动态调整和重构。

认知光网络的本质是将认知特性纳入光网络的整体体系进行研究，使其成为具有认知循环特性的网络。该网络能够观察当前的网络环境，并根据观察结果进行计划、决策和执行，从而使网络能够在自适应学习中以端到端性能为目标进行预先决策。图 9-15 所示为认知循环示意图，图中有观察（Observe）、定向规划（Orient Plan）、决定（Decide）和行动（Act）等模块。

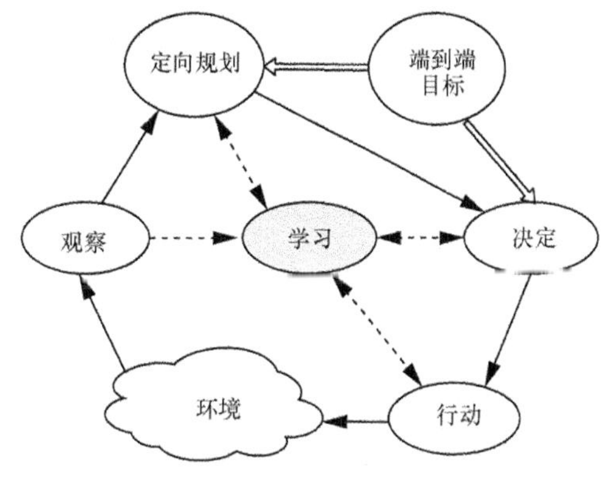

图 9-15 认知循环示意图

观察阶段：网络监视器观察网络的环境（状态）。这些监视数据用于规划，同时也用于学习模块的知识学习。观察阶段可存储有用的数据。

定向规划阶段：将新获得的信息数据与历史信息一起作为分析对象，得出可能采取的行动。

决定阶段：依据前面学习和规划的结果，以系统的端到端性能为目标，决定应采取何种操作。

行动阶段：网络根据当前决策执行相应的操作。

由图 9-15 可见，这个循环不断地重复处理网络中新的事件，同时通过对先前的数据进行知识学习来做出针对未来情形的决策，所以认知光网络是一种自治网络，它可引入认知特性，使网络实现自我优化、自我配置和自愈功能。

9.3.2 认知光网络

认知光网络是为解决光网络无法适应动态环境这一难题所提出的一种基于人工智能和认知技术的智能网络。它需要实现对网络当前状态的感知，然后将新数据与历史数据一起使用，进行知识学习，从而得到针对未来情形的决策。认知光网络支持虚拟拓扑建立和动态光路建立，因此该网络可以通过建立可重构的虚拟拓扑（即一组光路）来满足某些业务的流量需求，也可以对其进行重新配置，以适应当前流量需求和网络状态，并使网络性能得到优化，在满足服务要求的条件下达到降低操作成本和功耗的目的。

图 9-16 所示为认知光网络结构示意图。该结构的核心是位于控制节点中的认知决策系统（Cognition and Decision System，CDS），它通过分析当前网络状态和历史信息来确定如何处理流量需求和网络事件，并提高网络的使用效率，以达到优化网络性能的目的。控制与管理系统（Control and Management System，CMS）是根据 CDS 所做出的决策来进行网络设备配置的。此外，CMS 还负责收集监控信息，同时向网络中所有节点发送 CDS 的决定。

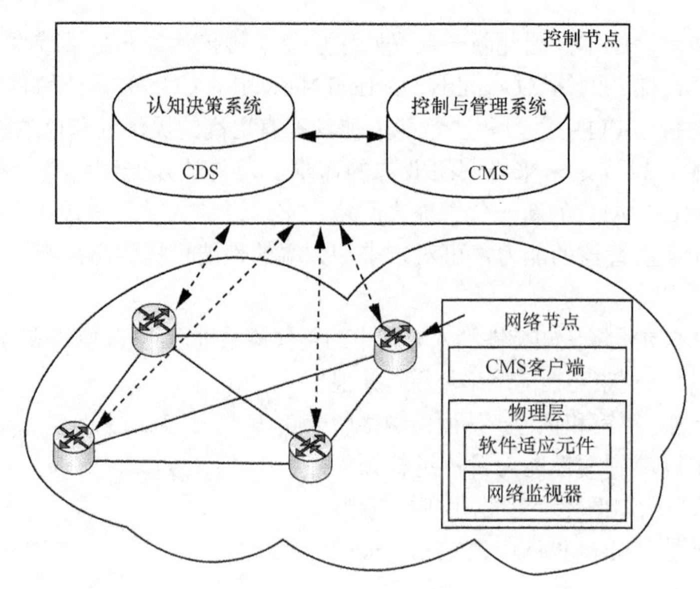

图9-16 认知光网络结构示意图

网络中每一个网络节点由CMS客户端、软件适应元件和网络监视器组成。CMS客户端可以采用GMPLS或SDN来传递相关网络配置信息，或以扩展协议的方式来携带与网络组件配置相关的附加参数和执行光路径配置所需的进一步信息。软件适应元件通过CMS客户端模块获得来自控制节点的决策信息，并根据该信息自适应地进行相关元件参数配置。网络监视器负责监视网络运行状态和网络配置更新，并将这些信息存放在网络管理系统（Network Management System，NMS）中。NMS由网络监视器和NMS数据库组成。通过CMS客户端模块可将更新的信息上传到网络控制节点的CDS本地数据库中。

控制节点除了包含认知决策系统、控制与管理系统外，还包括通信管理器、拓扑服务器和拓扑配置数据库。此外，所有网络节点中的通信代理模块都配置有通信管理器，而拓扑服务器和拓扑配置数据库则负责存储网络组件配置中的所有变化信息。

控制节点作为网络顶层，负责处理来自不同网络节点的服务请求，它将人工智能技术引入认知决策系统，依据历史数据和当前的请求状态做出决策，并将决策结果及时传递给网络节点中的CMS客户端。CMS客户端作为中间层，负责预处理来自网络节点的测量数据或服务请求，删除无效信息，拒绝非法或无效请求。同时，各网络节点的CMS客户端会依据控制节点给出的决策结果，进行有针对性的光网络参数配置调整，从而保持网络高效运行。认知光网络的底层有众多的网络节点，其物理层负责收集并上传光性能测量参数，同时根据网络节点的服务请求重新配置设备参数。

9.3.3 认知光网络关键技术

1. 智能监控

网络节点的物理层需要采用先进的光性能监测技术来完成网络的监测（观察），然后通过数字信号处理功能模块实现链路损伤的电域补偿，同时为网络提供必要的相关反馈信号，反馈网络损伤和信号缺陷等信息，使网络能够根据历史数据进行信息分析，从而实现自主优化、配置和重构。可见光性能监测模块是决定认知光网络性能的关键要素。

光性能监测模块可采用多种技术，如相干光通信收发技术。相干光通信系统中的数字接收机可以用电域参数完整地表示一个光场，即振幅、相位和输入光信号的偏振信息。信道失真可以通过数字信号处理（DSP）补偿算法来实现对链路损伤的电域均衡补偿。光信道参数（如色散系数、偏振模色散和偏振相关损耗等）也可利用 DSP 得到均衡补偿。此外，认知光网络也可以监视其他传输参数，如放大的自发辐射（ASE）噪声和偏振旋转状态等。

2. 认知决策

认知决策系统是认知光网络中的核心部分。为了实现端到端的性能目标，认知决策系统在监测信息和知识库中存放的历史知识的基础上，通过一定的方法、工具和技巧，对不同方案进行分析、比较和判断，从而获得最佳的决策方案。

在认知光网络中，认知决策系统根据服务和流量需求，对当前网络监测数据及知识库（以往类似的场景所采取的决定数据库）存储的历史案例基于人工智能算法不断地进行学习，最终做出决策。该决策通过控制与管理系统来控制各网络节点进行性能参数的调整，以实现端到端的性能目标。

美国斯坦福大学人工智能研究中心的尼尔森（Nilsson）教授对人工智能下了这样一个定义："人工智能是关于知识的学科，即怎样表示知识，以及怎样获得知识，并使用知识"。近年来人们对人工智能进行了大量的深入研究，目前常用的基于人工智能的知识学习算法有机械学习算法和深度学习算法等，这里不做详细介绍。

3. 认知控制

目前光网络管理控制方式多为分布式，不同技术、不同设备制造商的光网络管理控制系统往往有自己独立的、私有的协议内容，这样的模式不仅造成了网络管控的不便，也导致了网络资源利用率较低。在未来的光网络中，大量不同的传输技术和服务有不同的服务质量（QoS）和传输质量（QoT）要求，高度异质性的光网络环境向管理控制提出了新的挑战。

近几年，云计算和数据中心应用大量涌现，对光网络提出了带宽大、连接灵活、流量变化大且动态的需求，进而提出了虚拟化、可编程等新的挑战。另外，光网络中使用的设备数量和厂家众多，给网络集中管理和维护带来极大的困难。为了解决这些问题，软件定义网络（SDN）应运而生。光网络基于 SDN 技术的控制系统如图 9-17 所示。其特点是控制平面与传送平面分离，转发不再被固定在交换机或路由器中，而是采用集中控制策略，通过开放网络和应用层接口，为网络提供可编程能力，使 SDN 具有可扩展性、灵活性。这样我们可以在不改变任何网络底层环境的情况下，以较低难度的方式对网络和业务进行操作管理，使网络可通过软件来实现配置与定义功能。

4. 网络动态调整与配置

认知光网络强调端到端的性能目标，因此它应该具备网络调整与配置能力。如果当前的网络状态、参数等无法满足客户端到端的性能目标要求，那么网络应根据这个目标调整或重新配置相关网络节点的参数，即调整各种物理层组件特性（如调制格式、误差修正、波长容量等）和网络层参数（如带宽、同时光路的数目、QoS 等），以达到客户所要求的端到端性能目标。这种调整与重新配置是通过软件可编程、软件可定义模块来实现的。例如，可以自主调整掺铒光纤放大器（EDFA）的增益平坦度和噪声系数，以确保所有传输通道成功接收不同调制格式和传输速率的数据。

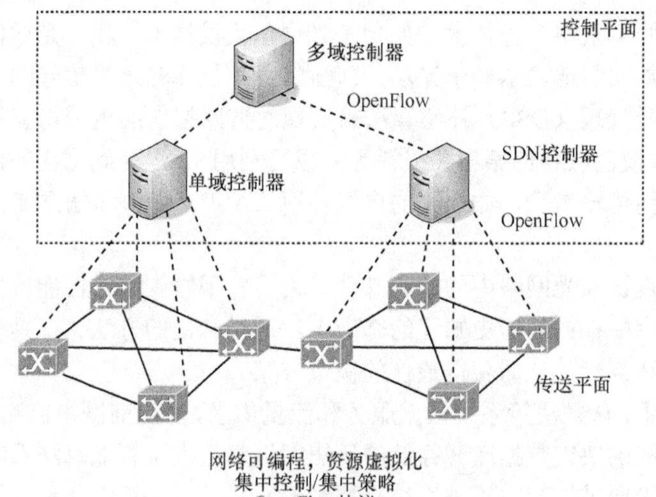

图9-17　光网络基于SDN技术的控制系统

从上面的分析可知，认知光网络通过观察网络周边环境，并根据端到端的性能目标，采用知识学习的方法，对网络状态做出正确的规划、决策和行动，使网络智能化，以实现对复杂异构网络的管控，并进一步提高业务服务质量和信息传输质量。

小　结

1．全光网络的概念、结构及其特点。

全光网络是指网络中用户与用户之间的信号传输与交换全部采用光波技术，即端到端保持全光路，中间没有光电转换器。

2．全光网络中的关键技术：光交换技术、光中继技术、全光器件的开发、网络管控的实现等。

3．智能光网络的概念、特点及功能。

智能光网络是一种具有灵活性、高可扩展性的能够在光层上按用户请求自动进行光路连接的光网络基础设施。

ASON包括传送平面、控制平面和管理平面。控制平面是ASON的核心。

4．ASON的网络体系结构，ASON控制平面的功能结构，ASON控制平面的核心技术。

5．认知光网络的概念及其认知循环过程。

6．认知光网络的结构及各部分的功能。

复习题

1．简述全光网络的基本概念，并说明实现全光网络过程中的难点。

2．画出ASON控制平面的结构图。

3．简述认知光网络中的关键技术。

附录 A 标量场方程解的推导

根据选定的坐标，用标量近似解法解场方程，具体步骤如下。

1．横向电场 E_y 的表示式

（1）E_y 的亥姆霍兹方程

在书中已求出 E_y 的亥姆霍兹方程为

$$\nabla^2 E_y + k_0^2 n^2 E_y = 0 \tag{A-1}$$

（2）E_y 解的形式

将式（A-1）在圆柱坐标中展开为

$$\frac{\partial^2 E_y}{\partial r^2} + \frac{1}{r}\frac{\partial E_y}{\partial r} + \frac{1}{r^2}\frac{\partial^2 E_y}{\partial \theta^2} + \frac{\partial^2 E_y}{\partial z^2} + k_0^2 n^2 E_y = 0 \tag{A-2}$$

式（A-2）为二阶三维偏微分方程，一般要用分离变量法求解。可把它写成 3 个函数积的形式：

$$E_y = AR(r)\Theta(\theta)Z(z) \tag{A-3}$$

式（A-3）中，A 是常数；$R(r)$、$\Theta(\theta)$、$Z(z)$ 分别是 r、θ、z 的函数，表示 E_y 沿这 3 个方向变化的情况。

根据物理概念可写出

$$\Theta(\theta) = \begin{cases} \sin m\theta \\ \cos m\theta \end{cases} \quad m = 0,1,2\cdots \tag{A-4}$$

$$Z(z) = \mathrm{e}^{-\mathrm{j}\beta z} \tag{A-5}$$

将式（A-4）、式（A-5）代入式（A-3），得

$$E_y = AR(r)\cos m\theta \mathrm{e}^{-\mathrm{j}\beta z} \tag{A-6}$$

再将式（A-6）代入式（A-2），则分别得

$$\frac{\partial E_y}{\partial r}=\frac{\partial R(r)}{\partial r}A\cos m\theta \mathrm{e}^{-\mathrm{j}\beta z}=\frac{\partial R(r)}{\partial r}\cdot\frac{E_y}{R(r)}$$

$$\frac{\partial^2 E_y}{\partial r^2}=\frac{\partial^2 R(r)}{\partial r^2}\cdot\frac{E_y}{R(r)}$$

$$\frac{\partial^2 E_y}{\partial \theta^2}=-m^2 AR(r)\cos m\theta\cdot \mathrm{e}^{-\mathrm{j}\beta z}=-m^2 E_y$$

$$\frac{\partial^2 E_y}{\partial z^2}=-\beta^2 AR(r)\cos m\theta\cdot \mathrm{e}^{-\mathrm{j}\beta z}=-\beta^2 E_y$$

将上面各项代入式（A-2），得

$$\frac{E_y}{R(r)}\left[\frac{\mathrm{d}^2 R(r)}{\mathrm{d}r^2}+\frac{1}{r}\frac{\mathrm{d}R(r)}{\mathrm{d}r}\right]=-k_0^2 n^2 E_y+\frac{m^2}{r^2}E_y+\beta^2 E_y$$

将等式两边消去 E_y，并各项均乘以 $r^2 R(r)$，得

$$r^2\frac{\mathrm{d}^2 R(r)}{\mathrm{d}r^2}+r\frac{\mathrm{d}R(r)}{\mathrm{d}r}+\left[r^2\left(k_0^2 n^2-\beta^2\right)-m^2\right]R(r)=0 \tag{A-7}$$

此方程为只含变量 r 的贝塞尔方程，解此方程，即可得到 $R(r)$，从而求出 E_y。

如设纤芯和包层中的折射指数各为 n_1 和 n_2，而且 $n_1>n_2$，由于 $k_1 n_2<\beta<k_0 n_1$，因此，在纤芯中：

$$k_0^2 n_1^2-\beta^2>0$$

在包层中：

$$k_0^2 n_2^2-\beta^2<0$$

将此关系式代入式（A-7），则可得出纤芯中的场方程和包层中的场方程为

$$r^2\frac{\mathrm{d}^2 R(r)}{\mathrm{d}r^2}+r\frac{\mathrm{d}R(r)}{\mathrm{d}r}+\left[r^2\left(k_0^2 n_1^2-\beta^2\right)-m^2\right]R(r)=0\quad r\leqslant a \tag{A-8}$$

$$r^2\frac{\mathrm{d}^2 R(r)}{\mathrm{d}r^2}+r\frac{\mathrm{d}R(r)}{\mathrm{d}r}-\left[r^2\left(\beta^2-k_0^2 n_2^2\right)-m^2\right]R(r)=0\quad r\geqslant a \tag{A-9}$$

式（A-8）为贝塞尔方程，其解为

$$R(r)=\mathrm{J}_m\left(\sqrt{k_0^2 n_1^2-\beta^2}\cdot r\right)$$

式（A-9）为虚宗量的贝塞尔方程，考虑到在包层中，场应随 r 的增加而减小，是衰减解，因而，其解应取第二类修正的贝塞尔函数，为

$$R(r)=\mathrm{K}_m\left(\sqrt{\beta^2-k_0^2 n_2^2}\cdot r\right)$$

将上面两个解答式代入式（A-6），则可得出 E_y 的解为

$$E_y=\mathrm{e}^{-\mathrm{j}\beta z}\cdot\cos m\theta\begin{cases}A_1\mathrm{J}_m\left(\sqrt{k_0^2 n_1^2-\beta^2}\cdot r\right) & r\leqslant a\\ A_2\mathrm{K}_m\left(\sqrt{\beta^2-k_0^2 n_2^2}\cdot r\right) & r\geqslant a\end{cases}$$

如令

$$U = \sqrt{k_0^2 n_1^2 - \beta^2} \cdot a$$
$$W = \sqrt{\beta^2 - k_0^2 n_2^2} \cdot a$$
$$V = \sqrt{U^2 + W^2} = \sqrt{2\Delta} n_1 a k_0$$

则 E_y 解的表示式可写为

$$E_y = \mathrm{e}^{-\mathrm{j}\beta z} \cdot \cos m\theta \begin{cases} A_1 \mathrm{J}_m\left(\dfrac{U}{a} r\right) & r \leqslant a \\ A_2 \mathrm{K}_m\left(\dfrac{W}{a} r\right) & r \geqslant a \end{cases} \tag{A-10}$$

在式（A-10）中，常数 A_1 和 A_2 分别表示纤芯和包层中场的幅度。实际上，它们之间由边界条件联系着，可利用边界条件找出它们之间的关系。

边界条件：$E_{\theta 1} = E_{\theta 2}$，从图 2-6 中可知，$E_\theta = E_y \cos\theta$，则在 $r = a$ 的边界上有

$$E_{\theta 1} = A_1 \mathrm{J}_m(U) \mathrm{e}^{-\mathrm{j}\beta z} \cdot \cos m\theta \cdot \cos\theta$$
$$E_{\theta 2} = A_2 \mathrm{K}_m(W) \mathrm{e}^{-\mathrm{j}\beta z} \cdot \cos m\theta \cdot \cos\theta$$

因为

$$E_{\theta 1} = E_{\theta 2}$$

所以

$$A_1 \mathrm{J}_m(U) = A_2 \mathrm{K}_m(W) = A$$

$$A_1 = \frac{A}{\mathrm{J}_m(U)};\ A_2 = \frac{A}{\mathrm{K}_m(W)}$$

将 A_1、A_2 代入式（A-10），得

$$E_y = A \cdot \cos m\theta \cdot \mathrm{e}^{-\mathrm{j}\beta z} \begin{cases} \dfrac{\mathrm{J}_m\left(\dfrac{U}{a} r\right)}{\mathrm{J}_m(U)} & r \leqslant a \\ \dfrac{\mathrm{K}_m\left(\dfrac{W}{a} r\right)}{\mathrm{K}_m(W)} & r \geqslant a \end{cases} \tag{A-11}$$

式（A-11）即为横向场 E_y 的解答式，和书中式（2-21）相同。

2．横向磁场 H_z 的表示式

$$H_z = -\frac{E_y}{Z} = -\frac{E_y n}{z_0} = -\frac{\cos m\theta \cdot \mathrm{e}^{-\mathrm{j}\beta z}}{z_0} \begin{cases} A n_1 \dfrac{\mathrm{J}_m\left(\dfrac{U}{a} r\right)}{\mathrm{J}_m(U)} & r \leqslant a \\ A n_2 \dfrac{\mathrm{K}_m\left(\dfrac{W}{a} r\right)}{\mathrm{K}_m(W)} & r \geqslant a \end{cases} \tag{A-12}$$

如果省略 $e^{-j\beta z}$ 因子，则为书中式（2-22）。

3．轴向电场 E_z 和轴向磁场 H_z 的表示式

由麦克斯韦方程可求出

$$E_z = \frac{1}{j\omega\varepsilon}\left(\frac{\partial H_y}{\partial x} - \frac{\partial H_x}{\partial y}\right) = \frac{j}{\omega\varepsilon}\cdot\frac{dH_x}{dy} = \frac{jz_0}{k_0 n}\cdot\frac{dH_x}{dy}$$

下面分别求出纤芯中的轴向场分量和包层中的轴向场分量。

（1）纤芯中的轴向场分量

$$E_{z1} = \frac{jz_0}{k_0 n_1}\left[\frac{\partial H_z}{\partial r}\cdot\frac{\partial r}{\partial y} + \frac{\partial H_z}{\partial \theta}\cdot\frac{\partial \theta}{\partial y}\right]$$

需要求出 $\frac{\partial r}{\partial y}$ 和 $\frac{\partial \theta}{\partial y}$，由书中图2-6可以看出

$$r = (x^2 + y^2)^{\frac{1}{2}};\ \tan\theta = \frac{y}{x}$$

则

$$\frac{\partial r}{\partial y} = \sin\theta;\ \frac{\partial \theta}{\partial y} = \frac{1}{r}\cos\theta$$

所以

$$E_{z1} = \frac{jz_0}{k_0 n_1}\left[\frac{\partial H_z}{\partial r}\cdot\sin\theta + \frac{\partial H_z}{\partial \theta}\cdot\frac{1}{r}\cos\theta\right]$$

将式（A-12）中纤芯部分（即 $r \leqslant a$ ）的场量代入，得

$$E_{z1} = -\frac{jA}{k_0 n_1}\cdot\frac{1}{J_m(U)}\left[\frac{U}{a}J'_m\left(\frac{U}{a}r\right)\cos m\theta\cdot\sin\theta - \frac{m}{r}J_m\left(\frac{U}{a}r\right)\sin m\theta\cdot\cos\theta\right] =$$

$$\frac{-jAU}{2k_0 n_1 a J_m(U)}\left\{J'_m\left(\frac{U}{a}r\right)[\sin(m+1)\theta - \sin(m-1)\theta] - \frac{m}{\frac{Ur}{a}}J_m\left(\frac{U}{a}r\right)[\sin(m+1)\theta + \sin(m-1)\theta]\right\} =$$

$$\frac{-jAU}{2k_0 n_1 a J_m(U)}\left\{\left[J'_m\left(\frac{U}{a}r\right) - \frac{m}{\frac{Ur}{a}}J_m\left(\frac{U}{a}r\right)\right]\sin(m+1)\theta - \left[J'_m\left(\frac{U}{a}r\right) + \frac{m}{\frac{Ur}{a}}J_m\left(\frac{U}{a}r\right)\right]\sin(m-1)\theta\right\} =$$

$$\frac{jAU}{2k_0 n_1 a J_m(U)}\left[J_{m+1}\left(\frac{U}{a}r\right)\sin(m+1)\theta + J_{m-1}\left(\frac{U}{a}r\right)\sin(m-1)\theta\right] \quad r \leqslant a \tag{A-13}$$

式（A-13）即为纤芯中的轴向电场分量表示式，用类似的推导方法可得出纤芯中的轴向磁场分量表示式为

$$H_{z1} = \frac{-jAU}{2k_0 a z_0 J_m(U)}\left[J_{m+1}\left(\frac{U}{a}r\right)\cos(m+1)\theta - J_{m-1}\left(\frac{U}{a}r\right)\cos(m-1)\theta\right] \quad r \leqslant a \tag{A-14}$$

（2）包层中的轴向场分量

同理可得出

$$E_{z2}=\frac{\mathrm{j}AW}{2k_0n_2a\mathrm{K}_m(W)}\left[\mathrm{K}_{m+1}\left(\frac{W}{a}r\right)\sin(m+1)\theta-\mathrm{K}_{m-1}\left(\frac{W}{a}r\right)\sin(m-1)\theta\right]\quad r\geqslant a \tag{A-15}$$

$$H_{z2}=\frac{-\mathrm{j}AW}{2k_0az_0\mathrm{K}_m(W)}\left[\mathrm{K}_{m+1}\left(\frac{W}{a}r\right)\cos(m+1)\theta+\mathrm{K}_{m-1}\left(\frac{W}{a}r\right)\cos(m-1)\theta\right]\quad r\geqslant a \tag{A-16}$$

上面求出的式（A-13）和式（A-14）即为书中式（2-23）和式（2-24），式（A-15）和式（A-16）即为书中式（2-25）和式（2-26）。

参考文献

[1] 胡庆, 殷茜, 张德明. 光纤通信系统与网络[M]. 4 版. 北京: 电子工业出版社，2019.

[2] 柳春郁, 张昕明, 杨九如, 等. 光纤通信技术与应用[M]. 北京: 科学出版社, 2022.

[3] 周鑫, 何川. SDH/MSTP 组网与维护[M]. 3 版. 北京: 科学出版社, 2019.

[4] 刘国辉, 张皓. OTN 原理与技术[M]. 北京: 北京邮电大学出版社, 2020.

[5] 刘敦伟, 冯杰鸿, 马喆. 量子通信系统设计与实现[M]. 北京: 北京航空航天大学出版社, 2022.

[6] 秦玉娟, 李文祥. PTN 光传输技术[M]. 西安: 西安电子科技大学出版社, 2021.

[7] 唐晓军, 孙春, 赵臻青,等. 光通信未来 10 年关键技术挑战[J]. 光通信技术, 2021, 45(8):7.

[8] 胡卫生, 谭晶鑫. 全光传送网架构与技术[M]. 北京: 清华大学出版社, 2022.

[9] 谭振建, 毛其林. SDN 技术及应用[M]. 2 版. 西安: 西安电子科技大学出版社, 2022.

[10] 王文江, 李德刚, 邓倩倩. IPRAN/PTN 技术与应用[M]. 西安: 西安电子科技大学出版社, 2019.

[11] 牛文. 人工智能技术的认知光网络结构分析[J]. 电子世界, 2021(7).